普通高等教育“十一五”国家级规划教材

食品安全概论

主编 陈辉

中国轻工业出版社

图书在版编目（CIP）数据

食品安全概论/陈辉主编. —北京：中国轻工业出版社，2023.8
普通高等教育“十一五”国家级规划教材
ISBN 978 - 7 - 5019 - 8353 - 7

Ⅰ. ①食… Ⅱ. ①陈… Ⅲ. ①食品安全 - 高等学校 - 教材 Ⅳ. ①TS201.6

中国版本图书馆 CIP 数据核字（2011）第 178974 号

责任编辑：李亦兵　马　妍
文字编辑：巩孟悦　　责任终审：张乃柬　　封面设计：锋尚设计
版式设计：宋振全　　责任校对：杨　琳　　责任监印：张京华

出版发行：中国轻工业出版社（北京东长安街 6 号，邮编：100740）
印　　刷：三河市万龙印装有限公司
经　　销：各地新华书店
版　　次：2023 年 8 月第 1 版第 6 次印刷
开　　本：787 × 1092　1/16　印张：18.75
字　　数：438 千字
书　　号：ISBN 978-7-5019-8353-7　定价：36.00 元
邮购电话：010 - 65241695
发行电话：010 - 85119835　传真：85113293
网　　址：http://www.chlip.com.cn
Email：club@chlip.com.cn
如发现图书残缺请与我社邮购联系调换
231291J1C106ZBQ

编写人员名单

主　编　陈　辉（河北科技大学）

副主编　钟耀广（上海水产大学）

张　伟（河北农业大学）

肖安红（武汉工业学院）

徐克成（吉林大学）

编　者

陈　辉（河北科技大学）

陈丽星（河北科技大学）

李书国（河北科技大学）

李雪梅（河北科技大学）

肖安红（武汉工业学院）

徐克成（吉林大学）

叶海青（吉林大学）

张　桂（河北科技大学）

张　伟（河北农业大学）

钟耀广（上海水产大学）

前　言

食物是人类生长发育所必需的物质基础，合理利用食物是维持人体生命和健康、保证身体正常生长发育及从事各种活动的重要因素和条件。“国以民为本，民以食为天，食以安为先”，食品是人们生活的最基本必需品，食品安全与否关系到人们的健康和生命的安全，甚至是子孙后代的延续与健康，关系到民族的素质，关系到农产品、食品的安全信用程度和国际形象，关系到食品行业能否健康、稳定地发展，因此备受世界各国政府的高度重视。

本教材以《中华人民共和国食品安全法》为背景，多角度介绍食品安全的相关问题，可作为本科生、研究生、专业人员的理论教学用书。教材充分阐述了影响食品安全的因素、检测方法、安全性评价、新型食品的安全、食品法律法规等内容。

本书在编写过程中，得到河北科技大学教务处长毛磊教授的支持，还有各位编写专家认真求实的工作作风和配合，在此致以衷心的感谢。另外，感谢我的家人的关心与理解，感谢研究生李珊、田运佳在资料整理工作中的贡献。

全书共分为十三章，由河北科技大学陈辉主编。参加编写人员的分工如下：第一章、第二章、第十一章第一节、第十三章第一、二节由陈辉编写；第三章、第八章由钟耀广编写；第四章由陈丽星编写；第五章由叶海青、徐克成编写；第六章、第七章由李雪梅编写；第九章由李书国编写；第十章由肖安红编写；第十一章第二至第三节、第十三章第三至第七节由张桂编写；第十二章由张伟编写。

教材中难免有一些不足和疏漏之处，敬请广大读者批评指正，以便我们今后修订、补充和完善。

陈　辉

目　　录

第一章 绪 论

食物是人类生长发育所必需的物质基础，是人体获得各类营养素和所需能量的重要来源。自古以来，人们在实践中逐渐懂得了合理利用食物是维持人体生命和健康、保证身体正常生长发育及从事各种活动的重要因素和条件，因此古人有“民以食为天”、“安身之本必资于食”、“五谷为养，五果为助，五畜为益，五菜为充”等重要总结，现代人也知晓“合理营养、平衡膳食、促进健康”的深刻含义。

而“国以民为本，民以食为天，食以安为先”凝练了食品安全的重要意义，说明食品是人们生活的最基本必需品，食品安全与否关系到人们的健康和生命的安全，甚至是子孙后代的延续与健康，关系到国民健康和国家的昌盛，也关乎农产品、食品的安全信用程度和国际形象、食品行业的健康发展，关系到社会稳定和国家安全，所以应受到各国政府的高度重视。

人类的健康面临多重因素影响，其中食品安全方面出现的问题业已成为重要威胁因素之一，三聚氰胺奶粉事件，苏丹红色素事件，红心鸭蛋事件，疯牛病，禽流感，雀巢奶粉碘超标事件，瘦肉精中毒事件，“地沟油”事件，瓜、果、蔬菜的农药残留，水发海鲜的福尔马林问题，鸡、鸭、甲鱼激素问题等，还有2011年出现的德国出血性大肠杆菌污染事件和台湾起云剂事件，无一不表明食品安全控制的紧迫性和必要性。

然而，食品安全控制与国家经济的发展、人民生活水平的提高、医疗卫生条件的改善以及计划免疫工作的持久开展却未能平行发展，相反，随着新技术和化学品的广泛使用甚至是恶意使用、种养殖业中存在不科学方式、工业废弃物的管理不良、环境的恶化等，食品安全问题愈加凸显并日益严峻。当今世界无论发达国家还是发展中国家，无论食品安全监管制度建设完善与否，都普遍面临食品安全问题。因此，食品安全是世界各国关注的焦点和研究的课题。

第一节 食品安全的概念

一、食品安全的内涵

“安全性”一词是基于“损害的危险性”的反义词而使用的，常被解释为无风险性和无损伤性。世界卫生组织（WHO）1984年在题为《食品安全在卫生和发展中的作用》的文件中，曾把“食品安全”与“食品卫生”作为同义语，将其定义为：“生产、加工、贮存、分配和制作食品过程中确保食品安全可靠、有益于健康并且适合人消费的种种必要条件和措施”。随着科学发展，1996年，世界卫生组织（WHO）在其发表的《加强国家级食品安全性计划指南》中则将二者加以区别：“食品安全”被解释为“对食品按其原定用途进行制作和食用时不会使消费者受害的一种担保”，表达了食品在规定的使用方式和用量的条件下长期食用，对食用者不产生不良反应的实际程度。不良反应包括由于偶然摄入所导致的急性毒性和长期微量摄入所导致的慢性毒性，也就是食品中因含有可能损害或威胁人体健康的有毒、有害物质或因素，而导致消费者急性或慢性毒害或感染疾病，或产生危及消费者及其后代健康的隐患。“食品卫生”则界定为“为了确保食品安全性和适用性在食物链的所有阶段必须采取的一切条件和措施”，也就是从食物原料生产一直到餐桌食用必须有安全保证手段，在法律法规、各种管理制度及科学技术措施严格执行下维持和创造一种洁净、有利健康的环境。我国一直沿用的《食品卫生法》已经在2009年被《食品安全法》取代，也说明了两者的关联与区别。

近20年间，我国的大多数研究所采用的有关食品安全的定义就是在世界卫生组织的文件基础上提出来的，是一个易理解和接受的定义，即“食品安全”是指食品中不应因含有可能损害或威胁人体健康的有毒、有害物质或因素，从而导致消费者急性或慢性毒害或感染疾病，或产生危及消费者及其后代健康的隐患。这一定义是基于对食品安全的一种良好愿望与期待。而事实上，各种复杂因素的存在使得食品安全不可能达到零风险。因此，美国学者Jones对食品安全性提出了绝对安全性和相对安全性的概念。绝对安全性被认为是指确保不可能因食用某种食品而危及健康或造成伤害的一种承诺，也就是食品应绝对没有风险。不过，由于在客观上人类的任何一种饮食消费都是存在风险的，绝对安全或零风险是很难达到的。而相对安全性是指一种食物或成分在合理食用方式和正常食用量的情况下，不会导致对健康损害的实际确定性。由于食品中总是存在可能引起健康损害的物质，也就总是存在危害(hazard)，这种危害与剂量相关，毒理学上有这样一个概念就是“剂量决定毒性”，即如果危害的暴露水平在允许摄入量以下产生健康损害的可能性要小得多。也就是说，不同食品中存在的有害物质引起健康损害的可能性是不同的。在一定条件下能够引起某种健康损害出现的概率称为危险性、危险度或风险度（risk)。而任何食物、食物成分或甚至是营养成分，尽管对人体有益或其毒性极低，但如果过量食用或食用方法不当或食用者自身的一些内在条件等原因都可能危及健康，如食盐摄入过量、饮酒过量会伤及身体；一些微量元素如硒摄入剂量低于50μg/d会导致心肌病变，而高于200μg/d也会出现急性或慢性中毒；偏食能使某些物质在体内积蓄，产生毒害及造成营养失衡。另外，食品本身含有的天然毒素以及生产过程中人为施加的农药、化肥、兽药、添加剂等，也增加了食品的安全风险。某些食品的安全性又因人而异，如鱼、蟹、蛋、乳等对大多数人是营养丰富、美味可口的食物，而对少数有过敏症的人来说可能又会产生毒性反应，带来危险。由此可见，一种食品是否安全不仅取决于外来不良因素的影响，食品本身、食品加工方法以及食用方式、食用数量等是否得当合理，也取决于食用者的身体状态。从另一个角度看食品“绝对安全”和“相对安全”的区别，是某种程度上反映了消费者与管理者、生产者、科学界对食品安全的认识差异。前者要求后者提供没有风险的食品，而把近年发生的不安全食品归因于生产、技术和管理的不当。而后者则从食品组成及食品科技的现实出发，认为食品安全性并不是零风险，而是应在提供最丰富的营养和最佳品质的同时，力求把风险降低到最低限度。这两种不同的认识，既是对立的，又是统一的，是人类从需要与可能、现实与长远的不同侧面对食品安全性认识逐渐发展与深化的表现。

实际上，对食品安全的概念一直有多重含义的讨论，也有学者认为食品安全应分为狭义食品安全和广义食品安全，前者指一个国家对可以供人们直接食用的各种食品的营养、质量、卫生、检疫等诸多方面能否满足社会正常运转和消费者正常生活需要程度的衡量。任何一个环节出现问题（特别是质量、营养)，又不能及时纠正与解决，就会影响人们的生活与健康，会给社会稳定、家庭生活带来种种冲击和不便。后者指一个国家对可以供人们直接食用的各种食品和各种原料性食品的生产、储存、加工、保鲜、营养、质量、卫生、检疫、价格、库存、市场供应等诸多方面能否满足社会正常运转和消费者需求程度的衡量。任何一个环节出现问题又不能及时纠正与解决，就会构成对人们和社会正常生活的影响。20 世纪下半叶随着毒理学、免疫学、分子生物学、分析化学和超微量分析等学科研究手段的提高，有些曾被认为是绝对安全、无污染的食品，后来又发现其中含有某些有毒、有害物质，长期食用可导致消费者慢性毒害或危及其后代健康；而许多被宣布为有毒的化学物质，实际上在环境和食品中都被发现以极微量的形式广泛存在，并在一定含量范围内对人体健康是有益的。

可以看出食品安全是一个不断发展中的问题，是人类认识自然、改造自然的进程中不断出现的新问题。例如转基因作物，虽然其已经在许多国家广泛种植和食用，但其是否安全，仍无定论。

食品安全内涵和范围应包括两个方面：

一是食品的充足供应，即 food security，即解决人类的贫穷、饥饿，保证人人有饭吃（需要政府、农牧渔业生产加工、社会服务部门的保证）。

二是食品的安全与营养，即 food safety，即人类摄入的食品不应含有可能引起食源性疾病的污染物，应无毒、无害，并能提供人体所需要的基本营养元素（需要政府、农牧渔业、卫生法制与监督、食品加工企业以及食品消费者的共同保证）。

二、食品安全相关概念

（1）食品　指各种供人食用或者饮用的成品和原料以及按照传统既是食品又是药品的物品，但是不包括以治疗为目的的物品。

（2）食品安全　指食品无毒、无害，符合应当有的营养要求，对人体健康不造成任何急性、亚急性或者慢性危害。

（3）预包装食品　指预先定量包装或者制作在包装材料和容器中的食品。

（4）食品添加剂　指为改善食品品质和色、香、味以及为防腐、保鲜和加工工艺的需要而加入食品中的人工合成或者天然物质。

（5）用于食品的包装材料和容器　指包装、盛放食品或者食品添加剂用的纸、竹、木、金属、搪瓷、陶瓷、塑料、橡胶、天然纤维、化学纤维、玻璃等制品和直接接触食品或者食品添加剂的涂料。

（6）用于食品生产经营的工具、设备　指在食品或者食品添加剂生产、流通、使用过程中直接接触食品或者食品添加剂的机械、管道、传送带、容器、用具、餐具等。

（7）用于食品的洗涤剂、消毒剂　指直接用于洗涤或者消毒食品、餐饮具以及直接接触食品的工具、设备或者食品包装材料和容器的物质。

（8）保质期　指预包装食品在标签指明的贮存条件下保持品质的期限。

（9）食源性疾病　指食品中致病因素进入人体引起的感染性、中毒性等疾病。

（10）食物中毒　指食用了被有毒有害物质污染的食品或者食用了含有毒有害物质的食品后出现的急性、亚急性疾病。

（11）食品安全事故　指食物中毒、食源性疾病、食品污染等源于食品，对人体健康有危害或者可能有危害的事故。

（12）食品掺伪　是食品掺假、掺杂和伪造的总称。

食品掺假是指向食品中非法掺入物理形状或形态相似的非同种物质，该类物质仅凭感官是不易鉴别的，要借助仪器、分析手段和有鉴别经验的人才能确定。

食品掺杂是指在食品中非法加入非同一种类或同一种类的劣质物质。掺入的杂物可通过仔细检查凭感官辨认出来，该类物质范围广、种类多，如糯米中掺大米、米中掺沙石。

食品伪造是指人为地用若干种物质经加工仿造，充当某种食品销售的违法行为。

第二节 食品安全研究的主要内容与意义

一、影响食品安全的重要因素与危害

在食品中有可能存在天然或被污染的有害因子，可能会对人体带来安全隐患和伤害，这些食品中的危害通常称为食源性危害，依据来源分为天然毒素和外界污染物，依据性质可分为生物性危害、化学性危害、物理性危害三类。食品工业进步发展过程中，也会遭遇过度追求经济利益，采取恶劣手段在食品中掺假、掺伪、掩饰等问题，如：采用极端手段掩饰食品腐败变质、增加食品重量、以次充好、假冒替代、超量使用食品添加剂及违法使用工业助剂等，这些按其性质与危害分属于化学性危害与物理性危害。

（一）生物性污染与危害

1. 细菌性危害

是指细菌及其毒素产生的危害。细菌性危害涉及面最广、影响最大、问题最多。控制食品的细菌性危害是目前食品安全性问题的主要研究内容。

2. 真菌性危害

主要包括霉菌及其毒素对食品造成的污染与危害。致病性霉菌产生的霉菌毒素通常致病性很强，并伴有致畸、致癌性，是引起食物中毒的一种严重生物危害。

3. 病毒性危害

病毒有专性寄生性，不能在食品中繁殖，但是食品为病毒提供了很好的生存与传播条件。

4. 寄生虫危害

主要是寄生在动物体内的有害生物，通过食物进入人体后，引起人类患病的一种危害。

5. 虫、鼠危害

昆虫、老鼠不仅会作为病原体的宿主，传播危害人体健康的疾病，还会引起过敏反应、胃肠道疾病。

（二）化学性污染与危害

食品中的化学危害包括食品原料本身含有的，在食品加工过程中污染、添加以及由化学反应产生的各种有害化学物质。

1. 天然毒素及过敏原

天然毒素是生物本身含有的或是生物在代谢过程中产生的某种有毒成分，如河豚毒素、氰苷等。

过敏原是少数蛋白质，通常能耐受食品加工、加热和烹调，并能抵抗肠道消化酶的作用。致敏性食品包括八大类：谷类、贝类、蛋类、鱼类、奶类、豆类、树籽类及其制品、含亚硝酸盐类的食品。

2. 农业投入品残留

食品中农药残留的危害是由于对农作物施用农药、环境污染、食物链和生物富集作用以及贮运过程中食品原料与农药混放等造成的直接或间接的农药污染。一些农药在自然界中降解速度极慢，严重污染土壤进而有可能反复通过食品原料进入人体。

治疗和预防畜禽与鱼贝类疾病会通过直接用药或饲料中添加大量药物，造成动物组织兽药残留，通过食物进入人体造成危害。

为了促进动物的生长与发育，缩短植物生长周期，而在原料生产阶段添加动植物激素。这类激素残留可能引起人体生长发育和代谢的紊乱。如瘦肉精、类固醇激素、镇静剂等，这些属于滥用的违禁药品。

3. 重金属超标

重金属主要通过环境污染、含金属化学物质的使用以及食品加工设备、容器对食品的污染等途径进入食品中，造成重金属含量超标。

4. 食品添加剂

食品添加剂对于食品生产具有重要作用，在标准规定下使用食品生产中允许使用的添加剂，其安全性是有保证的。但如果不科学使用甚至滥用则会对人体带来慢性毒害，包括致畸、致突变、致癌等。

5. 食品包装材料、容器与设备带来的危害

指各种食品容器、包装材料和食品用工具、设备直接或间接与食品接触过程中，材料里有害物质如聚合物单体的溶出对食品造成的污染危害人体。

6. 加工不当的危害

指由原料带来的或在加工过程中形成的一些有害物质。例如，由于原料受环境污染及加工方法不当带来的多环芳烃类化合物，由环境污染、生物链进入食品原料中的二噁英等，高温油炸或烘烤食品产生的苯并芘等。此外，还有食品吸附外来放射性物质造成的食品放射性污染。

（三）物理性危害

物理性危害包括各种可以称之为外来物质的、在食品消费过程中可能使人致病或致伤的、任何非正常的杂质，多是由原材料、包装材料以及在加工过程中由于设备、操作人员等原因带来的一些外来物质，如玻璃、金属、石头、塑料等。

这些污染物会出现在从原料种养殖、收获、农业生产过程、加工、储存、运输、销售、食用整个环节链条中。应通过深入研究食品中已认知的危害因素及潜在的危害因素的性质、结构、毒性、中毒剂量、检测方法及预防与控制等，建立相关的数据库，为相关法律法规的制定提供依据，以保证食品的安全性。

（四）食品掺伪的危害

1. 掺伪的几种情况

掺伪食品对人体健康的危害取决于添加物的理化性质，主要分为以下几种情况。

（1）添加物原属正常食品或原、辅料，但来源不明，质量难以保证。

（2）添加物是杂物，如米中掺入沙石，面粉中掺入滑石粉等杂质。人食用后，可能对消化器官黏膜产生刺激和伤害。

（3）添加物具有明显的毒害作用，或者具有蓄积毒性。如用尿素、抗生素浸泡发豆芽；用除草剂催发无根豆芽；将添加绿色染料的凉粉当作绿豆粉制成的凉粉等。这些添加物除了

对胃部会造成恶性刺激，还可能对人体产生蓄积毒性，有致癌、致畸、致突变等作用。

（4）添加物是被细菌污染而腐败变质物质，或掺入过期食品（回炉），造成食物中毒。

2. 掺伪物质

目前已经被发现的掺伪物质或用于防腐或掩饰食物色、味等的物质有：

（1）甲醛　掺伪者常将其用于食品的防腐。它会损害人体肝脏、肾脏，有潜在致癌性。

（2）吊白块　又称甲醛次硫酸氢钠，掺伪者常将其添加到面粉等食品中，用作漂白剂。它也可损害肝脏、肾脏，有潜在的致癌性，是禁用于食品中的漂白剂。

（3）甲醇　是假酒中的毒性成分。摄入后可造成视神经萎缩，视力减退，严重者可导致双目失明，甚至死亡。一般摄入15mL甲醇可导致严重中毒，30mL可导致死亡。

（4）硼酸、硼砂　掺伪者常将其用作食品的膨松剂和防腐剂。该物质在体内排泄很慢，可产生蓄积毒性。成人食入1~3g即可引起中毒，致死量成人约为20g，幼儿约为5g。

（5）可溶性钡盐（如氯化钡、硝酸钡等）　掺伪者常将其掺入蜂蜜、乳制品等食品中。钡离子能引起内脏出血等。人食入氯化钡0.2~0.5g可引起中毒，1.5~3g可导致死亡。

（6）水杨酸　对各种微生物的生长发育有很强的抑制作用，掺伪者常将其用作食品的防腐剂。水杨酸加热时分解为酚及二氧化碳，可引起慢性中毒。

（7）硫酸铜　掺伪者常将其用于果汁的护绿。人食入0.3g可刺激胃部黏膜，引起呕吐，长期食用可导致死亡。

（8）β-萘酚　由于β-萘酚对酵母菌等有抑制作用，掺伪者常将其用作酱油的防腐剂。β-萘酚毒性很强，食入后可引起蛋白尿、血尿等，食入量大时还可能导致膀胱癌。

（9）黄樟素　掺伪者常将其用于食品的调香，但该物质有致癌作用。

（10）蓖麻油　掺伪者常将其掺入食用植物油中。食用含蓖麻油的食品后，可引起急性中毒性肝病、出血性胃肠炎等，也可引起呼吸及血管运动中枢麻痹，导致呼吸循环衰竭。

二、食品安全检测方法的建立与研究

食品安全的问题与国际食品贸易一直以来存在密切关联，因此检测方法、检测技术、在线快速检测等研究一直成为食品工作者研究的重要内容。

用现代理化分析、生物学、生理学及统计学等理论和技术对影响食品安全性的因素进行定性、定量分析，通过数据处理与统计进一步确定危害因素的毒性大小和对可能对机体产生的危害进行评价，可以为预测食品在食用之前是否存在某些风险，确保食品安全和人体健康提供理论依据和技术保障。

对食品原料及其来源、食品加工过程的各个环节进行严格的调查分析，甚至人群暴露调查分析，同时还要对食品及其原辅料等的污染程度进行研究、检测鉴定，为制定有关食品安全性研究的指标提供依据。

有关食品安全主要的研究方法涉及食品化学、食品分析、生物化学、分子生物学、微生物学、免疫学、遗传学、病理学、毒理学、生物统计学等。毒理学研究在食品安全性评价中占有主导地位，我国于2003年由卫生部修订了《食品安全性毒理学评价程序》（GB15193.1）。其任务就是通过选用实验动物作为中毒模型，来研究外源性化学物与机体的相互作用，以及对机体的各种可能影响，并进一步外推至人，做出安全性评价。通过全面分析动物实验所得出的资料，综合评价在实际生产环境中，外源性化学物质对人群可能造成的危害，为制定包括卫生标准在内的各种预防措施提供实验依据。

毒理学研究方法包括体外试验和整体试验两种类型。

体外试验分为微生物体外试验和哺乳动物体外试验。前者在外源性化学物诱变性和致癌性的筛选方面具有特殊重要意义。后者可分几种不同的水平：器官水平、细胞水平、亚细胞水平、分子水平。分子水平在毒理学研究中的应用也越来越广泛，对进一步研究毒物引起的毒性作用机理，尤其是在研究毒物的遗传毒性、慢性毒性方面具有重要意义。

整体试验通常按染毒的持续时间不同而分为急性、亚急性、亚慢性及慢性毒性试验。欧美毒理学界提出了减少或部分取代使用实验动物的“替代试验方法”，是使用微生物、细胞、组织、基因动物（包括虚拟的数据库）等来预测外来化学物对人体的毒性。

化学性危害物检测技术研究主要采用化学分析、仪器分析、免疫分析等方法。

浙江工商大学的电子舌、电子鼻的深入研究不仅在食品感官评价上应用，对预测食品安全临界点也有重要意义。

致病微生物检测技术研究，除了传统培养检测方法外，生物化学检测方法，免疫检测方法中酶联免疫吸附法、乳胶凝集法、荧光抗体法、免疫扩散法、抗体探针法，分子生物学中基因探针法、分子印迹法、聚合酶链反应法（PCR）等技术取得迅速发展。

三、食品安全研究的意义

进入本世纪后，食品安全一直成为世界各国重点关注与大力解决的问题，无论是发达国家还是发展中国家同样面临严峻考验，现代技术的应用所产生的生态平衡破坏与新技术的副作用对发达国家产生食品安全新问题，如疯牛病、二噁英事件引发恐慌和信誉度下降；而发展中国家仍面临卫生条件差、监管力度有限、法制不健全、违法生产与加工、伪劣食品、食源性疾病等带来的食品安全困扰，战乱、贫困地区与国家还面临膳食营养素不足导致营养性疾病。

因此可以看出食品安全不仅危害人体健康和生命安全，也对社会、国家造成重大的政治影响和动荡，2008 年三聚氰胺事件的危害面之大，影响之恶劣，对产业发展的冲击，是前所未有的。二噁英事件导致的比利时政府集体辞职成为食品安全史中重要的政治事件。

第三节　食品安全的发展历史

随着社会的发展与变化，食品安全卫生与人类健康问题研究也越来越深入。经过政府监督管理部门、食品企业和学术界的共同努力，食品安全与人类健康问题在近 20 年内得到了飞速的发展，从而在保障消费者的健康、促进国际食品贸易，以及发展国民经济等方面发挥了重要的作用。

人类对食品安全性的认识，有一个历史发展过程。在人类文明早期，不同地区和民族都以长期生活经验为基础，在不同程度上形成了一些有关饮食卫生和安全的禁忌禁规。人类对食品安全与自身健康关系的认识不断地积累并加以深化。在 3000 多年前的周朝，我国不仅能控制一定卫生条件而制造出酒、醋、酱等发酵食品，而且已经设置了“凌人”，专司食品冷藏防腐。《唐律》中规定了处理腐败食品的法律准则：“脯肉有毒，曾经病人，有余者速焚之，违者杖九十；若故与人食并出卖，令人病者，徒一年，以故致死者绞”。还形成了许多关于饮食卫生和安全的禁忌，孔子对其学生说“五不食”：“鱼馁而肉败不食，色恶不食，臭恶不食，失饪不食，不时不食”。

国外也有类似的食品卫生管理的记述。例如中世纪罗马设置专管食品卫生的“市吏”。

由于生产的发展促进了社会的产业分工、商品交换、阶级分化，出现利欲与道德的对立，食品交易中出现了制伪、掺假、掺毒、欺诈现象。古罗马帝国时代就曾蔓延为社会公害。当时制定的罗马民法对防止食品的假冒、污染等安全性问题做过广泛的规定，违法者可判处流放或劳役。

英国为解决石膏掺入面粉、出售变质肉类等事件，1266年颁布了面包法，禁止出售任何有害人体健康的食品。但制伪掺假食品屡禁不绝。有人记载18世纪中叶英国杜松子酒中查出的掺假物有：浓硫酸、杏仁油、松节油、石灰水、玫瑰香水、明矾、酒石酸盐等。直到1860年，英国国会通过了新的食品法，再次对食品安全性加强控制。由于食品检验缺乏灵敏有效的手段，制伪掺假掺毒技术层出不穷，食品安全的法律法规滞后，使食品安全性问题长期存在于从古罗马中世纪直到近代的欧洲食品市场中。

美国，19世纪中后期资本主义市场经济的发展在缺乏有效法制的情况下，食品安全性与卫生问题也恶性发展。有文章提到牛奶掺水、咖啡掺碳对当时的纽约老百姓是常见的事。更有在牛奶中加甲醛、肉类用硫酸、黄油用硼砂做防腐处理的事例。一些肮脏不堪的食品加工厂如何把腐烂变质的肉变成味美香肠，把三级品变成一级品的故事，被写成报告文学，使社会震动。当时美国农业部的官员在报刊上惊呼：由于商人的肆无忌惮和消费者的无知，使购买那些有害食品的城市百姓经常处于危险之中。1906年美国国会通过了第一部对食品安全、诚实经营和食品标签进行管理的国家立法——《纯净食品与药物法》。同年还通过了《肉类检验法》。这些法律对美国州与州之间的食品贸易，加强了安全性管理。

19世纪初自然科学长足进步，给现代食品安全学奠定了自然科学基础。

1803—1873年，Liebig建立了食品成分分析法对后来的食品成分检测有重要意义。

1837年Scthwann与1863年Pasteur关于食品腐败是微生物作用过程的论述以及随后提出巴氏消毒法至今仍在应用。

1885—1888年。Salmon与Gaertner对沙门氏菌的发现，成为现代食品安全学早期发展的里程碑。

1851年后，随着商品经济的发展，各商家为牟取暴利食品掺假伪造相当猖獗，为控制食品掺假伪造，保持商品信誉，提高竞争能力，也使消费者受益，资本主义先驱各国相继开始立法。1851年法国颁布《取缔食品伪造法》、1860年英国颁布《防止饮品掺伪法》。

20世纪中期以后科学技术带动了工农业生产，但由于生产盲目发展，环境污染一度失控，公害泛滥导致食品的严重污染。在这一时期，人们新发现了来源不同、种类各异的食品污染因素。如毒鱼、毒贝、毒草以及黄曲霉毒素、单端孢霉烯族化合物等百余种霉菌毒素；同时发现了更多种类的人畜共患疾病病原、寄生虫、肠道病毒等生物性污染；然而，食品污染因素中发展最快、最具特征的是各种化学性物质和食品添加剂的应用。化学性污染物中相当一部分可以通过食物链生物富集作用造成食品严重污染。1948年生效的关贸总协定（GATT）其中对食品和农产品采取的贸易障碍对保护人类还是必要的。1953年WTO政府体系和世界卫生组织关注了在食品中化学物质用量增加的问题。

20世纪末期，随着科学的进步和生活条件的进一步改善，食品污染对人类健康的威胁与不少学者的设想相反，其危害性非但未降低，而且是越来越多地威胁着消费者的健康。20

世纪对食品安全性新问题的社会反应和政府对策，最早见于发达国家。如美国在1906年食品与药物法规的基础上，于1938年由国会通过了新的联邦《食品药品和化妆品法》，1947年通过了《联邦杀虫剂、杀菌剂和杀鼠剂法》，两法以后又陆续作过多次修订，至今仍为美国保障食品安全的主要联邦法律。其中，《食品药品和化妆品法》规定：凡农药残留量超过规定限量的农产品禁止上市出售；食品工业使用任何新的添加剂前必须提交其安全性检验结果，原来已使用的添加剂必须获准列入“公认安全”（GRAS）名单才能继续使用；凡被发现可使人或动物致癌的物质，不得认为是安全的添加剂而以任何数量使用。联邦《杀虫剂、杀菌剂、杀鼠剂法》规定，任何农药在为一定目的使用时不得“对环境引起不适当的有害作用”；每一种农药及其每一种用途（如用于某种作物）都必须申请登记，获准后才能合法出售及应用；凡登记用于食用作物的农药应由国家环境保护局（EPA）据申请厂商提交的资料批准其各自的食品残留限量，即在未加工的农产品及加工食品中允许的最高农药残留限量。世界卫生组织和粮农组织自20世纪60年代组织制定了食品法典，并数次修订，规定了各种食物添加剂、农药及某些污染物在食品中允许的残留限量，供各国参考并借以协调国际食品贸易中出现的食品安全性标准问题。至此，尽管还存在大量的有关添加剂、农药等化学品的认证与再认证工作，以及食品中残留物限量的科学制定工作有待解决，控制这些化学品合理使用以保障丰足而安全的食品生产与供应，其策略与途径已初步形成，食品安全性管理开始走上有序的轨道。

在我国，近代食品安全性的研究与管理起步较晚，但近半个世纪以来食品卫生与安全状况也有了很大的改善。一些食源性传染病得到了有效的控制，农产品和加工食品中的有害化学残留也开始纳入法制管理的轨道。我国于1982年制定了《中华人民共和国食品卫生法》（试行），经过13年的试行阶段于1995年由全国人大常务委员会通过，成为具有法律效力的食品卫生法规。但是，我国在即将进入21世纪和面向全球经济一体化的时代，食品的安全性问题形势依然严峻，还要从认识、管理、法规、体制以及研究、监测等方面做更多的工作，才能适应客观形势发展的需要。2009年我国政府针对食品安全的现状决定制定并应用《食品安全法》。这对我国食品安全的研究、监督有重要意义。

进入20世纪末，特别是进入世纪之交的90年代以来，人类社会发展的多个方面通过人类食物链对食品安全性的影响渐渐显露出来。而人类对全球生态环境变化及其与自身生存发展关系的认识深化，则激发了人们的生态环境意识。这就使食品安全性再次作为人类面临的重大生活或生存问题，从多个侧面被提上社会的议程。新的致病微生物引起食物中毒，畜牧业中滥用兽药、抗生素、激素类物质的副作用，食品的核素污染，以及英国疯牛病事件等，都是有代表性的。食源性疾病的爆发性流行仍在世界不同国家不断发生，特别是肉、蛋、奶类动物制成品或半制成品带菌致病事件有上升趋势，主要是经动物及其制品传染给人的“人兽共患病”。最为常见的沙门氏菌病是经由灭菌不充分的鸡蛋、牛奶及其制品如冰淇淋、奶酪等传播的。现代低温、冷冻条件则有利于一些嗜冷性致病菌发育繁殖，如李斯特氏菌、耶尔森氏菌等对妇幼群体产生更严重的疾病，呈增多势头。大规模的生产、加工、制作、销售在卫生管理不善的条件下则增加了许多交叉感染的机会。一种被称作肠道出血性大肠杆菌O157：H_7（EHEC）感染的新的食源性疾病，在欧洲、美国、日本、中国香港等国家和地区先后导致多起群体染病的爆发性病案，引起广泛的震动。新的食源性疾病的出现与发展，是在食品生产、加工、保存以及品种、消费方式发生变化条件下食品安全性新态势的反映。其次，在癌症及其他与饮食营养有关的慢性病上升、化学药物对人类特别是妇幼群体危害日益明显以及动物性食品在饮食结构中重要性增大的条件下，兽药使用不当、饲料中过量添加抗生素及生长促进素对食品安全性的影响，逐渐突出起来。一些研究认为某些致病菌如沙门氏菌和大肠杆菌 O157：H_7，与滥用抗生素条件下抗性提高了的新的致病菌系相关。把抗生素作为饲料添加剂虽有显著的增产防病作用，也会导致抗生素对人的医用效果逐渐不敏感。世界卫生组织呼吁减少用于农业的抗生素种类和数量，但由于兽药产品对现代畜牧业的重要支撑作用及其给畜牧业和医药工业带来的丰厚经济效益，要把兽医用药纳入有节制的合理使用轨道远非易事。由于人工合成激素（如乙烯雌酚等）被发现对人有严重的副作用（包括后代致癌），欧洲除已建立较严格的有关各种兽药的使用限制外，还禁止用激素处理的肉类进口。另外，自英国科学家发现疯牛病可使人感染导致致命疾病后，欧洲特别是英国的养牛业和牛肉市场陷入严重的危机。最后需要提及的是在人类进入核时代以后食品的核安全问题。近年来世界范围的核试验、核事故已构成对食品安全性的新威胁。1986 年发生在前苏联切尔诺贝利的核事故，是人类迄今已知的最严重核事故，使几乎整个欧洲都受到核沉降的影响，牛羊等草食动物比较明显，欧洲许多国家当时生产的牛奶、肉类、肝脏中都发现有超量的I－131、Cs－137、Ag－110 等放射性核素而被大量弃置。当时日本在牛奶中测出有超出常量 4～5 倍的 I－131。远在南美的巴西也在从德国进口的奶制食品中发现 Cs－137 含量超标 10 倍。已经多年研究被认定较为安全的食品辐照技术，受核辐射对人体危害的深远心理影响，在商业上的应用长期受阻，相关研究和立法方面也都进展缓慢。

为了防止食品污染对人类健康的影响，保障消费者的健康权益，世界卫生组织（WHO）和粮农组织（FAO）以及世界各国近年来均加强了食品安全工作，包括机构设置、强化或调整政策法规、监督管理和科技投入。2000 年在日内瓦召开的第 53 届世界卫生大会首次通过了有关加强食品安全的决议，将食品安全列为世界卫生组织的工作重点和最优先解决的领域。近年来，各国政府陆续采取措施，建立和完善食品安全管理体系和法律、法规。美国、欧洲等发达国家不仅对食品原料、加工品有较为完善的标准与检测体系，而且对食品生产的环境以及食品生产对环境的影响都有相应的标准、检测体系以及相关法规、法律。如美国从 1997 年决定增加拨款 1 亿美元的年度预算，设立总统食品安全启动计划，1998 又组成了多部门的总统食品安全委员会。欧盟于 2000 年发布了长达 52 页的食品安全白皮书，就应优先开展的食品安全问题提出建议，并建立了欧盟食品安全局。

历史表明，食品安全性的问题已远远越出传统的食品卫生或食品污染的范围，而成为人类赖以生存和健康发展的整个食物链的管理与保护问题。尽快在可持续发展的理念指导下遵循自然界和人类社会发展的客观规律，组织和管理好安全、健康的人类食物链，这必须有科学研究、政策支持、法律法规建设，而且必须有消费者的主动参与和顺应市场规律的经营策略。食品安全性问题的社会属性，则需要科学家、企业家、管理者和消费者的共同努力，从行政、法制、教育、传媒等不同角度，提高消费者和生产者的素质，排除自然、社会、技术因素中的有害负面影响，并着眼于未来世界性食品贸易前景，整治整个食物链上的各个环节，使提供给社会的食品越来越安全。

[阅读材料] 重要食品安全事件

(一) 国际上食品安全事件

世纪之交，国际上食品安全恶性事件不断发生，造成巨大的经济损失和社会影响。

自 20 世纪 90 年代以来，欧洲一些国家的食品安全问题风起云涌。先是英国暴发疯牛病和口蹄疫，迅速遍及欧洲诸国，并传入拉美、海湾地区和亚洲；后有比利时二噁英污染畜禽产品。21世纪之初，英国、泰国、越南等国又暴发口蹄疫、禽流感等。由于食物污染，“日本人不敢吃生鱼，比利时人不敢吃鸡、鸭、鹅，英国人不敢吃牛肉”。每年发展中国家因食品安全问题有300万人死亡，发达国家有30%的人口受到食源性疾病的困扰。

（1）疯牛病　疯牛病全称为“牛海绵状脑病”，是一种进行性中枢神经系统病变，俗称疯牛病。疯牛病在人类中的表现为新型克雅氏症，患者脑部会出现海绵状空洞，导致记忆丧失，身体功能失调，最终神经错乱甚至死亡。

疯牛病的传播被认为是通过给牛喂养动物骨肉粉传播的，这种喂养方式已经普遍采用数十年。到2000年7月，在英国有超过34000个牧场的17万多头牛感染了此病。当时英国科学家预计，在最糟糕的情况下，可能会有5万人最终死于新型克雅氏症。

（2）O-157事件　1996年6月，日本多所小学发生集体食物中毒事件，元凶为一种叫“O-157”的大肠杆菌，日本全国至当年8月患者已达9000多人。

（3）二噁英事件　1999年，比利时、荷兰、法国、德国相继发生因二噁英污染导致畜禽类产品含高浓度二噁英的事件。二噁英（dioxins，简称DXN）是一类多氯代三环芳烃类化合物的统称，有209种异构体，它是一种无色、无味的脂溶性化合物，使环境中的二噁英通过食物链的逐级浓缩聚集在人体组织中，而最终危害人类。使当年比利时蒙受了巨大的经济损失，直接损失达3.55亿欧元，如果加上与此关联的食品工业，损失超过10亿欧元。

（4）2008年7月17日，美国疾病控制和预防中心宣布，最近在美国42个州肆虐的沙门氏菌已导致至少1220人患病，这是美国10年来最严重的沙门氏菌病疫情。

（二）我国食品安全事件

尽管与过去相比，我国食品安全状况有了显著改善，但是随着全球经济一体化、贸易自由化和旅游业的发展，我国食品安全形势同其他国家一样，面临许多新的挑战。

（1）“瘦肉精”事件　“瘦肉精”学名盐酸克仑特罗，添加到饲料中可以使猪等畜禽的生长速度、饲料转化率、胴体瘦肉率提高10%以上。长期食用含有这种饲料添加剂的猪肉和内脏会引起人体心血管系统和神经系统的疾病。

2001年11月7日，广东省河源市发生了罕见的群体食物中毒事件，几百人食用猪肉后出现不同程度的四肢发凉、呕吐腹泻、心率加快等症状，到医院救治的中毒患者多达484人。导致这次食物中毒的祸首是国家禁止在饲料中添加使用的盐酸克仑特罗，即俗称的“瘦肉精”。

2006年9月初开始，上海市发生多起因食用猪内脏、猪肉导致的疑似瘦肉精食物中毒事故。这批来自浙江海盐县瘦肉精超标的猪肉和内脏共导致上海9个区336人次中毒。

（2）“毒鼠强”事件　“毒鼠强”化学名称为四亚甲基二砜四氨，是一种无味、无臭的剧毒化学品，是一种神经毒素。2002年9月14日发生过震惊全国的南京汤山投毒事件。

案犯在南京市江宁区汤山镇经营“菊红”面食店期间，为琐事与汤山镇“正武”面食店业主发生矛盾。案犯于2002年9月13日晚潜入“正武”面食店，将随身携带的剧毒鼠药“毒鼠强”投放到该店食品原料内，造成200多人因食用有毒食品而中毒，死亡42人。

（3）海城豆奶事件　2003年3月19日，辽宁省海城市部分小学生及教师饮用豆奶引发食物中毒，其中涉及2556名小学生。食物中毒的原因是活性豆粉中一些抗营养因子未彻底灭活。

(4) 阜阳奶粉事件　阜阳劣质奶粉事件是发生在我国大陆地区的制造、销售劣质奶粉和一系列因为食用“劣质奶粉”导致婴幼儿致病、致死相关事件的总称。2004年3月~4月间被披露出来，劣质奶粉危害对象为以哺食奶粉为主的新生婴幼儿，主要危害是由于蛋白质摄入不足，导致营养不良。

国家调查组对阜阳市奶粉制假窝点进行的卫生学调查发现，劣质婴儿奶粉是用淀粉、蔗糖等价格低廉的食品原料全部或部分替代了奶粉，再用奶香精等添加剂进行调香、调味。卫生部、中国疾病控制中心和北京市疾病控制中心对回收奶粉进行的检测结果表明，多数奶粉蛋白质、脂肪含量严重不足，微量元素钙、铁、锌等含量极低。由于以没有营养的劣质奶粉作为主食，出现婴儿造血功能障碍、内脏功能衰竭、免疫力低下等情况，还有的表现为脸肿大、腿很细、屁股红肿、皮肤溃烂和其他的幼儿严重发育不良特征。由于症状最明显的特征表现为婴儿“头大”，因此又称为“大头娃”。

(5) 龙口粉丝事件　2004年5月，中央电视台《每周质量报告》的一期“龙口粉丝掺假有术”节目，揭露一部分正规粉丝生产商为降低成本，在生产中掺入粟米淀粉，并加入了有致癌成分的碳酸氢铵化肥、氨水用于增白。该粉丝的主要产地山东招远市一百多家粉丝厂因此关张停业。

(6) 彭州毒泡菜事件　2004年5月9日央视《每周质量报告》报道：四川省彭州市的一些泡菜厂在制作泡菜时，超量使用食品防腐剂苯甲酸钠；为了降低成本，在腌制泡菜时用的是工业盐；更为触目惊心的是，为了防止泡菜生虫长蛆，这些厂家居然在泡菜上喷洒农药“敌敌畏”。

(7) 广州假酒案　2004年5月11日至17日，广州市发生了假酒致人中毒事件。在7d时间里，中毒者达到56人，死亡11人。甲醇别名木醇或木酒精，主要经过人体呼吸道和消化道吸收，皮肤也可部分吸收。甲醇对人体有剧毒，饮用10~30ml就可致命。

(8)“民工粮”事件　2004年7月，全国10多个省市粮油批发市场陆续发现一种被称作“民工粮”的大米，这种大米是国家粮库淘汰的发霉米，含有可致肝癌的黄曲霉毒素，按规定只能用于酿造和生产饲料。这些“毒米”主要源自东北，不法商贩通过关系从专营企业买来再转售，牟取暴利。

(9) 苏丹红色素事件　2005年3月15日，上海市相关部门在对肯德基多家餐厅进行抽检时，发现新奥尔良鸡翅和新奥尔良鸡腿堡调料中含有“苏丹红一号”成分。从16日开始，在全国所有肯德基餐厅停止售卖这两种产品，同时销毁所有剩余调料。

2006年11月12日，由河北某禽蛋加工厂生产的一些“红心咸鸭蛋”在北京被检测出含有致癌物质苏丹红。部分河北农户用添加了工业染料苏丹红的饲料喂养鸭子，导致蛋黄内含有苏丹红。

(10) 广州管圆线虫事件　2006年6月，北京食用福寿螺导致的广州管圆线虫病患者确诊病例达到160例。

(11) 假蜂蜜　2006年7月，中央电视台曝光湖北武汉等地的“人造蜂蜜”事件。造假分子还在假蜂蜜中加入了增稠剂、甜味剂、防腐剂、香精和色素等化学物质。这一事件造成该地区蜂蜜价格的大幅跌落。

(12) 阪崎肠杆菌超标　2007年8月14日，总数为7.26t台湾味全的较大婴儿奶粉在从香港入境时，被深圳检验检疫局检验出阪崎肠杆菌超标，检疫局依法对该批不合格婴儿奶粉作出监督销毁的处理。

(13) 人造“新鲜红枣” 2008年8月，人造“新鲜红枣”流入乌鲁木齐市场。在含有大量糖精钠和甜蜜素的水池中浸泡使其口感泛甜，过量食用会造成血小板减少、酿成急性大出血等直接身体危害。

(14) 三聚氰胺奶粉 2008年7月始，全国各地陆续收治婴儿泌尿系统结石患者多达1000余人，9月11日，卫生部调查证实这是由于三鹿集团生产婴幼儿配方奶粉受三聚氰胺污染所致。

2010年7月，三聚氰胺超标奶粉事件“卷土重来”：在青海省一家乳制品厂，检测出三聚氰胺超标达500余倍，而原料来自河北等地。事件发生后，有关部门要求严肃查处，杜绝问题奶粉流入市场，彻底查清其来源与销路，坚决予以销毁，并依法追究当事人责任。

(15) 柑橘蛆虫疫情 2008年10月，四川广元柑橘生产中发生蛆虫疫情暴发。这次柑橘疫情导致柑橘价格的大幅下跌，并且出现严重的滞销状况。政府出资收购柑橘，并进行深埋、消毒处理，以控制疫情的发展。

(16) 地沟油问题 2010年3月19日，地沟油调查再次引起了人们对食品安全的担忧。据报道，目前我国每年返回餐桌的地沟油有200万～300万t。医学研究称地沟油中的黄曲霉毒素强烈致癌。

近十年来的种种与食品安全相关的问题与事件层出不穷，原因一方面是科学技术发展对有害因素重新认识，第二方面是不法企业利益驱动，第三方面是由于环境对食品原料的影响。面对食品安全问题，无论是国内还是国外，还是要做好生产监管、市场监测，严肃法律法规，强化执法的力度，目的是保护好国民的健康。

第四节 我国食品安全现状与展望

我国作为世贸组织（WTO）的新成员与世界各国间的食品贸易往来日益增加，食品安全已经成为影响国际贸易竞争力的显要因素，食品安全也关乎未来我国农业和农村产品经济结构与产业结构的战略性调整。

一、我国食品安全存在的问题与发展态势

（一）问题

(1) 微生物造成的食源性疾病问题依旧存在。

(2) 化学污染造成的食品安全性问题比较严重，特别是种植业和养殖业的源头污染对食品安全的威胁越来越严重。

(3) 加工生产过程中出现的食品安全问题日趋显露。

(4) 国际局势不可避免地对我国食品贸易带来巨大影响。我国食品被进口国拒绝、扣留、退货、索赔和终止合同的事件时有发生，我国畜、禽肉长期因兽药残留问题而出口欧盟受阻，酱油由于氯丙醇污染问题而影响了向欧盟和其他国家出口。

(5) 违法生产经营食品问题严重，城乡结合部的一些无证企业和个体工商户及家庭式作坊成为制假售假的集散地。

(6) 食品工业中使用新原料、新工艺给食品安全带来了许多新问题。现代生物技术（如转基因技术）、益生菌和酶制剂等技术在食品中的应用、食品新资源的开发等，既是国际上关注的食品问题，也是我们亟待研究和重视的问题。

（7）检测的关键技术不够完善，基础研究经费匮乏不足。我国某些产品出口欧洲和日本时，国外要求检测百种以上农药残留，显然，要求一次能进行多种农药的多残留分析就成为技术关键。

（8）危害性分析技术应用不广。危害性分析是世界贸易组织（WTO）和国际食品法典委员会（CAC）强调的用于制定食品安全技术措施的必要技术手段，也是评估食品安全技术措施有效性的重要手段。

（9）关键控制技术需要进一步研究。在食品中应用“良好农业规范（GAP）”、“良好兽医规范（GVP）”、“良好生产规范（GMP）”、“危害分析与关键控制点（HACCP）”等食品安全控制技术，对保障产品质量安全十分有效。而在实施 GAP 和 GVP 的源头治理方面，我国科学数据还不充分，需要进行研究。我国部分食品企业虽然已应用了 HACCP 技术，但缺少结合我国国情的覆盖各行业的 HACCP 指导原则和评价准则。

（10）食品安全技术标准体系与国际不接轨。国际有机农业和有机农产品的法规与管理体系主要可以分为 3 个层次，即联合国层次、国际性非政府组织层次和国家层次。联合国层次的有机农业和有机农产品标准是由联合国粮农组织（FAO）与世界卫生组织（WHO）制定的，是《食品法典》的一部分，目前还属于建议性标准。《食品法典》的标准结构、体系和内容等基本上参考了欧盟有机农业标准以及国际有机农业运动联盟（IFOAM）的基本标准。我国除有机食品等同采用，绿色食品部分采用外，其他标准还存在差距。

（二）研究与发展现状

（1）构建完善了“从土地到餐桌”的技术、质量、认证全程质量监控标准体系，已形成了符合国情的安全食品生产和加工体系，以及“生产基地 - 龙头企业 - 品牌 - 市场”良性运转的产业链条。AA 级绿色食品标准及绿色食品全程质量控制标准体系已初步建立。

原国家环保总局成立了有机食品发展中心，负责有机食品的审批、管理工作，并制定了《有机天然食品生产和加工技术规范》和《有机食品》标准。我国通过认证的有机食品包括粮食、蔬菜、水果、畜禽产品等几大类上百个品种，大部分出口日本、欧美等国，主要面向少数高消费阶层和国际市场。

（2）产业整体水平显著提高。

（3）食品质量安全市场准入制度与“QS”(Quality Safety) 标志实施加强市场食品安全的监控，对检验合格的食品加贴市场准入标志“QS”，向社会做出“质量安全”承诺。

（4）食品质量与安全教育人才培养体系已初步形成。

我国食品安全方面专业人才的培养主要分为短期培训、本科教育和研究生教育。短期培训由政府和企业组织，主要面向生产一线的生产和经营者开展。从 2001 年开始，西北农林科技大学、浙江工商大学、上海海洋大学、河北科技大学、吉林大学等一批高校已先后开始招收食品质量与安全专业本科生。对推动我国食品质量与安全教育体系的完善走出重要一步。

二、展　望

食品安全在日益频繁的国际食品贸易中显示出越来越重要的作用，我国加入世界贸易组织（WTO）后，食品工业的发展有了新机遇，也对我国食品生产与流通中的安全性保证提出了新的挑战。由于食品贸易的全球化，所发生的食品安全问题也很快会“全球化”。

食品贸易的全球化，需要公认的国际标准来进行协调。同时，危险性评价应公开、透明，并采用国际公认的方法。《实施卫生与植物卫生措施协定》(SPS 协定)、《贸易技术壁垒协定》(TBT 协定)、《食品法典》等文件，其宗旨是建立在国际贸易中能够被成员国认可的食品安全标准，保护公众健康和确保公平贸易。WTO 的 SPS 协定要求，所有食品安全法规必须建立在保护公众健康、以科学为基础的危险性评价的基础上，并将国际食品法典委员会制定的标准、准则和技术规范指定为国际食品贸易纠纷仲裁的唯一标准，这些标准得到越来越多的国家认同和采用，正在成为公认的国际标准。但食品安全方面的这些国际标准是在 FAO 和 WHO 咨询下由各成员国协调的结果，出口国与进口国的不同利益会在这些国际食品法典中反映出来。我国除了要积极采纳这些国际食品法典作为我国的食品卫生标准外，也应该积极参与国际食品法典的制定，以保护我国的利益。

由于食品安全问题关系到人类的身体健康和生命安全，关系到经济健康发展和社会稳定，当今各国政府对食品安全问题越加重视。2010 年 2 月 10 日，中国政府网发布《国务院关于设立国务院食品安全委员会的通知》。国务院食品安全委员会是国务院食品安全工作的高层次议事协调机构，主要职责是分析食品安全形势，研究部署、统筹指导食品安全工作；提出食品安全监管的重大政策措施；督促落实食品安全监管责任。这是一个非常好的信号。

2011 年 2 月 18 日，国务院副总理、国务院食品安全委员会主任李克强主持召开国务院食品安全委员会第三次全体会议并讲话，会议主要精神是明确了 8 项重点工作：

(1) 严厉打击食品安全违法行为，有效解决食品安全领域损害群众利益的突出问题。

(2) 深化乳制品、食用油、肉制品、保健食品、食品添加剂、酒类等重点行业领域综合治理，切实保障食品重点品种的安全。

(3) 严格规范食品企业的生产经营行为，监督企业落实保障食品安全的管理措施。

(4) 完善食品安全应急体系，及时有效应对食品安全事件。

(5) 大力加强食品安全监管能力建设，健全食品安全综合协调和全程监管机制。

(6) 建立食品安全责任制和责任追究制，严格落实食品生产经营者的食品安全主体责任和政府监管责任。

(7) 标本兼治、着力治本，努力解决食品安全的深层次矛盾和问题。

(8) 加强食品安全科普宣教，增强人民群众的安全消费意识和能力。

在今后还应该健全食品安全专门研究机构，加大人力与物力的投入；探索食品安全关键技术的研究和食源性危害危险性评估技术；采用可靠、快速、便携、精确的食品安全检测技术；积极推行食品安全过程控制技术等。健全食品安全应急反应机制；建立与完善法律法规体系，深入研究国际食品安全法典，研究 WTO 的规则中的食品安全条例，有效应对国际贸易中食品安全技术壁垒；建立我国的食品安全法规体系的基本框架；赋予执法部门更充分的权利；加强立法和执法监督等。在食品原料生产、加工、运输、销售中大力推广 ISO9001、9002、14000、HACCP 体系和 GMP、无公害食品、绿色食品、有机食品等体系认证。同时，积极推进认证机构社会化改革，加强对认证机构的监督管理，规范认证行为。积极开展食品加工新技术、新工艺、新材料加工食品的安全性评价技术研究。加强食品安全高层次人才的培养和民众食品营养与食品安全知识的教育。

第二章 食物量安全与营养素安全

第一节 概 述

食物保障或食物安全(food security) 是指一个国家或社会是否具有足够的食物供应。重点是考虑食物量的问题，有没有充足食物供应来保证人体对各类营养素的需求。随着经济的发展和社会的进步，人们对食物营养与自身健康更备加关注，健康和营养适当的人，是社会发展进步的结果，又是对社会发展做出贡献的主体。

世界各国对国民营养与健康的维护，无论是发达国家还是发展中国家都是根据国情有针对性地采取一些做法或进行干预，比如营养师制度、营养改善计划及相关的法律法规等。在我国随着社会经济快速发展，不仅为消除营养缺乏和改善居民健康提供了经济、物质基础，同时也导致了膳食结构、生活方式和疾病谱的变化。为及时了解居民膳食结构、营养和健康状况及其变化规律，揭示社会经济发展对居民营养和健康状况的影响，为国家制定相关政策、引导农业及食品产业发展、指导居民采纳健康生活方式提供科学依据，开展了“中国居民营养与健康状况调查”，公布了《中国居民营养与健康现状》，这在国民营养与健康及卫生保健水平和人口素质提高等方面有积极意义。因为良好的营养和健康状况既是社会经济发展的基础，也是社会经济发展的重要目标。

从各类研究资料及人群暴露情况看，当今世界上有两类情况值得深思，一是由于战争、严重的自然灾害、环境恶化、贫穷、社会不平等、缺少教育导致食物（品）的匮缺，出现营养素摄入不足的营养缺乏性疾病，其中主要是蛋白质、微量营养素（包括微量矿物质元素和维生素）缺乏。目前全世界有 20 多亿人处于微量营养素缺乏状态。单纯地增加食物的产量并不能确保食物保障。例如，如果人们没有能力购买食物或者他们的膳食缺乏必要的维生素和矿物质，或者在食物加工和分配过程中由于处理不当而使食物无保障，那么人们就不能获得足够的食物。二是在一些发达国家或地区相继出现与营养素摄入过剩和营养素不平衡有关的各种慢性非传染性疾病，个例中不乏营养素过量中毒等问题。国际权威专家认为，约 1/3 的癌症的发生与膳食有关。心脑血管病、糖尿病等慢性病与膳食营养的关系更为密切。

许多国家都会针对本国国情制订推荐营养素供给量(RDAs) 和膳食营养素参考摄入量(DRIs)，力图帮助个体和人群安全地摄入各种营养素，避免可能产生的营养缺乏或营养过剩的危害。我国自 1955 年开始采用“每日膳食中营养素供给量（RDA）”来表达建议的营养素摄入水平，作为膳食的质量标准，设计和评价群体膳食的依据，并作为制订食物发展计划和指导食品加工的参考。虽然在此期间曾对一些营养素的推荐量进行过修订、丰富和完善，但直到 1988 年中国营养学会最后一次修订，RDA 的概念和应用都没有发生本质的变化。

国际上自 20 世纪 90 年代初期就逐渐开展了关于 RDA 的性质和适用范围的讨论。英国、欧盟和北欧诸国先后使用了一些新的概念或术语。美国和加拿大的营养学界进一步发展了

RDA 的包容范围，增加了可耐受最高摄入量（UL），形成了比较系统的新概念——膳食营养素参考摄入量（Dietary Reference Intakes），简称 DRIs。

中国营养学会研究了这一领域的新进展，认为制订中国居民 DRIs 的时机已经成熟，决定引入 DRIs 新概念，修订 1988 年的 RDA，制订中国居民膳食营养素参考摄入量。成立了“制订中国居民 DRIs 专家委员会”（简称 DRIs 委员会）秘书组，2000 年 4 月完成了“中国居民膳食营养素参考摄入量（Chinese DRIs）”的制订工作。它标志着一个较系统的新概念——膳食营养素参考摄入量 DRIs 在中国开始使用，不仅具有很高的学术价值也具有其应用意义。

DRIs 是在 RDA 基础上发展起来的一组每日平均膳食营养素摄入量的参考值，包括以下方面。

1. 平均需要量（EAR，Estimated Average Requirement）

EAR 是根据个体需要量的研究资料制订的，是根据某些指标判断可以满足某一特定性别、年龄及生理状况群体中 50% 个体需要量的摄入水平。这一摄入水平不能满足群体中另外 50% 个体对该营养素的需要。EAR 是制定 RDA 的基础。

2. 推荐摄入量（RNI，Recommended Nutrient Intake）

RNI 相当于传统使用的 RDA，是可以满足某一特定性别、年龄及生理状况群体中绝大多数（97% ~98%）个体需要量的摄入水平。长期摄入 RNI 水平，可以满足身体对该营养素的需要，保持健康和维持组织中有适当的储备。RNI 的主要用途是作为个体每日摄入该营养素的目标值。RNI 是以 EAR 为基础制订的。如果已知 EAR 的标准差，则 RNI 定为 EAR 加两个标准差，即 $RNI = EAR + 2SD$。如果关于需要量变异的资料不够充分，不能计算 SD 时，一般设 EAR 的变异系数为 10%，这样 $RN1 = 1.2 \times EAR$。

3. 适宜摄入量（AI，Adequate Intake）

在个体需要量的研究资料不足不能计算 EAR，因而不能求得 RNI 时，可设定适宜摄入量（AI）来代替 RNI。AI 是通过观察或实验获得的健康人群某种营养素的摄入量。例如纯母乳喂养的足月产健康婴儿，从出生到 4 ~6 个月，他们的营养素全部来自母乳。母乳中供给的营养素量就是他们的 AI 值，AI 的主要用途是作为个体营养素摄入量的目标。

AI 与 RNI 相似之处是二者都用作个体摄入的目标，能满足目标人群中几乎所有个体的需要。AI 和 RNI 的区别在于 AI 的准确性远不如 RNI，可能显著高于 RNI。因此使用 AI 时要比使用 RNI 更加小心。

4. 可耐受最高摄入量（UL，Tolerable Upper Intake Level）

UL 是平均每日可以摄入某营养素的最高量。这个量对一般人群中的几乎所有个体都不至于损害健康。如果某营养素的毒副作用与摄入总量有关，则该营养素的 UL 是依据食物、饮水及补充剂提供的总量而定。如毒副作用仅与强化食物和补充剂有关，则 UL 依据这些来源来制定。

由于人体每天都需要从膳食中获得一定量的各种必需营养成分。当一个人群的平均摄入量达到 EAR 水平时，人群中有半数个体的需要量可以得到满足。当摄入量达到 RNI 水平时，几乎所有个体都没有发生缺乏症的危险。摄入量在 RNI 和 UL 之间是一个安全摄入范围，一般不会发生缺乏也不会中毒。摄入量超过 UL 水平再继续增加，则产生毒副作用的可能性随之增加（见图 2 -1）。

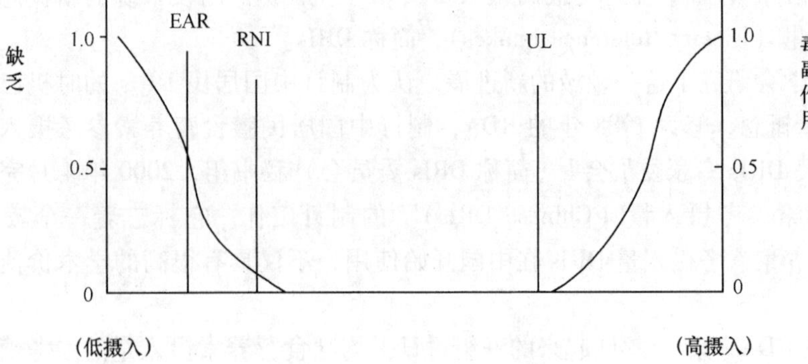

图 2－1　营养素摄入不足和过多的危险性

资料来源自中国营养学会编著《中国居民膳食营养素参考摄入量》，2000

第二节　能量与各类营养素的功能与安全

一、能　　量

一切生物都需要能量来维持生命活动，人类为了维持生命、生长、发育、繁衍和从事各种活动，每天必须从外界摄取一定的物质和能量。

（一）能量来源

人体所食用的食物中所含的营养素只有碳水化合物、脂肪、蛋白质能够在体内产生能量，营养学上将这三种营养素称为“产能营养素”。另外，酒中的乙醇也能提供较高的热能。通过特殊测量装置已经知道每克碳水化合物、脂肪、蛋白质的能值分别为：17.15kJ（4.1kcal）、39.54kJ（9.45kcal）、23.64kJ（5.65kcal）。当然由于三大产能物质在体内不能被完全吸收，其消化率分别为98%、95%和92%，因此，常常应用生理能值，三大产能营养素的生理能值分别确定为：

碳水化合物　17.15kJ × 0.98（消化率98%）= 16.8kJ/g(4kcal/g)

脂肪　39.54kJ × 0.95（消化率95%）= 37.6kJ/g(9kcal/g)

蛋白质　(23.64 − 5.44)kJ × 0.92（消化率92%）= 16.7kJ/g(4kcal/g)

（二）人体能量需要

人体能量的需要量应与人体能量的消耗量相一致，即摄入量等于消耗量。人体中能量的消耗主要由三方面构成，即基础代谢消耗、体力活动消耗、食物特殊动力作用的消耗；对于婴幼儿、儿童、孕妇、乳母，能量的消耗还应包括机体生长、乳汁分泌等特殊生理活动所消耗的能量。中国居民膳食能量推荐摄入量可参考《中国居民膳食营养素参考摄入量》，其中列明了不同人群的能量需求，后文中的各营养素的推荐摄入量均可以参照此书。

如果人体处在饥饿状态导致能量摄入不足，机体会动用自身能量储备甚至消耗自身组织以满足生命活动对能量的需要，最终出现生长发育缓慢、消瘦、体力和抵抗力下降，甚至生命活动停止导致死亡。反之，若能量摄入过剩，则过多的能量就会以脂肪形式储存于体内而发生不正常的脂肪积累，不仅引起肥胖性疾病，也成为心血管疾病、糖尿病、一些癌症、退行性疾病的易发因素。因此，合理摄入能量，让能量的供需平衡是营养学最基本的问题，也可避免因能量不足或过剩引发疾病发生。

二、碳水化合物的功能与安全

人体能量的60% ~70%来自于碳水化合物。食物中的碳水化合物以多种形式存在，粗略可分为多糖、寡糖、双糖、单糖，而多糖又可以分为可利用与不可利用多糖。

（一）碳水化合物的主要生理功能

（1）提供能量　膳食中的碳水化合物是人类最经济最主要的能源，凡是能被人体利用的碳水化合物均能经消化系统转化为葡萄糖，进入细胞后可进一步分解并产生能量。

（2）构成机体组织　碳水化合物参与机体、细胞的多种活动，糖脂是细胞膜、神经组织的重要成分，糖蛋白是抗体、酶、激素的组成成分，核糖与脱氧核糖是生物体内重要的遗传物质DNA和RNA的成分。

（3）参与营养素代谢　碳水化合物在人体的代谢并不是独立的，而是同脂肪、蛋白质共同通过三羧酸循环进行氧化，分解放出能量。脂肪代谢产物乙酰辅酶A必须与糖代谢中间产物草酰乙酸结合才能彻底氧化，否则代谢就不完全，形成丙酮、β-羟丁酸和乙酰乙酸（称为“酮体”），足量的碳水化合物具有维持脂肪代谢正常、抗生酮的作用。当蛋白质与碳水化合物一起被摄入时，氮在体内的贮留量比单独摄入蛋白质时要多。当热量不足时，增加碳水化合物的供给量，可使血中氨基酸水平降低，对其他组织的供应和尿氮的排出都减少，以保留氮重新被利用，因此碳水化合物对蛋白质的代谢也有影响，具有节省蛋白质的功能。

（4）解毒作用　机体肝脏中的葡萄糖醛酸对有害物质有解毒作用。

除以上功能，碳水化合物还可和其他物质形成黏多糖、糖蛋白、糖苷脂等生理上极为重要的物质，参与生命的新陈代谢，膳食纤维也有着特定的功能。

（二）适宜摄入量

营养学者主张，中国居民膳食中碳水化合物应提供55% ~65%的膳食总能量，注意限制纯热能食物如糖的摄入量。已证明膳食中碳水化合物占总热能大于80%和小于40%是不利于人体健康的两个极端。

三、脂质的生理功能与安全

脂质也是人体需要的重要营养素，其种类繁多，与营养关系密切的是脂肪、磷脂、胆固醇。主要食物来源为食用油脂、坚果类等。婴幼儿膳食中脂肪所占比例要相对成人高一些。

（一）脂类的生理功能

（1）供给能量　脂肪是生物体能量贮存最紧凑的形式，是能量最高的营养素。

（2）构成生物膜和机体成分　磷脂和胆固醇是构成细胞膜的成分，脑髓及神经组织含有磷脂，一些固醇则是制造体内固醇类激素（比如肾上腺皮质激素、性激素和维生素D_3等）的必需物质。

（3）供给人体必需脂肪酸　人体所需的必需脂肪酸是靠食物脂肪来提供的。必需脂肪酸是所有细胞结构，尤其是线粒体的重要组成部分。如果缺乏，往往会使线粒体结构产生变异，进而使代谢紊乱，皮肤产生炎症，微血管的通透性不正常等。

（4）提供脂溶性维生素并促进其吸收和利用　脂肪是维生素A、维生素D、维生素E、维生素K的良好溶剂，这些维生素随脂肪的吸收同时被吸收，当食物中脂肪缺乏或对脂肪的吸收发生障碍时，体内脂溶性维生素也会缺乏。

（5）调节体温和保护内脏器官　人体吸收的脂肪，在体内消耗剩余时可形成皮下脂肪。皮下脂肪具有防止热量散失的作用，各器官间隙中的脂肪具有缓冲震动和机械损伤的作用。

（二）脂肪与疾病

（1）脂肪缺乏　则影响细胞膜的组成，影响脂溶性维生素吸收，从而影响机体免疫能力。

（2）脂肪摄入过量　特别是饱和脂肪酸摄入过高，导致血胆固醇、甘油三酯和低密度脂肪蛋白升高，动脉粥样硬化形成，增加心血管疾病的危险；调查资料表明，高脂膳食中的某些脂肪与乳腺癌、直肠癌呈正相关。肥胖也使甘油三酯在脂肪组织中积累过多，是导致冠心病、糖尿病、脑猝中的潜在因素。

（3）关于反式脂肪酸的问题　反式脂肪酸主要有三种来源：一是氢化植物油，多用于油炸食品，也存在于一些小食品之中。二是牛、羊等反刍动物的肉和奶，反式脂肪酸含量占总脂肪酸量的4%～11%，牛奶、羊奶中的含量占总脂肪酸的3%～5%。三是温度过高的油，精炼油及烹调油加热温度过高时，部分顺式脂肪酸会转变为反式脂肪酸。

反式脂肪酸对人体健康的影响：降低记忆力、容易发胖、易引发冠心病。法国国家健康与医学研究所的一项最新研究成果表明，反式脂肪酸能使有效防止心脏病及其他心血管疾病的胆固醇（HDL）的含量下降。容易形成血栓，反式脂肪酸会增加人体血液的黏稠度和凝聚力，容易导致血栓的形成，对于血管壁脆弱的老年人来说，危害尤为严重。怀孕期或哺乳期的妇女，过多摄入含有反式脂肪酸的食物会影响胎儿的健康。影响男性生育能力，反式脂肪酸会减少男性激素的分泌，影响生长发育期的青少年对必需脂肪酸的吸收。反式脂肪酸还会对青少年中枢神经系统的生长发育造成不良影响。

四、蛋白质的生理功能与安全

蛋白质是生命存在的形式，是生命的物质基础。复杂的生命活动需要千万种具有独特功能的蛋白质的配合与执行才能完成。机体摄取足够的蛋白质时，全身的细胞才能维持正常的机能，并保证健康。蛋白质的主要食物来源：肉、鱼、豆、蛋、奶等。

（一）蛋白质的生理功能

1. 是生长、更新和修补组织的材料

成年人体内蛋白质含量约为16%，是皮肤、内脏、肌肉、骨骼、指甲、头发、脑的基本成分。生长、发育需要蛋白质组成新的细胞组织，胶原蛋白和弹性蛋白等构成骨骼、肌腱和结缔组织的支架；蛋白质进行修补和更新机体组织。特别是在感染、外伤、手术等情况下，体内排出氮量会增加，充足的蛋白质的修补功能更加明显。如蛋白质供应不足，直接影响儿童的生长发育；成年人体质会下降，患病率增高；伤口愈合缓慢，病程迁延、恶化，影响康复。

2. 供给必需氨基酸

氨基酸是构成蛋白质的基本单位。人体内各种不同类别的蛋白质，都是由20多种氨基酸组成。膳食中蛋白质经消化、分解成氨基酸被人体吸收利用。各种氨基酸对于人体都是必不可少的。人体有8种氨基酸不能合成或合成速度远不能适应人体的需要，被称为必需氨基酸。这些氨基酸是异亮氨酸、亮氨酸、赖氨酸、蛋氨酸、苯丙氨酸、色氨酸、苏氨酸、缬氨酸。对于婴幼儿，必需氨基酸还包括组氨酸。而必需氨基酸对人体有着重要意义。

3. 酶、激素、部分维生素的合成中起重要作用

酶是生物催化剂，其化学本质是蛋白质，如淀粉酶、胃蛋白酶等。含氮激素的成分中也有蛋白质或其衍生物，如生长激素、胰岛素等。烟酸可由色氨酸转化，在调节生理机能、催化代谢过程中起着十分重要的作用。

4. 供给热能

人体每日所需热能 10% ~15% 来自蛋白质。

5. 增强免疫力

构成白细胞和抗体、补体需要有充分的蛋白质。人体中吞噬细胞来自骨髓、脾、肝、淋巴组织，长期缺乏蛋白质，这些组织显著萎缩，失去制造白细胞和抗体的能力，机体抗病能力下降。能抑制病毒有一定抗癌作用的干扰素，也是糖与蛋白质的复合物。

6. 维护神经系统的正常功能

氨基酸的衍生物是神经传导中的重要递质，蛋白质质量的改变可明显地影响大脑皮层的兴奋与抑制过程。合理的蛋白质摄入能维护大脑兴奋与抑制过程的平衡。蛋白质营养对婴幼儿的生长发育、智力发育更为重要。蛋白质缺乏，脑细胞就会减少，智力发育将受到抑制和损害。

7. 遗传信息的控制

遗传物质主要是含有脱氧核糖核酸的核蛋白。遗传信息的表达受蛋白质和其他因素的制约。

8. 维持毛细血管的正常渗透压，维持血液的酸碱平衡

血浆胶体渗透压是由其所含蛋白质（特别是白蛋白）的浓度所决定的。缺乏蛋白质，血浆中蛋白质含量减少，血浆胶体渗透压就会降低，组织间隙水分潴留过多，出现水肿。蛋白质与其他缓冲质（碳酸盐、磷酸盐等）维持血液酸碱平衡。

此外，蛋白质还有运输、参与凝血等功能。

（二）蛋白质推荐摄入量与安全问题

蛋白质推荐摄入量可详见《中国居民膳食营养素参考摄入量》。

（1）缺乏　蛋白质缺乏会导致人体免疫力下降、伤口久不愈合、恶性黏液状水肿等。蛋白质缺乏往往与能量缺乏共同存在，儿童会表现出生长发育迟缓、体重减轻、淡漠、贫血、易激怒以及干瘦或水肿。“毒奶粉”事件其中问题之一是奶粉中蛋白质严重缺少甚至没有，而以奶粉为唯一食物的幼童则会出现危及生命问题。缺乏蛋白质对生命体来说是致命的。如果机体丢失体内蛋白质达到 20% 以上，生命活动就会被迫停止运行。

（2）过量　理论上讲，无论是成人还是儿童体内蛋白质一直处于过高水平会增加肾脏负荷。目前没有足够的依据设定成年人可耐受最高限摄入量（UL），但蛋白质过多摄入会造成膳食营养不平衡影响人类寿命，也会增加疾病的危险性，浓缩大豆蛋白和分离大豆蛋白中蛋白质含量可达到 95%，0.5kg 相当于推荐量的 8 倍，若以它代替主食大米，短期每日进食会出现不耐受反应。

五、维生素的生理功能与安全

维生素为机体必需的有机化合物，属于微量营养素，但由于机体需要而自身代谢又不能产生，所以需由食物提供。维生素在维护人体健康、促进生长发育和调节生理功能方面有重要意义。维生素可以按其溶解性分为脂溶性维生素和水溶性维生素两大类。

脂溶性维生素包括维生素A、维生素D、维生素E和维生素K。其共同特点：化学组成只含C、H、O；溶于脂肪及脂溶剂不溶于水；食物中与脂类共存；在肠道吸收时与脂肪经淋巴系统吸收；摄入人体后大部分贮存于脂肪组织中；不能从尿液中排出，因此大剂量摄入会引起中毒。

水溶性维生素包括B族维生素和维生素C。B族维生素包括维生素B_1(硫胺素)、维生素B_2(核黄素)、维生素PP(烟酸)、维生素B_6(吡醇素)、维生素B_{12}(钴胺素)、叶酸、泛酸、生物素，其共同特点：化学组成除含C、H、O外还有N、S、Co等；溶于水不溶于脂肪及脂溶剂；在满足机体需要后多余的部分由尿液排出；大多数以辅酶或辅基形式参与机体新陈代谢的酶促反应体系；缺乏症状出现较快；营养状况大多可通过血和（或）尿进行评价。

另外，胆碱、肌醇、对氨基苯甲酸、硫辛酸和生物类黄酮物质被称为“类维生素”，这些物质也是水溶性的，目前常常作为功能性因子出现在保健食品或特殊人群的食品中。

（一）维生素A

维生素A也称视黄醇，是一种比较复杂的不饱和一元醇，也叫抗干眼病因子。纯品是黄色结晶体。主要食物来源：鱼肝油、肝脏、胡萝卜等。凡是能影响脂肪吸收的因素都会影响维生素A的吸收。其生理功能：维持正常的视觉反应；维持正常的骨骼发育；维持上皮组织的正常形态与功能；抗癌；促进生长、细胞分化、造血、生殖及提高免疫力。

维生素A长期供给不足时首先是暗适应能力下降，将可能会患夜盲症；上皮组织分化不良，主要表现在：皮肤粗糙、干燥、鳞状等角化改变。口腔、消化道、呼吸道黏膜失去滋润、柔软性，使细菌易于侵入而感染疾病，特别是儿童易致支气管肺炎等严重疾病；儿童缺乏首先影响骨骼发育，齿龈增生与角化，影响牙釉质细胞发育，使牙齿停止生长。影响雄性动物精子的形成，使雌性动物雌激素分泌的周期性变化消失。

推荐摄入量(RNI) 为：14岁以上，男性800μgRE/d，女性700μgRE/d。

可耐受最高摄入量UL为：4～17岁2000μg/d，18岁以上3000μg/d，孕妇为2400μg/d。维生素A是脂溶性维生素，因此，如果大量摄入人体，可因体内蓄积而引起中毒。维生素A中毒的发生，一般是由于一次或多次连续摄入大剂量的，常常是大于成人推荐量的100倍，或大于儿童推荐量的20倍。其症状有：恶心、呕吐、头疼、厌食等。一般由食物中摄入的维生素A量不会引起中毒。而目前，世界上大多数国家是处于维生素A摄入不足状况。

（二）维生素D

维生素D是类固醇的衍生物，又可分为维生素D_2和维生素D_3，具有脂溶性，耐高温和抗氧化，当脂肪酸败则可引起维生素D的破坏。主要的食物来源有：鱼肝油、肝脏、蛋黄、牛奶。

维生素D的主要生理功能是对钙、磷代谢产生影响，从而影响骨骼生长，影响肌肉和神经系统的功能。活化的维生素D可促进钙质的吸收，进而使骨质钙化，维持正常的骨骼。

通常由食物补充维生素D一般不会过量，但过量补充维生素D制剂可能会有毒副作用。长期每日摄入25μg维生素D可引起中毒，这其中可能包括一些对维生素D较敏感的人，但长期每天摄入125μg维生素D则肯定会引起中毒。中毒的症状：钙吸收增加出现高钙血症、高尿钙症，钙沉积于心脏、血管、肺、肾小管等软组织中，异常口渴，肌肉无力，关节疼痛，眼睛发炎，皮肤瘙痒，厌食，嗜睡，呕吐，多尿，便秘与腹泻交替出现等。我国制定维生素D可耐受最高摄入量为20μg/d。

（三）维生素E

20世纪20年代初，美国科学家发现，雄性白鼠生育能力下降、雌性白鼠易于流产与缺乏一种脂溶性物质有关。1938年，瑞士化学家卡拉合成了这种物质，命名为生育酚，即维生素E。

维生素E是淡黄色油状物，脂溶性的，对氧十分敏感。油脂酸败加速维生素E的破坏。维生素E在自然界分布较广，主要食物来源有：麦胚油等食用油脂、蛋、肝脏、肉类等。

维生素E的生理功能：生育酚能促进性激素分泌，使男子精子活力和数量增加；使女子雌性激素浓度增高，提高生育能力，预防流产；高效抗氧化作用，保护生物膜中多不饱和脂肪酸不受自由基的攻击，抗癌瘤；抗动脉粥样硬化；维护骨骼肌、心肌、平滑肌和心血管系统的正常功能；提高免疫力、预防衰老。可抑制眼睛晶状体内的过氧化脂反应，使末梢血管扩张，改善血液循环，预防近视发生和发展。在更年期综合征、美容等方面也有一定应用。

缺乏时会出现生殖障碍、肌肉营养不良、神经系统功能异常、循环系统损害；儿童发育中的神经系统对维生素E较为敏感。

毒性：资料表明，同其他脂溶性维生素相比，口服维生素E是相对无毒的，大多数成人都可以耐受每日口服100～800mg α－TE的维生素E而没有明显毒性症状。但人体试验发现服用大剂量维生素E同时服用抗凝血药物或伴有维生素K缺乏时，有抗凝协同作用或维生素K的拮抗作用。一些实验结果发现大剂量的维生素E摄入有抑制生长、损害凝血和甲状腺功能及增加肝脏脂肪蓄积等作用。

（四）维生素K

维生素K化学结构的主要部分是1，4－萘醌。维生素K存在于绿叶菜和动物肝脏中；维生素K_2则是人体肠道细菌的代谢产物。由人工合成的维生素K与天然维生素K具有基本相同的生理作用。主要生理功能是促进血液凝固，因为它能促进肝脏合成凝血酶原；参与体内氧化还原过程；增强胃肠道蠕动和分泌机能。

尚没有发现长期服用大剂量维生素K会引起任何中毒症状。有资料报道维生素K的NOAEL（无毒剂量反应水平）为30mg。专家建议推荐量，不分性别，120μg/d，青少年可以按照2μg/(kg·d) 计算。

（五）维生素B_1

维生素B_1也称硫胺素，又称作抗神经炎素。在细胞中以焦磷酸硫胺素形式参与机体新陈代谢。其生理功能：与机体能量代谢有关；与神经系统功能有关；与心脏功能有关。

缺乏：食用加工过度精细的谷物类，膳食单一化，烹饪不当，机体处于特殊生理状态或机体吸收利用障碍等，容易出现维生素B_1缺乏和不足，临床表现为成人脚气病和婴儿脚气病。各类人群维生素B_1参考摄入量（DRIs）见《中国居民膳食营养素参考摄入量》。

（六）维生素B_2

维生素B_2也称核黄素，在体内主要以辅酶或辅基形式参与生物氧化过程。也参与维生素B_6和烟酸的代谢。在促进蛋白质、脂肪、碳水化合物的代谢，促进生长，维护皮肤的完整性，对眼的感光过程，水晶体的角膜呼吸过程方面具有重大作用。

缺乏：以植物性食物为主的膳食，核黄素不足是存在的重要营养问题。人类核黄素缺乏会造成细胞的氧化作用，能量与物质代谢发生障碍，表现出疲倦、乏力，继而出现“口腔生殖系综合征”，如唇炎、舌炎、口角炎、皮炎、阴囊炎等。也会影响维生素 B_6 和烟酸代谢。动物试验表明有贫血、脂肪肝及先天畸形出现。

各类人群维生素 B_2 参考摄入量（DRIs）见《中国居民膳食营养素参考摄入量》。

（七）烟酸

烟酸包括烟酸与烟酸胺两种物质，耐热和光，不被碱所破坏。

主要功能：烟酸在体内构成脱氢辅酶（辅酶Ⅰ和辅酶Ⅱ），参与呼吸链组成，是生物氧化还原体系中重要的电子载体和递氢体。与 DNA 复制、修复、细胞分化有关。可维护神经系统、消化系统和皮肤的正常功能。作为葡萄糖耐受因子促进胰岛素反应。有报道，大剂量服用烟酸有降低胆固醇、甘油三酯及扩张血管作用。

缺乏：可发生癞皮病。早期阶段临床表现可不明显，往往有食欲减退、倦怠乏力、体重下降、腹痛不适、消化不良、容易兴奋、注意力不集中、失眠等。还会出现皮炎、肠炎和神经炎。常在肢体暴露部位对称出现晒斑状痕迹，有色素沉着。患病较久时舌乳头萎缩、全舌光滑干燥似牛肉样。腹泻往往严重和难治，可合并吸收障碍。神经精神可进展到神经错乱、定向障碍、癫痫发作、紧张性精神分裂症、幻觉、意识模糊、谵妄，甚至导致死亡。

毒性：尚无食用食物引起中毒的报道，临床上曾有过大剂量导致血管扩张、胃肠道反应、视觉模糊等报道。

各类人群烟酸参考摄入量（DRIs）见《中国居民膳食营养素参考摄入量》。

（八）维生素 B_6

维生素 B_6 以吡哆醛、吡哆醇及吡哆胺三种形式存在，对光敏感，高温下迅速破坏。

生理功能：维生素 B_6 是许多重要酶系统的辅酶，磷酸吡哆醛是能量产生、中枢神经系统活动、血红蛋白合成及糖原代谢中所必需的辅酶。它与蛋白质、脂肪代谢的关系非常密切，如转氨酶的辅酶、氨基酸脱羧酶的辅酶，是形成神经介质所必需；参与辅酶 A 的生物合成，以及亚油酸转变为花生四烯酸等重要反应；抗脂肪肝，降低血清胆固醇。

缺乏：常常与其他 B 族维生素缺乏同时存在，一般缺乏时会有食欲不振、食物利用率低、失重、呕吐等毛病。导致眼、鼻、口腔周围皮肤脂溢性皮炎、小细胞贫血，严重缺乏会抑郁、忧郁、头痛、学习障碍、衰弱、神志错乱等。

毒性：经食物摄入大量维生素 B_6 没有副作用，但有资料表明通过补品给予大剂量维生素 B_6 会引起严重副作用，表现为感觉神经疾患。

（九）泛酸

泛酸也称遍多酸，在机体物质代谢和能量代谢中有十分重要的功能。泛酸在组织内转变为辅酶 A 参与糖、脂、蛋白质代谢。

由于泛酸广泛存在于生物界中，人类泛酸缺乏病很少见。如果缺乏常常是与三大营养素和维生素摄入不足伴随发生。第二次世界大战时出现过战俘由于泛酸缺乏导致脚趾麻木、脚烧灼性疼痛。也有资料介绍缺乏泛酸后出现易怒、头痛、抑郁、疲劳、冷淡、睡眠不良、恶心、呕吐、腹部痉挛、手脚感觉异常、肌无力等现象。动物试验发现泛酸缺乏导致生长迟缓、食物利用率低。

（十）生物素

生物素也称维生素 H、维生素 B_7、辅酶 R，是蛋白质、脂肪、碳水化合物代谢中所必需的羧化酶的组成部分。直接参与一些氨基酸和长链脂肪酸的生物合成，参与丙酮酸羧化后变成草酰乙酸和合成葡萄糖过程。

生物素在食物中广泛存在，肠道细菌也能合成一部分，一般不需额外补充。缺乏：长期食用生鸡蛋的人或未补充生物素的肠道外营养的患者、生物素吸收障碍者等会出现缺乏，出现头皮屑增多、易脱发、少年白发、肤色暗沉、面色发青、皮炎、忧郁、失眠等症状。

（十一）叶酸

叶酸在生物体内以四氢叶酸的形式参与机体新陈代谢，是一碳单位传递的辅酶，参与DNA、RNA中嘌呤与嘧啶的合成，在氨基酸相互转化中充当一碳单位载体，参与血红蛋白及肾上腺素、胆碱、肌酸等物质合成。

缺乏：红细胞的发育成熟发生障碍，造成巨幼红细胞贫血症。育龄妇女体内缺乏叶酸，造成新生婴儿神经管畸形。

毒性：大剂量叶酸摄入亦造成毒副作用，临床上有过大剂量叶酸服用干扰抗惊厥药物作用，以致癫痫病人发生惊厥。有报道叶酸会影响锌元素吸收，导致胎儿发育迟缓。另外，叶酸会掩盖维生素 B_{12} 缺乏早期表现而导致神经系统受损。

（十二）维生素 B_{12}

维生素 B_{12} 由于含钴元素，所以又叫钴胺素，是维生素中唯一含有金属的维生素，在体内以两种辅酶形式甲基钴胺素和5-脱氧腺苷钴胺素参与机体生化反应。可以提高叶酸利用率，参与核酸和蛋白质的合成，促进红细胞的发育和成熟。维生素 B_{12} 是活泼甲基的输送者，参与许多重要化合物的甲基化过程。维生素 B_{12} 的作用最重要的是维护神经髓鞘的代谢与功能。

缺乏：会引起巨幼红细胞贫血，神经系统损伤，脊髓变性、脱髓鞘，并可引起精神抑郁、记忆力下降、四肢震颤等严重的症状，引起高同型半胱氨酸血症。

（十三）维生素C

维生素C为水溶性的，具有很强的还原性，对光和热敏感，极易氧化分解。其生理功能：

（1）是体内羟化作用重要的物质，参与胶原和肉毒碱的合成，维护血管的正常生理功能。

（2）抗氧化作用，参与机体重要的生理氧化还原过程，激发大脑对氧的利用，减轻疲劳。

（3）提高免疫力机能。对抗体的形成、白细胞的吞噬活性都有激活作用。能抑制细菌毒素的毒性，增强机体的抗病能力，促进外伤愈合。

（4）具有抗癌作用。维生素C能阻断致癌物亚硝胺的生成；能合成透明质酸酶抑制物，阻止癌扩散；也能减轻抗癌药物的副作用。对预防和治疗癌症具有较好效果。

（5）参与体内解毒。维生素C能减轻砷和重金属对肝功能的损害，常用来缓解铅、汞、砷、甲苯、一氧化碳等的慢性中毒。

（6）促进生血机能，提高铁的吸收和叶酸的利用率。

（7）与肾上腺皮质激素的合成有关，并影响胆固醇代谢。

缺乏：早期表现为轻度疲劳，骨质及牙釉质形成异常。儿童主要表现为骨发育障碍、肢体肿痛、假性瘫痪、皮下出血。成人表现为齿龈肿胀、出血，皮下瘀点、紫癜，关节及肌肉疼痛，毛囊角化等。

毒性：长期服用过量维生素C补充品，可能导致草酸及尿酸结石；儿童生长时期过量服用，容易产生骨骼疾病。一次性摄入维生素C 2500mg以上时，可能会导致红细胞大量破裂，出现溶血等危重现象。美国国家科学院医学研究所曾报告有成人摄入维生素C大于2000mg/d会发生渗透性腹泻。

六、无 机 盐

无机盐亦称矿物质，根据其在体内的含量可分成常量元素如钙、磷、镁、钠、钾、氯、硫等和微量元素如铁、碘、铜、锌、硒、锰、钴、铬、钼、氟、镍、硅、钒、锡等。

（一）常量元素的生理功能

（1）参与机体组织的构成　参与骨骼、牙齿、神经、肌肉、血液等的构成。

（2）调节生理机能，维持人体正常代谢。表现在维持渗透压、保持水平衡、保持血液酸碱平衡、维持神经、肌肉的应激性、维护心脏的正常功能及参与消化和生物氧化等方面。

（二）微量元素的生理功能

（1）是酶与维生素必需的活性因子　呼吸酶含铁和铜、谷胱甘肽过氧化酶含硒、维生素 B_{12} 含钴等。

（2）参与激素作用。甲状腺素含碘、胰岛素含锌。如果微量元素不足，对内分泌产生影响。锌不足可影响胰岛功能。铬是葡萄糖耐量因子的重要组成成分，缺乏时可影响碳水化合物代谢，成为老年性糖尿病的诱因。

（3）影响核酸代谢，与细胞癌变相关。

（4）协同常量元素发挥作用。

（三）部分元素的功能与安全

（1）钙　是人体含量最多的无机元素，正常成人体内含钙总量约为1200g，相当于体重的2.0%。其中约99%集中在骨骼和牙齿中，主要以羟磷灰石［$Ca_{10}(PO_4)_6(OH)_2$］结晶的形式存在；其余1%的钙，一部分与柠檬酸螯合或与蛋白质结合，另一部分则以离子状态分布于软组织、细胞外液和血液中，统称为混溶钙池。

钙是骨骼发育的基本原料，除了直接影响身高外，还具有其他重要的生理功能，如促进体内基些酶的活动，调节酶的活性作用；参与神经、肌肉的活动和神经递质的释放；钙与镁、钾、钠等离子保持一定比例，使神经、肌肉保持正常的反应。调节激素的分泌。血液的凝固、细胞粘附、肌肉的收缩活动也都需要钙。钙还具调节心律、降低心血管的通透性、控制炎症和水肿、维持酸碱平衡等作用。

缺乏：导致骨质疏松，易骨折；神经肌肉兴奋性增强，引起手足抽搐。

过量：在应用钙制剂或者营养补充剂时，应注意钙过量引发的不良作用，过量摄入钙会增加患肾结石的危险性；出现奶碱综合征；高钙膳食会影响其他必需元素的生物利用，如抑制铁吸收，降低锌生物利用，对镁代谢有潜在副作用。

（2）磷　也是组成人体骨骼和牙齿的重要成分。正常人体内磷的含量约为650g，占成人体重的1%左右。其中，85% ~90%以羟磷灰石结晶的形式存在于骨骼和牙齿中，其余10% ~15%与蛋白质、脂肪、糖及其他有机物相结合，分布在细胞膜、骨骼肌、皮肤、神经组织及体液中。

生理功能：构成骨骼和牙齿；是软组织结构的重要组成成分；细胞膜上的磷脂及细胞内的DNA和RNA也含有磷；调节体内酸碱平衡；参与体内能量代谢，磷还是体内很多酶的辅酶或辅基的组成成分和激活剂。

缺乏：食物中磷的来源广泛，一般不易引起人体缺乏，临床所见磷缺乏的病人多为长期使用大量抗酸药物或禁食者，表现为食欲不振和能量代谢障碍。

过量：过量的磷酸盐可引起低血钙症，导致神经兴奋性增强而引起手足抽搐和惊厥。对骨骼有不良影响，引起非骨组织钙化，骨骼出现多孔性病变；对钙吸收有影响，所以膳食中钙:磷比值在1～1.5比较合适。

（3）钾　是人体中重要的阳离子，主要分布在细胞内，约占98%，其余在细胞外。肾脏是维持钾平衡的主要调节器官。

生理功能：维持碳水化合物、蛋白质的正常代谢；维持细胞正常渗透压；维持神经肌肉的应激性和正常功能；维持心肌正常功能；降低血压；维持细胞内外酸碱平衡。

缺乏：缺乏时表现出肌无力及瘫痪，一般从下肢开始；肢体麻木、肌肉压痛；呼吸衰竭；肠麻痹与肠梗阻。

过量：体内钾过多，血钾高于5.5mmol/L，可出现毒性反应，出现细胞内碱中毒和细胞内酸中毒，神经肌肉极度疲乏软弱，四肢无力，下肢为重，腱反应消失，吞咽、呼吸及发音困难，心率缓慢。

（4）镁　是机体细胞又一重要阳离子，有60%～65%存在于骨、牙齿中，27%分布于软组织中，细胞外液中的镁不超过1%。镁在钙、维生素C、磷、钠、钾等的代谢上有重要作用，与神经肌肉的机能正常运作、血糖转化有关。

生理功能：是多种酶的激活剂，参与机体300余种酶促反应；对钾、钙通道有抑制作用，防止钾和钙的非正常迁移；维护骨骼生长和神经肌肉的兴奋性等。有资料表明细胞浆游离的镁具有调节心肌细胞的功能等。

缺乏：饥饿、胃肠外营养、蛋白质－能量营养不良、镁吸收障碍、慢性酒精中毒等会造成镁不足，缺乏时会导致血清钙浓度下降；神经肌肉兴奋性亢进，出现听觉过敏和幻觉，精神错乱，定向力失常等；引起各种退行性疾患发生，如心血管疾病；也会出现骨质疏松；一些研究发现镁耗竭会导致胰岛素抵抗和胰岛素分泌损害。

过量：正常状态不易发生镁中毒。正接受镁治疗的肾功能不全者；糖尿病酮症早期；偶尔大量应用镁剂者；可能会出现腹泻、肠胃痉挛、嗜睡、肌无力、膝腱反射弱、肌麻痹、心血管系统异常等。

（5）钠　钠也是人体中一种重要无机元素，成人体内钠含量大约占体重的0.15%，是细胞外液中的主要阳离子，占总体钠的44%～50%。骨骼中占40%～47%，细胞内液含量较低，仅9%～10%。人体钠的来源主要是食物。

生理功能：调节体内水分；维持酸碱平衡；组成钠泵而维持细胞内外的渗透压平衡；参与糖代谢和氧的利用；维持血压正常；增强神经肌肉的兴奋性。

缺乏：禁食、少食、高温与重体力作业、过量出汗、反复呕吐、腹泻、使用利尿剂等，当失钠达到0.75～1.2g/kg体重时可能会出现恶心、呕吐、视力模糊、心率加速、脉搏细弱、血压下降、肌肉痉挛、疼痛反应消失，严重时出现淡漠、昏迷、外周循环衰竭、急性肾功能衰竭而死亡。

过量：长期摄入高量食盐或肾功能受到影响，易发生血钠过高，出现口渴、面部潮红、烦躁不安、精神恍惚、谵妄等，严重者会导致死亡。每天35～40g就可引起急性中毒，出现水肿、血压升高、血浆胆固醇升高、胃黏膜上皮细胞破裂等。有资料表明长期高剂量可能会增加胃癌发生危险。

（6）碘　是人体必需的微量元素，与酪氨酸共同合成甲状腺素。

生理功能：碘的生理功能是通过甲状腺素完成的，促进物质分解产生能量，维持基本生命活动，保持体温；支持垂体生理功能；促进儿童体格发育；促进脑发育。

缺乏：机体因缺碘会导致一系列障碍，依据碘缺乏程度、缺碘时机体所处的发育时期（包括胎儿、新生儿、婴幼儿、青春期及成人），以及机体对缺碘的反应或对缺碘的代偿能力，出现不同的临床症状，如流产、死胎、地方性克汀病、神经运动发育落后、甲状腺肿大、甲状腺功能减退、智力发育障碍等。

过量：有报道说，较长时间高碘摄入也会导致甲状腺肿大。营养专家认为每日上限在1000μg以内是安全的。因此，选择碘盐应综合考虑所处地区、膳食中碘的其他来源等因素。

（7）铬　是动植物体的组成成分，其重要功能表现在：是葡萄糖耐量因子，可加强胰岛素功能；清除胆固醇从而预防动脉粥样硬化；促进核酸、蛋白质代谢与生长发育；影响免疫反应；提高应激能力。

过量：与铬存在的价态有关，金属铬不引起中毒。有研究表明，六价铬有强致癌性，毒性大于三价铬。动物实验证明三价铬亦有致癌性。

（8）铁　铁是人体必需的微量元素，由于铁的来源、吸收受到多因素影响，因此铁缺乏仍是全球特别是发展中国家主要的公共营养问题。

生理功能：铁是血红蛋白、肌红蛋白的重要组成元素；是组成细胞色素的成分，通过电子传递链进行氧化磷酸化产生能量；是许多脱氢酶的辅助因子。

缺乏：从铁缺乏到铁耗竭是一个从轻到重的渐进过程，一般分三个阶段，产生的后果是贫血、免疫力下降、易感染、工作能力下降、注意力低下、体温调节能力受损。试验表明缺铁会增加铅吸收。

过量：危害可分为急性中毒和慢性中毒，前者主要出现在给予大剂量铁剂以后，特征是胃肠道出血性坏死、血性腹泻、凝血不良、代谢性酸中毒等。后者是由于机体无主动排铁功能，铁在机体中长期过量蓄积，可能会出现以损害各种器官、血色素沉着症为特征的现象。

（9）硒　是地壳中一种稀有元素，进入人体的硒是与蛋白质结合行使其功能的。

生理功能：具有良好的抗氧化功能，有效清除过量的自由基；能提高机体免疫力；通过脱碘酶调节甲状腺素影响全身代谢，具有较强的抗肿瘤作用。

缺乏：单纯性缺硒性疾病未见报道，但是缺硒地方性疾病于20世纪被我国营养工作者发现。克山病是一种以多发性灶状心肌坏死为主要特征的地方性疾病；大骨节病也是地方性多发性变形骨关节病，主要发病人群以青少年为主。

过量：在我国的湖北施恩和陕西紫阳高硒地区发生过过量硒进入人体内造成中毒病例，有头发脱落、指甲变形、烦躁、疲乏、外周神经病等症状。

（10）氟　是人体必需的微量元素，是骨骼和牙齿的重要成分，特别是在牙齿表面形成抗酸性腐蚀的坚硬的氟磷灰石。

生理功能：防止龋齿，防止骨质疏松。

缺乏：试验研究与人群调查表明缺氟会导致龋齿、骨质疏松发病率增高。

过量：来自国内外的研究资料表明，摄入过量的氟可引起急性和慢性中毒，分别见于特殊的工业环境、食物性中毒及高氟地区的饮水和食物摄入过量。早期表现为疲乏无力、食欲不振、头晕、头痛、记忆力减退等症状。过量的氟进入人体后，主要沉积在牙齿和骨骼上，形成氟斑牙和氟骨症。氟骨症表现为腰腿痛、关节僵硬、骨骼变形、下肢弯曲、驼背，甚至瘫痪。

（11）铜　它不仅是血液中的微量成分也是生物组织中氧化还原酶的成分。

生理功能：维持正常的造血机能，促进血红蛋白形成；通过促进胶原蛋白和弹性蛋白的交联形成结缔组织；维护中枢神经系统健康；促进正常黑色素形成及维护毛发正常结构；保护机体免受超氧阴离子损伤。有报道说铜还对胆固醇代谢、葡萄糖代谢、心脏功能、免疫功能、激素分泌有影响。先天性铜代谢紊乱会出现“Menke's”卷发症。

缺乏：导致缺铜性贫血；含铜蛋白和铜酶活性下降；关节炎症、色素消失、神经改变、糖耐量下降及心血管变化。长期以牛奶进行人工喂养及母乳喂养后期的婴儿应注意铜的营养状况。

过量：人体急性中毒主要是误食铜盐和铜容器使用不当、含铜的添加剂的不当使用。可能出现的症状有口腔异味、流涎、上腹疼痛、严重腹泻、肝硬化等。

（12）锌　它是一种分布于人体所有的组织和器官中的微量元素，与儿童生长发育、智力密切相关。

生理功能：是生物体中许多重要酶的成分；调节细胞分化和基因表达；维持细胞膜的结构与功能；组成味觉蛋白；提高人体免疫力；在激素产生、储存、分泌中起重要作用。

缺乏：导致出现味觉障碍、食土癖；免疫力低下；皮肤疾病如伤口愈合慢、皮炎；眼部疾病如暗适应减慢；儿童生长发育不良、生长迟缓、认知行为改变；男性不育；胎儿发育迟缓甚至畸形率增高等。

过量：一般少有发生锌中毒，空气及水源污染或误服大量锌化合物，出现口、咽及消化道糜烂，唇及声门肿胀，腹痛，泻、吐以及水和电解质紊乱。重者可见血压升高、气促、瞳孔散大、休克、抽搐等危象。

七、水

水是人类赖以生存的重要营养物质。成人体重 50% ~70% 是水分。人体失去体内全部脂肪和半数蛋白质，还能勉强维持生命，但若失水达体内含水量的 20%，很快就会死亡。水对人体的重要生理意义有：水是构成身体不可缺少的材料；是许多水溶性营养物质的溶剂；直接参与水解、水合反应；调节体温；是体内排出废物的媒介；是体内自备的润滑剂；与蛋白质、脂肪和碳水化合物的代谢密切相关。

饮水安全问题主要涉及水质微生物和化学污染，化学性消毒剂产生的副产物可能的毒性，长期饮用纯净水引起的矿物质紊乱。

第三节　膳食结构与营养素不平衡的安全问题

在当代食品安全性问题中营养不平衡是必须引起人们重视的，特别是发达国家的人群过多摄入能量、脂肪、蛋白、糖、盐和低摄入膳食纤维、某些矿物质和维生素等，使近年来患高血压、冠心病、肥胖症、糖尿病、癌症等慢性病的病人显著增多。这说明食品供应充足，不注意饮食平衡，同样会给人类健康带来损害。我国学者曾提出，即使就缺钙这一世界性问题而言，补钙也并非越多越好。人类要保持健康，所需的任何营养素都要有适当的限量，而且还要求各种营养素之间保持平衡。

人体是一个复杂的有机体，时时刻刻都在进行着各种生化反应，反应物来自食物中的各类营养素，尽管各种营养素对人体生理代谢有重要意义，但需更加强调营养素的摄入量的合理性，缺乏会导致营养不良，摄入过量同样会有害于身体健康。因此，正如维持化学反应的平衡一样，任何营养素都应有一个量的平衡与限制。而针对人体的不同生理时期、不同作业人群，如孕产妇、手术病人、接触有毒物人群、运动员、高温条件下人群的不同。各种营养素的摄入量就有所不同。对普通健康人群，各类营养素的摄入量是有一定范围的。

目前，随着我国人民的生活正在不断地改善，膳食结构也正在发生着变化。有调查表明，我国许多地区人们膳食结构中植物性食物的比例正在逐渐下降，动物性食物比例正在不断上升，脂肪摄入量增加明显，特别是胆固醇的摄入量达到400mg，超过了世界卫生组织建议的高限（300mg）。

由于我国各地区的经济发展和生活水平不甚平衡，在少数边远、贫困地区仍可能存在着热能和蛋白质不足的营养不良问题。缺铁性贫血仍见于学龄前儿童和孕妇。

合理的膳食要求如下所述：

（1）应满足身体的各种营养需要，达到平衡膳食。有足够的热能维持体内外的活动。有适量的蛋白质供生长发育、机体组织的修补更新、维持正常的生理功能。蛋白质的供给量如按热能计算，儿童、青少年的蛋白质供给量占总热能的12%～14%，成年人的蛋白质供给量占总热能的10%～12%。有充足的无机盐参与身体组织和调节生理机能，如正常的渗透压和酸碱平衡。有丰富的维生素以保证身体健康，维持身体的正常生长发育，增强身体的抵抗力。有适量的膳食纤维以维持肠道蠕动和正常排泄，减少有害物质在肠内积留，从而预防癌变及某些肠道疾病；膳食纤维也利于防治其他疾病，如糖尿病、冠心病等。有充足的水分以维持各种生理程序的正常进行。

（2）不能对人体产生任何伤害。合理的膳食结构应避免一切可能存在的毒害，如化学污染、农药残留、生物性污染等潜在的不安全因素。单一营养素不过量摄入，尤其是维生素类、微量元素类，避免中毒。

（3）食物易于消化吸收。注意食物种类及搭配就餐习惯、就餐环境、烹饪方法均会对各营养素的吸收产生一定的影响。

（4）良好的膳食制度。我国人民一般习惯一日三餐，两餐的时间间隔4～6h。从数量的分配上看，一般主张早餐占总热能的30%，午餐占45%～50%，晚餐占20%～25%。针对一些特殊人群应考虑适当加餐。

第四节　食物过敏

一、基本概念

摄入的食物和（或）食物添加剂会引起机体异常反应，包括人体对食物成分或添加剂引起的免疫反应（IgE介导和非IgE介导的免疫反应）及非免疫性副反应，如食物不耐受、中毒性代谢性、药理性和特异体质的反应以及精神心理因素所引起的食物异常反应（abnormal reaction of food），其中食物过敏是人们对食物产生的一种不良反应，属于一种免疫反应，进食少量有关食物即可诱发食物过敏，与食物和（或）食物添加剂的生理作用无关。除了食物过敏外，还会出现食物中毒（food poisoning）、食物不耐受（food intolerance）、药理样食物反应（pharmacologic food reaction）、假性食物过敏（food pseudo - allergy）等类型非免疫反应，这类反应与食物摄入量的多少明显存在较大关系。

（1）免疫反应　机体对外来物质具有天然的抵抗能力，产生免疫反应和机体消化道的正常消化、吸收和排泄过程。而有些人的这种天生的免疫反应机制会将食物中蛋白质和多肽等视为抗原，如同人体抵抗致病的细菌和寄生虫等时将其作为抗原一样，这种天然防御功能会引发一些人的食物过敏反应。当食物进入这些人的人体后，即使是很少量，机体也会产生异常的免疫反应，涉及各种免疫病理过程，伴随各种临床症状。

(2) 食物过敏 是由于某种食物或食品添加剂等引起的 IgE 介导和非 IgE 介导的免疫反应，而导致消化系统内或全身性的变态反应。如果吃了鱼虾、花生、馅饼或者饮用一杯牛奶出现呕吐、呼吸急促等，就应该判断发生了食物过敏。一个人在吃进对其致敏的食物几分钟到 2h 内会出现比较典型症状，如口腔发痒感觉、喉舌肿胀、呼吸困难、荨麻疹、呕吐、腹绞痛、腹泻、血压下降、失去知觉甚至死亡。

(3) 食物不耐受 是指食物和（或）添加剂引起的异常生理反应，是由食物或添加剂引起的非免疫反应（如中毒性、药理性、代谢性感染性反应及其他非免疫因素所致的异常反应），它与食物异常反应的主要区别是不涉及免疫反应，但可由非免疫因素引起的肥大细胞释放炎症介质参与。

(4) 食物中毒 是由于进食被毒物污染或本身具有毒性的食物和（或）食物添加剂，在效应部位积累到一定量而产生的全身性疾病，可分为细菌性和非细菌性食物中毒两大类。毒物可来自污染的微生物与食物本身（如河豚、生鱼胆等），也可源于其他化学物质（如砷、汞、有机磷农药等）。此异常反应一般无免疫因素参与。

(5) 药理样食物反应 指食物及其衍生物和（或）食物添加剂中含有内源性药理作用样物质（如咖啡因、组胺等），摄入机体达到一定量后，产生的某种药物所具有的药理作用及表现。

(6) 假性食物过敏 假性食物过敏多指由于精神及心理因素引起的食物异常反应，其临床表现类似食物过敏，但不涉及免疫机制介导的化学介质的释放。

从许多资料看，儿童食物过敏反应的患病率为 6% ~8%，而牛乳是最常见的过敏食物。随着年龄的增长，食物过敏症的发病率有明显下降。一些食物过敏患者还会伴有支气管哮喘，而对牛奶过敏的儿童，哮喘的发病率则可高达 26%。

目前尚缺乏系统资料有力区分食物过敏与食物不耐，有些食物会引起严重过敏反应，甚至因为在肺中引起气道阻塞、严重的低血压和喉头与舌头水肿引起窒息而威胁生命。

随着全球经济一体化和食品贸易国际化的趋势，食物过敏所表现的地域性及饮食习惯差异性将更具有潜在危险。因此，检测与评估食物过敏原的生物学活性十分重要。食物过敏原的生物学活性主要指食物过敏原激发机体引起过敏症的能力或潜力，一是食物过敏原激发已致敏个体发生过敏的能力，虽然引起过敏症的程度因人而异，但作为食物标签应针对特定的人群标明食物成分及其含量可以起到很好的提示作用。二是食物或特定成分初次进入机体后诱发机体致敏的可能性。

二、食物诱发过敏与肠道防御机制的途径

（一）过敏反应发生的原因

1. 食物过敏的发病机制

临床上变态反应中Ⅰ型变态反应为狭义的变态反应，也称过敏反应。特点是症状发生迅速，与机体的 IgE 有关，所以称为 IgE 介导的速发型超敏反应。食物过敏就属于此类变态反应。

诱发Ⅰ型变态反应的诱因即抗原，如食物、花粉、尘螨、真菌等，仅对少数敏感者能诱

发出特异的 IgE 抗体。IgE 在血液中停留 24～48h，就很快与肥大细胞表面和嗜碱粒细胞的高亲和力受体以及巨噬细胞、单核细胞、淋巴细胞、嗜酸粒细胞和血小板上的低亲和力受体结合，从而使机体致敏。若无相同抗原再次进入，致敏状态持续半年或数年后消失。当有相同抗原再次进入机体与固定于肥大细胞等表面的特异的 IgE 抗体结合，就会启动肥大细胞引起一系列的生物化学的变化，释放多种炎症化学介质。如组织胺等原发性介质的释放，使平滑肌收缩、血管扩张、渗出增加，几分钟内出现后迅速消失，以后的症状为继发性介质前列腺素、白细胞介素等与嗜酸粒细胞释放的多种介质和毒性蛋白等一起引起一些反应。临床表现为过敏性休克、支气管哮喘、变应性眼炎、荨麻疹、血管性水肿等，严重时可致死。临床表现的严重程度不仅与食物中致敏原性的强度，也与宿主的易感性有关。IgE 介导的变态反应诱发的临床症状发病较快，可发生于进食后 2h 以内，甚至可以短至几分钟。有时极微量就可引起十分严重的过敏症状。

2. 胃肠道的防御机制

机体有一套防御机制，因此，并不是每个人都对致敏性食物过敏，大多数人并不过敏。即便是对食物过敏的人，也会有时过敏，而有时又不过敏，这就是人群有耐受性，即对致敏食物没有反应。

（1）黏膜和胃肠道的屏障作用。胃肠道的主要功能是将进入机体的食物进行处理，使之降解成能被吸收，并转变为供细胞生长用的能量。这个过程包括各种消化酶（如胃蛋白酶、胰酶和溶蛋白酶）降解食物抗原等。肠道能起到防止食物抗原进入体内的保护作用，肠道黏膜分泌的分泌型免疫球蛋白 IgA 能阻断食物抗原进入体内。但婴儿的免疫和非免疫的防御机能尚未成熟。

（2）食物中蛋白质进入体内，在消化酶作用下消化成为氨基酸和小分子多肽，也会诱发免疫反应，产生食物的特异 IgG、IgM 和 IgA 抗体，然后与食物抗原结合而去除。

（二）食物诱发过敏的途径

大多数人是通过摄入食物引发过敏，也有人吸入花粉或空气过敏。研究者认为 85% 的婴儿变态反应与食物有关。婴儿发病率较高的原因是食物是出生后接触最多的抗原物质，且其肠道的屏障作用和免疫系统发育均不够成熟。食物过敏的发生也与个体的遗传易感性有关。

食物诱发小儿过敏的途径包括：胃肠道、呼吸道、皮肤、人乳、胎盘等。

食物变态反应常见在生后最初几年，2～3 岁就对该食物产生耐受，症状随之消失。

三、食物致敏原

食物的种类多，只有一部分容易引起过敏。一般同族的食物常具有类似的致敏性，尤以植物性食品更为明显，如对花生过敏的患者对其他豆科类植物也会有不同程度的过敏。各国家、各地区的饮食习惯不同，机体对食物的适应性也就有相应的差异，因而致敏的食物也不同，比如西方人认为羊肉极少引起过敏，但在我国羊肉比猪肉的致敏性高。西方人对巧克力、草莓、无花果等过敏较多，在我国则极少见到。来自西方的研究资料中显示，易引起过敏的食物为牛奶、鸡蛋、巧克力、小麦、玉米、坚果类、花生、橘子、柠檬、草莓、洋葱、猪肉、某些水产品、火鸡及鸡等。在我国容易引起过敏的食物有以下几类：富含蛋白质的食物，如牛奶、鸡蛋；海产类，如鱼、虾、蟹、鱿鱼、蛤蚌类、海贝、海带；有特殊气味的食物，如洋葱、蒜、葱、韭菜、香菜、羊肉；有刺激性的食物，如辣椒、胡椒、酒、芥末、姜；某些生食的食物，如生番茄、生花生、生栗子、生核桃、桃、葡萄、柿子等；某些真菌或发酵食物，如蘑菇、酒糟、米醋；一些外来而不常吃的食物等。

成人与儿童在引起致敏的食物类型上存在差别。成人最常见的具有致敏性的食物包括虾、龙虾、蟹和其他贝类；花生（引起严重过敏反应的主要食物之一）、核桃和其他坚果；鱼和鸡蛋。对于儿童，鸡蛋、牛奶、花生、大豆和小麦是主要的过敏源，其中对牛奶、鸡蛋、大豆和小麦的过敏是突出问题，而通常对花生、坚果、鱼、虾的过敏相对不突出。

食物致敏原指的是能引起免疫反应的食物抗原分子。几乎所有食物致敏原都是蛋白质，大多数为水溶性糖蛋白，相对分子质量1万~6万。每种食物蛋白质可能含有几种不同的致敏原。

食物致敏原的特点：①任何食物（包括萝卜在内）都可诱发变态反应。②食物中仅部分成分具致敏原性，如牛奶至少含有20种能诱发产生抗体的蛋白质成分，其中只有5种具有致敏原性，它们是酪蛋白、β-LG、甲种乳白蛋白、牛丙种球蛋白和牛血清白蛋白。后3种加热易降解，故前两者更重要。鸡蛋中蛋黄含有相当少的致敏原，而蛋清中的23种糖蛋白里有卵白蛋白、类黏蛋白和卵转铁素卵为主要致敏原。③食物致敏原具有可变性，加热可使大多数食物的致敏原性减低，但有一些食物烹调加热后致敏原性不变，甚至反而增加。常规巴氏消毒不仅不能使一些牛奶蛋白质降解，像β-LG等的致敏原性还会增加。一般情况下，胃的酸度增加和消化酶的存在，可减少食物的致敏原性。④混合食物有交叉反应，许多蛋白质可有共同的抗原决定簇，使致敏原具有交叉反应性。如至少有50%牛奶过敏者也对山羊奶过敏，对鸡蛋过敏者可能对其他鸟类的蛋过敏。交叉反应不存在于牛奶和牛肉之间，也不存在于鸡蛋和鸡肉之间。植物的交叉反应性比动物明显，如对大豆过敏也可能对豆科植物的其他成员如扁豆、花生等过敏；患者对花粉过敏也有可能对水果和蔬菜有反应；多数对桦树过敏者也对苹果、榛子、桃子、杏子、樱桃、胡萝卜以及大量其他水果和蔬菜有反应；许多对艾蒿过敏者也对伞形科蔬菜如芹菜根、茴香、胡萝卜和一些调料有反应。⑤对食物的中间代谢产物过敏，如多肽等中间代谢产物过敏的患者出现症状较晚，一般在进食2~3h后，不过这种过敏情况少见。

四、食物过敏的分类

（一）常见食物变态反应疾病

（1）严重过敏反应常涉及多个靶器官，偶尔可危及生命。皮肤症状有荨麻疹、血管性水肿或麻疹样皮疹；消化道症状如唇、舌和上颚发痒和肿胀，拒食，呕吐，腹泻或便秘；呼吸道症状有鼻过敏、喉水肿等；也会有眼过敏症状、低血压等。就症状出现的次序看，最早出现的常是皮肤和黏膜症状，严重者常伴有呼吸道症状。食物诱发的婴儿哮喘比较多见，年长儿和成人食物虽可诱发多种过敏症状（包括休克在内），但诱发哮喘的则已不多见了。

（2）变应性嗜酸粒细胞胃肠病（allergic eosinophilic gastroenteritis），其特点为胃或小肠壁有嗜酸粒细胞浸润，常有外周血嗜酸粒细胞增多，但没有血管炎。临床症状与肠壁嗜酸粒细胞浸润程度有关。常表现为饭后恶心和呕吐、腹疼、间歇性腹泻，成人有体重减轻，幼婴有生长发育停滞；肌层浸润导致胃壁和小肠壁变厚和僵硬，临床可出现阻塞征象；可继发缺铁性贫血和低白蛋白血症。

（3）婴儿肠绞痛　表现为婴儿阵发性烦躁不安、极度痛苦地喊叫、腿蜷缩、腹膨胀、排气多，一般于生后2~4周发病，到3~4周痊愈。

（4）运动诱发严重过敏反应　进食如虾、甲壳类、蔬菜、水果或软体动物后进行运动，会引起严重过敏反应；而只吃有关食物不运动就不会诱发过敏症状。进食两种以上诱发过敏的食物更易于出现症状。

（5）口腔变态反应综合征　花粉过敏的患者在进食某种或几种水果或蔬菜几分钟后，口咽部如唇、舌、上腭和喉发痒和肿胀，很少累及其他靶器官，症状消失亦快。实际上，这是接触性荨麻疹的一种表现。

（二）非IgE介导的食物变态反应

除了食物过敏，对食物的不良反应在免疫方面还可能涉及Ⅱ型、Ⅲ型、Ⅳ型超敏反应。

（1）谷胶致敏肠病　又名乳糜泻。谷胶（gluten）俗称面筋，患者对面筋过敏，其中主要致敏物为可溶于酒精的麦胶蛋白，含于小麦、燕麦与大麦等中。本病属于不可逆的遗传性缺损，对谷胶致敏可持续终生。本病的发病机制原来认为非免疫机制，现有研究结果提示可能为细胞免疫介导的Ⅳ型变态反应致病机制。临床典型表现为外观瘦弱、营养不良、贫血、腹膨隆、排大量恶臭的脂肪便，口服脂肪或碳水化合物吸收不良。从谷物中去掉谷胶2～3月后组织修复，症状改善。但避食谷胶需持续终生。

（2）食物诱发小肠结肠炎综合征　1周至3个月的婴儿最常见，患儿水泻严重，可能伴有呕吐、营养不良，易发生水和电解质平衡严重失调，甚至死亡。最常见的致敏食物是牛奶和大豆蛋白。

五、食物致敏性标签

食品致敏性标签是避食食物致敏原引起的食物过敏反应的唯一也是重要办法。2000年以来，美国FDA已经开始提供食物致敏原危险性的信息，并提出了食物标签要求，为消费者特别是食物过敏的人提供了有效的帮助。在2001年，FDA重点检查8类最常见的食物致敏原：牛奶、鸡蛋、鱼、小麦、树果、花生、大豆和贝壳类（如虾、蟹）。据估计，这8类食品中蛋白引起过敏占了美国人过敏反应的90%。

食品生产者和消费者团体也与FDA合作增加公众意识，认识食物致敏的严重性，确保食物产品中这些致敏原能够合适地被标识。美国全美食品加工商协会甚至发展了致敏原标识规划和操作规程，要求所列的8类食品使用能够懂的“白话”。如在产品配方中使用较少熟悉的“酪蛋白”的同时，加上含有牛奶致敏原；除了“白蛋白”外加上“鸡蛋”。由于存在交叉污染的问题，使得标签变得困难。如在美国检查73份冰淇淋、烘烤食品和甜点食品样品，8份（25%）检出花生致敏原，而产品标签中未列出花生成分。研究人员发现这是由于生产商在对加工和烹调用具的清洗不当，无意带入的食物致敏原。

食物致敏原的标识已经成为许多国家法规的强制性要求，欧盟也像美国一样开始要求致敏原标识。目前，我国尚没有实行这一制度，但在转基因食品卫生管理办法中已经要求转基因食品如果来自致敏原的，需要进行致敏性标识。

第三章　天然有毒物质与食物安全性

第一节　食物中的天然植物性毒素

一、概　　述

植物是许多动物赖以生存的食物，世界上有 30 多万种植物，可是用作人类主要食品的不过数百种，这是由于植物体内的毒素限制了它们的应用。

植物毒素是指植物产生的能引起人和动物致病的有毒物质。植物毒素大部分属于苷类、生物碱、棉酚、毒蛋白和酶类等。

有毒植物分布在整个植物界，从藻类到蕨类，从裸子植物到被子植物，大部分的科都能产生毒素。目前，我国有毒植物约有 1300 种，分别属于 140 个科。植物的毒性主要取决于其所含的有害化学成分，如毒素或致癌的化学物质，它们虽然量少，却严重影响了食品的安全性。因此，研究食物中的天然植物性毒素，防止植物性食物中毒，具有重要的现实意义。

二、常见植物中的有毒物质

（一）苷类

1. 氰苷

氰苷是结构中含有氰基的苷类，其水解后产生氢氰酸，从而对人体造成危害，因此，有人将氰苷称为生氰糖苷。生氰糖苷由糖和含氮物质（主要为氨基酸）缩合而成，能够合成生氰糖苷的植物体内含有特殊的糖苷水解酶，将生氰糖苷水解产生氢氰酸。氰苷在植物中分布广泛，它能麻痹咳嗽中枢，因此有镇咳作用，但过量可引起中毒。氰苷对人的致死量以体重计为 18mg/kg。氰苷引起的慢性氰化物中毒现象也比较常见，在一些以木薯为主食的非洲和南美地区，就存在慢性氰化物中毒引起的疾病。虽然含氰苷植物的毒性决定于氰苷含量的高低，但还与摄食速度、植物中催化氰苷水解酶的活力以及人体对氢氰酸的解毒能力大小有关。

（1）中毒机制　氰苷的毒性主要来自氢氰酸和醛类化合物的毒性。氰苷所形成的氢氰酸被吸收后，随血液循环进入组织细胞，并透过细胞膜进入线粒体，与线粒体中细胞色素氧化酶的铁离子结合，导致细胞的呼吸链中断，造成组织缺氧，体内的二氧化碳和乳酸量增高，机体陷入内窒息状态。氢氰酸的中毒最小剂量以体重计为 0.5～3.5mg/kg。

（2）预防措施

①不直接食用各种生果仁，对杏仁、桃仁等果仁在食用前要反复用清水浸泡，充分加热，以去除或破坏其中的氰苷。

②在习惯食用木薯的地方，要注意饮食卫生，严格禁止生食木薯，食用前去掉木薯表皮，用清水浸泡薯肉，使氰苷溶解出来。

③发生氰苷类食品中毒时，应立刻给病人口服亚硝酸盐或亚硝酸酯，使血液中的血红蛋

白转变为高铁血红蛋白，高铁血红蛋白的加速循环可将氰化物从细胞色素氧化酶中脱离出来，使细胞继续进行呼吸作用。再给中毒者服用一定量的硫代硫酸钠进行解毒，被吸收的氰化物可转化成硫氰化物而随尿排出。

2. 皂苷

皂苷是类固醇或三萜系化合物的低聚配糖体的总称。由于其水溶液振摇时能产生大量泡沫，与肥皂相似，所以称皂苷，又叫皂素。皂苷易与红细胞膜的胆固醇结合成不溶性化合物，因而有溶血作用。皂苷由肾脏排出，因此对肾脏也有毒性作用。同时，皂苷对黏膜，尤其对鼻黏膜的刺激性较大。内服量过大可引起食物中毒。含有皂苷的植物有豆科、蔷薇科、葫芦科、苋科等，动物有海参和海星等。

3. 芥子苷

芥子苷主要存在于甘蓝、萝卜、油菜、芥菜等十字花科植物中，种子中含量较多，比茎、叶高20倍以上。

芥子苷中毒表现为甲状腺肿大，导致生物代谢紊乱，阻止机体正常的生长发育，精神萎靡，食欲减退，呼吸减弱，伴有胃肠炎、血尿等，严重者甚至死亡。

（1）中毒机制　芥子苷在植物组织中葡萄糖硫苷酶的作用下，可水解为硫氰酸酯、异硫氰酸酯及腈，并释放出葡萄糖和 HSO_4^-。腈的毒性很强，能抑制动物生长或致死，其他几种分解物都有不同程度的致甲状腺作用，主要由于它们可阻断甲状腺对碘的吸收而使之增生肥大。

（2）预防措施

①采用高温（140～150℃）或70℃加热1h，破坏菜籽饼中芥子酶的活性。但该法会造成干物质流失，易破坏营养成分。

②采用微生物发酵中和法将已产生的有毒物质除去，即通过寻找和培育能够降解芥子苷的菌株，经发酵破坏菜籽饼中的芥子苷，而不破坏其营养成分。

③选育不含或仅含微量芥子苷的优良品种。

（二）生物碱

1. 茄碱

又名龙葵素或龙葵苷，主要存在于发芽的马铃薯中，其一般含量为0.005%～0.01%。当马铃薯发芽后，其幼芽和芽眼部分的茄碱含量高达0.3%～0.5%，人食用发芽的马铃薯就可能引起食物中毒。

（1）中毒机制　茄碱对胃肠黏膜有较强的刺激作用，对呼吸中枢有麻痹作用，并能引起脑水肿、充血，而且对红细胞有溶血作用。

（2）预防措施

①马铃薯应放在低温、无阳光照射的地方，以防止生芽变绿。

②发芽较多的马铃薯不能食用；吃发芽较少的马铃薯时，应剔除芽和芽眼，并把芽眼周围削掉一部分，这种马铃薯应煮或烧吃。烹调时可加些醋，以破坏茄碱，使之无毒。

2. 烟碱

烟草的茎、叶中含有多种生物碱，已分离出的生物碱就有14种之多，其中主要有毒成分为烟碱，尤以叶中含量最高。一支纸烟含烟碱20～30mg。烟碱的毒性与氢氰酸相当，急性中毒时的死亡速度也几乎与之相同（5～30min即可死亡）。在吸烟时，虽大部分烟碱被燃烧破坏，但仍可产生一些致癌物。

吸烟会降低脑力及体力劳动者的反应能力。吸烟过多可产生各种毒性反应，由于刺激作用，可致慢性咽炎以及其他呼吸道症状。肺癌与吸烟有一定的相关性。此外，吸烟还可引起头痛、失眠等神经症状。

（1）中毒机制　烟碱为脂溶性物质，可经口腔、胃肠道、呼吸道黏膜及皮肤吸收。进入人体后，一部分暂时蓄积在肝脏内，另一部分则可氧化为无毒的β-吡啶甲酸（烟酸），而未被破坏的部分则可经肾脏排出体外；同时也可由肺、唾液腺和汗腺排出一小部分；还有很少量可由乳汁排出，此举会减弱乳腺的分泌功能。

（2）预防措施

①不吸烟或少吸烟；

②使所处环境保持空气流畅；

③远离烟雾。

3. 秋水仙碱

秋水仙碱主要存在于黄花菜等植物中。食用未处理或处理不当的黄花菜，即可引起食物中毒。

中毒表现为胸闷、头痛、腹痛、呕吐、腹泻等，严重者出现血尿、血便与昏迷等。

（1）中毒机制　主要是麻痹中枢神经系统。

（2）预防措施

①最好食用干制品，用水浸泡发胀后食用。

②鲜黄花菜食用时要按照正确的方法去毒，且避免食用过多。

（三）棉酚

棉花属棉葵科，棉籽可榨油，是一种适于食用的植物油。粗制生棉籽油中有毒物质主要是棉酚、棉酚紫和棉酚绿三种。它们存在于棉籽的色素腺体中，其中以游离棉酚含量最高。棉酚是棉籽中的一种芳香酚，主要分布于棉花的叶、茎、根和种子中。

棉酚是萘的衍生物，分子式为$C_{30}H_{30}O_8$，相对分子质量为518，该化合物在结构上有三种形式，即醛、烯醇、醌式互变异构体，结构如下所示。

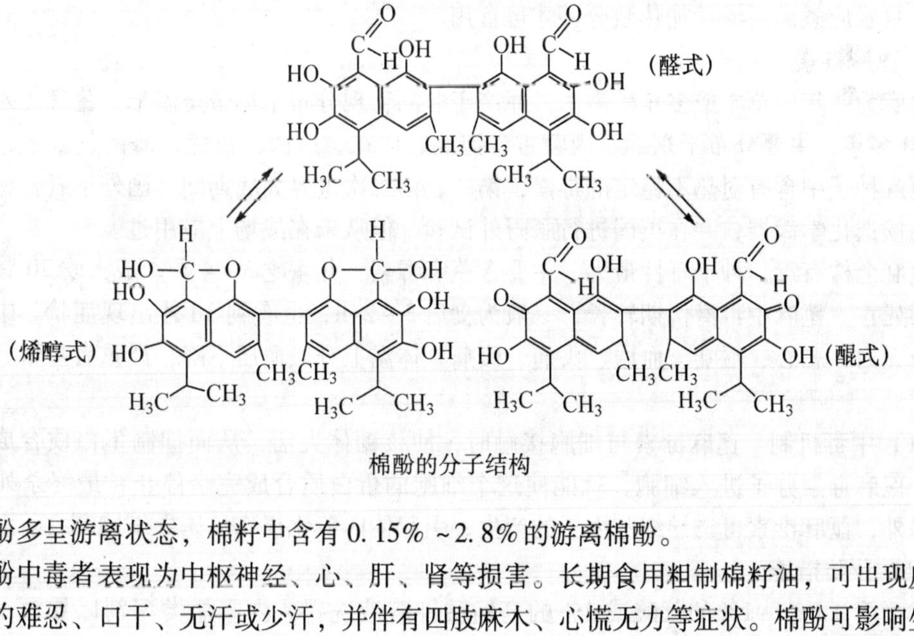

棉酚的分子结构

棉酚多呈游离状态，棉籽中含有0.15%~2.8%的游离棉酚。

棉酚中毒者表现为中枢神经、心、肝、肾等损害。长期食用粗制棉籽油，可出现皮肤潮红、烧灼难忍、口干、无汗或少汗，并伴有四肢麻木、心慌无力等症状。棉酚可影响生育功能，还会引起低血钾，出现肢体瘫软等症状。

（1）中毒机制　游离棉酚是一种含酚毒苷，或为血浆毒和细胞原浆毒，对神经、血管、实质性脏器细胞等都有毒性。

（2）预防措施

①不要食用粗制生棉籽油；

②榨油前，必须将棉籽粉碎，经蒸炒加热脱毒后再榨油；

③榨出的毛油再加碱精炼，则可使棉酚逐渐分解破坏；

④棉籽油中游离棉酚含量不得超过0.02%，棉酚超标的棉籽油严禁食用；

⑤对中毒者予以催吐，洗胃及导泻，并对症治疗。

（四）毒蛋白

1. 胰蛋白酶抑制剂

胰蛋白酶抑制剂是一组功能性蛋白质或蛋白质复合物，主要存在于大豆和谷类中。

胰蛋白酶抑制剂对热稳定性较高，在80℃温度下加热仍残存80%以上的活性，延长保温时间，并不能降低其活性。

（1）中毒机制　胰蛋白酶抑制剂活性很高时能抑制胰蛋白酶对蛋白质的分解活性，引起人体对蛋白质消化吸收率下降，降低蛋白质的营养价值。

（2）预防措施　对含有胰蛋白酶抑制剂的食品原料，可采用100℃处理20min或120℃处理3min的灭活方法，可使胰蛋白酶抑制剂丧失90%以上的活性。

2. 红血球凝集素

红血球凝集素主要存在于大豆、菜豆和扁豆中，儿童对大豆血球凝集素较为敏感，中毒后可出现头晕、头痛、呕吐、腹泻等症状。

（1）中毒机制　大豆中含有4种血球凝集素，是由两对α和β链组成的糖蛋白系列物。其特异性糖为*N*-乙酰-D-半乳糖胺，具有能使人类红血球凝集的活性。

（2）预防措施

①在烹调菜豆时应炒熟、煮透。

②豆浆应煮沸后继续加热数分钟才可食用。

3. 蓖麻毒素

蓖麻为一年生草本或多年生灌木，原产于非洲，现分布于热带至温带。蓖麻传入我国已有1400多年，主要分布于东北、内蒙古、河北、广东、广西、福建、海南、云南、四川等地。蓖麻种子中含有对热不稳定的毒素，第一、第二次世界大战期间，国外学者曾将蓖麻毒素作为候选化学武器，并在英国进行了野外试验，但从未在战场上应用过。

蓖麻全株有毒，种子毒性最大，主要含蓖麻毒素，儿童吃3~4颗、成人吃20颗种子即可中毒死亡。蓖麻中毒潜伏期较长，一般为食后3~24h，也有到3d才出现症状。中毒表现为全身无力，恶心、呕吐、血尿、头痛、腹痛、体温上升、血压下降，严重者痉挛、昏迷甚至死亡。

（1）中毒机制　蓖麻毒素与细胞接触时，使核糖体失活，从而抑制蛋白质合成。只要有一个蓖麻毒素分子进入细胞，就能使这个细胞的蛋白质合成完全停止，最终杀死这个细胞。另外，蓖麻毒素可诱导细胞因子的产生，引起体内氧化损伤，诱导细胞凋亡。

（2）预防措施

①可用0.5%~1%的鞣酸或2%的高锰酸钾溶液洗胃，内服盐类泻剂以导泻，排除毒

物；并服用绿豆、甘草水解毒。

②静脉注射复方氯化钠溶液，维持水和电解质平衡。

③给予碳酸氢钠，使尿液碱化，防止血红蛋白沉积于肾而导致肾功能衰竭。

④注射抗蓖麻毒血清。

（五）硝酸盐和亚硝酸盐

硝酸盐广泛分布于水、土壤和植物中，在人体内和食品中，硝酸盐常常转化为亚硝酸盐。亚硝酸盐是一种允许使用的食品添加剂，只要使用控制在安全范围内不会对人体造成危害。但过量食用亚硝酸盐会产生食物中毒，中毒者的表现为头痛、头晕、恶心、呕吐、腹痛，严重者呼吸困难、昏迷，甚至死亡。

（1）中毒机制　高剂量的亚硝酸盐能够使血色素中的二价铁氧化为三价铁，产生大量高铁血红蛋白从而使其失去携氧和释氧能力，引起全身组织缺氧，出现高铁血红蛋白症，可导致死亡。

（2）预防措施

①在食品加工中避免过量加入硝酸盐和亚硝酸盐。如我国食品添加剂使用卫生标准中规定，在肉制品中硝酸盐的使用量不得超过0.5g/kg，亚硝酸盐的使用量不得超过0.15g/kg。亚硝酸盐在肉制品中的最终残留量不得超过50mg/kg，肉罐头中不得超过30mg/kg。

②尽量少吃隔夜的剩菜，尤其是叶菜类。因为叶菜类蔬菜中含有较多的硝酸盐，在一定条件下蔬菜中的硝酸盐可还原成亚硝酸盐，食用后容易引起食物中毒。

③少吃腌制过的青菜。因为在蔬菜的腌制过程中，亚硝酸盐的含量也增高，如腌制过的青菜亚硝酸盐的含量可高达78mg/kg。

（六）芥酸

菜子油中含有大量的芥酸。

（1）中毒机制　大量摄入含芥酸的油脂，可使心肌中脂肪积聚，并且大部分为芥酸组成的甘油三酯，最后出现心肌单核细胞浸润导致心肌纤维化，加快死亡。

（2）预防措施　食用油脂中的芥酸含量不得超过5%。

（七）紫质及其衍生物

紫质及其衍生物是植物中所含的对光过敏性物质，灰菜、刺菜、马齿菜、杨树叶、柳树叶、洋槐叶等植物中都含有较多该类物质。

（1）中毒机制　紫质及其衍生物进入体内，可导致机体对日光的敏感性增强，在阳光照射的部位引起皮炎。

（2）预防措施

①在食用前先用开水焯一下，再用水反复泡。

②晒成干菜食用。

第二节　食物中的天然动物性毒素

一、水产类

1. 河豚毒素

河豚是无鳞鱼的一种，全世界有200多种，我国有70多种。其肉鲜美，但含有剧毒物质。河豚鱼类广泛分布于温带、亚热带及热带海域，是近海食肉性底层鱼类。我国沿海从南到北均有河豚鱼类分布，其中黄海、渤海和东海是世界上河豚种类和数量最多的海区之一。

河豚毒素无色、无味、无臭，稳定性好，在中性及弱酸性中比较稳定，在强酸性的溶液中分解，在弱碱性的溶液中部分分解，pH 达到 14 时，河豚毒素全部分解成喹唑啉化合物，失去毒性。

河豚毒素是一种毒性强烈的非蛋白类神经毒素，分子式 $C_{11}H_{17}O_8N_3$，相对分子质量 319.27。

河豚毒素主要分布在河豚的卵巢、肝脏、肾脏、血液和皮肤中。河豚内脏毒素含量的多少因部位及季节而异。卵巢和肝脏有剧毒，其次为肾脏、血液、眼睛、鳃和皮肤。如鱼死亡时间较长，内脏和血液中的毒素也会慢慢渗入肌肉中，引起中毒。每年 2~5 月是河豚的卵巢发育期，毒性较强，6~7 月产卵后，卵巢退化，毒性减弱。引起人们中毒的河豚毒素有河豚素、河豚酸、河豚卵巢毒素及河豚肝毒素等。

河豚毒素的毒性比氰化钾高 1000 倍，0.5mg 河豚毒素即可使人中毒死亡。河豚毒素的理化性质比较稳定，采用加热和盐腌的方法均不能破坏其毒性。

（1）中毒机制　河豚毒素的毒理作用现已证明主要是阻碍神经和肌肉的传导，使骨骼肌、横膈肌及呼吸神经中枢麻痹，导致呼吸停止。

（2）中毒症状　河豚中毒的临床表现分为四个阶段。中毒的初期，首先感到发热，接着便是嘴唇和舌间发麻，头痛、腹痛、步态不稳，同时出现呕吐。第二阶段，出现不完全运动麻痹，运动麻痹是河豚鱼中毒的一个重要特征之一。呕吐后病情的严重程度和发展速度加快，不能运动，知觉麻痹，语言障碍，出现呼吸困难和血压下降。第三阶段，运动中枢完全受到抑制，运动完全麻痹，生理反射降低。由于缺氧，出现紫绀，呼吸困难加剧，各项反射渐渐消失。第四阶段，意识消失。河豚鱼中毒的另一个特征是患者死亡前意识清楚，当意识消失后，呼吸停止，心脏也很快停止跳动。

（3）预防措施

①掌握河豚鱼的特征，学会识别河豚鱼的方法。

②发现中毒者，以催吐、洗胃和导泻为主，尽快使食入的有毒食物及时排出体外。

2. 肉毒鱼类毒素

生活在热带、亚热带海域因食用有毒藻类的鱼含有一种叫作“雪卡”的毒素，它常存在于鱼体肌肉、内脏和生殖腺等组织或器官中，它是不溶于水的脂溶性物质，对热稳定，是一种外因性和累积性的神经毒素。它具有胆碱酯酶阻碍作用，类似有机磷农药中毒的性质。

（1）中毒机制　此种毒素的中毒机制目前还不十分清楚。

（2）中毒症状　初期感觉口渴，唇舌和手指发麻，并伴有恶心、呕吐、头痛、腹痛、肌肉无力等症状，几周后可恢复。很少出现死亡，其死亡原因较复杂，病人大多死于心脏衰竭。

（3）预防措施　肉毒鱼类毒素不能在日常烹调、蒸煮中去除，食用前需在专业人员指导下，确认鱼无毒后才可以食用。

3. 组胺

青皮红肉的鱼类肌肉中组胺酸含量较高，当受到富含组胺酸脱羧酶的细菌污染，并在适宜的环境条件下（环境温度在 10~30℃ 特别是 15~20℃ 的条件下，鱼体盐分浓度在 3%~5% 时，pH 为 7 或稍低的中性偏酸性环境中），组胺酸即被组胺酸脱羧酶脱去羧基而产生组胺，当组胺积蓄至一定量时，食后便有中毒危险。大肠埃希氏菌、产气杆菌、变形杆菌、无色菌和细球菌等均能使组胺酸分解产生组胺。青皮红肉的鱼类主要有金枪鱼、鲐鱼、刺巴鱼、沙丁鱼等。

（1）中毒机制　组胺中毒主要是刺激心血管系统和神经系统，促使毛细血管扩张充血，使毛细血管通透性增加，使血浆进入组织，血液浓缩，血压下降，心率加速，使平滑肌发生痉挛。

（2）中毒症状　这种中毒发病快、潜伏期一般为0.5～1h，长者可达4h。主要表现为脸红、头晕、心率加快、胸闷和呼吸急迫等。部分病人眼结膜充血、瞳孔散大、脸发胀、四肢麻木、荨麻疹。但大多数人症状轻、恢复快，死亡者少。

（3）预防措施

①捕到青皮红肉的鱼类后应及时冷藏，向市场供应的鲜鱼应加冰保质，对体型较厚的鱼类加工时要劈开背部以利盐分渗入使蛋白质较快凝固，用盐量不要低于25%。

②避免食用不新鲜或腐败变质的鱼类，防止中毒。

4. 蛤类毒素

蛤类含有石房蛤毒素，又名甲藻毒素，为一种相对分子质量较小的非蛋白类神经毒素。该毒素呈白色，可溶于水，易被胃肠道吸收；对热稳定，100℃加热0.5h毒性仅减少一半；若pH升高会迅速分解，但对酸稳定。其毒性很强，对人经口的致死量为0.54～0.90mg。石房蛤毒素主要存在于石房蛤、文蛤与花蛤等蛤类以及海蟹中。

（1）中毒机制　石房蛤毒素属于麻痹型神经毒，为强神经阻断剂，能阻断神经和肌肉间的神经冲动的传导。

（2）中毒症状　其潜伏期短，仅几分钟，最长不超过4h。症状初期为唇、舌、指间麻木，随后四肢、颈部麻木，运动失调，伴有头晕、恶心、胸闷乏力，甚至死亡，其死亡率为5%～18%。

（3）预防措施

①中毒无有效解药，应尽早采取催吐、洗胃、导泻的方法排出毒素。

②在pH 3的条件下煮沸3～4h可破坏石房蛤毒素。

③食用贝类前应彻底清洗，制作时先除去内脏及周围的暗色部分，并采取水煮后捞肉、弃汤的烹调方法，使毒素含量降至最低程度。

5. 螺类毒素

螺类已知有8万多种，其中少数种类含有毒物质。其有毒部位分别在螺的肝脏或鳃下腺、唾液腺内，误食或过食可引起中毒。螺类毒素属于非蛋白类麻痹型神经毒素，易溶于水，耐热耐酸，且不被消化酶分解破坏。

（1）中毒机制　同蛤类毒素。

（2）中毒症状：头晕、呕吐及手指麻木等，神经性麻痹症状。

（3）预防措施

①食用螺类食品时，应反复清洗、浸泡，并采取适当的烹饪方法，以清除或减少食品中的毒素。

②定期对海水进行监测，当海水中大量存在有毒的藻类时，应同时监测捕捞的螺类所含的毒素量。

③发现中毒者，应采取催吐、洗胃、导泻等措施，尽早排出体内毒素。

6. 海兔毒素

海兔属后鳃贝类，贝壳已退化，仅剩一层薄而透明的角质层，软体部分几乎全部裸露。海兔又名海珠，是生活在浅海中的贝类。它的种类很多，其卵含有丰富的营养，是我国东南沿海地区人们喜爱的食品，并可入药。

海兔主要生活在浅海潮流较流畅、海水清澈的海湾，以各种海藻为食，其体色和花纹与栖息环境中的海藻相似。当它们食用某些海藻之后，身体就能很快地变为这种海藻的颜色，并以此来保护自己。我国已知海兔有 19 种，广泛分布于福建、广东、广西、海南等地。海兔的体内有毒腺，分泌海兔毒素等有毒物质。

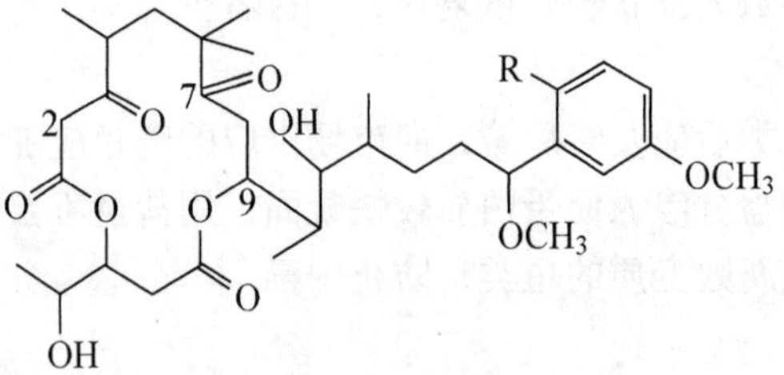

海兔毒素

（1）中毒机制　海兔体内的毒腺又叫蛋白腺，能分泌一种酸性乳状液体，气味难闻。海兔的皮肤组织中含一种有毒性的挥发油，对神经系统有麻痹作用。海兔的毒素是神经毒素，其药理活性与乙酰胆碱相似。根据生物活性和溶解性的不同，可将毒素分为醚溶和水溶两部分。其中醚溶部分的毒素具有升血压特性，它能使动物兴奋、过敏、瘫痪、缓慢死亡；而水溶部分具有降血压特性，可使动物惊厥、呼吸困难、流涎，突然死亡。

（2）中毒症状　中毒表现为多汗、流泪、流涎不止，腹泻、腹痛，呼吸困难，严重者全身痉挛，甚至死亡。

（3）预防措施

①通过洗胃、催吐排出毒物。早期中毒患者喝温盐水或蛋清，可减少毒素吸收。因毒素溶于脂肪，可进食熟猪油催吐；并口服泻药，进行导泻。

②全身治疗。采用阿托品 1～2mg 肌肉注射，可减轻或解除大部分中毒症状；用 10% 葡萄糖酸钙静脉注射，可减轻神经系统症状；用维生素 B_6 对症状有所缓解。

③对症治疗。局部疼痛时，用冷水冲洗或湿敷；全身剧痛时用吗啡；呼吸困难时吸氧；严重者进行气管插管或气管切开。

7. 海参毒素

海参生活在海水中的岩礁底、沙泥底、珊瑚礁底。它们活动缓慢，在饵料丰富的地方，其活动范围很小，主要食物为混在泥沙或珊瑚泥沙里的有机质和微小的动植物。海参是珍贵的滋补食品，有的还具有药用价值。但少数海参含有毒物质，食用后可引起中毒。全世界的海参有 1100 种，分布在各个海洋，其中有 30 多个品种有毒。在我国沿海有 60 多种海参，有 18 种是有毒的。多数具毒海参的内脏和体液中都存在海参毒素。当海参受到刺激或侵犯时，从肛门射出毒液或从表皮腺分泌大量黏液状毒液抵抗侵犯或捕获小动物。

（1）中毒机制　海参毒素是一类皂苷化合物，具有类似配糖体变态的羊毛甾醇。海参毒素具有强的溶血作用，这可能是脊椎动物中毒致死的主要原因。此外，海参毒素还具有细胞毒性和神经肌肉毒性。人除了误食海参发生中毒外，还可因接触由海参排出的毒黏液引起中毒。

（2）预防措施　食用海参前需在专业人员指导下，确认无毒后才可以食用。

二、两　栖　类

蟾蜍毒素：蟾蜍科有13个属，其中以蟾蜍属种类最多，全世界有250种以上。蟾蜍又叫癞蛤蟆，主要用作药材。它的形态与青蛙相似，但其背部为黑色，全身有点状突起。蟾蜍为两栖类动物，以肺呼吸，辅以皮肤呼吸。蟾蜍皮肤由表皮和真皮组成，具有保护、防御、感觉、防止水分蒸发、辅助呼吸等功能。在外界环境的影响下，真皮和表皮中的色素细胞可引起体色的改变，使体色与生活环境相适应，这种改变了的体色称之为“保护色”。

（1）中毒机制　蟾蜍的耳后腺及皮肤腺能分泌一种具有毒性的白色浆液。蟾蜍分泌的毒液成分复杂，有30多种，主要的毒性成分是蟾蜍毒素，在超剂量使用时将损害心肌，引起心率缓慢、心律不齐，最后导致心力衰竭而死亡。其病理变化主要表现为心脏呈舒张状态，心肌纤维断裂，外膜水肿及有出血斑点，心、脑、肺、肝、脾、肾和肾上腺血管显著扩张、充血等。

（2）中毒症状　主要表现为恶心、呕吐、腹胀、头痛、头晕、嗜睡、出汗，严重者抽搐、昏迷，甚至死亡。蟾蜍中毒的死亡率较高，而且无特效的治疗方法。

（3）预防措施

①不食用蟾蜍。

②如因治疗需要，应在医生的指导下食用，且食用量不宜过大。

③中毒后，应及时催吐、洗胃、导泻。

④中毒后，应补液，促进毒素的排泄，并给予维生素 B_1、维生素C等。

三、其他动物组织

1. 肾上腺皮质激素

在家畜中由肾上腺皮质激素分泌的激素为脂溶性类固醇激素。

（1）中毒机制　如果人误食了家畜肾上腺，会因该类激素浓度增高而干扰人体正常的肾上腺皮质激素的分泌活动，引起系列中毒症状。

（2）预防措施　加强监督，屠宰家畜时将肾上腺除净，以防误食。

2. 甲状腺激素

甲状腺激素是由脊椎动物的甲状腺分泌的一种含碘酪氨酸衍生物。甲状腺激素的理化性质非常稳定，在600℃以上的高温才可以破坏，一般烹调方法难以去毒。

（1）中毒机制　大量的甲状腺激素可扰乱机体正常的内分泌系统活动；还能影响下丘脑功能；使组织细胞氧化速率提高，分解代谢作用增强，产热增加，各器官系统活动平衡失调。

（2）预防措施

①屠宰家畜时将甲状腺除净，且不得与“碎肉”混在一起出售，以防误食。

②如果一旦发生甲状腺中毒，可用抗甲状腺素药及促肾上腺皮质激素急救，并对症治疗。

3. 动物肝脏中的毒素

肝脏是动物最大的解毒器官，动物体内各种毒素，大都经过肝脏处理、转化、排泄或结合，进入动物体内的细菌、寄生虫往往也在肝脏中生长、繁殖，因此患病动物的肝脏存在许多潜在的不安全因素，即便是健康动物的肝脏由于含有高胆固醇、高维生素 A，食用也须谨慎，特别是中老年人。

动物肝脏中的毒素主要是胆酸、牛磺胆酸和脱氧胆酸，其中，牛磺胆酸的毒性最强，脱氧胆酸次之。

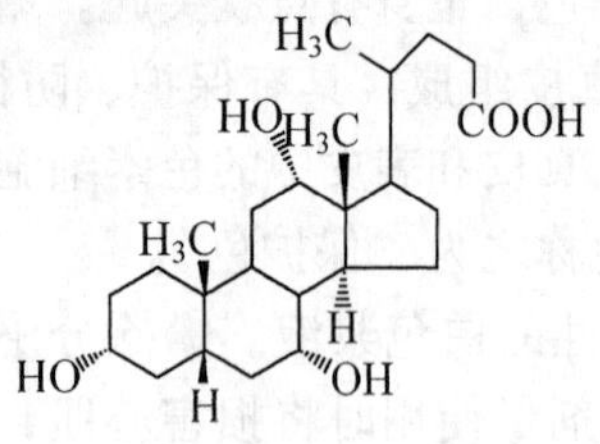

胆酸

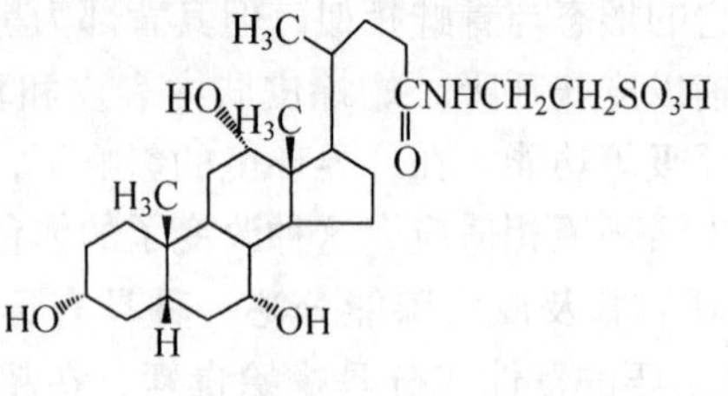

牛磺胆酸

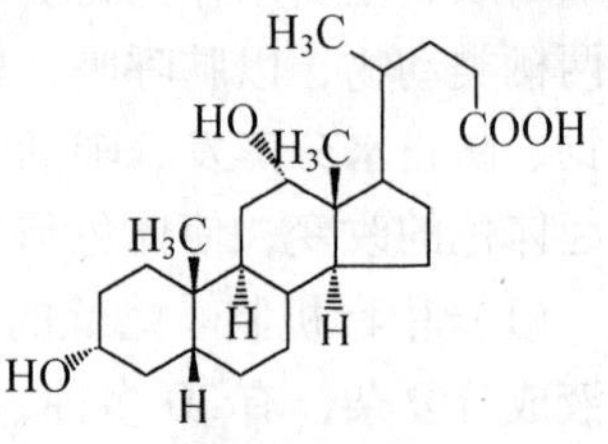

脱氧胆酸

（1）中毒机制　脱氧胆酸对结肠癌、直肠癌的发生有促进作用。此外，各种动物的肝脏中维生素 A 的含量都较高，在一般情况下，维生素 A 是不表现任何毒性作用的营养物质。当摄入量超过一定限度后，可能产生某些不良反应，甚至中毒。研究表明，人每天摄入100mg（约 3000IU）/kg 体重维生素 A 即可引起慢性中毒。

（2）预防措施

①要选择健康肝脏食用。若肝脏淤血、异常肿大，流出污染的胆汁或见有虫体等，均视为病态肝脏，不可食用。

②一次摄入的肝脏不能过多。

第三节　毒蘑菇和麦角毒素

一、毒 蘑 菇

蘑菇属真菌植物，我国的蘑菇种类繁多、形态各异、分布广泛。蘑菇含有多种氨基酸、糖和维生素，是人们喜爱的一种食物。目前，我国已鉴定的蘑菇有 800 多种，其中有毒蘑菇180 多种，但可能威胁人类生命的有 20 余种，而含有剧毒者仅 10 种左右。由于蘑菇生长条件不同，不同地区发现的毒蘑菇种类也不同，且大小形状不一，所含毒素也不一样。

（1）中毒机制　毒蘑菇的有毒成分十分复杂，一种毒蘑菇可以含几种毒素，而一种毒素又可以存在于多种毒蘑菇中。白毒伞、鳞柄白毒伞主要含有两大类毒肽，即毒肽和毒伞肽。这两类毒肽严重损害肝脏，对心、肾、脑等也有损害。毒肽一般包括一羟毒肽、二羟毒肽、三羟毒肽、羧基毒肽和苄基毒肽等化学结构不同的毒素。毒伞肽包括 α - 毒伞肽、β - 毒伞肽、γ - 毒伞肽、ε - 毒伞肽、三羟毒伞肽和一羟毒伞肽酰胺等。

（2）中毒症状　毒肽对人体的作用较快，大剂量的毒肽 1 ~ 2h 即可导致人死亡。而毒伞肽对人体的作用较慢，即使大剂量也不会在 15h 内死亡。

（3）预防措施　毒蘑菇中毒在绝大多数情况下是由于误食所造成的。虽然提高鉴别毒蘑菇的能力非常重要，但由于蘑菇的外部形态和内部结构都比较复杂，而且蘑菇种类繁多，目前对毒蘑菇和可食蘑菇的鉴别，除动物试验和分类学外，没有可靠的简易办法。

①在采集野生蘑菇时，需在有识别毒蘑菇能力的人员指导下进行。

②对一般人来说，避免误食毒蘑菇的有效预防措施是，绝不采集不认识的蘑菇。尤其是对一些色泽鲜艳、形态可疑的蘑菇应避免食用。

③已经确认为毒蘑菇时，绝不能食用，也不要将其喂给畜禽，以避免食物中毒。

二、麦角毒素

麦角毒素是麦角中的主要活性有毒成分，是以麦角酸为基本结构的一系列生物碱衍生物，如麦角胺、麦角新碱和麦角毒碱等。

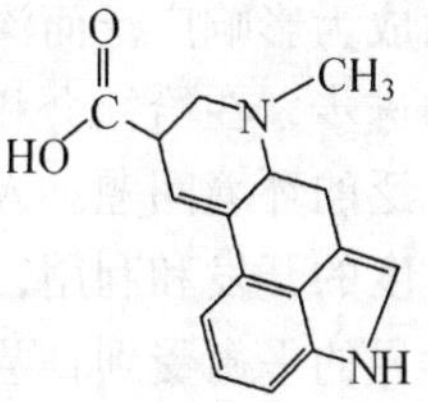

麦角酸

麦角是麦角菌侵入谷壳内形成的菌核，通常寄生于黑麦上，小麦、大麦、水稻、谷子、玉米、高粱等也可被侵害。麦角的毒性稳定，可保持数年不受影响。

麦角胺类和麦角毒碱类都不溶于水，只有麦角新碱类易溶于水。麦角生物碱可产生吲哚基的颜色反应，可在有氨水的碱性条件下溶于氯仿。

（1）中毒机制　氨基酸麦角碱类可直接作用于血管使其收缩，导致血压升高，使迷走神经兴奋，引起心动过缓；大剂量氨基酸麦角碱能损害毛细血管内皮细胞，导致血管栓塞和坏死，并能使肾上腺素的升压作用反转。人误食被麦角污染的食品后会引起麦角中毒症，通常食用含1%以上麦角的粮食即可引起食物中毒，含量达7%即可引起致命性食物中毒。

（2）中毒症状

中毒表现为三种类型：

①痉挛型：感觉疲劳、头昏、周身刺痛感、手脚麻木、四肢无力、胸闷和胸痛，有时出现腹泻，常持续数周，继而出现疼痛性抽搐和肢体痉挛。中毒患者病死率为10% ~20%。

②坏疽型：主要表现为四肢麻木，痛感、触觉消失，皮肤发黑、皱缩、干瘪变硬等。

③混合型：其临床表现兼有痉挛型和坏疽型麦角中毒的特点。

（3）预防措施

①加强田间管理，清除杂草及自生麦。

②不同作物轮作。

③选用不带菌核的种子或对麦角菌有抵抗力的农作物品种。

④清除麦收后留在麦田里的麦角。

第四章　环境污染与食品安全性

第一节　概　　述

当今，环境污染和食品安全均已成为影响广泛而深远的全球性和社会性的热点问题。随着人类科学技术的发展和物质文明的进步，在给社会和经济生活带来繁荣昌盛的同时，也带来了影响越来越严重、危害越来越广泛的环境问题。人类在改造客观世界、不断提高生活质量的同时，对环境与资源不适当或过度的开发和利用，使大气、水体、土壤和生物所遭受到的污染和破坏达到危险的程度，自然界的平衡受到日益严重的干扰，自然资源受到大规模破坏，严重影响着食品安全与人体健康，同时也制约了生产的发展。环境问题已经成为影响人类社会发展的首要问题。人们应该清醒地认识到环境是人类赖以生存和发展的物质基础，人类自身的生存环境远比暂时的经济利益重要。没有可持续发展的外部环境，人类发展、经济利益迟早要遭受严重挫折。

食品作为环境中物质、能量交换的产物，其生产、加工、贮存、分配和制作都是在一个开放的系统中完成的。在食品的整个生命周期链中，可能因环境污染因素使越来越多的有毒有害物质进入食品而使食品的营养价值和质量降低或对人体产生不同程度的危害，从而导致食品的不安全。

一、基本概念

1. 环境

在环境科学中，一般把围绕人类的周围事物，即直接和间接影响人类生活和发展的各种物质和自然及其能量的总体称为环境。所以，人类的环境包括两个范围：一个是自然环境，即大气、水体、土壤、生物等；另一个是生活环境，即经过人工创造的用于人类生活的各种客观条件。

2. 环境污染

环境污染是指人类活动中的物理、化学和生物的有害物质进入大气、水体和土壤，在自然环境中积累，其数量、浓度和持续时间超过了环境对这些物质的转化能力，以至于破坏生态平衡，引起环境质量下降从而对人类及其他生物的正常生存和发展产生不良影响的现象。

环境污染方面很多，人们可根据不同的认识侧面来加以分类。根据环境的结构单元，将环境污染分为：大气污染、水体污染、土壤污染、生态污染；根据污染物的形态，将环境污染分为：废水污染、废气污染、固体污染；根据污染物的性质，将环境污染分为：化学性污染、物理性污染、生物性污染、放射性污染等。

3. 食品污染

食品污染是指食品从原料的种植（养殖）、生长到收获、捕捞、屠宰、加工、贮存、运输、销售到食用前整个过程的各个环节，都有可能被某些有毒有害物质侵袭而造成食品安全性、营养价值和质量降低或对人体健康造成不同程度的危害。简言之，食品中混进了对人体健康有害或有毒的物质。

随着科学技术的不断发展，各种化学物质的不断产生和应用，有害物质的种类和来源也更为繁杂。食品污染大致可分为：①食物中存在的天然毒物；②环境污染物；③生物性污染；④食品加工、贮存、运输及烹调过程中产生的有害物质或工具、用具中的污染物；⑤滥用食品添加剂等。其中前四类问题都直接或间接与环境相关，而且环境污染物还被单列为一类，可见，环境污染已经成为威胁食品安全的很重要的因素之一。

二、环境污染物进入食品的途径

环境污染可以使环境中的物质组成发生改变，而且环境污染物可通过大气、水体、土壤和食物链等多种途径污染食品。环境中能够对食品安全造成影响的污染物是多种多样的，它们主要来源于工业、采矿、能源、交通、城市排污及农业生产，并通过大气、水体、土壤环境扩散、迁移、富集，通过食物链，转移到生物身上（见图4－1），影响人类饮食安全及生命健康。

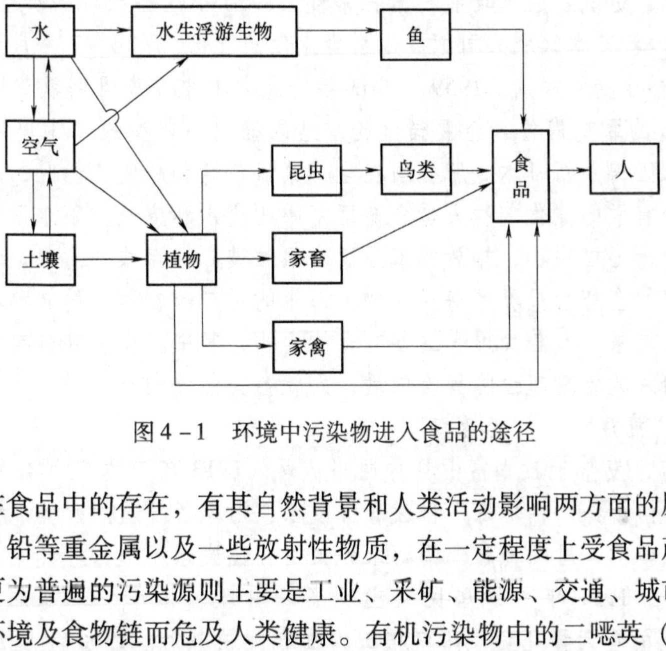

图4－1　环境中污染物进入食品的途径

环境污染物在食品中的存在，有其自然背景和人类活动影响两方面的原因。其中，无机污染物如汞、镉、铅等重金属以及一些放射性物质，在一定程度上受食品产地的地质地理条件所影响，但是更为普遍的污染源则主要是工业、采矿、能源、交通、城市排污及农业生产等带来的，通过环境及食物链而危及人类健康。有机污染物中的二噁英（PCDD/Fs）、多环芳烃（PAH）、多氯联苯（PCB）等工业化合物及副产物，都具有可在环境和食物链中富集，毒性强等特点，对食品安全性威胁极大。工业"三废"中的砷、镉、汞、铅等有毒元素及二氧化硫等有毒气体对环境造成的恶化使得食品加工原材料受到的污染日趋严重，特别是在工业发达的城市近郊地区，其生产的农产品中金属元素含量明显高出远郊地区。地理环境因素是影响食品安全的初级因素，没有安全的生产栽培环境，就生产不出安全的农产品。在人类环境持续恶化的情况下，食品中的环境污染物可能有增无减，必须采取更有效的对策加强治理。

［阅读材料］　由环境污染引发的食品安全重大事件

1. 废电池事件

1939年11月9日，日本神奈川县某脑科医院收留了一名神志不清的男子。这名男子发病初期时只是原因不明的面部浮肿，3d后浮肿蔓延至脚部，第8天开始视力减退，自言自语，不断哭泣，后发展为神志不清，因心力衰竭死亡。随后，死者同村居民中又接连出现了15名同样症状的“疯子”，这引起了医学研究人员的注意。经过神奈川县卫生研究所调查和尸体解剖，断定这些“疯子”都死于重金属中毒。日本有关部门对这起事件进行了详细的调查，发现死者生前都饮用了某商店周围3口水井的水。在距1号井5m内的地方挖出了380节已腐烂的废电池，顾客丢下的废电池集中埋在了后院，从而导致悲剧发生。

2. “水俣病”事件

1953—1956年，发生于日本熊本县水俣镇。1925年在水俣镇兴建新日本氮肥公司，后来扩建成合成醋酸厂。1949年开始生产聚氯乙烯，成为一个大企业。1950年，这里的渔村发现“猫自杀”怪现象，即有些猫步态不稳、抽筋麻痹，最后跳入水中溺死。随后，1953年在水俣镇渔民中出现了原因不明的中枢神经性疾病患者，发病前毫无征兆，发病初期突然表现出头疼、耳鸣、口齿不清、步态不稳、面部痴呆，后来耳聋眼瞎、全身麻木，继而昏迷、抽搐、神志不清、手舞足蹈及行动障碍等，严重者数日内死亡，轻者症状终生不退，可随时发作，只能以药物暂缓痛苦。经检查发现原来当地居民患了慢性汞中毒，中枢神经遭到破坏，体现为视觉、听觉、肌肉功能和精神紊乱。1956年这类患者增加至96名，其中死亡18人。1958年春，新日本氮肥公司把废水引至水俣川北部，在6~7个月后，这个新的污染区又出现18名同样症状的病人。1959—1963年研究学者才分离得到氯化甲基汞结晶这个导致“水俣病”发生的罪魁祸首，经喂猫试验，结果猫出现典型的“水俣病”症状，揭开了污染之谜。追查原因得知新日本氮肥公司在生产聚氯乙烯和醋酸乙烯时，采用低成本的水银催化剂工艺，将含有汞的催化剂和大量含有甲基汞的废水和废渣排入水俣湾中，水俣湾恰好是一个口袋形海湾，出口狭小，排放的工业废水很难被广阔海域的海水淡化，聚积在较为封闭的海湾内。海湾的鱼虾蟹贝类等海洋生物因海水的污染，食物链的转移和富集，体内积存了大量剧毒的重金属汞。人若食用了这些有毒的食物，其中相当一部分有害物质就会聚积在人身体内，当体内汞的含量超过临界点以后，人就会突然发病。

3. 骨痛病（“痛痛病”、“疼疼病”）事件

1955—1972年，发生于日本富山县神通川流域。1913年日本三井金属矿业公司在神通川上游开始炼锌，由于锌、铅冶炼厂排放含镉废水，污染了神通川水体。两岸居民利用河水灌溉农田，使稻米含镉，居民食用含镉稻米和饮用含镉废水而中毒。开始人们发现该地区的水稻普遍生长不良，1931年当地居民又出现了一种腰、膝等关节疼痛、骨折等的怪病。1955年神通川河里的鱼大量死亡，两岸稻田大面积死秧减产。1955年以后人们又相继出现此怪病，患者初期是腰、手、脚、背、膝关节等疼痛，随后遍及全身，身体各部位神经痛和全身骨痛，使人无法行动，以致呼吸都带来难以忍受的痛苦。到了患病后期，患者骨骼软化、萎缩，四肢弯曲，脊柱变形，骨质松脆，咳嗽都能引起骨折。这种病由此得名为“骨痛病”或“痛痛病”。

4. 腊夫运河事件

腊夫运河位于美国加利福尼亚州，是为修建水电站挖成的一条运河，20世纪40年代就已干涸而被废弃。1942年美国一家电化学公司购买了这条约1000m长的废弃运河，当作垃圾仓库来倾倒工业废弃物。这家电化学公司在11年间，向河道内倾倒各种废弃物达800万t，倾倒致癌废弃物达4.3万t。1953年，这条已被各种有毒废弃物填满的运河被公司填埋覆盖好后转赠给当地的教育机构。此后，纽约市政府在这片土地上陆续开发了房地产，盖起了大量的住宅和一所学校。厄运从此降临，从1977年开始，这里的居民不断发生各种怪病，孕

妇流产、儿童夭折、婴儿畸形、癫痫、直肠出血等。1987年这里的地面开始渗出一种黑色液体，引起了人们的恐慌。经有关部门检验，这种黑色污液中含有氯仿、三氯酚、二溴甲烷等多种有毒物质，对人体健康产生了极大的危害。

第二节 大气污染对食品安全性的影响

一、大气污染

大气污染对农业生态环境的影响和危害是人们极为关注的问题，已成为工业“三废”之首。各种形式的大气污染达到一定程度时，不仅直接影响农业生产，进入农用水域、土壤的污染物又间接危害植物、动物及微生物的生长，从而影响食品安全。

1. 定义

大气污染是指进入大气中的污染物和由它转化成的二次污染物在大气中的浓度超过了大气环境的容许量，直接或间接地对人类生活、生产和身体健康等方面产生不良影响的现象。

2. 污染物种类

大气污染物的种类很多，理化性质非常复杂，毒性也各不相同，主要分为有害气体（硫氧化物、氮氧化物、碳的氧化物、碳氢化合物、卤族元素及化合物等）和总悬浮颗粒物两大类。对农业生产危害较大的污染物是：硫氧化物（二氧化硫、三氧化硫、三氧化二硫、一氧化硫等）；氮氧化物（氧化亚氮、一氧化氮、二氧化氮、三氧化二氮等）；碳的氧化物（二氧化碳和一氧化碳）；碳氢化合物（甲烷、乙烷等烃类气体）；卤族元素及化合物（含氟气体、氟化物、含氯气体等）；总悬浮颗粒物（金属类飘尘、煤烟粉尘、矿物粉尘、酸雾等）。

3. 污染物来源及危害

大气污染物主要来源于矿物燃料（如煤和石油等）燃烧，工农业生产、交通运输中排放的有害物质，居民日常生活活动以及腐烂的动植物挥发等。

（1）悬浮颗粒物（TSP）污染　空气中总悬浮颗粒物是指飘浮于空气中的粒径小于100μm的微小固体颗粒和液粒，其中直径大于10μm的称为降尘，可因重力很快降落到地面。粒径小于10μm的称为飘尘，也称为可吸入颗粒物（PM_{10}或IP）。可吸入颗粒物因粒小体轻，能在大气中长期飘浮，飘浮范围从几公里到几十公里，可在大气中造成不断蓄积，使污染程度逐渐加重。可吸入颗粒物成分复杂，并具有较强的吸附能力，例如可吸附各种金属粉尘、强致癌物3，4-苯并芘、病原微生物等。

总悬浮颗粒物由天然及人为来源产生，它主要来源于燃料燃烧时产生的烟尘、生产加工过程中产生的粉尘、建筑和交通扬尘、风沙扬尘以及气态污染物经过复杂物理化学反应在空气中生成的相应的盐类颗粒。在我国甘肃、新疆、陕西、山西的大部分地区，河南、吉林、青海、宁夏、内蒙古、山东、四川、河北、辽宁的部分地区，总悬浮颗粒物污染较为严重。

悬浮颗粒物污染对健康的危害是多方面的、复杂的，主要包括导致呼吸不适及呼吸系统症状（例如气促、咳嗽、喘气等）、加重已有的呼吸系统疾病及损害肺部组织，还能直接接触皮肤和眼睛，阻塞皮肤的毛囊和汗腺，引起皮肤炎和眼结膜炎或造成角膜损伤。此外，悬浮颗粒物还能降低大气透明度，减少地面紫外线的照射强度，紫外线照射不足，会间接影响儿童骨骼的发育。

国家环境质量标准规定：居住区悬浮颗粒物日平均浓度低于0.3mg/m³，年平均浓度低于0.2mg/m³。

(2) 二氧化硫(SO_2) 污染　二氧化硫是一种常见的和主要的大气污染物，是一种无色有刺激性的气体。二氧化硫主要来源于含硫燃料（如煤和石油）的燃烧；含硫矿石（特别是含硫较多的有色金属矿石）的冶炼；发电、化工、炼油和硫酸厂等的生产过程。

当二氧化硫在大气中的浓度达到10%以上时就会强烈地刺激和腐蚀人的呼吸器官，引起气管和支气管的反射性挛缩，使管腔缩小，黏膜分泌物过多，呼吸阻力增加，换气量减少。严重时会造成喉痉挛，甚至使人窒息死亡。特别是当大气中的二氧化硫吸附在漂浮的金属粉尘中时，就能随粉尘侵入人体的肺泡。据研究报道二氧化硫有促癌作用，在二氧化硫和3，4－苯并芘的联合作用下，动物肺癌的发病率高于单个致癌因子的发病率。此外，二氧化硫进入人体时，血液中的维生素便会与之结合，使体内维生素平衡失调，从而影响新陈代谢。二氧化硫还能抑制和破坏或激活某些酶的活性，使糖和蛋白质的代谢发生紊乱，从而影响机体生长发育。

国家环境质量标准规定：居住区二氧化硫日平均浓度低于0.15mg/m³，年平均浓度低于0.06mg/m³。

(3) 氮氧化物(NO_X)、一氧化碳、碳氢化物的污染　大气中的氮氧化物、一氧化碳和碳氢化物主要来自汽车尾气、石油和煤燃烧的废气及大量使用挥发性有机溶剂等。

汽车是大气污染的移动污染源，使用汽油的机动车排放的污染物主要有氮氧化物、一氧化碳、碳氢化合物和四乙基铅等。汽车排出的氮氧化物95%以上是一氧化氮，一氧化氮进入大气后逐渐氧化成二氧化氮。二氧化氮是一种毒性很强的棕色气体，有刺激性。当二氧化氮含量达到一定程度时，在遇上静风、逆温和强烈阳光等条件，便参与光化学烟雾的形成。

氮氧化物主要是对呼吸器官有刺激作用。由于氮氧化物较难溶于水，因而能侵入呼吸道深部细支气管及肺泡，并缓慢地溶于肺泡表面的水分中，形成亚硝酸、硝酸，对肺组织产生强烈的刺激及腐蚀作用，引起肺水肿。亚硝酸盐进入血液后，与血红蛋白结合生成高铁血红蛋白，引起组织缺氧。一般地，当污染物以二氧化氮为主时，对肺部损害比较明显，二氧化氮与支气管哮喘的发病也有一定的关系；当污染物以一氧化氮为主时，高铁血红蛋白症和中枢神经系统损害比较明显。

一氧化碳通过呼吸道进入血液，与血液中的血红蛋白结合速度比氧气快250倍，阻碍氧与血红蛋白结合成氧合血红蛋白(HbO_2)，造成低血氧症，致使人体组织缺氧，影响中枢神经系统和酶的活动。患者轻者眩晕、头疼、恶心、乏力，重者脑细胞受到永久性损伤甚至死亡。长时间接触低浓度的一氧化碳对人体心血管系统、神经系统乃至对后代均有一定影响。

国家环境质量标准规定：居住区 NO_X 的日平均浓度低于0.10mg/m³，年平均浓度低于0.05mg/m³。一氧化碳日平均浓度低于4.00mg/m³。

(4) 化学性和生物性污染　大气中有害化学物质大部分是有机物，如多环芳烃及其衍生物等，小部分是无机物，如砷、镍、铍、铬等。在大气污染严重的城市，烟尘和汽车废气中，可检出30多种多环芳烃组分，其中3，4－苯并芘的存在比较普遍，致癌性也最强。20世纪50年代以来，各国城市居民的肺癌发病率和死亡率都在逐渐增高，而且显著高于农村。

大气的生物性污染物主要有花粉、一些霉菌孢子和病原菌。花粉、霉菌孢子由空气传播，能引起一些人的过敏反应。空气变应原可诱发鼻炎、气喘、过敏性肺部病变。抵抗力较弱的病原微生物在日光照射、干燥的条件下容易死亡，一般空气中数量很少；抵抗力较强的病原微生物，如结核杆菌、炭疽杆菌、化脓性球菌等，能附着在尘粒上污染大气，使人患肺结核等传染病。

二、大气污染对食品安全性的影响

大气污染物对农作物的危害种类很多。长期暴露在污染空气中的动植物由于有毒污染物降落，或通过沉降和降水而污染水体与土壤，然后被农作物吸收并富集于蔬菜、瓜果和粮食中，造成其生长发育不良或受阻，甚至发病或死亡，从而影响了食品资源的安全性，并通过食物和饮水在人体内蓄积，造成急慢性中毒。

1. 二氧化硫

二氧化硫是对农业危害最广泛的空气污染物。二氧化硫的危害主要是产生危害植物的伤斑以及形成酸雨。典型的二氧化硫伤害症状是出现在植物叶片的叶脉间的伤斑，由于二氧化硫破坏叶绿素，使植物叶片枯黄、脱落，树干枯死，水稻减产等。伤斑的形状为不规则的点状、条状或块状坏死区，坏死区和健康组织之间的界限比较分明。

水稻受二氧化硫危害时，如浓度较高，则表现急性危害，叶片先变成带有小白斑的淡绿色或灰绿色，随后全叶变白，叶尖卷曲萎蔫，茎秆稻粒也变白，形成枯熟，甚至全株死亡；如浓度较低则表现慢性危害，叶片伤斑呈褐色条状，似擦伤状，叶尖褐色，但不卷曲，谷粒失去固有金黄色而略呈褐色。二氧化硫对水稻的危害，以幼穗形成期至无花期最严重。

小麦受二氧化硫危害后，叶片症状与水稻相似，典型症状是麦芒变成白色，因此白麦芒可以作为鉴定微量二氧化硫存在的标志。

蔬菜受二氧化硫危害的症状主要发生在叶片上。叶片受害后呈现的颜色因蔬菜种类而异：叶片上出现白斑或黄白斑的有萝卜、白菜、菠菜、番茄、葱、辣椒和黄瓜；出现褐斑的有茄子、胡萝卜、马铃薯、南瓜和甘薯；出现黑斑的有蚕豆等。

果树受二氧化硫危害时，叶片多呈白色或褐色。梨树先是叶尖、叶绿或叶脉间褪绿，逐渐变成褐色，2～3d后出现黑褐色斑点；葡萄在叶片的中央部分出现赤褐色斑；桃树在叶脉间褪成灰白色或黄白色并落叶；柑橘在叶脉间的中央部分出现黄褐色斑点，同时叶片皱褶。

由于植物本身特性的差异，各种植物对二氧化硫的敏感程度不同，同一株植物的不同生育阶段对二氧化硫的敏感程度也不同，幼苗期和抽穗开花期比较敏感。国外研究报道，几种主要农作物的抗性指标为（在二氧化硫浓度为1.25mg/L的环境中处理1h出现受害症状的抗性指数为1.0）：大麦1.0，棉花1.0，紫苜蓿1.0，萝卜1.2，甘薯1.2，大豆1.5，小麦1.5，茄子1.7，苹果1.8，豇豆1.9，葡萄2.2～2.3，桃2.3，马铃薯3.0，玉米4.0，柑橘6.5～6.9，玉米花丝和花穗21.0。

2. 氟化物

氟化物是一类对植物毒性很强的大气污染物，在地壳中广泛而大量存在。对食品的污染主要分为两类：一类是生活燃煤污染型，这种类型的污染表现为对食品的直接污染。在一些高寒山区，气候寒冷潮湿，烤火期长，粮食含水量高，需煤火焙烤，但煤质低劣，高氟、高硫，空气含氟量高达0.039～0.5mg/m^3，在室内贮存、烧制的粮、菜被严重污染。另一类是工业生产污染型，凡使用的矿石中含有氟的工厂，如铝厂、钢铁厂、磷肥厂、玻璃厂和陶瓷厂都可排出氟化物，包括氟气、氟化氢、四氟化硅、氟硅酸和氟化钙微粒等，其中以氟化氢为代表，是国内外常见的危害植物的污染物。另外，火山活动也是大气中氟的来源之一。

氟化氢的排放量比二氧化硫小，但它对植物的毒害很强，比二氧化硫大10～100倍，而且相对密度比空气小，扩散距离远，往往在较远距离也能危害植物。氟化氢危害植物的症状与二氧化硫不同，植物受害后，主要是嫩叶、幼芽上首先发生症状，叶片退绿，叶尖或叶缘出现伤区，而不是在叶脉间。伤区与非伤区之间常有一红色或黑褐色的边界线，有的植物表现大量落叶。高浓度氟化物能在数小时内使叶片出现褐斑，并在1~2d内呈现枯萎状态。受害作物在生育后期受害较重，尤其在开花期受害，减产最为明显。

氟具有在植物体内富集的特点，在受氟污染的环境中生产出来的茶叶、蔬菜和粮食一般含氟量较高。受氟污染的农作物还会通过畜禽食物链，对人的食品造成污染。氟被吸收后95%以上沉积在骨骼里，使骨骼中的钙质减少，导致骨质硬化和骨质疏松。由氟在人体内的积累引起的最典型的疾病为氟斑牙（齿斑）和氟骨症（骨增大、骨质疏松、关节肿痛等）。

国家环境空气质量标准规定城市地区氟日平均浓度低于$7\mu g/m^3$。我国现行饮水、食品中含氟化物卫生标准为：饮水为1.0mg/L；大米、面粉、豆类、蔬菜、蛋类均为1.0mg/kg；水果为0.5mg/kg；肉类为2.0mg/kg。

3. 煤烟粉尘和金属飘尘

煤烟粉尘是空气中粉尘的主要成分。烟尘由炭黑颗粒、煤粒和飞灰组成，粒径一般在0.05~10μm之间。燃烧条件不同，产生的烟尘量不同，一般每吨煤产生4~28kg的烟尘。烟尘主要产生于冶炼厂、钢铁厂、焦化厂和供热锅炉等工矿企业密集等的烟囱附近，分散在居民家中的炉灶也是煤烟粉尘的主要来源。煤烟粉尘常以污染源为中心扩大到周围几百亩地区或下风向发展到几公里的区域。烟尘中大于10μm的煤粒常在污染源附近降落，在各种作物的嫩叶、新梢、果实等柔嫩组织上形成污斑。叶片上的降尘物能影响光合作用和呼吸作用正常进行，引起退色、生长不良，甚至死亡。果实在早期受害，被害部分木栓化，果皮粗糙，质量降低；在成熟期受害，则受害部分易腐烂。

金属飘尘是粉尘粒径小于10μm的颗粒，其中相当大一部分极其微小，甚至比细菌（0.8μm）还小，人的肉眼无法看到。飘尘能长时间漂浮于空中。随着工业的发展，排入空气的金属逐渐增加，如铅、铬、镉、锌、镍、锰、砷、汞等以飘尘形式污染空气。它们的毒性很大，对人类健康的危害，已超过农药和二氧化硫。这些微粒可沉积或随雨雪下降到地面，落到植物叶子上或进入土壤，部分通过叶片进入植物体内，部分通过土壤经根部吸收进入植物体内，并在植物体内富集，影响食品的安全性。如镉是低沸点元素，冶炼中很容易挥发进入大气，造成对农业的污染。土壤含镉太高，就会使农作物受害，土壤含镉达4~5mg/kg时，大豆、菠菜产量会下降25%，且吃了这种豆、菜，人畜体内会加大镉的积累量，影响人畜健康。

4. 沥青烟雾

沥青烟雾为一种红黄色的烟尘，产生于大规模的筑路及利用沥青作原料或燃料的工厂。沥青化学成分复杂，除含炭粒外，还含有多种有机化合物，如苯酚、萘和多环芳烃类的3，4-苯并芘等致癌物质。沥青烟雾给附近的农田造成高度污染。受沥青烟雾污染的作物，常常会沾染一层发黑、发黏的物质，给作物带来严重的危害，且一般不能直接食用。不应在沥青制品如油毡、柏油路上铺晒粮食、食品，以防止食品受到污染。

5. 酸雨

酸雨通常是指pH<5.6的酸性降水，被称为“空中死神”，是大气污染的一种表现。“酸雨”是通俗性名称，其准确叫法应为酸性沉降，既包括酸雨、酸雪、酸雾、酸冰雹等酸性降水，又包括空中的污染物以干物质的形式降落到地面后，与水分作用生成的酸。

酸雨起始于19世纪中叶，相继出现在英国、美国、瑞典、挪威，近十多年来危害日趋严重。目前，全世界有三大酸雨区：北美地区、欧洲地区、中国南方地区。中国大量使用煤炭燃料，南方使用的煤炭燃料又多为高硫煤，致使酸雨区的降水酸度仍在升高，面积仍在扩大，并有“北上东移”的倾向。

酸雨的形成机理非常复杂。酸雨的发生和浓度与大气污染程度成正比。煤炭等石化燃料燃烧时，排放的二氧化硫和氮氧化物等污染物与大气中的水蒸气结合，生成硫酸和硝酸，是酸雨物质的主要来源。酸雨对水生生态系统的影响是使淡水湖泊和河流酸化，水中的生物死亡。例如当 pH <4.8，鱼类就会死亡。酸雨可抑制生殖腺的正常发育，降低产卵率，杀死鱼苗，影响鱼类繁殖。酸雨还可使土壤和底泥中的有毒物质（如铝、锡、镍）溶解到水中，毒害鱼类。酸雨地区鱼的含汞量很大。酸雨对陆生生态系统也带来潜在的危害，使土壤酸化，破坏森林、植物的生长；可改变土壤的化学成分，发生淋溶，使土壤贫瘠。土壤 pH 降低可使锰、铜、铅、汞、镉、锌等元素转化为可溶性化合物，使土壤溶液中重金属浓度增高，通过淋溶转入江、河、湖、海和地下水，引起水体重金属元素浓度增高，通过食物链在水生生物以及粮食、蔬菜中积累，影响食品的安全性。

6. 氯气

大气中一般情况下氯气浓度很低，对植物的毒性也不强，很少对植物产生明显危害。但在化工厂、电化厂、制药厂、农药厂、玻璃厂、冶炼厂、自来水净化厂等企业偶然事故时，会有多量氯气逸散，使植物受到急性危害。氯气进入植物组织后，与水作用生成具有强氧化性的次氯酸，有较大破坏作用。其毒性虽不及氟化氢强烈，但比二氧化硫强2~4倍。氯气的急性危害症状与二氧化硫相似，伤斑主要在叶脉间出现，呈不规则的点状或块状，受伤组织与健康组织间无明显分界，同一叶上常常相间分布着不同程度的受害伤斑或会使其失绿黄化，有时呈现一片模糊。

各种植物对氯气的抗性不一，敏感植物有白菜、菠菜、韭菜、葱、番茄、菜豆、洋葱、冬瓜、向日葵、芝麻、大麦等；抗性中等的植物有甘薯、水稻、棉花、玉米、高粱、西瓜、马铃薯、茄子、辣椒、板栗、石榴、玉米等；抗性强的植物有枇杷、山桃、无花果等。植物的不同叶片对氯气的敏感程度也不同，与二氧化硫相似，以成熟的充分展开叶片最易受害，老叶次之，幼嫩叶不易受害，急性危害后，尖端的芽叶仍能继续生长，这与氟化物危害不同。

7. 复合污染物

大气污染时，实际上常常是两种或两种以上的污染物同时作用，造成对植物的伤害。例如，在工业区周围常被二氧化硫污染，由于汽车排气，又掺杂了氧化烟雾的污染。排放氟化氢的企业，往往同时有大量二氧化硫排出。同一工厂排出的废气中，也往往含有两种以上的大气污染物。由两种或多种污染物造成的危害称为复合污染。污染物间相互作用，对植物造成危害的总效果有几种情况：增放作用和相乘作用是指两种污染物同时存在时造成的危害，超过各种污染物单独存在时的总和，如二氧化硫和氟化氢或氧乙酰基硝酸酯常表现相加作用，二氧化硫与甲醛间有相乘作用。相减作用即有相互抵消，减轻危害的作用，如氯化氢和氨同时存在时，发生中和作用，生成氯化铵烟尘，从而对植物的毒性在一定程度上得以抵消。在植物的症状表现上，复合污染导致更为复杂的表现。

第三节　水体污染对食品安全性的影响

水是生命之源，是人和一切生物所必需的资源。在自然界中，大海、江河、湖泊、冰川以及地下水，构成了一个水的世界，科学家称它们为水圈。水圈和大气圈、岩石圈、生物圈等共同构成了一个完整的世界。随着工农业生产的发展和城市人口的增加，工业废水和生活污水的排放量日益增加，大量污染物进入河流、湖泊、海洋和地下水等水体，使水和水体底泥的理化性质及生物群落发生变化，造成水体污染。水体的污染给渔业和农业带来严重的威胁，不仅使渔业资源受到严重破坏，而且直接或间接影响农作物的生长发育，造成农作物减产，同时也给食品的安全性带来严重影响。

一、水体污染

1. 定义

水体污染是指由于人类的生活或生产活动改变了天然水的物理、化学或生物学的性质和组成，影响人类对水的利用价值或危害人类健康的现象。

水环境容量是指在不影响水的正常用途的情况下，水体所能容纳的污染物的量或自身调节净化并保持生态平衡的能力。水环境容量是制定地方性、专业性水域排放标准的依据之一，环境管理部门还利用它确定在固定水域允许排入污染物的量。

2. 污染物种类

水中的污染物通常可分为三大类，即生物性、物理性和化学性污染物。

生物性污染物包括生活污水、畜禽饲养场和医院等排放废水中的可引起传染病的流行和传播的病毒、病菌和寄生虫，如伤寒杆菌、痢疾杆菌、霍乱弧菌等。

物理性污染物包括悬浮物、各种油类物质（影响水的感官性状，阻碍水体复氧能力，破坏水的自净作用）、热污染和放射性污染。

化学性污染物包括无机盐（如酸、碱、盐等）、重金属（如汞、镉、铅、铬、砷、硒、矾等）、需氧性有机物、富营养化污染物（如氮、磷、钾等）、有机毒物（如有机氯化物、芳香胺类和多环有机化合物等）等。

3. 污染物来源及危害

污染物主要来源于工业生产排放的污水；城市生活污水；农业上喷洒农药及施用化肥等，被雨水冲刷随地表径流进入水体；固体废物中有害物质，经水溶解而流入水体；工业生产排放的烟尘废水，经直接降落或被雨水淋洗而流入水体；降雨和雨后的地表径流携带大气、土壤的城市地表的污染物进入水体；海水倒灌或渗透，污染沿海地区地下水源或水体；天然的污染源影响水体本底含量（例如，黄河中游河段有严重的砷污染，其原因是黄河含沙量的90%来自砷本底很高的黄土高原）。

水体污染对人体健康的影响主要有：

（1）引起急性和慢性中毒。水体受化学有毒物质污染后，通过饮水或食物链便可能造成中毒，如甲基汞、镉、砷、铬、氰化物、农药、多氯联苯等都能引起中毒。铅、钡、氟等也可对人体造成危害。这些急性和慢性中毒是水污染对人体健康危害的主要方面。

（2）致癌作用。某些有致癌作用的化学物质，如砷、铬、镍、铍、苯胺、3，4－苯并芘和其他的多环芳烃、卤代烃等污染水体后，可以在悬浮物、底泥和水生生物体内蓄积。长期饮用含有这类物质的水，或食用体内蓄积有这类物质的生物就可能诱发癌症。国内外医学研究表明，80%～90%的癌症直接或间接地与环境有关，据调查，饮用受污染水的人，肝癌和胃癌等癌症的发病率比饮用清洁水的高出61.5%左右。

（3）发生以水为媒介的传染病。人畜粪便等生物性污染物污染水体，可能引起细菌性肠道传染病如伤寒、副伤寒、痢疾、肠炎、霍乱、副霍乱等。肠道内常见病毒如脊髓灰质炎病毒、腺病毒、传染性肝炎病毒等，皆可通过水体污染引起相应的传染病。某些寄生虫病如阿米巴痢疾、血吸虫病、贾第虫病以及由钩端螺旋体引起的钩端螺旋体病等，也可通过水体传播。

二、水体污染对食品安全性的影响

水体污染引起的食品安全问题，主要是通过污水灌溉、污水养殖以及污染饮用水等方式造成的。污水中对食品安全影响较大的污染物主要有以下几种。

1. 富营养化污染物

富营养化污染指水流缓慢、更新期长的地表水面接纳了大量的氮、磷、有机碳等植物营养素而引起的藻类等浮游生物急剧增殖的水体污染。一般将海洋水面发生富营养化现象称为“赤潮”，将陆地水面发生富营养化现象称为“水华”。当总磷和无机氮含量分别在$20mg/m^3$和$300mg/m^3$以上，就有可能出现水体富营养化过程。

富营养化污染物主要来源于人和动物的排泄物，生活污水，降水和地表径流对磷灰石、硝石、鸟粪层等的冲刷以及农用化肥的流失，另外还来自化工、冶金、石油化工、油漆颜料、煤气、炼焦、鞣革、化肥等工业废水。

氮、磷、有机碳等富营养化污染物（尤其是磷元素）在水体中超量将会使水体质量恶化。主要表现为：水体感官指标下降、鱼类窒息或中毒死亡、影响作物生长、加速湖泊衰亡等。近期，我国近海时常受到赤潮的侵袭，内陆湖流也常有富营养化现象出现，如近几年太湖流域大规模爆发“蓝藻”，引起水质恶臭，市民生活用水受到很大影响。

2. 石油类污染物

石油是水体的主要污染物。石油的工业废水主要来源于石油的开采、炼制、储运、使用和加工过程。石油类污染不仅对水质和水生生物有相当大的危害，还会影响食品的品质。漂浮在水面上的油类可迅速扩散，形成油膜，阻碍水面与空气接触，使水中溶解氧减少，造成生物窒息作用。高浓度石油废水灌溉土地，生产的稻米煮成的米饭有汽油味，人们食用受石油废水污染的食品会感到恶心。油类含有多环芳烃致癌物质3，4－苯并芘等，可通过灌溉的土壤、植物根系吸收进入植物，在植物内积累，经水生生物富集后危害人体健康。石油污染对幼鱼和鱼卵危害极大，油膜和油块附着在幼鱼和鱼卵上，使鱼卵不能成活或致幼鱼死亡。石油使鱼虾类水产品产生石油臭味。

3. 酚类污染物

低浓度的酚主要来自粪便和含氮有机物在分解过程中的产物，高浓度的酚主要来自焦化厂、煤气厂、煤气发生站、石油炼厂、木材干馏、合成树脂、合成纤维、染料、医药、香料、农药、玻璃纤维、油漆、消毒剂、化学试剂等工业废水。

酚类属高度污染物，为细胞原浆毒物，低浓度能使蛋白质变性，高浓度能使蛋白质沉淀，对各种细胞有直接损害，对皮肤和黏膜有强烈的腐蚀作用。长期饮用被酚污染的水，可引起头昏、出疹、贫血及各种神经系统症状，甚至中毒。

植物本身含有一定量的酚类化合物，同时从含酚的水和土壤中吸收外源酚。低浓度酚促进庄稼生长，而高浓度酚抑制生长。灌溉水中含有的酚类物质会在作物中蓄积，使其具有酚的臭味，影响农作物产品的品质。酚在植物体内的分布是不同的，一般茎叶较高，种子较低；不同植物对酚的积累能力也有差别，积累能力顺序为：叶菜类 > 茄果类 > 豆类 > 瓜类 > 根菜类。酚还能使鱼贝类水产品产生异臭异味，降低其经济和食用价值。水中酚达一定浓度时可影响水生动植物的生存，高浓度的酚（尤其是多元酚）能抑制水中微生物的生长繁殖，甚至引起鱼类的大量死亡，并影响水体的自净作用。

用含酚浓度在 1mg/L 以下的污水灌溉，对作物、人畜比较安全。

4. 苯及其同系物

工业上在制造和使用苯的过程中，会产生含苯的废水和废气。苯及其同系物影响人的神经系统，轻则引起头晕、无力和呕吐等症状；剧烈中毒能麻醉人体，使人失去知觉，甚至死亡。用含苯 25mg/L 的污水灌溉农作物，小麦中的残留量在 0.10 ~ 0.11mg/kg，扁豆、白菜、西红柿、萝卜等蔬菜中苯残留量在 0.05mg/kg 左右。尽管蔬菜中苯的残留率较低，但蔬菜的品味下降，如用含苯 25mg/L 的污水灌溉的黄瓜淡而无味、涩味增加，含糖量下降 8%。

试验表明，污水含苯量在 5mg/L 以下，浇灌作物和清水浇灌无差异，不引起粮食、蔬菜污染。我国规定，灌溉水中苯的含量不得超过 2.5mg/L。

5. 氰化物

氰化物包括无机氰化物、有机氰化物和络合状氰化物。水体中氰化物主要来源于冶金、化工、电镀、焦化、石油炼制、石油化工、化肥、染料、药品生产以及化纤等工业排放的废水。氰化物具有强挥发性，易溶于水，有苦杏仁味，剧毒。氰化物经人体消化道或呼吸道进入肌体后，迅速被吸收，与高铁型细胞色素氧化酶结合，变成氰化高铁型细胞色素氧化酶，失去传递氧的作用，引起组织缺氧而导致中毒。急性中毒症状表现为呼吸困难、痉挛、呼吸衰竭导致死亡。氰化氢对人的致死量平均为 50μg，氰化钠约为 100μg，氰化钾约为 120μg。

我国规定，灌溉水中含氰 0.5mg/L 以下，对作物、人畜安全。世界卫生组织规定鱼的中毒限量为游离氰 0.03mg/L。

6. 污水中的金属

（1）重金属有毒污染物　环境污染方面所指的重金属主要指生物毒性显著的汞、镉、铅、铬以及类金属砷，还包括具有毒性的重金属铜、钴、镍、锡、钒等污染物。

在没有人为污染的情况下，水体中的重金属含量取决于水与土壤、岩石的相互作用，其值一般很低，不会对人体健康造成危害。但重金属矿山、冶炼、电镀、化工等工业废水和部分生活污水中含有大量重金属物质，如汞、铬、镉、铜、铅、砷等。废弃物堆放场受流水作用以及富含重金属的大气沉降物输入，都使水体重金属含量急剧升高，导致水体受到重金属污染。未经过处理的或处理不达标的污水灌入农田，会造成土壤和农作物的重金属污染。水体重金属污染物排放源主要集中在大、中城市，因此其主要危害人群也相对集中于城市地区。

不同作物对重金属吸收积累不同。水体中重金属对水生生物的毒性，不仅表现为重金属本身，且重金属可在微生物作用下转化为毒性更大的金属化合物；另外，经过生物链的生物放大作用，在生物体内成千上万倍地富集，通过食物进入人体，造成慢性中毒。

（2）金属有害污染物　主要指钙、镁、锰等金属离子对地下水的污染。钙、镁在水中的含量是构成水硬度的主要成分。饮用高硬度的水，特别是永久高硬度的水，不仅有苦、涩味，而且还可引起消化功能紊乱、腹泻等疾病。锰是人体必需元素之一，但人体吸收过多锰会产生慢性中毒，可引起震颤麻痹、肺炎、记忆力下降、心动过速等病症。

7. 污水中的病原微生物

受生活污水、医院污水及垃圾等污染的水中，常含有各种病原菌、病毒和寄生虫。其所产生污染的特点是数量大、分布广、存活时间长、繁殖速度快、易产生抗药性等，传统的二级生化污水处理及加氯消毒后，某些病原微生物仍能大量存活。许多人类和动物的疾病，是通过水体或水生生物传播病原的，如肝炎、霍乱、细菌性痢疾等。如 1988 年上海、浙江一带暴发的甲肝大流行，即是由于甲肝病毒污染了水体及其水生毛蚶引起的。

8. 其他

（1）无机有害物污染物　水中无机有害物污染物指亚硫酸根、硝酸根、硫酸根、磷酸根、氟离子、甲硫醇、二甲醇、硫化氢等。

（2）难分解有机毒物　主要包括有机氯农药、合成洗涤剂等。

第四节　土壤污染对食品安全性的影响

土壤是指陆地表面具有肥力、能够生长植物的疏松表层，其厚度一般在 2m 左右。土壤不但为植物生长提供机械支撑能力，并为植物生长发育提供所需要的水、肥、气、热等肥力要素，是地球上生命活动不可缺少的重要物质。土壤也是生态系统物质交换和物质循环的中心环节，它是各种废弃物的天然收容和净化处理场所。只有清洁的土壤，才能生产安全的食品。当前，食品安全问题越来越受到人们的重视，而我国土壤污染的总体形势比较严峻，已对生态环境、食品安全、百姓身体健康和农业可持续发展构成威胁，人们必须更深入地了解土壤，利用和保护土壤。

一、土壤污染

1. 定义

土壤污染主要是指人类在生产和生活过程中所产生的有毒有害污染物进入土壤并积累到一定程度，超过土壤的自然本底含量和土壤自净能力的限度，就会在土壤里积累，引起土壤的物理、化学和生物学性质发生改变，土壤质量恶化，降低农作物的产量和质量，并影响食品安全，危害人体健康的现象。

2. 污染物种类

凡是妨碍土壤正常功能，降低作物产量和质量，并通过粮食、蔬菜、水果等食物间接影响人体健康的物质，都叫做土壤污染物。土壤污染物的来源广、种类多，大致可分为无机污染物、有机污染物和病原体三大类。

无机污染物主要包括酸、碱、重金属（铜、汞、铬、镉、镍、铅等）盐类、放射性元素铯、锶的化合物、含砷、硒、氟的化合物等。

有机污染物主要包括剧毒和残留期长的化学农药、酚类、氰化物、石油、合成洗涤剂、多环芳烃等。

病原体主要包括由人畜粪便处理不当、垃圾堆放不妥、生活污水、工业废水和医院污水等未经无害化处理灌溉农田，或利用其底泥施肥等带来的有害微生物等，包括肠道致病菌、肠道寄生虫（蠕虫卵）、钩端螺旋体、炭疽杆菌、破伤风杆菌、肉毒杆菌、霉菌和病毒等。

这些病原体能在土壤中生存较长时间，如痢疾杆菌能在土壤中生存22～142d，结核杆菌能生存一年左右，蛔虫卵能生存315～420d，沙门氏菌能生存35～70d。

3. 常见的土壤污染类型及来源

（1）水型污染　主要是工业废水和生活污水污染土壤，是污染物进入土壤的主要途径。水型污染多是因用未经处理或未达到排放标准的污水灌溉农田造成的。有的农作物大量富集某些有害物质，致使人食用后引起中毒。如我国辽宁沈阳张士灌区由于长期引用工业废水灌溉，导致土壤和稻米中重金属镉含量超标，人畜不能食用，土壤不能再作为耕地。

（2）气型污染　大气中的污染物特别是颗粒物，沉降到地面进入土壤或经降雨沉降污染土壤，主要污染物有铅、铜、砷、氟和酸雨等。

（3）固体废弃物污染　固体废弃物直接进入土壤或其渗出液进入土壤，其中如垃圾、粪便、工业废渣、化肥、农药等污染土壤。土壤被某些重金属和农药污染后，有的被土壤吸附，有的变成难溶解的盐类，能较长期地残留在土壤中，且消除其危害十分困难。

（4）农业型污染　农药、化肥的大量使用，造成土壤有机质含量下降，土壤板结。此外，不合格的畜禽粪便肥料也造成土壤污染。由于畜禽饲料中添加铜、铅等微量元素和抗生素、动物生长激素等，使得许多未被畜禽吸收的微量元素和有机污染物随粪便排出体外，污染土壤环境。

4. 土壤污染的特点

（1）隐蔽性和滞后性　大气和水体污染等问题一般都比较直观，而土壤污染往往要通过对土壤样品进行分析化验和农作物的残留检测，甚至通过研究对人畜健康状况的影响才能确定。因此，土壤污染从产生污染到出现问题通常会滞后较长时间，一般不太容易受到重视。如日本的“骨痛病”经过了10～20年之后才被人们所认识。

（2）累积性　污染物在土壤中并不像在大气和水体中那样容易扩散和稀释，因此容易在土壤中不断积累而超标，同时也使土壤污染具有很强的地域性。

（3）不可逆转性　重金属对土壤的污染基本上是一个不可逆转的过程，许多有机污染物的污染也需要较长的时间才能降解，如被某些重金属污染的土壤可能要100～200年时间才能恢复。

（4）难治理性　大气和水体受到污染，切断污染源之后通过稀释和自净化作用有可能使污染问题不断逆转，但是积累在污染土壤中的难降解污染物则很难靠稀释和自净化作用来消除。土壤污染一旦发生，仅仅依靠切断污染源的方法很难恢复，有时要靠换土、淋洗土壤等方法才能解决，其他治理技术见效较慢。因此，治理污染土壤通常成本较高，治理周期较长。

二、土壤污染对食品安全性的影响

土壤污染除导致土壤质量下降，影响土壤生态系统的结构和功能，使农作物产量和品质下降外，更为严重的是土壤对污染物具有富集作用，并通过食物链进入人体和动物体中，引发癌症和其他疾病等，危害人畜健康。

1. 化肥

现代农业生产离不开化肥，但大量的、没有节制的、非科学地施用化肥不仅造成很大浪费，也使土壤板结、酸性加重，破坏土壤结构和生态系统，造成水土流失，污染周围环境，降低农产品的品质，给作物的食用安全带来一系列问题。据悉，目前我国化肥施用量大大高于发达国家设置的警戒线，是世界化肥平均用量的大约2.5倍。

化肥一般包含一种或多种植物所需的主要营养元素——氮、磷、钾。

（1）氮肥　氮肥的绝大部分是氨的衍生物，如硝酸铵（NH_4NO_3）、硫酸铵［$(NH_4)_2SO_4$］及尿素［$CO(NH_2)_2$］等。氮肥过多地施入土壤后，土壤和作物体中积累较大量的硝酸盐（施氮肥过多的蔬菜中硝酸盐含量是正常情况的20~40倍）。这种积累对作物本身无害，一般情况下食用是安全的。但作物在采摘、运输、存放、烹饪以及食用后，硝酸盐在细菌及酶等作用下还原成有毒的亚硝酸盐，并蓄积到较高的浓度时对人体会产生毒害作用。此外未被作物吸收的氮素随地表径流和灌溉水淋洗进入水体，成为水体富营养化的主要污染源之一。另外氮肥中的铵离子在土壤中会在硝化细菌作用下释放氢离子，导致土壤酸化，而且铵离子会置换土壤胶体上的钙离子，破坏土壤的结构。

不同蔬菜内的硝酸盐积累不同，据报道，蔬菜种类中的硝酸盐含量由高到低的顺序为：根菜类>薯蓣类>绿叶菜类>白菜类>葱蒜类>豆类>瓜类>茄果类。此积累还与天气条件、氮肥的形态等因素有关。蔬菜是人们食用较多且硝酸盐含量较大的食品，世界各国都在研究和筛选低富集硝酸盐的蔬菜品种，并通过控制氮肥的施用量和时间、调节营养元素平衡、制定标准和改变食用方式等措施，以减轻硝酸盐积累对人体的危害。

（2）磷肥　磷肥大多为磷酸盐，主要成分是氟磷灰石［$Ca_3(PO_4)_2 \cdot CaF_2$］。过量的磷肥会对果蔬中有机酸、维生素C等成分的合成以及果实形状、大小、色泽、香味等带来不良影响。另外，超量施用磷肥会造成少量磷肥流失进入水体，而磷是大多数水体富营养化的主要元素。

（3）化肥中的其他污染物　在化肥使用中产生的另一个环境问题是化肥中含有的其他污染物，随化肥的施用进入土壤，造成土壤和作物污染。

重金属元素是肥料中报道最多的污染物质。肥料中重金属含量一般是磷肥>复合肥>钾肥>氮肥。磷肥中含有较多的有害重金属，复合肥的重金属主要来源于母料及加工流程所带入。如磷石灰中除含铜、锰、硼、钼、锌等植物营养成分外，还含有砷、镉、铬、氟、汞、铅、钸、钒等对植物有害的成分。据日本调查，一些磷肥中砷的含量很高，平均达24mg/kg，过磷酸钙中砷的含量达104mg/kg，重磷酸钙高达273mg/kg。又如以硫酸为生产原料的化肥，在硫酸的生产过程中带入大量的砷，以硫化铁为原料制造的硫酸含砷量达490~1200mg/kg，平均为930mg/kg；铅室法制硫酸的含砷量也较高。由此引起以硫酸为原料的化肥如硫酸铵、硫酸钾的含砷量也较高。此外，磷肥含镉量为10~20mg/kg，含铅10mg/kg左右。因此长期施用磷肥会引起土壤的镉、铅积累。

化肥中的氟和钒也值得注意，如磷矿石或过磷酸钙中含氟达2%~4%，长期施用会导致土壤中氟的积累；茶树具有积累氟的特性，大量施用过磷酸钙肥料，会使茶叶中含氟量增高。钒在过磷酸钙中的含量也较高，每千克可达数十至数千毫克，造成土壤和作物中的含钒量增高。

有些肥料中还含有一些有机污染物，如氨水中往往含有大量的酚，特别是利用焦化废气生产的氨水，含酚量可达每升数千毫克，施用后，会造成土壤的酚污染，同时，造成农产品的品质下降，食品中含酚量较高且有异味。

2. 农药

化学农药是消灭畜植物病虫害的有效药物，在农林牧业的增产、保收和保存等方面起了很大作用。迄今农药的品种已发展到上千种，农药的使用量也急剧增加，成为决定现代化农业生产效率和提高产量的重要因素。但某些农药及其代谢物的理化性质稳定，在土壤中长期残留积累，当积累到一定程度，与土壤的自净效应产生脱节、失调，危及农业环境生物时，就会致使农作物及畜产品中出现微量的残留农药而污染食品，危害人体健康。

农药除了在生产过程中因“三废”的排放而污染环境外，还可在运输、贮藏、分装、零售等过程中发生污染。农药污染土壤主要是在农田喷施农药时。如农田喷粉剂时，仅有10%的农药附着在植物体上，喷施液剂时，仅有20%的农药附着在植物体上，其余部分，有40%～60%降落于地面，有5%～30%漂浮于空气中。落于地面上的农药又会随降雨形成的地表径流而流入水域或下渗进入土壤。喷施农药的作物是直接受污染者，动物是间接受污染者，动物的富集能力越强，受污染程度越严重。环境中的农药通过各种渠道进入人体，其中通过食物进入人体的农药量占约85%，其余通过呼吸和饮水进入人体。

进入土壤中的化学农药受到各种化学、物理和生物作用，并以多种途径进行反应或降解，不同类型的农药其降解速度和难易程度不同，因此农药在土壤中存留时间不同。农药在土壤中的存留时间常用两种概念来表示：半衰期和残留量，所谓半衰期是指施入土壤中的农药因降解等原因使其浓度减少一半所需时间；残留量指土壤中的农药因降解等原因含量减少而存留在土壤中的数量，单位是mg/kg。许多学者对农药在土壤中的持续性进行了测定，多数结果认为，有机氯类农药在土壤中半衰期最长，一般都有数年至数十年；其次是取代脲类和苯氧乙酸类等除草剂，一般在数月至一年左右；有机磷和氨基甲酸酯类杀虫剂以及一般杀菌剂的残留时间只有几天或几周，土壤中很少有积累，但也有少数的有机磷农药在土壤中的残留期较长，可达数月之久。

3. 土壤中的重金属

金属在土壤中大多呈氢氧化物、硫酸盐、硫化物、碳酸盐或磷酸盐等形式固定在土壤中。金属在土壤中的残留率很高，一般在90%以上。随着工业、城市污染的加剧和农用化学物质种类、数量的增加，土壤重金属污染日益严重，污染程度在加剧，面积在逐年扩大。重金属污染物在土壤中移动性差、滞留时间长，不能被微生物降解，并可经水、植物等介质最终影响人类健康。

人为作用是使土壤遭受重金属污染的重要原因。在金属矿床开发、城市化、固体废弃物堆积以及为提高农业生产而施用化肥、农药、污泥及污水灌溉过程中，都可以使重金属在土壤中大量积累。积累在土壤中的重金属可以通过淋溶作用进入水体，也可以通过种植等农业活动进入农作物，进而对人体及生态系统造成危害。

不同作物受重金属污染程度不同。从蔬菜污染方面看，各种蔬菜在同一环境下污染程度也有差别。例如，芹菜的重金属含量较多，番茄除镉稍多外，其他重金属含量较少；同是叶菜类，菠菜对重金属的吸收要高于青菜和甘蓝。从不同重金属元素来看，蔬菜的富集程度以镉最高，锌、铜次之，汞中等，铅、砷、铬最低。如果经土壤检测知道重金属含量偏高（并未超过允许含量），在蔬菜种类选择上应加以注意，尽量选用污染物富集量较少的蔬菜种类。

目前，有研究报道一些食物可以有效促进某些毒素的代谢。绿豆是驱除人体内各种重金属的最有效的食物；茶叶能加速人体内有害放射性元素的排泄，茶叶中的茶多酚和维生素C两种物质共同作用，能与较多的锶结合，包括进入骨骼中的锶也可以被吸收通过粪便排出体外；生大蒜和鸡蛋有驱铅解毒的作用；豆类及豆制品、花生能降低血液中的铅含量；牛奶及奶制品具有阻止铅吸收的作用；豆浆有加速人体内部放射性物质排泄的作用；胡萝卜有排汞的功能，其所含的果胶成分能与汞结合，有效地降低血液中汞离子的浓度，加速体内汞离子的排出。

4. 土壤中的有机物

目前我国土壤的有机物污染比较严重，对农产品和人体健康的影响已开始显现。如我国从1959年起在长江中下游地区用五氯酚钠防治血吸虫病，其中的杂质二噁英已造成区域性二噁英类污染，洞庭湖、鄱阳湖底泥中的二噁英含量较高。有机氯农药已禁用了20多年，土壤中的残留量已大大降低，但检出率仍然很高。同时，随着城市化和工业化进程的加快，城市和工业区附近的土壤有机污染日益加剧，多氯联苯、多环芳烃、塑料增塑剂、除草剂、丁草胺等，这些高致癌物质可以很容易地在重工业区周围的土壤中被检测到，而且超过国家标准多倍。

5. 污泥

污泥中含有丰富的氮、磷、钾等植物营养元素，常被用作肥料。但一些含有工业废水和生活污水的污泥中常含有某些有毒有害物质，如寄生虫卵、病原微生物、合成有机物及重金属离子等。污泥中重金属的种类和数量变化很大，主要取决于污水处理厂处理工业废水的情况。污泥中含有细菌和寄生虫卵，施用未杀菌的污泥易污染牧草和蔬菜，导致疾病的传播。由于污泥易于腐化发臭，颗粒较细，密度高，且不易脱水，若处理不当，任意排放，就会污染水体、土壤和空气，危害环境，影响人类健康。

6. 固体废弃物

固体废弃物可对环境造成多方面的污染，如果把固体废弃物直接倾倒入江河湖海，会造成对水体的污染；如果露天堆放遇到刮风，其尘粒就会随风飞扬，污染大气。固体废弃物在焚化时也会散发有毒致癌物的毒气和臭气，污染大气环境。堆放或填埋的固体废弃物及其渗出液会污染土壤，并通过土壤和水体在植物机体内聚集，进而进入食物链，影响人类健康。

电池中含有大量的重金属（锰、铅、汞）等，这些重金属可以水解。如果废电池被弃置在土壤中，就会逐渐被腐蚀，其中的重金属慢慢溢出，污染土壤和水源，再通过食物链，危害人体健康。

垃圾是生活中的各种固体废弃物。垃圾污染影响食品安全表现在两个方面：一方面是垃圾本身对食品的污染，另一方面是垃圾的利用。城市垃圾的成分十分复杂，含有大量的有毒有害物质，如其中的有机质会腐败发臭，易滋生蚊蝇、蟑螂、老鼠。来自医院、屠宰场、生物制品厂的垃圾常含有各种病原菌，处理不当会污染土壤、水体及农作物。垃圾堆肥中含有一部分重金属，施用于农田会造成土壤污染，进而使农作物籽粒中重金属含量超标。

第五节　放射性物质对食品安全性的影响

食品的放射性污染主要来自放射性物质的开采与冶炼、生产生活中的应用和排放，以及核爆炸和意外事故等，其中尤以半衰期较长的放射性核素的污染最为重要。放射性物质不仅对直接受污染的食品造成危害，而且会沿着食物链继续产生影响，最终对人体造成损害。因此，食品的放射性污染必须作为重要的危害因素进行控制。此外，随着辐照保藏技术在延长食品保存期中的应用，放射剂量和残留等问题也应该作为重要的考虑因素。

一、放射性污染的来源

食品可以吸附或吸收外来的放射性核素，当食品中的放射性高于自然界放射性本底时，称为食品的放射性污染。其来源有以下几点。

1. 天然放射性物质

天然放射性物质在自然界中分布很广，它存在于矿石、土壤、天然水、大气及动植物的所有组织中，特别是鱼贝类等水产品对某些放射性核素有很强的富集作用，使得食品中放射性核素的含量明显超过周围环境。

2. 核武器试验的沉降物

在大气层进行核试验的情况下，核弹爆炸的瞬间，由炽热蒸汽和气体形成大球（即蘑菇云），携带着弹壳、碎片、地面物和放射性烟云上升，随着与空气的混合，辐射热逐渐损失，温度渐趋降低，于是气态物凝聚成微粒或附着在其他的尘粒上，最后沉降到地面。

3. 核燃料循环的“三废”排放

原子能工业的中心问题是核燃料的产生、使用与回收，核燃料循环的各个阶段均会产生“三废”，能对周围环境带来一定程度的污染。

4. 医疗照射引起的放射性污染

目前，由于辐射在医学上的广泛应用，已使医用射线源成为主要的环境人工污染源。

5. 其他

放射性元素在工农业、科研和生活上的应用也会向环境排放一定量的放射性物质。辐射污染来源主要是：

（1）工业、医疗、军队、核舰艇或研究用的放射源，因运输事故、遗失、偷窃、误用，以及废物处理等失去控制，而对居民造成大剂量照射或环境污染。

（2）农业上含铀等放射性元素的磷肥，常使放射性物质在农作物中积累。

（3）一般居民消费用品，包括含有天然或人工放射性核素的产品，如放射性发光表盘、夜光表以及彩色电视机产生的照射，虽对环境造成的污染很低，但也有研究治理的必要。

二、放射性物质对食品的污染及危害

一般来说，放射性物质主要经消化道进入人体（其中食物占94% ~95%，饮用水占4% ~5%），通过呼吸道和皮肤进入的较少。而在核试验和核工业泄漏事故时，放射性物质经消化道、呼吸道和皮肤这三条途径均可进入人体并造成危害。

环境中的放射性物质大部分会沉降或直接排放到地面，导致地面土壤和水源的污染，然后通过作物、水产品、饲料、牧草等进入食品，最终进入人体。而各种放射性物质经食物链进入人体的转移过程，会受到诸如放射性物质的性质、环境条件、动植物的代谢情况和人的膳食习惯等因素的影响。

放射性物质在植物中的分布取决于植物的不同种类、不同器官以及植物的不同生长期。一些实验表明，^{90}Sr 在叶部含量最多，而果实和种子部分较少。^{137}Cs 分布要比 ^{90}Sr 均匀。在谷类中，外壳比可食部分 ^{90}Sr 含量要高。植物在不同生长期放射性物质的含量也有一定的差异。

放射性物质也可对水体造成污染。广阔的水域是核试验放射性物质的主要受纳体，也是核动力工业放射性物质的受纳体。水体中的水生生物对放射性核素有明显的富集作用，浓集

系数可达 10^3。有研究表明，浮游生物对放射性核素的富集能力最强，如紫菜对 ^{106}Ru 的吸收能力最强，其次是蛤蜊。海洋生物体内 ^{210}Po 的含量要比海水中高几百倍甚至上千倍，而且很难排出体外。从各国对海洋生物的放射性调查看，海鱼可食部分中对 ^{90}Sr 的吸收明显比藻类、甲壳类、软体动物低。

海洋生物和陆生的动植物都是人类主要的食物来源，对不同的放射性核素通过吸收、富集和转移，最终经食物链进入人体。进入人体的放射性物质，大部分不被人体吸收而排出体外，被吸收部分参与人体代谢，在人体内继续发射多种射线引起内照射。当人体内放射性物质达到一定浓度时，便能对人体产生损害，其危害性因放射性物质的种类、人体差异、浓集量等因素而有所不同，主要引起受害者头昏、疲乏无力、脱发、白细胞减少或增多、发生皮肤癌和白血病等恶性肿瘤、损害其他器官等。

自从人类利用核物质以来，已发生过多起核污染事故。1986 年发生在前苏联的切尔诺贝利核电站的核泄漏事故是最严重的核污染事故，其危害是令人触目惊心的。切尔诺贝利核事故严重影响了人们健康，尤其是对儿童的健康造成了无法弥补的损害。从这一核污染事故实例不难看出，放射性污染的影响或危害程度大，消除影响的时间长。

放射性物质的食物表面污染，可通过清洗等方法清除一部分。对核试验后放射性碘的污染调查表明，青菜经清洗后可去除放射性碘 50%，消毒后的牛奶可大大减少放射性物质的含量。但值得注意的是，甲状腺对碘的蓄积能力较强，调查表明，在远离核试验场几千公里的地方，羊甲状腺仍可富集到高浓度的放射性碘。

三、关于辐照食品的安全性

食品辐照就是将预包装或散装的食品暴露于受控水平下的电离辐射一定时间的处理过程。食品辐照在食品保藏或卫生方面杀灭有害的微生物和病虫害，以便保藏，并提供不经高温处理而保持新鲜状态的食品。食品辐照是世界卫生组织认可的一项技术，目前世界各国对食品辐照的认可和应用越来越广泛，消费者接受的程度也越来越高。对辐照食品的安全性，研究结果基本上是肯定的。然而，有关辐照食品安全性的进一步研究是食品安全和公共卫生方面不可忽视的问题。

剂量过大的放射线照射，因食物的种类、品种及照射的条件不同，在食品中所生成的有害成分和微生物变性所带来的种种危害是不同的。关于辐照食品的安全性，有以下几方面的问题值得考虑。

1. 感官质量

在早期使用高剂量的食品辐照灭菌中，食品风味和组织结构均发生令人不快的变化。研究表明辐射剂量在 1.5 ~ 2.5kGy 时即可导致食品风味变化，且随剂量增加风味变化加重。超剂量辐照过的肉制品风味很快丧失，甚至产生苦味或烧焦现象。牛奶高剂量辐照后也会产生焦苦味。

2. 营养成分

经辐照处理后食品中的大量营养素和微量营养素都会受到一些影响，蛋白质、脂肪、碳水化合物和纤维素被破坏或变性，存在营养价值降低的问题，特别是对维生素 A、维生素 E、维生素 K 及维生素 C 的破坏。对于食用量不大，营养成分和生物利用率变化小的辐照食品影响小些，而对那些只有单一辐照食品作为主要食物的地区来说，问题的严重性要大些。如果在人们的膳食中增加更多的辐照食品的比例时，就应确保食品不因辐射引起某些营养成分的损失而造成营养不足的积累作用，以保证膳食的安全性。事实上，辐射作用在规定剂量的条件下，不会使食品的营养质量有显著下降。

3. 有害物质的生成

经过辐照处理的食品是否生成有害成分或带来有害作用，特别是慢性病害和致畸的问题，有高剂量（大于 10^4Gy）辐照使食品产生有害物质的报道，而没有低剂量（小于 10^4Gy）的辐照使食品产生有害物质的报道。

4. 致癌物质的生成

关于多脂肪食品经照射后生成过氧化物和放射线引起化学反应产生的游离基等，是否有生成致癌性或致癌诱因性物质的问题，1968 年美国曾对高剂量辐照的火腿进行动物实验，观察到受试动物除繁殖能力及哺乳行为下降、营养阻碍因子生成、死亡率增大、体重增长率下降、血红细胞减少外，还观察到肿瘤的发生率比对照动物高，所以其安全性有很大怀疑。然而，中剂量（10^3 ~ 10^4Gy）、低剂量的辐照食品的实验，还未发现致癌物质。研究表明食品在推荐和批准的条件下辐照时，不会产生危害水平的致癌物。

5. 诱变物质的生成

食品辐照可能生成具有诱变和细胞毒性的少量分解产物，这些产物可能诱导遗传变化，包括生物学系统中的染色体的畸变。实验表明，用经过辐照的培养基来饲育果蝇其突变率增加，数代后死亡率增加。1966 年 Shaw and Hayes 研究发现，对培养物中加入最终浓度大于 0.2% 的辐射蔗糖后，机体白细胞培养物中有丝分裂速率严重降低，而且染色体的碎块增加。因为蔗糖是许多食品的天然组分和配料，因此值得引起足够的关注。

6. 食品中的诱导放射性

经过辐照处理的食品，由于处理过程中不与放射源直接接触，所以，一般不会沾染放射性物质。但是，是否带有放射能即感生放射性的危险性问题，曾引起很大的关注。对辐照食品使用的放射线，要求穿透能力大，以便使食品深处均能受到辐照处理，同时又要求放射能诱导性小，以避免被冲击的元素变成放射性。目前主要使用的食品放射线有 γ 射线、X 射线或电子束。不能排除照射在某一能级时，放射能有被诱导的可能性。目前食品辐射采用的射线和实用的放射剂量，诱导放射不会引起健康危害。

7. 伤残微生物的危害

已有实验证实，在完全杀菌剂量（4.5×10^{-2} ~ 5.0×10^{-2}Gy）下，微生物出现耐放射性，而且反复照射，其耐性成倍增长。这种伤残微生物菌丛的变化，生成与原来腐败微生物不同的有害生成物有可能造成新的危害，这方面的安全性也有待研究确认。

第六节　食物链的生物富集对食品安全性的影响

研究生物富集作用对于阐明污染物在生态系统中的迁移转化规律、评价和预测污染物对生态系统的危害，以及利用生物对环境进行监测和净化等方面均有重要意义。

一、基本概念

1. 生物蓄积

生物蓄积（bioaccumulation）是指生物有机体在生长发育过程中直接从环境介质或从所消耗的食物中吸收并积累外源化学物的现象。

2. 生物富集

生物富集(又称生物浓缩，bioconcentration)是指生物机体或处于同一营养级上的许多生物种群，从周围环境中蓄积某种元素或难分解的化合物，使生物体内该物质的浓度超过环境中浓度的现象。生物蓄积作用是生物富集作用的一种体现形式。

3. 生物放大

生物放大(biomagnification)是指在生态系统中，由于高营养级生物以低营养级生物为食，使某种元素或难分解化合物在生物机体中的浓度随着营养级的提高而逐步增大的现象。因此，生物放大是针对食物链（生物系统中的各种生物之间，以摄食和被摄食的关系逐级传递物质和能量，彼此呈相互依存的链状关系，称食物链）关系而言的。

直至20世纪70年代初期，不少科学家在研究农药和重金属的浓度在食物链上逐级增大时，多将这种现象称为生物富集或生物积累。直到1973年起，科学家们才开始用生物放大一词，并将生物蓄积、生物富集和生物放大三者的概念区分开来。研究生物放大，特别是研究各种食物链对哪些污染物具有生物放大的潜力，对于确定环境中污染物的安全浓度等，具有重要的意义。

4. 生物浓缩系数

生物浓缩系数(bioconcentration factor，BCF)是指某种化学物质在生物机体内的浓度与其在环境介质中的浓度之比值。即：$BCF = C_b/C_e$（C_b：某种元素或难降解物质在机体中的浓度；C_e：某种元素或难降解物质在机体周围环境中的浓度）。

生物蓄积、生物富集和生物放大所具有的生物浓缩能力都可以用浓缩系数BCF来表示。生物浓缩程度的大小与物质本身的性质以及生物和环境等因素相关。

二、生物富集机制与影响因素

生物富集主要取决于生物本身的特性，尤其与生物体内存在的可以和毒物相结合的某类物质的多少及其活性有关。在生物体内，凡是能和毒物形成稳定结合物的物质都能增加生物富集量。

1. 生物富集机制

污染物特别是重金属能和生物体内很多成分相结合而形成稳定结合物。例如，糖类分子中具有还原性的醛基，在还原性环境中可使重金属离子还原，导致活性下降而沉积；蛋白质及氨基酸，也具有和重金属以及有机污染物相结合的位点，在中性环境中，蛋白质往往呈阴离子状态，易与金属阳离子结合形成配合物；许多有机物都含有$—NH_2$、—SH、—OH等结合位点，这些基团也均能与金属结合成金属螯合物；核酸既含有磷酸根又含有碱基，属于两性电解质，在一定的pH条件下能够解离而带电荷，所以能与金属离子结合；脂类含有极性的羧基，能和金属元素结合而形成配合物或螯合物，把重金属等贮存于脂肪中。

生物体吸收环境中物质有三种情况：一种是藻类植物、原生动物和多种微生物等，它们主要靠体表直接吸收；另一种是高等植物，它们主要靠根系吸收；再一种是大多数动物，它们主要靠吞食进行吸收。在上述三种情况中，前两种属于直接从环境中摄取，后一种则需要通过食物链进行摄取。环境中的各种物质通过不同途径进入生物体内，经过体内的分布、循环和代谢等各项活动，其中，一部分生命必需的物质参加到生物体的组成中，多余的以及非生命必需的物质则很快地分解并且排出体外。不易分解、脂溶性较强、与蛋白质或酶有较高亲和力的，就会长期滞留在生物体内。如DDT和狄氏剂等农药、多氯联苯、多环芳烃和一些重金属，性质稳定，脂溶性很强，被摄入动物体内后即溶于脂肪，很难分解排泄而长期残留在生物体内。随着摄入量的增加，这些物质在体内的浓度会逐渐增大，导致生物富集。

2. 生物富集的影响因素

不同生物种类对同一外来物质蓄积能力不同，同一种生物对不同外来物质以及同一种生物不同器官对同一种外来物质的蓄积能力也不同。生物个体的年龄、体重、不同发育阶段、性别等，都会影响其对污染物质的吸收和富集作用。此外生物富集还与污染物的性质（污染物的分子结构、价态、存在形态、溶解度、物理化学和生物稳定性等）、污染物浓度、生物体不同器官富集的差异、环境因子的影响（如温度、湿度和光照等）有关。

总之生物富集或生物放大必须具备的条件是：①环境化学物质易为各种生物吸收；②进入生物体内的环境化学物质较难分解和排泄；③环境化学物质在生物体内富集和逐渐积累时，尚不致对该生物体造成致命伤害；④多通过食物链进行。

三、生物富集对食品安全性的影响

由于具有生物富集作用的污染物一般具有化学性质稳定而不易分解、在生物体内积累而不易排出等特点，所以，进入环境中的污染物即使是微量的，但因为生物富集作用随着食物链的延长而不断加强，也会使生物尤其是处于高位营养级的生物受到毒害，影响食品（如各种副食、肉类、鱼类尤其是贝类）安全性，甚至威胁人类健康。近年来，研究发现许多环境致癌物（如二噁英等）在环境中是极其微量的，但由于它具有难降解和生物放大作用，通过食物链转移，最终可导致对人群健康的危害。

具有生物富集作用的污染物主要是难分解的有机物和重金属等。

水体和土壤中的有机污染物会通过食物链发生传递和迁移，目前动物和人类自身都遭受有机污染物的污染和威胁。在有机污染物沿食物链传递和迁移的过程中，含量逐级增加，其富集系数在各营养级中均可达到惊人的程度。例如，几十年前DDT作为一种高效化学农药，曾经广泛用于防治害虫。DDT具有很高的物理化学和生物稳定性，能够随地球化学及人类活动迁移到地球的各个角落而不失去毒性。特别是DDT是脂溶性物质，在水中溶解度很低，仅为0.0002mg/L，但能大量溶解在脂类化合物中，其浓度可达100 000mg/L，比在水中的溶解度大5 000万倍。因此当这类污染物与生物接触时，能迅速地被吸收，并贮存在体内脂肪中，很难被分解，也不易被排出体外，而在体内大量积累。美国某地曾经使用DDT防治某湖内的孑孓，使该湖湖水中残存有DDT。经检测，湖水中浮游动物体内DDT的含量达到湖水的10 000多倍。该湖的小鱼吃浮游动物，大鱼吃小鱼，鱼鹰又吃大鱼，从而使DDT在鱼鹰体内的含量高达湖水的800多万倍。

另据报道DDT还曾危及美国的国鸟白头海雕，使之几乎灭绝。DDT对英国雀鹰的影响也是灾难性的，由于母鸟吃了富集DDT的小虫等食物，产下的卵壳太薄，使得小鸟在孵出之前就夭折了。

重金属如铅、汞、镉、铬等通过食物链的放大作用，对人和生物的危害也很大。

环境中的铅容易污染的食品主要是蔬菜。由于铅在土壤中以凝结状态存在，因此通过作物根系吸收量不大，主要是通过叶片从大气吸收。蔬菜中铅含量富集程度以叶菜最高，其次是根、茎类、果菜类。靠近公路两侧蔬菜的铅含量远远高于远离公路的蔬菜，这既说明含铅汽油是污染源，也说明了铅的放大途径。

汞主要蓄积于鱼体脂肪中，鱼是汞的天然浓缩器，鱼龄越大，体内富集的汞就越多。典型的事例是20世纪50~70年代发生在日本的水俣湾公害事件。当时的调查表明，甲基汞在水俣湾海水中的浓度仅为0.01μg/L，而浮游生物体内的甲基汞浓度为0.01mg/kg，其浓缩系数达到了1000；以浮游生物为食的小鱼体内的甲基汞浓度为0.1mg/kg，中型鱼为0.3~0.5mg/kg，大型鱼为1~10mg/kg，其浓缩系数分别为10^4、(3~5)$\times 10^4$和10^5~10^6，人吃了含有大量甲基汞的鱼而引发了甲基汞中毒事件。一般来说，食肉鱼体（如鲶鱼等）内汞含量大于食草鱼，吃鱼的鸟在体内蓄积的汞更多。所以选择鱼的消费时也应当多选食草鱼、淡水鱼。消费者更不能把那些吃鱼的鸟类当作野味来消费。

镉是通过水生生物的养殖进入食品链的。海产品中镉的含量是海水的4 500倍。典型的事例是20世纪50~70年代发生于日本的“骨痛病”事件。作物的根系也可吸收土壤中的镉，镉污染地区的蔬菜、粮食等食品中的镉含量远高于无污染地区。不同作物对镉的富集程度不同，比如蔬菜中镉含量顺序按浓缩系数大小排列为：芹菜叶>菠菜>莴笋>大白菜>油菜>小白菜>芹菜茎>韭菜>茄子>圆白菜>黄瓜>菜花。这可以作为人们消费食物时避免有害重金属元素生物放大作用的一个参考。

海洋生物对铬有富集作用，通过富集和食物链的作用，动物食品中的含铬量比植物食品高，如鱼、猪肉、蛋为0.1~0.5mg/kg，蔬菜和水果均在0.1mg/kg以下。

四、如何减少生物富集的危害

为了有效防止有害物质通过食物链的生物放大作用造成对人、生物和环境的污染，必须采取一定的措施从源头上减轻食品的污染。

首先是要控制污染源，减少对环境的污染。比如，对于铅的污染，除了使用无铅汽油以减少污染和铅在食物链中的富集放大外，还应禁止在冶炼厂附近等铅污染严重的地区种植富集铅的作物。另外，要最大限度地减少化学农药使用量，加强植保技术推广；大力研究开发农药新品种，使用高效、低毒、低残留农药，最大限度地击中靶标生物而避免危及环境；高度重视生物防治技术的研究和推广应用。

其次，防止有害物质的生物富集作用可通过培植或发现对污染物有较高降解效能的菌株、植物，用于对土壤、水、肥的净化处理。美国拉尔夫·彼特等人在实验室培育出14个酵母和细菌菌株，专“吃”对环境有害的化学物质，将污染物转化为CO_2、水和其他无害化合物。而经特定有机化合物驯化的活性污泥，可降解多种近似的化合物。例如用苯胺驯化的活性污泥，除可降解各种取代基的苯胺外，还可降解苯、酚及10多种化学物质。我国研究人员也发现，我国的蜈蚣草能对多种重金属有强大的吸毒作用，它富集砷的能力高于其他植物二三十万倍，富集镉的能力也超过国外最受推崇的遏蓝菜。

第三，在有效的科技手段还未使用之前，一般公众在饮食消费时应当掌握一些作物富集有害物质的知识，做到有选择地消费食物，从而减少对身体的危害。比如，尽量消费淡水鱼和草鱼，不吃野味，尤其是以鱼为食的野鸟，对蔬菜的选择应考虑它们对重金属的富集系数等。

第七节　环境内分泌干扰物简介

环境内分泌干扰物的相关研究始于20世纪30年代，研究学者发现了羟基联苯化合物具有雌激素活性。20世纪40年代4，4’-二羟基二苯烷烃的雌激素活性得到进一步证实。20

世纪80年代发现了多种野生动物生殖发育异常，诸如英国南部泥鳅同具雌雄两套生殖系统等。1995年，美国明尼苏达州中学生发现多种具有3、5、6条腿及独眼的畸形青蛙等。经调查、实验研究发现环境中有的外源性物质进入动物或人体后，能模拟动物或人体内的内分泌激素功能，起到干扰动物正常生长代谢的作用，引起不良健康效应，这类物质统称为环境内分泌干扰物。近年来环境内分泌干扰物对人类健康和生态环境的影响一直是各国科学家和公众关注的焦点。美国环保署已经将内分泌干扰物列为高度优先研究和控制的污染物，并于1999年开始实施内分泌干扰物筛选行动计划，组织筛选环境中具有雌激素活性或能阻断雌激素活性的化学物质。英国环保部将内分泌干扰类物质的生产和排放加以控制，如禁止壬基酚、聚氧乙烯醚类表面活性剂的使用等，并于2000年实施内分泌干扰物的研究行动计划。我国对环境内分泌干扰物的研究正处于起步阶段。

一、环境内分泌干扰物的概念

环境内分泌干扰物（Environmental Endocrine Disruptors，EEDs）亦称为激素类似物(hormoneminetics)，是指存在于环境中并能干扰生物体内天然激素的合成、分泌、运输、结合、反应和代谢的外源性化学物质。它们表现出拟天然激素或抗天然激素的作用，通过干扰生物体的内分泌与生殖系统的正常功能，引起中毒或在较低的接触水平即对心、肺、肝、肾、性腺等器官产生危害而致病。

环境中内分泌干扰物含量往往较低，符合当前环境质量标准或者尚未进入监测范围，但由于不易降解，可通过生物链的富集浓缩，多数以食品中的残留形式经过人体的消化道、呼吸道或皮肤进入体内，引起多系统功能的改变。还可在母体脂肪中残留，通过胎盘传递给胎儿。所以EEDs对人类及生物乃至后代的内分泌系统的影响是潜在和显著的，即使在“可接受”的低浓度下，这些化合物仍对各生态系统造成显著影响。

二、环境内分泌干扰物的来源与分类

1. 环境内分泌干扰物的来源

环境内分泌干扰物包括许多化学结构、来源以及用途不同的化合物。这些物质广泛存在于自然界，通过工业生产，垃圾和塑料制品的焚烧，日常生活中如清洁剂的使用，农药的残留等途径污染水源、土壤、空气。主要包括以下几个方面。

（1）垃圾燃烧、汽车尾气、烹饪油烟等。

（2）农业生产　杀虫剂如滴滴涕（DDT）、聚氯双酚（PCB），防霉剂如文克唑啉等。

（3）工业生产　固体废弃物、垃圾填埋物；造纸厂排放物；重金属；用于食品包装的塑料烷基酚、壬基酚及食品级的氯化聚维尼纶；油漆；自来水厂对地表水加氯消毒的副产物邻苯二甲酸酯类物质（DBPs）等。

（4）医疗用药　激素类药物（雌激素、乙烯雌酚、安体舒通、皮质醇等）以及服用者的排泄物进入到生活废水，再进入生物链。抗真菌药物（如酮康那唑）、抗甲状腺药物（丙基硫氧嘧啶）、水杨酸类药物、碘、解毒剂等。中草药中的植物激素、毒素。

（5）自然环境中原有的（如天然的植物激素、动物激素及其微生物代谢物）和火山爆发等自然现象产生的。

（6）其他　化妆品、洗涤剂、稀释剂、消毒剂、电子产品中的电路板、化工产品（含甲基苯、苯胺、酚、烷基类、硝基类化合物）等。因此，人类有广泛接触环境内分泌干扰物的可能性，这些化学污染物会通过直接或间接作用对人类生殖系统产生影响。

2. 环境内分泌干扰物的分类

现已证明的环境内分泌干扰物有80余种，按其来源可以分为天然雌激素、植物性雌激素、动物雌激素、人工合成雌激素等。

（1）天然雌激素　天然雌激素指动物和人体内天然存在的雌激素。雌性动物及女性体内雌激素主要来源于卵巢，经过合成、分泌与相应靶细胞胞浆受体结合发挥效应，主要作用是促进子宫与卵巢发育，促进卵泡发育成熟。天然雌激素主要包括雌二醇、雌酮和雌三醇，其中以雌二醇作用最强。

（2）植物性雌激素　植物性雌激素是一组在植物中天然存在、本身或其代谢产物具有与雌激素受体结合诱导产生弱雌激素作用的非甾体结构为主的植物化学物。目前已知至少有400多种植物，含有具有生物活性的雌激素样物质。人类食物中植物性雌激素主要存在于豆科植物中，如大豆含丰富的异黄酮和香豆雌酚，豆芽中含丰富的拟雌内酯。另外在种子和干果中植物激素含量也较高。适量的植物性雌激素有利于人体的健康，但对于孕妇和婴幼儿若食用量较大，其安全性有待研究。真菌雌激素主要是指由真菌产生的具有类雌激素活性的物质，如2，4-二羟基苯甲酸内酯、玉米赤霉烯酮等，这类物质经常污染谷物和玉米，从而进入人和野生动物体内产生内分泌干扰作用。与其他类环境内分泌干扰物相比，其半衰期短，在人体内蓄积时间较短。

（3）动物性雌激素　通过生物界内食物链蓄积效应，多种雌激素存在于动物体内，人类服用后，在体内产生类似天然雌激素效应。过量的雌二醇摄入可能来源于肉类食品中的类固醇。同时被动物饲料添加剂喂养的动物体内含有较高浓度的雌二醇，并且在肉品加工过程中对这些已存在于动物体内的雌二醇激素的结构浓度方面的影响很小。因此，儿童在长时间食用过多这类肉品后诱发性早熟。

（4）人工合成雌激素　这类物质常被作为药物使用，口服避孕药和一些用于促进家畜生长的同化激素，如已烯雌酚（DES）、已烷雌酚（Hexestrol）、炔雌醇（Ethinyl Estradiol）、炔雌醚（Quinestrol）等。这类雌激素为脂溶性化合物，不容易通过生物而降解，近年发现其对雄性生殖系统不良影响的报道最多。

（5）环境化学污染物　目前发现具有雌激素作用的环境化学污染物有杀虫剂、杀菌剂、除草剂；多氯联苯；二噁英；芳香烃；非离子表面活性剂；烷基酚类（壬基酚、辛基酚）；聚氧乙烯醚；有机锡；双酚A（BPA）；3，9-二羟基苯蒽（汽车尾气）；抗氧化剂（4-丁羟基茴香醚）；增塑剂（邻苯二甲酸酯、4-羟基-烷基苯酚）；重金属：铅、镉、汞等。

三、环境内分泌干扰物的生物学特点、作用机制与生物学效应

1. 生物学特点

（1）化学性质稳定　在体内外均不易分解。

（2）半衰期长　大多数为脂溶性的，通过食物链进入人体，在脂肪组织内蓄积，不易排出或不排出，但二噁英在环境中受光照可降解为无害物质。

（3）具敏感性　作用同体内天然雌激素，极微量就可以发挥作用。可以通过下丘脑-垂体-性腺轴对机体产生类似雌激素效应。在环境内分泌干扰物中，模拟雌激素作用的化学物最多，又称为“环境雌激素”。该类物质在结构或功能上与内源性雌激素相似，能够影响生殖系统的发育。且环境内分泌干扰物进入靶细胞后，与体内激素竞争甾类受体结合，形成

激素-受体复合物，再进入细胞核与DNA结合，从而改变细胞功能。一种环境内分泌干扰物可以同时影响多个甾类信号通路，可以与雄性激素某个有关基因呈现协同作用。激素及其受体的改变和雌雄激素受体相互的转录因子的改变都有可能导致激素致癌。

2. 作用机制

外源性内分泌干扰物对激素与其受体的正常结合作用的协同和拮抗是内分泌干扰物作用的基本机制。其影响方式有以下5种。

（1）与体内激素竞争性结合受体。

（2）直接结合靶细胞受体。

（3）阻碍体内激素与受体的正常结合，阻断激素信号在细胞、组织和器官间的传递。

（4）对激素的合成、活化、释放、转运和清除产生影响。如三丁基烯通过抑制芳香化酶或抑制睾酮的代谢与分泌来抑制雄激素向雌激素的转化。

（5）影响激素受体的合成或在体液中的浓度水平。另外，内分泌系统与神经系统、免疫系统和生殖系统相互影响、相互制约，内分泌系统紊乱可导致其他系统受到损害，从而引起免疫毒性、神经毒性和致癌。

目前，对环境内分泌干扰物作用机制了解不多，但一种作用可以有多个机制，涉及多个器官，环境内分泌干扰物有选择地和特异性地与类固醇受体相互作用，与性激素结合蛋白相互作用。因此，必须通过整体动物试验来研究作用机制。研究环境内分泌干扰物的不良健康效应，除剂量外还需考虑吸收、代谢、排泄、化学物相互作用、生物富集等方面。

3. 生物学效应

（1）有利效应　多数环境内分泌干扰物质对人类是有害的，也有一部分对人类的健康有益。研究表明，植物雌激素对妇女健康有益。大豆异黄酮对激素相关疾病有预防作用，它对乳腺癌、前列腺癌等的发生、发展具有显著的防治效果，可以改善治疗更年期综合征、骨质疏松，降低心血管疾病的危险性，增加骨密度等。

（2）有害效应　研究表明，环境内分泌干扰物对处于发育阶段的各类动物有明显的干扰效应。某些环境内分泌干扰物的暴露，对某些野生生物种群产生了有害效应。这些效应变化很大，可以从细微生理变化种属性行为改变，到持久性的性别变异。美国西北部、东南亚等地雄性腹足类变为不育的雌性；日本也发现了雌性贝类长出了雄性器官；在英国，雄性虹鳟鱼体内发现了通常只有雌性虹鳟鱼肝脏中才有的卵黄蛋白。

就人类而言，大量实验以及流行病学的调查结果表明，环境内分泌干扰物对雌激素、睾酮、甲状腺素、儿茶酚胺等呈显著干扰效应，是人类生殖障碍、出生缺陷、发育异常、代谢紊乱以及某些恶性肿瘤发病率增加的原因之一。其不良效应主要有以下几个方面：①男性性腺发育不良，性激素分泌量及活性下降，精子数量和质量下降。隐睾、阴茎发育不全、尿道下裂等生殖器官发育异常。②女性青春期提前、月经不调、流产、异位妊娠、子宫内膜增生、卵巢早衰、子宫内膜异位等生殖系统病变。③乳腺癌、子宫内膜癌、卵巢癌、睾丸肿瘤、前列腺癌等生殖器官癌性病变。④影响子代的神经系统，造成胎儿及哺乳期婴儿疾患、出生缺陷和生长发育障碍、免疫功能下降、智商降低等。因此内分泌干扰物的污染已经威胁到野生生物和人类的健康生存和持续繁衍。

值得注意的是，虽然上述在人类和野生动物身上发现的不良效应与内分泌干扰物暴露有关，但是尚没有足够的证据能够在两者之间建立因果关系。特别是对人类而言，还要进行大量的实验室研究以及病例对照和回顾性流行病学研究，收集足够的资料证明内分泌干扰物暴露与各种不良反应之间是否有因果关系。

四、环境内分泌干扰物的分析检测方法

1. 气相色谱和质谱连用的方法（GC－MS 方法）

有机污染物一般极性小、沸点低，因此在对环境中的有机污染物分析时，一般首选 GC－MS 方法，并且 GC－MS 方法具有很高的灵敏度。

2. 高效液相色谱和质谱连用的方法（HPLC－MS 方法）

GC－MS 方法在直接测定双酚 A、氯酚、雌二醇等含羟基的有机物时比较困难，有时需要衍生化，分析过程复杂，所以 HPLC－MS 方法受到科学家的关注并进行了大量的研究。

3. 等离子体－质谱分析方法（ICP－MS 方法）

主要是对环境中的金属离子或金属有机化学物进行测定。利用电感耦合等离子体作为离子源，后经质谱分析仪分析测定。

4. 酶联免疫吸附法

用竞争结合法测定环境污染物等低分子化合物。利用相结合的抗体的量与待测物质的浓度的比例关系来求得待测物质的浓度。免疫测定法以酶免疫测定为主体，以抗体为载体，利用介入酶反应测定吸附于载体上与抗体结合的抗原量，即酶联免疫吸附法（ELISA）。酶促反应的生成物可用比色法、荧光法或化学发光法测定。

环境内分泌干扰物与人类健康的关系越来越受到人们的重视，不断有新的发现和报道。但目前环境内分泌干扰物对人类健康影响及其机理的研究成果大都处于假设阶段，多数结论只是来自以老鼠为主的实验动物，这些研究结论是否也适应于人类自身还不能肯定。少数以人为对象的研究尚不够系统和深入，一方面，有关环境雌激素对人体的影响多数以局部人群为基础，是否具有普遍意义还不能给以定论；另一方面，目前有关环境雌激素的争论还存在焦点：动物年龄、性别、遗传结构、摄食剂量、摄食方式（呼吸、口服）等因素与环境雌激素毒害的关系，环境雌激素对人行为及智力的影响，环境雌激素对其他内分泌系统的影响等。而且有很多的研究，由于测量方法和分级标准不统一，人体内蓄积方式不同以及其他方面的差异，却得出相反的结论。因此，还有很多的工作要做。

目前，对这项工作急需要解决的问题主要有：

（1）改进或探索环境和生物材料中的内分泌干扰物的定量方法，这是进行环境内分泌干扰物污染状况调查及人群暴露研究的基础。

（2）快速、灵敏和经济的鉴别方法，特别是生物标志方法的研究，这是评价环境化学物内分泌干扰活性的前提条件。

（3）进一步研究环境内分泌干扰物的作用机理，尤其是生殖发育毒性、致癌性、神经毒性、免疫毒性的机制研究。

（4）加强对环境内分泌干扰物暴露人群的流行病学调查，进一步确认环境内分泌干扰物暴露与有关疾病的相关程度。同时，不同环境雌激素的复合效应也逐渐受到重视。许多研究还需要国际间科学家的共同努力。

第五章　生物性污染与食品安全性

第一节　霉菌与霉菌毒素污染对食品安全性的影响

一、概　　述

霉菌不是一个分类名词，是真菌中的一部分，分属于藻状菌纲、子囊菌纲、担子菌纲的部分属种。其菌丝体发达而又没有较大的子实体，有细胞壁，无叶绿素，无茎根叶，寄生或腐生，有性或无性繁殖。

霉菌种类繁多，有45000多种。常见的食品中霉菌有：毛霉属（*Mucor*）、根霉属（*Rhizopus*）、曲霉属（*Aspergillus*）、青霉属（*Penicillium*）、木霉属（*Trichoderma*）、交链孢霉属（*Alternatar*）、镰刀菌属（*Fusarium*）等。多数霉菌对人类无毒，人们常常加以利用，如制酒、制酱、制豆腐乳、制造青霉素以及其他抗生素等。但有些霉菌污染食品后，能迅速繁殖，使其食用价值降低，甚至不能食用，造成巨大的经济损失。另外，有些霉菌还可以分泌毒素，这些毒素可以导致人畜中毒。

1. 影响霉菌繁殖和产毒的因素

影响霉菌繁殖和产毒的重要因素是食物基质的水分含量和环境温度、湿度及空气流通情况。

（1）水分和湿度　食品的水分活性越低，越不利于微生物增殖。粮食的水分17%～18%是霉菌繁殖与产毒的良好条件。曲霉、青霉和镰刀菌均为中生性霉菌，适于繁殖的环境相对湿度为80%～90%。如果相对湿度降至70%，则粮食平衡水分可达米、麦14%，大豆11%，干菜、干果30%，此时霉菌不能产毒。

（2）温度　大部分霉菌在20～28℃都能生长，小于10℃和大于30℃时霉菌生长显著减弱，在0℃时几乎不长。但有的镰刀菌能耐受低温到－20℃，三线镰刀菌可在低温下产毒。一般霉菌产毒的温度略低于生长最适宜温度。如黄曲霉生长最适温度为37℃，而产毒则以28～32℃为宜。

（3）基质　霉菌的营养来源主要是糖和少量氮、矿物盐，因此主要在含糖高的食品上生长，如粮食、饼干、馒头等。不同的基质对霉菌的生长和产毒有一定影响。比如，黄曲霉易在玉米、花生中产毒而在大豆中产毒很低。

2. 霉菌毒素

霉菌毒素（Mycotoxin）是霉菌在其所污染的食品中产生的有毒代谢物。霉菌分泌的毒素种类较多，目前已知的有200余种。一种霉菌可以分泌几种毒素，一种毒素可以由几种霉菌分泌。霉菌毒素的毒性可分为肝脏毒、肾脏毒、神经毒、细胞毒、类似性激素作用物质及致皮肤炎物质等。霉菌毒素中毒的表现，有急性中毒、慢性中毒和三致作用等。与食品关系密切比较重要的霉菌毒素有黄曲霉毒素、赭曲霉毒素、杂色曲霉素、烟曲霉震颤素、单端孢霉烯族化合物、玉米赤霉烯酮、伏马菌素以及展青霉素、桔青霉素、黄绿青霉素等。

二、黄曲霉毒素

黄曲霉毒素（Aflatoxin，AFT 或 AT）是由黄曲霉和寄生曲霉产生的一类代谢产物，具有极强的毒性和致癌性。黄曲霉常作为曲种应用于食品发酵工业。1961 年即发现污染了黄曲霉的花生饼能使大鼠诱发肝癌。1962 年鉴定了致癌物质，命名为黄曲霉毒素（简称 AF），该毒素主要污染粮食和油料作物，并能使动物发生急性中毒死亡与致癌。20 余年来，国内外黄曲霉毒素研究工作开展较多，有大量的科学资料。

1. 化学结构与性质

黄曲霉毒素是一类结构类似的化合物，其基本结构均含有一个双氢呋喃环和一个氧杂萘邻酮。目前已分离鉴定出 20 余种，分为 B 系与 G 系两大类，除了常见的 AFB_1、AFB_2、AFG_1、AFG_2、AFM_1、AFM_2、AFB_2a、AFG_2a、$AFBM_2$、$AFGM_2a$ 外，尚有多种黄曲霉毒素的代谢产物、异构物和相似物，如 L、L－H_1、2,3－二羟基 B_1、B_1－2,3－环氧化物、四氢脱氧－B_1，1－甲氧基 B_2、2－甲氧基 B_2、1－乙氧基 G_2、1－乙氧基 B_2、1－乙酰氧基 B_2、GM_1、Q_1、Q_2a、Q_1－HS、B_3 和 P_1 等。黄曲霉毒素毒性与结构有关，凡二呋喃环末端有双键者毒性较强，并有致癌性，如 AFB_1、AFG_1、AFM_1。在天然污染的食品中以 AFB_1 最多见，而且其毒性和致癌性也最强，故在食品监测中以 AFB_1 作为污染指标。

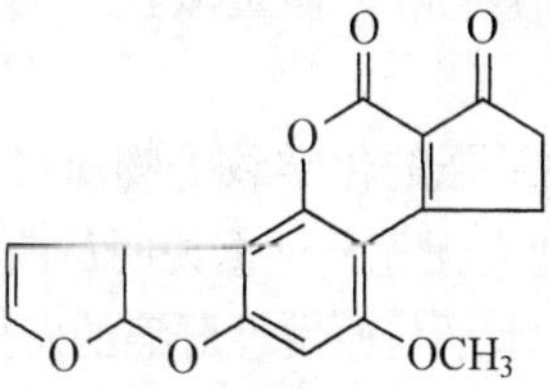

AFB_1

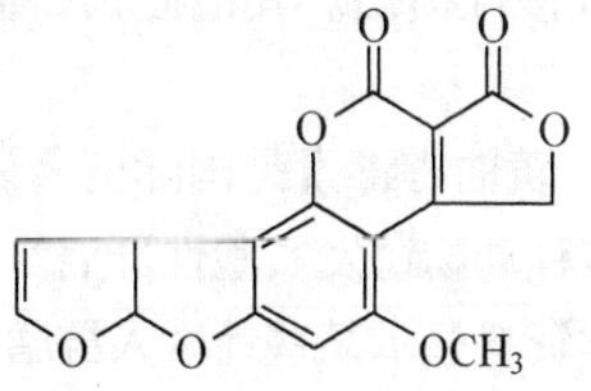

AFG_1

黄曲霉毒素在紫外光的照射之下能发出强烈特殊荧光。各种黄曲霉毒素中，以 B_1、B_2、G_1 和 G_2 为主。B 族和 G 族毒素的最大区别是，在紫外光照射下，B 族毒素发出蓝色荧光（波长为 425nm），而 G 族毒素发出绿色荧光（波长为 450nm）。黄曲霉毒素的相对分子质量为 312～346，熔点为 200～300℃，在熔解时，黄曲霉毒素也会随之分解。它难溶于水、已烷、乙醚、石油醚，在水中的最大溶解度只有 10mg/L；它可溶于甲醇、乙醇、氯仿、丙酮、二甲基甲酰胺等有机溶剂。黄曲霉毒素的热稳定性非常好，分解温度高达 280℃，所以一般烹调温度破坏很少，在加氢氧化钠的碱性条件下，黄曲霉毒素的内酯环破坏，形成香豆素钠盐可溶于水，故可据此予以去除。

2. 对食品的污染

黄曲霉毒素的污染有地区和食品种类的差别。我国以长江沿岸以及长江以南地区黄曲霉毒素污染严重，北方各省污染很轻。各类食品中，黄曲霉毒素主要污染粮油及其制品，其中花生、花生油、玉米污染严重，大米、小麦、面粉污染较轻，豆类很少受到污染。

除粮油等食品外，也有报道干果类如胡桃、杏仁、榛子、无花果，动物性食品如奶及制品、肝、干咸鱼及干辣椒中也有黄曲霉毒素污染。工业生产的发酵制品如酱、酱油中一般无污染。但家庭自制的发酵食品曾报道检出黄曲霉毒素。人工接种黄曲霉于水果、奶酪、豆制品等也可产毒，但量较少。

3. 中毒机制及症状

黄曲霉毒素有很强的急性毒性，也有明显的慢性毒性与致癌性。

（1）急性毒性　黄曲霉毒素是一种毒性极强的剧毒物，其毒性为氰化钾的10倍，敌敌畏的100倍，对人、畜均有强烈毒性。黄曲霉毒素属于肝脏毒，一次大量口服后，可出现肝实质细胞坏死，胆管上皮增生、肝脂肪浸润及肝出血等急性病变。少量持续摄入则引起肝脏纤维细胞增生甚至肝硬化等慢性损伤。

黄曲霉毒素引起人急性中毒，国内外都发生过。其主要急性中毒事例中有发生在非洲的吃霉木薯饼中毒、泰国的霉玉米中毒等。主要症状是一过性发热、呕吐、厌食、黄疸，以后出现肝脏腹水、下肢浮肿，最终导致死亡。黄曲霉毒素对各种动物的单剂量的 LD_{50} 见表5－1。

表5－1　　黄曲霉毒素单剂量的 LD_{50}　　单位：mg/kg 体重

物种	年龄	LD_{50}	物种	年龄	LD_{50}
雏鸭	1d	0.24～0.3	猫	–	0.55
小鼠	1d	1.0	狗	–	0.62
小鼠	21d	5.5	恒河猴	–	2.2
地鼠	21d	10.2	人	成年	10.0

（2）慢性毒性　黄曲霉毒素持续摄入所造成的慢性毒性，其主要表现是动物生长障碍，肝脏出现亚急性或慢性损伤。其他症状如食物利用率下降、体重减轻、生长发育缓慢、母畜不孕或产仔少。

（3）致癌性　黄曲霉毒素是国际上公认的毒性最强的化学致癌物质之一，可使鱼类、禽类、大鼠、猴等多种动物诱发实验性肝癌。虽然目前尚无充分证据说明黄曲霉毒素能引起人的肝癌，但流行病学资料显示某些地区人群膳食中AF水平与原发性肝癌的发生率呈正相关。

三、赭曲霉及赭曲霉毒素

赭曲霉毒素（Ochratoxin，OTA）是曲霉属中的赭曲霉、蜂蜜曲霉、菌核曲霉、洋葱曲霉、孔曲霉、佩特曲霉和青霉属中的纯绿青霉、普通青霉、圆弧青霉等菌种所产生的一组次级代谢产物。赭曲霉毒素能毒害所有的家畜家禽，也能毒害人类，因此对人体健康和畜牧业的发展都有很大的危害。

1. 化学结构与性质

赭曲霉毒素包含7种结构类似的化合物，其中以赭曲霉毒素A（OTA）的毒性最强，它是一种无色结晶化合物，溶解于极性有机溶剂，微溶于水和稀的碳酸氢盐中。这种毒素具有耐热性，用普通加热法处理不能将其破坏。在OTA毒素结构中，酚羟基相邻的羰基中的氧原子或酰胺基中的氧原子都能与分子内的H原子相结合，因此分子结构有很大差异。OTA带有 C_1，毒性强；OTB则无 C_1，毒性低。

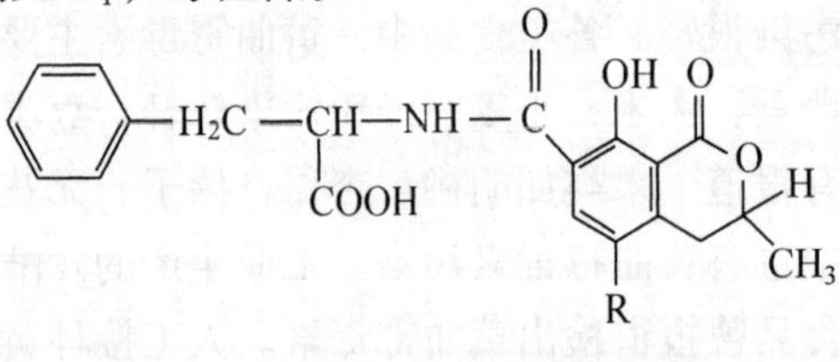

OTA

2. 对食品的污染

赭曲霉毒素 A 作为一种天然污染物可污染各种作物，主要是谷物。在谷物收割前，雨量过多或在储存时遭到雨淋均易受到赭曲霉毒素 A 的污染。除在谷物和大豆中检出赭曲霉毒素 A 外，在花生、棉籽、胡椒、鱼制品、火腿、面包中亦检出赭曲霉毒素 A。烹调过程只能减少部分赭曲霉毒素。该毒素能侵入面包深层，故切除霉变面包的表层，仍不能去除该毒素。赭曲霉产生赭曲霉毒素 A 的最低温度为 22℃，青霉为 4℃，最小水分活性均为 0.83 ~ 0.87。我国曾检测 130 份各种谷物样品中的赭曲霉毒素 A，其中小麦样品中有 5 份检出赭曲霉毒素 A，含量最高达 1000μg/kg；玉米样品 2 份检出，最高为 80μg/kg；黄豆 1 份含 66μg/kg，其余样品均未检出。

3. 中毒机制及特征

（1）急性毒性与慢性毒性　赭曲霉毒素具有烈性的肾脏毒和肝脏毒，当人畜摄入被这种毒素污染的食品和饲料后，就会发生急性或慢性中毒，赭曲霉毒素对大鼠经口 LD_{50} 为 20mg/kg 体重。赭曲霉毒素主要损害肾脏，表现为肾曲管萎缩、肾间质纤维化及肾小球透明样变等。除肾脏外，鸭雏的肝脏可以出现严重脂肪病变，大鼠的肝脏可见肝细胞透明样病变、点状坏死和灶性坏死。

（2）三致作用　赭曲霉毒素能引起肾脏的严重病变、肝脏的急性功能障碍、脂肪变性、透明变性及局部性坏死，长期摄入也有致癌作用。此外，赭曲霉毒素还具有致畸和致突变性。给孕期 7 ~ 12d 的小鼠腹腔注射 5mg/kg 体重的赭曲霉毒素 A，出现胎鼠死亡率增加、胎鼠重量降低，并出现露脑、无眼、小眼、唇裂、短颌、并趾或多趾畸形等。给孕期 8d 的大鼠经口 6.25、12.5 和 25mg/kg 体重的赭曲霉毒素 A，均可引起胎鼠死亡和吸收。赭曲霉毒素 A 溶于丙二醇，注入孵育 48、72、92h 的鸡蛋气室中，注入量为 0.5 ~ 0.7mg/蛋，孵育第 8 天时检查，可见露脑、露脏等畸形。

四、杂色曲霉毒素

杂色曲霉毒素（Sterigmatocystin，ST）是由杂色曲霉（*A. versicolor*）、构巢曲霉（*A. niolulans*）、寄生曲霉（*A. parasiticus*）、黄曲霉（*A. flavus*）等产生的有毒化合物，据报道，感染了杂色曲霉的玉米在 27℃的环境下，21d 可产生杂色曲霉毒素 12g/kg 以上。杂色曲霉毒素最初是 1954 年从杂色曲霉的培养物中分离出来。目前有十多种已确定结构，基本结构都有两个呋喃环，与黄曲霉毒素非常相似。有人认为黄曲霉毒素可能是由杂色曲霉毒素衍生而来的。杂色曲霉毒素具有强烈的致癌性，它的致癌性是二甲基亚硝胺的 10 倍。国外研究者以翠猴做试验，以 20mg/kg 的剂量饲喂，6 个月后，猴子患了慢性肝炎，继续服用，肝脏出现多种病变，引发癌症。

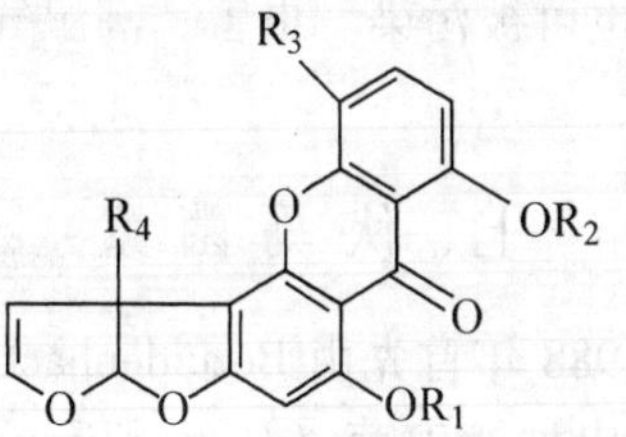

ST

杂色曲霉和构巢曲霉广泛分布于自然界，在大米、玉米、花生和面粉上等都曾分离出。

从我国现有状况来看它们不是储粮中主要污染菌，但在少数地区和粮食品种中也占有相当大的比重。例如我国某省大米霉菌分离中，杂色曲霉占霉菌总检出率的52.4%，是所有菌群中最高者，在污染小麦的霉菌当中构巢曲霉占28%。莫桑比克是世界上肝癌高发区之一，其食品中杂色曲霉毒素检出率较高。

五、单端孢霉烯族化合物

单端孢霉烯族化合物（Trichothecenes）是由头孢霉（*Cephalosporium*）、镰孢霉（*Fusarium*）、葡萄状穗霉（*Stachybotrys*）和木霉（*Trichoderma*）等代谢产生的一组生物活性和化学结构相似的有毒代谢产物，均具有四环倍半萜烯结构。主要种类有T-2毒素、Hr-2毒素、脱氧雪腐镰刀菌烯醇、雪腐镰刀菌烯醇和二乙酞雪腐镰刀菌烯醇等。

毒性作用的共同特点表现为较强的细胞毒性，可使分裂旺盛的骨髓细胞、胸腺细胞及肠道上皮细胞的细胞核崩溃，破坏膜的通透性和功能，破坏正常的造血功能，抑制免疫功能等。到目前为止，人类单端孢霉烯族毒素中毒的主要临床表现为消化系统和神经系统症状，主要症状有恶心、呕吐、头痛、头晕、腹痛、腹泻等。部分病人还有全身乏力、步伐不稳等似酒醉样症状。

单端孢霉烯族化合物涉及的产毒菌种很多，产毒的条件较为复杂，所以在食品中出现的机会较多，其主要污染大麦、小麦、玉米等。我国于1996年规定小麦、玉米及其制品中的脱氧雪腐镰刀菌烯醇均应低于1000μg/kg。由于单端孢霉烯族化合物急性毒性很强，其慢性毒性作用特别是致癌作用以及致突变作用尚未阐明，所以世界卫生组织将此类毒素列为最危险的食品污染物之一，应该对其优先进行深入研究。

六、玉米赤霉烯酮

玉米赤霉烯酮（Zearelenone），即F-2雌性发情毒素，是由禾谷镰刀菌（*F. graminearum*）、黄色镰刀菌（*F. culmorum*）、木贼镰刀菌（*F. equiseti*）等产生的一类结构相似的化合物。首先由赤霉病玉米中分离出来。玉米赤霉烯酮具有类似雌激素的作用，可与雌激素受体结合而影响细胞核的雌激素转录，刺激含雌激素受体的乳腺癌细胞增长。给牲畜饲喂储藏在潮湿低温条件下的饲料常常出现“雌性发情综合征”，主要是由于饲料中含有发霉的玉米。猪对该毒素最敏感，主要表现为青春期雌性猪外阴充血和水肿，严重时阴道和直肠脱垂，乳房肿大和乳头肥大，成年猪还可引起不孕症。雄性猪可引起乳房突起等。人误食后会对怀孕、排卵及胎儿的发育造成影响。

自然界中存在五种以上的玉米赤霉烯酮，产生该毒素的真菌在16~24℃和相对湿度为85%时产毒最多，收获后维持潮湿状态的玉米最易受污染。此外，大麦、小麦、燕麦、稻谷、蚕豆、甘薯、甜菜、芝麻等也可被污染。虫害、潮湿气候及贮存不当均可诱发玉米赤霉烯酮的产生。

七、伏马菌素

伏马菌素（Fumonisins）于1988年首先由Bezuidenhact及Gelderblow等人在南非研究马属动物霉玉米中毒时发现，是由串株镰刀菌（*F. moniliforme*）产生的，以伏马菌素B_1、B_2和B_3为主。伏马菌素是细胞毒同时也是致癌物，从动物实验中发现，伏马菌素主要损害肝肾功能，可引起马脑白质软化症、猪肺水肿、羊肾病变、大白鼠肝中毒及肝癌等。

伏马菌素主要污染玉米及玉米制品。南非和中国某些地区食管癌高发可能与吃被此类毒素污染的玉米有关。国际化学品安全规划署指出：应进一步研究伏马菌素与食管癌可能的关系及其毒性和致癌机理。WHO 食物中真菌毒素协作中心将伏马菌素作为近几年需要首要进行研究的几种真菌毒素之一。

八、麦角生物碱

麦角生物碱（Ergot alkloids）是人们最先认识到的一类真菌毒素。麦角菌（*Claviceps purpurea*）生长于禾科植物的花絮上，形成菌核，由于菌核形成时多露出子房以外，形状像动物的角，故叫麦角。麦角化合物有 100 多种，其中最具生物活性的就是麦角生物碱。麦角生物碱又可分为麦角胺、麦角毒碱和麦角新碱三大类。麦角生物碱的毒性非常稳定，正常的烹调温度不能将其破坏。人误食后，会引起恶心、呕吐、腹痛、腹泻、头晕乏力、呼吸困难、血压上升、心脏衰竭、昏迷等。据报道，麦角生物碱对生物胺受体有作用，因而还可影响神经系统的传导功能。

九、与食品污染关系密切的其他霉菌毒素

与食品污染关系密切的其他霉菌毒素见表 5 – 2。

表 5 – 2　　其他霉菌毒素

霉菌毒素	主要产毒霉菌	易污染食品	主要毒性
烟曲霉震颤素（fumitremorgins，FT）	烟曲霉	谷类、大豆等	小鼠静脉注射 FT 的 LD_{50} 为 0.185mg/kg 体重；对大鼠、小鼠、猪、羊、家兔均能引起震颤、阵发性惊厥、强直性肌肉痉挛乃至死亡
展青霉素（Patulin，Pat）	展青霉（主要）、圆弧青霉、木瓜青霉、土曲霉、棒曲霉、扩展青霉	谷类、水果及其制品	以神经中毒症状为主要特征，表现为全身肌肉震颤痉挛、对外界刺激敏感性增强、狂躁、后躯麻痹、跛行、心跳加快、粪便较稀、溶血检查阳性等
桔青霉素（Citrinin）	桔青霉（主要）、缠青霉、黄绿青霉、扩展青霉、詹森青霉、特异青霉	大米、大麦	临床表现为急性或慢性肾病，并伴随多尿、口渴、呼吸困难的症状。桔青霉素能使试验家兔小肠平滑肌的收缩幅度和张力增加，证明桔青霉素对小肠平滑肌具有兴奋作用
黄绿青霉素（citreoviridin，CIT）	黄绿青霉	大米	其急性中毒可使动物中枢神经麻痹，从后肢和尾部开始，发展到前肢和颈部，继而导致心脏麻痹而死亡；慢性中毒可使动物发生肝肿瘤和贫血
黄天精（iuteoskyrin）	岛青霉	大米	黄大精 LD_{50}（小鼠，经口）为 222mg/kg 体重，腹腔注射为 40.3mg/kg 体重。中毒时主要表现为肝脏病变。注射毒素 24h 后，肝黄色，变软，肝小叶有中心性坏死和脂肪变性。严重者病变可相连成片，轻者仅见点状坏死。注射毒素后，肝糖原减少，血清 GOT 和 GPT 活力升高。除小鼠外，家兔、猴、大鼠均可产生急性肝脏损害
褶皱青霉素（rugulosin）	褶皱青霉	大米	肝脏毒，大鼠腹腔注射 LD_{50} 为 44mg/kg 体重

十、霉菌及其毒素的防治措施

霉菌及其毒素对粮食的食用安全性构成了极大的危害，必须采取行之有效的应对措施。在多年的生产科研实践中，大体总结出防霉和去毒两种方法。

（一）防霉

防霉是预防粮食被霉菌及其毒素污染的最根本的措施，“防患于未然”，才能从源头上解决好霉菌毒素危害人类健康的问题。其具体内容有以下几点：

（1）在农业生产环节，要改变旧的生产习惯，小麦、稻谷等要及时收割、打碾、整晒，玉米要采用站杆扒皮、搭架晾晒、烘干等方式，尽快降低水分含量。要尽可能降低脱粒过程对粮谷籽粒的损伤，减少霉菌侵入粮粒而繁殖的机会。育种部门应将作物的抗霉性作为选育优良品种的条件之一，推广应用抗霉性强的粮食新品种。

（2）收购环节要注意做到严格按国家标准收购粮食，在入库前还要视粮质情况进行必要的整晒，使水分含量降至安全水分标准以下。杂质和不完善粒是虫害和霉菌的携带体，要尽可能地清理，为安全储粮打下好的基础。

（3）储存环节要严格控制粮食的水分含量和温度，粮谷类水分含量应控制在13%以下，油料类应在8%以下。储粮前仓库要清洁干燥，并根据粮温、库温、外温及相应的湿度采取通风降温降水措施。冬季利用自然低温冷冻，可收到降温、降水、杀虫几方面的效果，是我国东北地区值得推广的储粮方法。降温、降水后及时密闭压盖，可使粮食保持较长时间的低温状态，减缓粮堆外温及湿度对粮食温湿度的不利影响，以便安全过夏。

（二）去毒

粮食被霉菌污染产生毒素后，为减轻经济损失，保证食用安全卫生，应将毒素破坏或去除，有效而实用的方法有：

（1）去除霉粒法　霉变粮粒与正常粮粒在色泽、相对密度、形态等方面有较大差异，故可用机械风选、色选、人工挑选及盐水浮选的办法将霉变粒去除。

（2）机械加工法　受污染的大米，因毒素集中在米糠中，可通过碾轧去除糠粉，降低精米中的毒素含量；受污染的小麦、玉米类粮谷，毒素集中在皮层和胚部，采用碾剥制粉技术，可将皮、胚与胚乳较好地分离，如此制得的成品面粉中毒素含量会最大限度地减少。

（3）植物油精炼法　油料种子污染黄曲霉毒素后，榨制的油中含有毒素。黄曲霉毒素在碱性条件下，可使其结构中的内酯破坏形成香豆素钠盐，后者易溶于水，加碱精炼后再用水洗可将毒素去除；物理吸附法也可去除植物油中毒素，方法是在油中加入活性白陶土或活性炭等吸附剂，然后搅拌、静置、分离，毒素即被吸附而去除。据报道，强紫外光照射也可使植物油中的黄曲霉毒素降解而去毒。

（4）发酵去毒法　污染了霉菌毒素的粮食，经发酵制成饴糖、酒、醋或酱油后，可去除大部分霉菌毒素，而以制醋和酱油效果最好。

（5）稀释法　粮食污染霉菌毒素无法用其他方法去毒时，可将好粮与其混合，将毒素含量稀释，稀释比例应以动物实验不致引起急性中毒症状为宜。

第二节　细菌与细菌毒素污染对食品安全性的影响

食品在生产、加工、储藏、运输、销售以及消费过程中，随时都可能被微生物污染，其中，细菌对食品的污染是最常见的生物性污染，是食品最主要的卫生问题。引起食品污染的细菌有多种，主要分为两类：一类为非致病菌，会降低食品的食用价值；另一类为致病菌和条件致病菌，它们在一定条件下可以以食品为媒介引起人类感染性疾病或细菌性食物中毒，是食品安全的主要问题之一。

所谓细菌性食物中毒是指因摄入细菌性中毒食品（被致病菌或其毒素污染的食品）引起的食物中毒。细菌性食物中毒是食物中毒中最常见、最普遍、最具爆发性的一种食物感染，其发生率占食源性疾病的首位。据卫生部通报，2000 年细菌性食物中毒占总中毒人数的 45.8%；2001 细菌性食物中毒占全国食物中毒起数的 26%，占总中毒人数的 48%；2002 年占总中毒人数的 47%。我国发生的细菌性食物中毒以沙门氏菌、变形杆菌和葡萄球菌食物中毒较为常见，其次为副溶血弧菌、蜡样芽孢杆菌引起的等。

一、概　述

1. 细菌性食物中毒的流行病学特点

细菌性食物中毒的流行病学特点主要有：①季节性强，绝大多数细菌性食物中毒发生在暖湿的夏秋季节（5～10 月）。②发病率高，病死率因中毒病原而异，常见的细菌性食物中毒如沙门氏菌、变形杆菌、葡萄球菌等，大多数细菌性食物中毒病程短、恢复快、预后好、病死率低。但李斯特氏菌、小肠结肠炎耶尔森氏菌、肉毒梭菌、椰毒假单胞菌酵米面亚种等引起的食物中毒病死率通常较高，为 20%～100%。③病因与致病食品之间有一定的规律性，动物性食品是引起细菌性食物中毒的主要食品，其中畜肉类及其制品居首位，其次为变质禽肉，病死畜肉居第三位。鱼、奶、蛋类亦占一定比例。植物性食物如剩饭、米糕、米粉等曾引起葡萄球菌、蜡样芽孢杆菌等食物中毒，家庭自制豆类及面粉类经厌氧条件下的发酵制品可引起肉毒梭菌食物中毒。

2. 细菌性食物中毒发生的原因

发生细菌性食物中毒的原因主要有三个：①食物在制备、运输、发放等过程中受到致病菌的污染。②被致病菌污染的食物在较高的温度下存放（37℃左右），食品中充足的水分、适宜的 pH 及营养条件使致病菌大量生长繁殖或产生毒素。③被污染的食物未经烧熟煮透或煮熟后又受到带菌容器或食品加工工具的污染或食品从业人员带菌者的污染，食用后引起中毒。

3. 细菌性食物中毒的类型

细菌性食物中毒包括感染型、毒素型和混合型三类。

（1）感染型　由于人体食入含有大量活菌的食品而引起中毒。致病菌在肠道内继续生长繁殖，引起消化道感染，产生胃肠道症状。某些致病菌死亡裂解后释放内毒素，刺激体温调节中枢引起体温升高等症状。常见的感染型食物中毒病原菌有沙门氏菌属、变形杆菌属、致病性大肠杆菌等。

（2）毒素型　某些致病菌（如葡萄球菌）污染食物后繁殖并产生能引起急性胃肠炎反应的肠毒素（外毒素），人体食入大量细菌肠毒素污染的食物而发生中毒。肠毒素激活小肠黏膜细胞上的腺苷酸环化酶或鸟苷酸环化酶，使细胞内环磷酸腺苷或环磷酸鸟苷浓度升高，促使肠黏膜上皮细胞分泌功能改变，其对钠离子和水的吸收抑制而对氯离子的分泌亢进，使钠离子、氯离子和水在肠腔潴留而腹泻。常见的毒素型食物中毒有葡萄球菌肠毒素和肉毒梭菌毒素食物中毒。

（3）混合型　近年来随着细菌学研究的发展，通过对中毒感染性细菌引起中毒机理的深入研究，发现以上两类中毒不仅与致病菌数量有关，而且与细菌生长过程中排泄到体外的外毒素、细菌死亡体内自溶所释放的内毒素有关，且经常是以上两种的协同作用发病，即为混合型，如副溶血性弧菌等。

不同中毒机制的食物中毒其临床表现通常不同，感染型食物中毒通常伴有发热，而毒素型食物中毒很少有发热的症状。一般而言，大多数感染型食物中毒潜伏期较长，毒素型食物中毒潜伏期因毒素类型而异，肉毒梭菌、椰毒假单胞菌酵米面亚种等潜伏期较长，而葡萄球菌、副溶血弧菌等大多数毒素引起的食物中毒潜伏期通常较短。对食物中毒机制的了解有助于诊断和治疗。

二、沙门氏菌属

沙门氏菌属引起的食物中毒在我国内地发生的细菌性食物中毒中是最为常见的。

1. 病原

沙门氏菌属属肠杆菌科，需氧或兼性厌氧，为一群寄生于人类和动物肠道中，具有鞭毛结构、生化反应和抗原结构相似的革兰氏阴性杆菌。沙门氏菌属已知有2300个以上的血清型，我国已有200多个血清型。其中曾引起食物中毒的有鼠伤寒沙门氏菌、猪霍乱沙门氏菌、汤卜逊沙门氏菌、肠炎沙门氏菌、纽波特沙门氏菌、德尔卑沙门氏菌、凯桑盖泥沙门氏菌、山夫屯堡沙门氏菌、阿伯丁沙门氏菌、副伤寒沙门氏菌、鸭沙门氏菌、牛沙门氏菌和马流产沙门氏菌等。在很多国家，以鼠伤寒沙门氏菌、猪霍乱沙门氏菌和肠炎沙门氏菌引起的食物中毒比较多。

沙门氏菌在自然界生活力较强，生长温度为10～42℃，最适温度37℃，最适pH为6.8～7.8。它分布广，对外界生活力较强，在水中虽不易繁殖，但仍可存活2～3周；在粪便或冰水中可存活1～2个月，在土壤里可以过冬，在咸肉、鸭和鸡蛋及蛋粉中可以存活很久。水经氯处理5min可将其杀灭。对热敏感，在100℃水中立即死亡，在80℃时存活2min，70℃时存活5min，60℃时15min死亡。乳及乳制品中的沙门氏菌经巴氏消毒或煮沸即迅速死亡。在水分活性大于0.95的食品中，沙门氏菌容易被消毒的温度灭活，水分活性降低则对热抵抗力增加。

2. 中毒类型及表现

沙门氏菌属食物中毒的临床症状有胃肠炎型、类霍乱型、类感冒型和败血症型，其中胃肠炎型最为多见。大量沙门氏菌进入机体后，可在肠道内繁殖，并通过淋巴系统进入血液，引起全身感染。同时，沙门氏菌也可在肠系膜淋巴结和网状内皮系统中被破坏而放出内毒素。上述大量沙门氏菌及其毒素作用于胃肠道，可使胃肠道黏膜发炎、水肿、充血和出血，引起全身发热、腹痛、腹泻等急性胃肠炎症状。某些沙门氏菌如鼠伤寒沙门氏菌、肠炎沙门氏菌能产生肠毒素而引起毒素型中毒。

沙门氏菌属食物中毒潜伏期初期12～24h。初期症状为头痛、恶心、食欲不振、全身乏力、寒战。后期出现呕吐、腹痛、腹泻，腹泻次数可达7～8次/d，为黄绿色水样便，可带脓血和黏液。多数病人有发热，体温可达38～40℃，病程3～5d，大多数患者预后良好。

3. 引起中毒的食品及其被污染的原因

引起沙门氏菌属食物中毒的食物，主要是畜肉及其制品，其次为家禽、蛋类、奶类、鱼虾及其制品。其他食品如豆制品和糕点有时也会引起中毒。因沙门氏菌不分解蛋白质，受污染的食品通常无感官上的变化，因此，更应引起注意。

沙门氏菌属食物中毒全年皆可发生，但主要发生在夏秋季。沙门氏菌属广泛分布于自然界，可在人和许多动物的肠道内繁殖。带菌宿主的粪便为该菌传染源之一。猪、牛、羊等健康家畜的带菌率约1%，家畜、家禽感染沙门氏菌可引起原发性沙门氏菌病，如猪霍乱、牛肠炎等。健康带菌家畜在疲劳、衰弱时，肠道所带细菌也可进入血液而致全身感染，引起继发性沙门氏菌病。以上均称为生前感染。这种家畜的肉和内脏中带有大量沙门氏菌，处理或烹调不当可引起食物中毒。从畜禽宰杀到烹调加工的各个环节中，通过土壤、水、容器、炊具或苍蝇、老鼠可使食物受到沙门氏菌的污染；人的带菌者亦可使食物受污染；特别是已感染沙门氏菌的病畜的肉和内脏污染容器、炊具后，因与食物生熟交叉而致污染，以上均称宰后污染，也是引起中毒的重要原因。尤其值得注意的是，在熟肉制品的加工销售过程中，由于刀、砧板、炊具、容器等生熟交叉污染或食品从业人员及带菌者污染，导致熟肉制品再次受沙门氏菌的污染。

此外，蛋类可因家禽带菌而污染，带菌牛羊所产的奶中亦可含有大量沙门氏菌，水产品可经水源污染而带有沙门氏菌。

4. 预防措施及治疗

针对细菌性食物中毒发生的三个环节，采取针对性预防措施。

（1）防止污染　①加强对肉类食品生产企业的卫生监督及家畜、家禽屠宰前的兽医卫生学检验，并按有关规定处理。在屠宰健康家畜、家禽时应严格执行合理屠宰过程，防止肉尸受到胃肠内容物、带菌皮毛、粪便、污水、容器等污染。②加强对家畜、家禽屠宰后的肉尸和内脏进行检验，防止被沙门氏菌感染或污染的畜、禽肉进入市场。经兽医确定为条件可食肉，则应按照无害化制度和要求在厂内进行彻底处理。③严格执行肉类食品生产企业的卫生监督，加强肉类食品在储藏、运输、加工、烹调或销售各个环节的卫生管理。尤其要防止熟肉类制品被带菌生食物、带菌容器及食品从业人员带菌者的污染。为此，加工食品的用具及容器应生熟分开，对食品从业人员应定期进行健康和肠道带菌检查，肠道传染病患者及带菌者应及时调换工作。

（2）控制繁殖　低温储存食品是控制沙门氏菌繁殖的重要措施。因此，食品工业、集体食堂、食品销售网点均应配置冷藏设备，低温贮藏肉类食品。此外加工后的熟肉制品应尽快食用，需贮藏时应尽快降温，低温储存并尽可能缩短储存时间。

（3）在食用前彻底加热以杀灭病原菌　加热杀死病原菌是防止食物中毒的重要措施。为彻底杀灭肉类中可能存在的各种沙门氏菌并灭活其毒素，应使肉块深部的温度至少达到80℃，并持续12min。为此，加热肉块重量应不超过1kg，持续煮沸2.5～3h。蛋类应煮沸8～10min。

沙门氏菌食物中毒的治疗以对症处理为主。因呕吐、腹泻致失水、失盐者，补充水和电解质。对重症患者可考虑使用抗生素，并针对其症状分别采用镇静、升压或抗休克治疗等。

三、副溶血性弧菌

这种食物中毒在许多沿海国家都有发生，也是我国沿海地区夏季常见的食物中毒。

1. 病原

副溶血性弧菌是一种分布极广的嗜盐性弧菌，存在于近岸海水、海底沉积物和鱼、贝类等海产品中。副溶血性弧菌常呈弧状、杆状、丝状等多种形态，有鞭毛，运动活泼，革兰氏染色阴性。最适生长温度37℃、最适 pH 为7.7～8.0，在含3.5% NaCl 的培养基中生长最佳。副溶血性弧菌抵抗力较弱，75℃加热5min、90℃加热1min，或1%食醋处理5min、稀释一倍的食醋处理1min均可将其杀灭，对常用消毒剂抵抗力很弱。副溶血性弧菌在淡水中存活不超过2d，但在海水中可存活近50d。

2. 中毒类型及表现

副溶血弧菌食物中毒主要由副溶血弧菌的侵袭力和耐热性溶血毒素两者混合作用所致，属混合型食物中毒。

副溶血性弧菌食物中毒潜伏期一般为11～18h，最短者4～6h，长者可达32h。主要临床症状为上腹部阵发性绞痛，继而腹泻，每天5～10次。粪便为水样或糊状，少数有黏液或黏血样便，约15%的患者出现洗肉水样血水便。但很少有里急后重症。多数患者在腹泻后出现恶心、呕吐。体温一般37.7～39.5℃，回盲部有明显压痛。病程一般1～3d，恢复期较快，预后良好。重症患者可出现脱水、休克及意识障碍。

3. 引起中毒的食品及其被污染的原因

副溶血性弧菌广泛存在于近海和河流入海处的水体及鱼虾贝类中。海产鱼虾的带菌率平均为45.6%～47.8%，夏季可高达90%以上。据调查，我国沿海水域海产品中副溶血性弧菌检出率也较高，尤其是气温较高的夏秋季节。因此，沿海地区是我国副溶血性弧菌食物中毒的多发地区。但近年来，随着海产食品的市场流通，各地也有副溶血弧菌食物中毒的散在发生。尤其是7～9月常是副溶血性弧菌食物中毒的高发季节。引起中毒的食物主要是海产食品和盐渍食品咸肉、禽、蛋类，以及咸菜或凉拌菜等。

食品被副溶血性弧菌污染的原因有：①近海海水及海底沉淀物中副溶血性弧菌对海产食品的直接污染，还可通过污染海域附近的塘、河、井水，使该区域淡水鱼、虾、贝类等也受到污染；②沿海地区饮食从业人员、健康人群及渔民副溶血性弧菌带菌率为0～11.7%，有肠道病史者带菌可达31.6%～88.8%。带菌人群可污染各类食物。③沿海地区炊具副溶血性弧菌带菌率为61.9%。食物容器、砧板、切菜刀等处理食物的工具生熟不分时，副溶血性弧菌可通过上述工具污染熟食物或凉拌菜。

受副溶血性弧菌污染的食物在较高温度下存放，食前不加热或生吃，或加热不彻底，或热制品受到带菌者、带菌生食品、带菌容器及工具等的污染，食物中副溶血性弧菌可随食物进入人体肠道，在肠道生长繁殖，当达到一定数量时，即可引起食物中毒。其产生的耐热性溶血毒素也是引起食物中毒的病因。

4. 预防措施及治疗

预防应紧紧抓住防止污染、控制繁殖和杀灭病原菌三个主要环节。其中控制繁殖和杀灭病原菌尤为重要，低温储藏各种食品，尤其是海产食品及各种熟制品。鱼、虾、蟹、贝类等海产品应烧熟煮透，蒸煮时需加热至100℃并持续30min。对凉拌食物（如海蜇）要清洗干净后置食醋中浸泡10min或在100℃沸水中漂烫数分钟以杀灭副溶血性弧菌。

治疗以解痉补液对症治疗为主，除重症患者外一般不用抗生素。

四、变形杆菌

1. 病原

变形杆菌属为革兰氏阴性杆菌，属寄生于人和动物肠道中的肠杆菌科。变形杆菌食物中毒是我国常见的食物中毒之一。引起食物中毒的变形杆菌主要是普通变形杆菌、奇异变形杆菌、莫根氏变形杆菌三种。现已发现，普通变形杆菌、奇异变形杆菌分别有100多个血清型。

变形杆菌属腐败菌，一般不致病，需氧或兼性厌氧，其生长繁殖对营养要求不高。在自然界广泛分布于土壤、污水和垃圾中，也可在人体肠道生存。变形杆菌对热抵抗力亦不强，加热55℃持续1h或100℃数分钟即可将其杀灭。现已证实，变形杆菌可产生肠毒素，具抗原性。

2. 中毒类型及表现

变形杆菌食物中毒的发生主要是感染型食物中毒，莫根氏变形杆菌还与过敏性组胺中毒有关。

变形杆菌食物中毒潜伏期一般12~16h不等，短者1~3h，最长达60h。主要临床表现为恶心、呕吐、发冷、发热、头晕、头痛、乏力，腹泻。其特点是腹痛剧烈，呈阵发性刀割样绞痛；腹泻水样便，常伴有黏液、恶臭，一日数次至10余次。体温多在39℃以下。一般而言，发病率较高，为50%~80%。该中毒往往起病急、来势猛、病程较短，为1~3日，多数24h内恢复，预后一般良好。

过敏型组胺中毒潜伏期30min至2h，主要表现为面部和上身皮肤潮红，头晕、头痛并有荨麻疹，病程1~2d。

3. 引起中毒的食品及其被污染的原因

变形杆菌广泛分布于自然界，亦可寄生于人和动物的肠道，食品受其污染的机会很多。人和食品中变形杆菌带菌率因季节而异，夏秋季较高，冬春季下降。引起变形杆菌食物中毒的食品主要是动物性食品，特别是熟肉以及内脏的熟制品。此外，凉拌菜、剩饭、水产品等也有引起变形杆菌食物中毒的报道。变形杆菌常与其他腐败菌共同污染生食品，使生食品发生感官上的改变。但熟制品被变形杆菌污染通常无感官性状的变化，极易被忽视而引起中毒。

食品被变形杆菌污染的原因有：①变形杆菌通过尘土、污水等污染食品；②人类带菌者对熟制品的污染：据报道，健康人肠道带菌率为1.3%~10.4%，腹泻病人肠道带菌率更高，达13.3%~52%；③被污染的食品工具、容器对熟食品的污染。生的肉类食品，尤其动物内脏变形杆菌带菌率较高，一般为0.9%~62.7%。在食品烹调加工过程中，处理生、熟食品的工具、容器未严格分开，被污染的食品工具、容器可污染熟制品。

受变形杆菌污染的熟肉或内脏制品在夏、秋季节的较高温度下存放，变形杆菌在食品中大量生长繁殖，食前未回锅加热或加热不彻底，食后即引起食物中毒。

4. 预防措施

防止污染、控制繁殖和食前彻底加热以杀灭病原菌是预防细菌性食物中毒发生的三个主要环节。变形杆菌属食物中毒的预防在上述基础上，尤其应控制人类带菌者对熟食物的污染及食品加工烹调中带菌生食物、食物容器、用具等对熟食物的污染。为此，食品企业、集体食堂应建立严格的卫生管理制度。

变形杆菌食物中毒呈自愈性，治疗以对症治疗为主。吐泻剧烈者应补液，重症者可使用抗生素。过敏型给予抗组胺类药物。

五、致病性大肠杆菌

1. 病原

大肠杆菌属也称埃希氏菌属，革兰氏阴性杆菌，50%左右菌株有周身鞭毛，能发酵乳糖及多种糖类，产酸产气，在自然界生活力强，在土壤、水中可存活数月。

大肠埃希氏菌在婴儿出生数小时后就进入肠道，并终生伴随，为人类和动物肠道的正常菌群，多不致病。当宿主免疫力下降或细菌侵入肠外组织和器官时，可引起肠外感染。大肠埃希氏菌中有少数菌株能直接引起肠道感染，称致病性大肠埃希氏菌。目前已知的致病性大肠埃希氏菌包括肠产毒性大肠埃希氏菌、肠侵袭性大肠埃希氏菌、肠致病性大肠埃希氏菌、肠出血性大肠埃希氏菌 4 种，所引起的肠道感染包括旅行者腹泻、婴儿腹泻、出血性结肠炎等。

2. 中毒类型及表现

不同的致病性埃希氏菌有不同的致病机制。肠产毒性大肠埃希氏茵、肠出血性大肠埃希氏菌引起毒素型中毒，肠致病性大肠埃希氏菌和肠出血性大肠埃希氏菌引起感染型中毒。不同中毒机制也导致不同的临床表现。

（1）毒素型中毒　肠产毒性大肠埃希氏菌、肠出血性大肠埃希氏菌是可以产生肠毒素的致病菌，其中毒机制为毒素型中毒。肠产毒性大肠埃希氏菌食物中毒潜伏期一般 10 ~ 15h，短者 6h，长者 72h。临床症状为水样腹泻、腹痛、恶心，发热 38 ~ 40℃。易感染人群主要是婴幼儿和旅游者。肠出血性大肠埃希氏菌产生具有肠毒素活性志贺样毒素，志贺样毒素是一种细胞毒素。部分肠出血性大肠埃希氏菌，如 O_{157}：H_7，还可产生肠溶血性毒素。肠出血性大肠埃希氏菌感染的前驱症状为腹部痉挛性疼痛和短时间的自限性发热、呕吐，1 ~ 2d 内出现非血性腹泻，后导致出血性结肠炎、严重腹痛和便血。

（2）感染型中毒　肠侵袭大肠杆菌和肠致病性大肠杆菌是不产生毒素的致病菌，其中毒机制为感染型。肠侵袭性大肠杆菌主要黏附结肠黏膜上皮细胞并生长繁殖，死亡后产生内毒素，引起肠黏膜细胞的炎性反应和溃疡，出现血性腹泻，病变酷似志贺菌氏感染，临床上出现痢疾样症状。肠致病性大肠杆菌在十二指肠、空肠和回肠上段大量繁殖，病菌粘附于微绒毛上，导致刷状缘破坏、绒毛萎缩，上皮细胞排列紊乱，临床上表现为水样腹泻、腹痛，易感人群为幼儿和儿童。

3. 引起中毒的食品及被污染的原因

大肠埃希氏菌存在于人和动物的肠道中，健康人肠道致病性大肠埃希氏菌带菌率为 2% ~8%，高者达 44%；成人患结肠炎、婴儿患腹泻时，致病性大肠埃希氏菌带菌率可高达 29% ~52%。大肠埃希氏菌随粪便排出而污染水源和土壤。受污染的水源、土壤及带菌者的手均可直接污染食物或通过食品容器再污染食物。各种食品被致病性大肠杆菌污染均可引起中毒。

4. 预防措施及治疗

防止食品污染，食前对食品加热是预防该菌中毒的主要措施。大肠埃希氏菌引起的食物中毒部分症状较重，应及时治疗，尽早使用抗生素。

六、葡萄球菌肠毒素

1. 病原

葡萄球菌属为革兰氏阳性球菌，需氧或兼性厌氧，最适生长温度为 37℃，最适 pH 为 7.4，耐盐性强，能在含 10% ~15% 的氯化钠培养基上生长。葡萄球菌在无芽孢菌中抵抗力最强，耐干燥可达数日，加热 80℃、30min 才被杀灭。能产生肠毒素（外毒素）的葡萄球菌主要是金黄色葡萄球菌。肠毒素是一种蛋白质，可分为 A、B、C_1、C_2、C_3、E、F 八个血清型，其中A型毒性最强，引起食物中毒较多见。肠毒素耐热，加热100℃2h才可破坏。随食物进入人体的肠毒素不被胃酸和体内蛋白酶破坏。

2. 中毒类型及表现

葡萄球菌肠毒素食物中毒的致病物质主要为肠毒素。肠毒素随食物进入人体后，作用于胃肠黏膜，引起充血、水肿，甚至糜烂等炎症变化及水与电解质代谢紊乱，出现腹泻，同时刺激迷走神经的内脏分支而引起反射性呕吐。

从食入带有毒素的食物到发病，一般为2~4h，最短1h，长的可达6h。主要症状为恶心，剧烈反复呕吐，上腹部剧烈疼痛，腹泻和水样便，体温一般正常。极个别患者出现剧烈吐泻可造成脱水而致虚脱或循环衰竭。病程1~2d，预后良好。

3. 引起中毒的食品及其被污染的原因

引起葡萄球菌肠毒素食物中毒的食物有奶、肉、蛋、鱼及其制品，我国主要是奶及奶制品、含奶糕点、荷包蛋、糯米凉糕、剩饭、米酒等。

葡萄球菌广泛存在于白然界，是化脓性球菌之一，化脓部位常成为传染源。例如患有化脓性皮肤病的疮疖或急性呼吸道感染以及口腔鼻腔炎症等患部。患有乳房炎的乳牛的乳及其制品和带有化脓性感染的牲畜肉等，也是传染源。正常人的鼻咽腔常带有葡萄球菌。有人调查，在正常人中带菌的占30%~50%，人手上带菌的占14%~44%。

能够引起中毒的食品必须具备两个条件：①污染了葡萄球菌，污染越严重，该菌繁殖越快，越易形成肠毒素；②污染后具有细菌生长繁殖产毒的条件，产毒的最适pH为6.8~7.2，最适温度为20~37℃。温度越高产生肠毒素越快，通风不良，产生肠毒素越易；放置时间越长，产生肠毒素越多。含水分、蛋白质和淀粉多的食品（如奶油蛋糕、冰淇淋、冰棒等）或含油脂多的食物（荷包蛋、油炸鱼等）产毒越多。

4. 预防措施及治疗

（1）防止污染　颜面和手部有化脓性感染或患有呼吸道感染等带菌者，须暂时调离饮食服务工作岗位，防止葡萄球菌污染食物。奶牛如患化脓性乳腺炎其奶不得食用或制造奶制品。患局部化脓性病灶的家畜、家禽宰后应将病变部位剔除，条件可食肉经高温处理后以熟制品出售。

（2）防止肠毒素的产生　低温保藏、通风良好和缩短贮存时间是防止产生肠毒素的重要措施。乳制品及糕点应放置于低温环境及时出售。剩饭菜应及时低温冷藏（5℃以下），或放在阴凉通风处不宜超过4h，且食前必须充分加热。由于一般烹调温度不能破坏肠毒素，所以预防葡萄球菌肠毒素食物中毒，加热应在肠毒素形成之前，因为葡萄球菌本身对热是敏感的。

葡萄球菌肠毒素食物中毒的治疗以对症治疗为主，及时补充水和电解质，一般不需要使用抗生素。

七、肉毒梭菌毒素

1. 病原

肉毒梭状芽孢杆菌（简称肉毒梭菌）是一种革兰氏阳性厌氧梭状杆菌，有芽孢，生长繁殖和产生毒素的最适温度为18~30℃。当pH低于4.5或大于9.0，温度低于15℃或高于55℃时，该菌不繁殖，不产生毒素。该菌芽孢抵抗力强，干热180℃、5~15min，湿热100℃、5h，高压蒸汽121℃、30min才能将其杀死。

肉毒梭菌为腐生菌，广泛分布于土壤和动物粪便中，借其芽孢长期存活。污染食品后，在适宜条件下（无氧，18～30℃）可大量繁殖同时产生一种以神经毒性为主要特征的可溶性外毒素，即肉毒毒素，毒性比氰化钾强10000倍，对人的致死量约为0.1μg。已发现A、B、C_α、C_β、D、E、F、G等8种抗原型。我国发生的肉毒中毒多数为A、B两型，少数为E型。肉毒毒素不耐热，80℃、30min或100℃、10～20min可完全破坏，pH>7.0时亦可迅速分解，暴露在阳光下迅速失去活力。

2. 中毒类型及表现

肉毒梭菌食物中毒由其产生的神经毒素所引起。肉毒梭菌中毒的临床表现与其他细菌性食物中毒不同，以运动神经麻痹的症状为主，胃肠道症状少见。

潜伏期数小时至数天不等，一般12～48h，最短6h，长者可达8～10d。通常潜伏期越短，病死率越高。肉毒中毒的前驱症状为乏力、头晕、头痛、食欲不振、走路不稳等，少数有恶心、呕吐等胃肠道症状。

临床表现以对称性脑神经受损的症状为其特征。主要表现为眼部功能障碍及延髓麻痹。最初眼肌及调节功能麻痹，表现为视力模糊、眼睑下垂、复视、斜视、眼球震颤、瞳孔散大，继之咽部肌肉麻痹，造成吞咽困难、咀嚼无力、言语不清、声音嘶哑，唾液分泌减少、颈肌无力、头下垂等。继续发展可致呼吸肌麻痹，出现呼吸困难、呼吸衰竭，并因此死亡。肢体麻痹者少见，患者多神志清楚，不发热但脉搏加快。在得不到抗毒素治疗的情况下，病死率为30%～70%，多发生在中毒后的4～8d。近年来，国内广泛采用多价抗肉毒毒素血清治疗本病，病死率已降至10%以下。病人经治疗可于4～10d后恢复，一般无后遗症。

婴儿肉毒中毒主要症状为便秘，头颈部肌肉软弱，吮吸无力，吞咽困难，眼睑下垂，全身肌张力减退。可持续8周以上。大多数1～3个月自然恢复，重症者可因呼吸麻痹致婴儿猝死。

3. 引起中毒的食品及其被污染的原因

中毒的食品可因饮食习惯、膳食组成和制作工艺的不同而有差异，美国常见于蔬菜和水果罐头，欧洲常见于火腿、腊肠和其他肉类食品，日本、前苏联常见于鱼制品。而我国91.48%是由植物性食品引起，绝大部分为家庭自制发酵食品，如臭豆腐、豆豉、豆酱、面酱等。也见于肉类和其他食品，如罐头食品、腊肉、熟肉等。我国以西北地区为高发区，新疆最为严重。

肉毒梭菌广泛分布于土壤、江河湖海淤泥沉积物、尘土和动物粪便中。食品被污染的主要原因是食物原料在产地和运输过程中受到带菌土壤、尘埃或粪便的污染，尤其是带菌土壤可污染各类食品原料。受肉毒梭菌芽孢污染的原料在家庭自制发酵食品、罐头食品或其他加工食品时，加热的温度和时间均不能将肉毒梭菌芽孢杀死。此外，食品在较高温度密闭环境（厌氧条件）中发酵或装罐，提供了肉毒梭菌芽孢成为繁殖体并产生毒素的条件；食品制成后，一般不经加热而食用，其毒素随食物进入人体引起中毒的发生。肉毒梭菌毒素的食物中毒发病主要以家庭或个体形式出现，很少暴发。

4. 预防措施及治疗

（1）彻底清洗食品原料　加工食品前应对食品原料进行彻底清洁处理，除去泥土和粪便后，用饮用水充分清洗。特别是肉毒中毒好发地区。

（2）罐头食品彻底灭菌　罐头食品生产中，严格执行卫生规范，彻底灭菌。在罐头保藏过程中当发生胖听或破裂时不能食用。家庭制作发酵食品时除对原料食品进行严格清洗外应彻底蒸煮，一般加热温度为100℃、10～20min，可使各型肉毒梭菌毒素破坏。

（3）防止毒素产生　加工后的食品应避免再污染和在较高温度或缺氧条件下存放，加工后食用前不再加热处理的食品，更应迅速冷却并在低温环境下贮存。

（4）食前加热以灭活毒素　肉毒梭菌毒素不耐热，对可疑食物进行彻底加热是破坏毒素预防中毒发生的可靠措施。

（5）婴儿肉毒中毒防止　首先应避免不洁之物（带泥土等污物）进入口内，对婴儿的辅助食品如水果、蔬菜、蜂蜜等应严格控制肉毒梭菌的污染。

治疗既要及时使用多价抗肉毒毒素血清，也要及时应用支持疗法及有效的护理，特别注意呼吸肌麻痹和窒息。中毒患者需静卧休息，静脉点滴葡萄糖和维生素钾盐，必要时需吸痰、做气管切开、进行人工呼吸等，以防止患者呼吸道阻塞而窒息死亡。

八、蜡样芽孢杆菌

1. 病原

蜡样芽孢杆菌为革兰氏阳性的需氧芽孢杆菌，生长的最适温度为 32～37℃，15℃以下不繁殖；最适 pH6～11，pH 5 以下有明显的抑菌作用。该菌繁殖体不耐热，100℃、20min 灭活，而芽孢则具有耐热性。蜡样芽孢杆菌有产生和不产生肠毒素菌株之分。在产生肠毒素的菌株中又有产生致呕吐型胃肠炎和致腹泻型胃肠炎两类不同肠毒素之别。前者为呕吐毒素，耐热 126℃、90min 不被破坏，对 pH、胃蛋白酶、胰蛋白酶均不敏感，常在米饭类食品中形成。后者产生腹泻毒素，不耐热，45℃、30min 或 56℃、5min 均被破坏，它可在多种被污染食品中形成。

2. 中毒类型及表现

蜡样芽孢杆菌食物中毒的临床症状有两种类型，即腹泻型和呕吐型。

产生腹泻毒素的蜡样芽孢杆菌引起腹泻型胃肠炎，潜伏期较长，一般为 8～12h。主要临床表现为腹痛、腹泻，一般不发烧，可有轻度恶心，但极少有呕吐。病程约 1d，预后良好。

产生呕吐毒素的蜡样芽孢杆菌引起呕吐型胃肠炎，潜伏期短，一般为 1～2h，短的仅需半小时。临床主要表现为恶心、呕吐，多数病人伴有头痛、四肢乏力、口干、腹痛等症状，而腹泻、发烧则少见。病程 8～10h，长的 1d 左右，预后良好。

3. 引起中毒的食品及其被污染的原因

引起中毒的食品种类繁多，欧美等国家主要为甜点心、肉饼、冷拌菜和乳肉类食品；我国主要为米饭、米粉，少数为肉类和豆类制品。

蜡样芽孢杆菌广泛分布于土壤、灰尘、腐草、污水及空气中。食品在加工、运输、储藏、销售等各个环节均易受到自然界病菌的污染，鼠和昆虫的带菌污染，不洁容器、饮具的交叉污染，以及食品从业人员的操作污染。污染食品如存放在较高温度处，芽孢发芽形成繁殖体，迅速繁殖并产生毒素，食前不加热或加热不彻底，就可引起食物中毒。蜡样芽孢杆菌食物中毒可呈集体暴发、家庭暴发或散在发生。

引起蜡样芽孢杆菌食物中毒的食品除米饭有时微黏、入口不爽或稍带异味外，大多数食品感官正常，无腐败变质现象。

4. 预防措施及治疗

（1）防止污染　健全卫生制度，搞好环境卫生，在食品加工、运输贮存和销售过程中避免尘埃和空气等自然污染，防止鼠和昆虫的带菌污染和不洁容器、饮具的交叉污染，以及饮食从业人员的不卫生操作引起的污染。

(2) 控制繁殖和产生毒素　蜡样芽孢杆菌在16～50℃均可生长繁殖并产生毒素，因此，各种食品（如奶类、肉类及米饭等）必须注意在冷藏条件下短时间存放。剩饭及其他熟食品在食用前必须充分加热后再吃，加热一般要在100℃、20min。

蜡样芽孢杆菌食物中毒的治疗以对症治疗为主，重症患者及时补液并给予抗生素。

第三节　病毒对食品安全性的影响

一、概　　述

在能导致人患病或引起中毒的食源性微生物危害因子中，除了细菌、真菌及其产生的毒素外，还包括那些具有很大危害性，能以食物为传播载体并经粪－口途径传播感染的致病性病毒。目前已发现的这类病毒有：脊髓灰质炎病毒、甲型肝炎病毒、轮状病毒、小圆结构病毒、典型杯状病毒、戊型肝炎病毒、人柯萨奇病毒、艾柯病毒、肠道病毒、星状病毒、肠道腺病毒、肠道冠状病毒和环状病毒等，其中一些病毒已在食物或水中检出，且已证明某些食源性致病病毒与急性爆发性或散发性疾病有关或是其直接致病病原。因此，很有必要开展和加强对此类食源性病毒病及其病毒的调查和研究。

与细菌和真菌相比，人们对食品中病毒的情况了解甚少，这有多方面的原因。首先，病毒必须依赖于活的细胞方能生存与繁殖，否则生命将停止。食品这种媒介对于病毒来说既适合生长繁殖，又不适合生长繁殖，在食品处于鲜活阶段是有生命的，适合病毒存活，也就是动物在宰杀前感染病毒是非常正常的。第二，并不是食品微生物专家关心的所有病毒都能用现有技术进行培养，例如，诺瓦克病毒还难以人工培养，即现有技术还难以满足对一些食品中病毒的检测需要。第三，作为完全寄生性的微生物，病毒并不像细菌和真菌那样能在培养基上生长，培养病毒需要组织培养和鸡胚培养。第四，因为病毒不能在食品中繁殖，它们的可检出量要比细菌少得多，目前还难以有效地从食品中提取50%以上的病毒颗粒。第五，科研实验室中的病毒技术还难以有效地运用到食品微生物检测实验室中。

由病毒引起的食源性疾病分为两大类：病毒性肠胃炎和病毒性肝炎。在发达国家由食品引起的病毒性肝炎已变得不那么普遍了，但是，在发展中国家它依然有很高的发病率。相对病毒性肝炎而言，在世界范围内由食品引起的病毒性肠胃炎则逐渐变成一种更加严重的公众健康危害。美国每年感染轮状病毒出现腹泻的年幼患儿达350万例左右。随着近年来分子生物学、流行病学以及临床诊治方面的不断深入研究，人们对它们的病毒学特征、流行病学特点、发病机理、免疫及预防等方面内容也有了更加深入的了解。

肠道病毒是食源性疾病病毒中最小、最简单的病毒。病毒的信息RNA的其他密码负责合成病毒的蛋白质外壳。新合成的病毒自发复制出成千上万的子病毒颗粒，这些颗粒被膜结构包裹着从宿主细胞中释放出来。在病毒子颗粒释放过程中宿主细胞不破裂。宿主细胞在复制这些子病毒颗粒时，在细胞代谢上付出了很大的代价。在病毒复制周期内或更长的时间内，宿主细胞的自身活动随之停止，如果宿主细胞的生理活性被永久抑制而停止活动，则导致宿主细胞死亡。如果很大数量的细胞由于被病毒感染长时间停止其生理功能，这种不正常现象足以导致疾病的发生。更严重的情况是，虽然病毒直接感染的细胞还没有死亡，但由于病毒感染而使关键器官失去功能，也可导致宿主死亡。病毒只能在活的宿主细胞中才可以复制，存在于食物中的病毒可能是死的也可能是活的，但无论如何在食物中病毒是绝对不可能繁殖或复制的。不以人类细胞作为寄生宿主的病毒虽然可能存在于食品中，但很少威胁人类健康，那些在消化道里没有受体的病毒虽然可能随食物被人食人，但这种病毒对人体不可能造成感染。幸运的是，通过食物传播的病毒很少使宿主死亡，而且宿主对这些食源性病毒感染的免疫反应是非特异性免疫反应。宿主也产生抗病毒抗体，这些抗病毒抗体对防止和限制病毒感染极其有效，但由于抗体反应很慢，只有病毒感染宿主并在宿主体内正常繁殖后才有抗体反应，所以抗病毒抗体在防止同种病毒再次感染宿主上有较大价值。如果有可利用的疫苗，使用疫苗可刺激机体产生抗病毒抗体，以抵御“野生型”病毒的感染。然而这种体液免疫是极具特异性的，往往是在抗体发挥作用前，人体的非特异性免疫在一定时间内首先发挥预防病毒感染的作用。

从病毒在食品和环境中分布发生的频率看，胃肠炎病毒最常见于贝类食品中。甲壳类动物不能浓缩病毒，但作为软体动物的贝类是可以浓缩进入其体内的病毒的，因为它们对食物有筛滤作用。病毒在食品中存活能力表现各异。肠病毒在绞碎牛肉中23℃或24℃存活了8d，存活状态不受污染细菌生长的影响。蔬菜中病毒在自然状态下都没有发现活的病毒。而水产品如贝类较多见污染病毒。猪霍乱病毒和非洲猪瘟病毒在肉类加工制品中存活状况是不一样的，在腌肉罐头、香肠中未检出病毒，但在猪肉被腌制后检出了病毒，而在加热后不能检出病毒。在香肠原料肉中添加腌制调料和发酵菌种后，非洲猪瘟病毒能够存活，在发酵30d后全部死亡，猪霍乱病毒却能存活，在发酵22d后仍能保持其活性。在肉加热至93℃时，立即被杀死，口蹄疫病毒感染的淋巴组织在加热90℃、15min能存活，但加热30min后不能存活。水产品中的病毒在煮熟后一般病毒都能被杀死，偶有个别检出，在炖煮、油炸、烘烤或蒸煮的牡蛎中发现一种脊髓灰质炎病毒。总的来说，食品中病毒的存在或污染是相当少的。

通过食品传播的病毒同样可以通过人与人之间的接触传播，而且大多数病毒的感染可以通过接触传播造成。通常情况下，食源性病毒疾病的暴发是自限性的，即通过食物感染了病毒的个体很少再通过接触方式感染他人，通常是自行减退、平息，而不是在整个社区传播开来。

二、能引起食源性疾病的病毒

过去几年曾怀疑很多病毒是通过食品传播的，其中包括乙型肝炎病毒和生殖器疱疹病毒以及获得性免疫缺陷综合征病原体（AIDS）。但目前确认以上这些病毒都不通过食品传播，但这种不通过食物传播的证据相对难以获得。至少有一项研究表明，与艾滋病患者长期、密切的非性行为接触（包括拥抱、接吻等）不会感染艾滋病等。仅有的一项该病毒在男性同性恋中经口传播的研究表明，只用口腔进行同性性行为的人不增加其被艾滋病感染的危险性。目前已经得到确认的食源性病毒有以下几种。

（一）脊髓灰质炎病毒（Poliovirus）

直到20世纪40年代，脊髓灰质炎是唯一已知的食源性病毒疾病。食源性脊髓灰质炎主要是由于食用了未经巴氏消毒的牛奶或被再污染的牛奶而发病，感染是因为牛奶在生产、加工、贮存和处理过程中被大量病原体所污染。该病自生产出该病毒疫苗后就再没有发生过，通过疫苗控制了发达国家的发病率，只有在少数发展中国家还有脊髓灰质炎发生，其中有一些是通过食物传播的。

（二）甲型肝炎病毒（HAV）

甲型肝炎（简称甲肝）是20世纪40年代被确认的病毒性食源性疾病，发病主要与贝类食品有关。20世纪30年代中期，在瑞典发生了1起由牡蛎引起的暴发性感染。虽然甲型肝炎不完全是通过食品传播所引起，但甲型肝炎在世界范围内都普遍存在。甲型肝炎的隐性感染比临床发病更普遍，症状一般有发热、全身不适、厌食、恶心和腹痛等。在症状出现几天后出现黄疸体征。病程通常持续1~2周，但衰弱的体质可能要持续数月。甲型肝炎的潜伏期为15~30d。该病毒的载体包括所有被粪便污染的食品。食品污染分直接污染（来自食品加工者）和间接污染（通过污水系统）。虽然贝类食品（包括双壳动物类，如牡蛎、蛤、贻贝、乌蛤）被认为是最主要的甲型肝炎病毒携带者，但患有甲型肝炎的病人参与食品加工而且未采取必要的预防措施也会造成食源性的传播。甲型肝炎病毒属于小肠道病毒组，是直径约28nm的圆形颗粒型RNA病毒，前面对肠道病毒特性的描述也适用于甲型肝炎病毒，有一些甲型肝炎病毒株可在灵长类动物细胞中培养复制，但绝大多数病毒株不能造成肉眼可见的细胞生长效应。

在细胞培养中培养出的病毒可用于生产疫苗，甲肝病毒在世界范围内似乎只有一个血清型，而且似乎只感染人类（一些灵长类动物对该病毒经人工感染试验也易感，但目前不清楚这些动物是否会被自然感染），感染病毒后通常使机体产生持久性免疫，所以最终通过疫苗根除这种病毒是可能的。疫苗的主要用途之一就是对危险区域的食品经营者进行免疫接种，由于该病毒通常在发展中国家流行很普遍，所以发展中国家和地区的食品从业人员可能很自然地已经获得了免疫。

（三）诺沃克样病毒（Norwalk－likeViruses）

这是一组小而圆的具有病毒结构的类似诺沃克病毒的病毒，在英国叫SRSVS病毒。因为这些病毒不能在实验室的细胞培养中复制，所以，确切地评估其发病机理一直很困难。对该病毒引起胃肠炎的诊断目前是靠检测病人粪便中的病毒方法，以及用酶联免疫吸附法（ELISA）或电子显微镜诊断，或者通过检测病人血清抗病毒抗体滴度的上升来诊断。由于检测方法不是很敏感，所以很少有阳性结果。尽管如此，在美国和英国，这组病毒目前被认为是食源性疾病的主要病因之一（在英国，发病与食用贝类食品有很强的关联，而在美国，涉及发病的食品媒介范围要广得多）。在其他国家，随着诊断能力的提高和普及，这组病毒引起食源性疾病的重要性逐渐显得更为突出。

由这组病毒导致的胃肠炎，潜伏期为12~48h（平均36h），症状有呕吐、腹泻，病程为24~48h。上述诺沃克发病模式经常作为该病暴发的诊断基础，这种病毒在病人症状表现期间随粪便排出体外，有时排放时间更长些。该病毒通过粪－口途径传播，目前已确认食物并不是该病毒唯一的传播方式，但显然是一个很重要的传播媒介。机体对诺沃克病毒本身和这组病毒的其他成员的免疫不是持久的，有试验志愿者吞下含有该病毒的粪便提取物而发病，一年多以后再次吞下同样的提取物，该志愿者又发病了。抗体的产生也可用于该病的诊断，但抗体根本不能防止机体对这种病毒的再感染，这就是食源性诺沃克样病毒暴发有极高患病率的原因。通过第一次感染得到的免疫保护力，在下次感染而免于患病的人数为10%~50%。

（四）轮状病毒（Rotavirus）

轮状病毒是婴儿和儿童（偶尔也有老人）胃肠炎的常见病因。轮状病毒是通过粪－口途径传播，食品偶尔作为该病毒的传播媒介。虽然可用于轮状病毒的检测和诊断方法比甲型肝炎病毒和诺沃克样病毒的方法有效得多，但有关食源性轮状病毒感染后发生疾病暴发的报道却很少。

轮状病毒病原体是直径为 65～70nm 含有双链 RNA 的病毒。因为很多轮状病毒的病毒株（不同血清型）能在细胞培养中分离出来，所以有关轮状病毒的传播媒介，特别是以水为传播媒介的研究进行得很多，甚至对该方面研究已经过于偏重。虽然该病毒可以感染很多种群的宿主，但感染人类的几个类别不能感染其他动物宿主，所以感染了某一血清型的轮状病毒的人对该型有持久性免疫。

（五）小圆病毒

通过电子显微镜观察，由贝类食品引起的胃肠炎病人的粪便中可见到许多种小而圆的病毒颗粒，其中有些看似诺沃克病毒，但其抗原性与诺沃克病毒不同；另外一些从外观上就能看出与诺沃克病毒不同。这些病毒似乎没有一种能在细胞培养中复制。由于对这些小病毒的诊断方法多为血清学方法，而且也没有足够量的病毒来接种实验动物，所以小圆病毒抗原的多样性是一个突出的问题。到目前为止，电子显微镜是检测到这些病毒的唯一方法，这些病毒可能在食源性疾病中起着非常重要的作用，包括贝类食品和其他传播媒介。

（六）非甲非乙型肝炎病毒和戊型肝炎病毒

水源性非甲非乙型肝炎在印度次大陆暴发的报道已经有许多年了，后来在非洲和前苏联也有暴发，在墨西哥也暴发过两次因水源引起的与该病毒引起的相同的疾病。食品偶尔会涉及这种疾病的传播。从形态描述上看，至少有一种肠道非甲非乙型肝炎病毒与甲型肝炎病毒相似，但甲型肝炎和非甲非乙型肝炎在血清学上是不同的。

戊型肝炎(简称戊肝)是由戊型肝炎病毒引起的急性传染病，其流行因素、传染途径、临床症状、预防措施和甲型肝炎相似。有别之处在于：人群较普遍地易感，青壮年发病率高，黄疸型病例多见，孕妇的病死率较高。我国除在新疆地区发生过特大流行外，内地一般为散发流行，偶然有小暴发流行。目前尚无疫苗供应。如遇到需要可检测戊型肝炎抗体 IgG 和 IgM 抗体做出诊断。

三、食源性病毒的传播途径及污染源

通过食物传播的病毒最初在人类肠道和排泄的粪便中分离出来，所以，食源性病毒疾病是由于粪便污染了食品所造成的。粪便污染食品可直接通过病人的不正确处理食品所引起，或者通过间接方式将粪便污染到食品上。虽然最重要的污染源一直被认为是那些有明显黄疸和腹泻的被病毒感染的病人，但其他没有显性症状的被感染者（如甲型肝炎的潜伏期、恢复期或感染很轻的人）也是传染源。这些人也有可能由于对食品的不正确的操作处理而传播。应当注意到，很多作为传染源的人并不是食品行业的从业人员，所报道的食品被粪便间接污染的原因全都是由于污水所致。污水可导致贝类食品被污染。有理由证明，昆虫和其他污染动物偶尔也是病毒的传染源。

食源性病毒是通过粪便排放到体外的。因为病毒是在肠黏膜中产生，所以子病毒和感染细胞被排入肠腔与食糜一起通过结肠。在肠道感染产生的病毒可通过淋巴和血液转移到机体的其他器官，在那里引起继发感染并导致疾病发生，如病毒性脊髓灰质炎、病毒性心肌炎等。

在回肠黏膜里产生的肠道病毒在粪便中以小的膜包小体形式存在，这些膜包小体是在病毒外排时来自宿主细胞的细胞膜。很显然，除了膜部分外很少有蛋白质活性，就像排入十二指肠的甲型肝炎病毒很可能是以单个颗粒状排出的一样。在病毒排放期间，可能连续几周时间，粪便和宿主看上去都是正常的，病毒排出后期，粪便中的病毒很可能与粪便中的抗体相结合，结合后的病毒难以进行检测，但仍然具有传染性，因为肠道中的酶可以去除结合的抗体从而使病毒重新具备传染性。病人发病期间，病毒大量排出，绝大多数病毒是在病人腹泻时排出体外的，而不是在成型便中排出。

病人每克粪便的一小部分就含有足够使机体产生疾病的病毒，所以避免粪便污染食品，最要紧的是便后彻底洗手。

四、预防措施

由于病毒在食品中不能繁殖和复制，而且在食用食品前，病毒也很容易被灭活。最广泛、有效地灭活食品中病毒的方法是彻底加热，做熟的食品最不可能有感染性病毒存在（除非做熟后再次被病毒污染）。甚至经过中等温度巴氏消毒的奶中可能存在的病毒也可以被灭活。烹饪贝类食品时，往往考虑美食因素比考虑食品安全性要多，因此进食很嫩的贝类食品引起病毒性疾病的发生已经是人所共识的了。紫外线和次氯酸盐等强氧化剂对于灭活暴露在表面和加工用水中的病毒是有效的，但用两者做任何处理都不能灭活位于食品内部的病毒，许多灭活食源性病毒的理论性方法尚待在实际操作中加以证实。

已经有一些在出售前利用彻底去杂质、净化、提纯、重新放置等过程使被污染的贝类自行消除或消灭病原体的加工方法。净化和纯化是将被污染的贝类放在消毒水槽内使其自己消毒去除污染，重新放置是将贝类食物从污染的生长水域中转移到干净清洁的生长水域中，这些处理过程无疑也可消除或大量地减少细菌性病原体。然而，贝类食物消除病毒的机理与其消除细菌的机理是明显不同的，所以要得到一种可靠的去除贝类食品中病毒的方法还需要进行大量的研究工作。

第四节　寄生虫污染对食品安全性的影响

一、概　　述

寄生虫（Parasites）是指营寄生生活的动物，其中通过食品感染人体的寄生虫称为食源性寄生虫（foodborne parasite），主要包括原虫、节肢动物、吸虫、绦虫和线虫，其中后三者统称为蠕虫。寄生虫能通过多种途径污染食品和饮水，经口进入人体，引起人的食源性寄生虫病的发生和流行，特别是能在脊椎动物与人之间自然传播和感染的人兽共患寄生虫病对人体健康危害很大。因此，防止和控制食源性寄生虫在保证食品安全与卫生方面具有重要的意义。

在寄生与被寄生的关系中，以其机体给寄生虫提供居住空间和营养物质的生物称为宿主。寄生虫侵入人体并能生活一段时间，这种现象称为寄生虫感染，有明显临床表现的寄生虫感染称为寄生虫病。易感个体摄入寄生虫或污染其虫卵的食物而感染的寄生虫病称为食源性寄生虫病。人类食源性寄生虫病大多因生食或半生食动物食品而引起。近几年来，在我国感染率明显升高的食源性寄生虫病有华支睾吸虫病、并殖吸虫病、绦虫病、囊虫病、旋毛虫病、弓形虫病、管圆线虫病和肝片吸虫病等，感染率明显减少的有阿米巴病、姜片虫病、蛔虫病等。这类疾病不但对人体健康与生命构成严重威胁，而且其中一些人兽共患寄生虫病给畜牧业生产及经济带来严重损失。

（一）导致食源性寄生虫病发生的主要原因

（1）生熟交叉污染是导致食源性寄生虫病发生的首要原因　生熟交叉污染的原因可能为：①食品从业人员缺乏食品卫生知识，对洗手和区分生熟食品、食品用工具、用具的目的不了解，操作中混用生熟食品工具、用具和容器，或一人同时从事加工生熟食品。②食品加工场所狭小而拥挤，使食品加工场所布局上无法区分清洁区和非清洁区。原料污染也是重要的污染因素之一。

（2）经济因素及基础设施的影响　经济因素、基础设施差是影响食源性寄生虫病发生的主要原因之一。受经济条件的影响，较差的卫生条件和清洗水源不足是主要的影响因素。

（3）原料采购缺乏控制　餐饮食品的原料涉及各类食品。受餐饮加工业规模及其利益等因素的影响，原料采购很难做到集中定点采购，因此原料的寄生虫污染因素控制成为彻底解决餐饮业食品安全管理的难题。

（4）宣传教育及人员素质的影响　城市化进程的加速使大量低文化水平人员进入餐饮加工行业，从业者对食品安全知识了解不够、广大消费者缺乏食品安全知识、没有良好的卫生习惯是食源性寄生虫疾病发生率不断上升的原因之一。

（二）对食源性寄生虫病的控制措施

（1）积极开展健康教育，提高群众的卫生意识，是防治食源性肠道寄生虫病的重要环节，是预防食源性寄生虫病最经济、最有效的对策。重点要抓好个人卫生、饮食卫生和环境卫生三方面群众性卫生知识教育。

（2）开展爱国卫生运动，改造环境，切断其流行环节。须注意三点：①做好粪便的管理与处理是预防寄生虫病与肠道传染病的关键。②加强对饮用水源的保护，严格杜绝人、畜粪便污染；对居民的饮用水进行消毒处理。③加强肉类食品的卫生检查监督，认真做好肉和肉制品检疫工作。

（3）加大餐饮业食品安全管理与监督力度，针对餐饮和加工即食食品的安全控制是降低食源性寄生虫病发生的有效手段，一般从以下几方面着手：

①加强原料寄生虫污染的监测与控制：在原料的控制方面，要求餐饮经营单位定点采购，进行索证是主要的管理手段。加紧推行食品卫生量化分级管理制度，从源头、生产、流通、销售各环节控制食品的污染。

②人员的教育和培训：在餐饮业硬件水平参差不齐的情况下，对消费者和从业人员的教育和培训是人们普遍认同的控制食源性寄生虫病的手段。根据世界卫生组织制作的“食品安全五大要点”的内容，应包括保持清洁、生熟分开、彻底加热、合适的贮藏温度、使用安全的水和原料等。

③引入 HACCP 及量化分级管理体系：我国卫生部 2003 年 9 月在食品企业推行量化分级管理制度，将与食源性疾病发生风险有密切关系的项目设为关键项或给予较高的分值，根据餐饮企业获得的评分进行综合评定分级。量化分级管理标志着我国对食品加工的监督管理从泛泛的全方位管理到以危险因素为基础管理的重大转变，调动企业积极性，促进其加强自身管理能力建设。

二、阿 米 巴 病

（一）病原

寄生于人体消化道的阿米巴有3属7种，均属于内阿米巴科，其中仅溶组织内阿米巴对人致病，又称痢疾内阿米巴、痢疾变形虫，属于叶足纲，阿米巴目，内阿米巴科，有滋养体和包囊两个时期。包囊抵抗力较强，在粪便中可存活2周左右，在水中可存活5周，并具有感染力，通过蟑螂和苍蝇的消化道后仍具有感染性。

（二）流行病学

（1）感染情况　阿米巴病呈世界性分布，世界人口约12%有感染，热带和亚热带地区感染率较高；侵袭型的发病患者约占10%，每年多达10万人死于本病。我国各地均有，据对全国30个省（区市）726县147.7万多人的调查报告，阳性县125个（72.31%），其中阳性100%为天津市，90%以上有福建（96.15%）、贵州（95.38%）、广西（95.0%）、新疆（91.3%）、安徽（90.91%）五省，分布普遍。估计全国感染人数为1069万人，其中西藏最高（8.12%）。男性感染率为0.84%，女性0.94%，女性高于男性。农村高于城市。半农半牧民感染率最高（4.93%）。感染有家庭聚集性。少儿也随年龄渐长而渐增，学龄前儿童0.72%，10～15岁较高（0.94%）。流行的主要因素与人群的经济条件、卫生状况、生活环境和饮食习惯等有关。

（2）传染源和传播途径　无症状带虫者或症状较轻的患者粪便中可排出大量包囊，成为流行病学的重要传染源。据估计1个带虫者包囊日排出量可在5000万个以上。

溶组织内阿米巴主要通过包囊污染的饮水、食物等经口感染人体。水源被含有包囊的粪便污染，能引起暴发流行或高感染率。包囊在外环境具有较强的生存力，潮湿低温环境中可存活12d以上，水中9～30d。儿童有玩土等习惯，易造成手指、玩具被污染。包囊可通过蝇或蜂螂的消化道播散。

（3）易感人群　人群普遍易感。由于缺乏有效的获得性免疫，患过病的人仍易感。在高发区，1～4岁儿童发病率高。高感染率人群，多与生活习惯或职业等有关。

（三）对人体危害

阿米巴滋养体可侵入人的结肠和其他器官，引起肠道出现糜烂、病灶；虫体分泌的物质具有肠毒素样活性，可引起腹泻。

肠阿米巴病最为常见，病人有发热、腹痛、呕吐、严重腹泻、粪便带血和黏液、背部疼痛、体重减轻等表现。慢性感染者各种症状可交替持续数月或数年，导致机体出现贫血、无力、腹痛和腹胀。重者发病突然，有高热、剧烈的肠绞痛、严重腹泻，痢疾、呕吐，甚至虚脱，并发肠出血、肠穿孔、阑尾炎和腹膜炎。

阿米巴侵入肝、肺、脑、泌尿生殖道、胸膜、腹膜和皮肤等组织，在局部组织和器官形成脓肿和溃疡，引起肠外阿米巴病，以阿米巴肝脓肿较为常见，临床症状有右上腹部疼痛、发热、寒战、盗汗、厌食和体重下降。

（四）预防措施

彻底治疗病人和带虫者。大力消灭苍蝇和蟑螂。讲究饮水和饮食卫生，加强粪便管理，防止粪便污染食物和水。目前尚无有效的疫苗，但随着对溶组织内阿米巴致病机制与宿主免疫反应研究的深入，一些基因重组的亚单位疫苗正处于研制之中，动物试验结果已显示出一定的应用前景。对于预防性用药目前仍持否定态度。

三、弓形虫病

弓形虫病(Toxoplasmosls)是由刚地弓形虫(Toxoplasma gondii，以下简称弓形虫)寄生于人、哺乳动物类的有核细胞内所引起的一种人兽共患病，尤其是可引起先天性感染，严重影响胎儿的生长发育，也是艾滋病的重要合并症之一。

(一) 病原

病原体弓形虫，目前多数学者认为全世界只有刚地弓形虫 1 个种，1 个血清类型，属于孢子纲、真球虫目、弓形虫科、弓形虫属。但因地域和宿主的不同，其毒性大小有所不同，故将其分为许多不同的弓形虫虫株。

弓形虫的发育繁殖可分为在中间宿主（人和许多类动物）的肠外期和在终宿主猫科动物（如家猫等）体内的肠内期，可有 5 种不同阶段的形态特征。对人体致病及与传播有关的发育期为滋养体、包囊和卵囊。滋养体对高温和消毒剂较敏感，但对低温有一定抵抗力，在 -8 ~ -2℃可存活 56d。包囊的抵抗力较强，在冰冻状态下可存活 35d，4℃存活 68d，胃液内存活 3h，但包囊不耐干燥和高温，56℃加热 10 ~ 15min 即可被杀死。卵囊对外界环境、酸、碱和常用消毒剂的抵抗力很强，在室温下可存活 3 个月，但对热的抵抗力较弱，80℃加热 1min 可丧失活力。

(二) 流行病学

(1) 感染情况　弓形虫病呈世界性分布，估计全世界约有 5 亿人血清中有抗体。温暖潮湿地区人群弓形虫的感染率较寒冷干燥地区为高，且随年龄的增长而升高。欧洲人的感染率较高，如法国人荧光抗体阳性率达 45% ~ 90%。我国人群感染率在 0.1% ~ 47.3% 的范围内，农村感染率高于城镇，成人高于儿童。我国福建省人群的阳性率为 4% ~ 8%，并从多种动物上查见本虫。

(2) 传染源和传播途径　人体弓形虫病的重要传染源是动物，几乎包括所有哺乳动物和多种鸟类。其中，猫和某些猫科动物为主要传染源，其他家畜、狗等体内可带有包囊和滋养体，作为传染源的意义也很大，人作为传染源则是次要的，仅在特殊情况下发生。传播途径可分为先天性和获得性两种。先天性系胎儿通过子宫内从母体获得感染。妇女妊娠期感染本病后，可通过胎盘感染胎儿，胎儿也可通过摄入羊水而被感染。获得性感染方式主要是吃了含有弓形虫包囊或假囊的生肉或弓形虫卵囊污染的水或食物。人群弓形虫的感染与个人卫生情况有关，但与饮食习惯的关系更密切，有吃生肉习惯的人容易感染。动物饲养、屠宰和医务人员，由于接触传染源机会较多，也比其他人较普遍容易感染弓形虫。

(三) 对人体危害

弓形虫主要经消化道侵入人体，引起消化道黏膜损伤、细胞破裂、局部组织坏死。虫体寄生于淋巴结、脑、眼、心、肺、肝和肌肉，引起组织器官形成坏死病灶和以单核细胞浸润为主的特征性病理变化。弓形虫毒素、弓形虫因子和弓形虫素等毒素对人体也有毒性作用。

弓形虫寄生部位不同，临床表现差异很大，免疫功能正常者多为隐性感染，仅 10% ~ 20% 感染者有症状。急性感染期发生淋巴结炎、脑炎、心肌炎、肺炎、肠炎、肝炎、骨骼肌炎、扁桃体炎、脉管炎、胎盘炎、贫血、视网膜脉络膜炎。患者有发热、头痛、疲倦、夜间出汗、肌肉疼痛、咽痛、皮疹、肝、脾肿大和淋巴结肿大等临床表现。肌肉疼痛相当严重，可持续 1 月或更久。免疫功能不全者感染后危险性极大，除有上述症状外，常表现为高热，甚至发生脑弓形虫病，出现头痛、偏瘫、癫痫发作、视力障碍、神志不清等症状，严重者昏迷而死亡。

弓形虫能引起孕妇流产、早产或死产。怀孕早期感染对胎儿的损害更大，可引起先天性弓形虫病、胎儿畸形、新生儿的视力降低或失明、中枢神经系统受损，重者出现肝脏肿大、惊厥、脊柱裂、脖裂、无眼、脑积水和脑畸形等。

（四）预防措施

为了防止弓形虫通过食源性传播途径感染人体，首先应加强畜禽肉中弓形虫的检验。其次在肉类加工中应充分烧熟煮透，以杀灭肉内的包裹。还应加强环境保护和食品卫生监督管理，防止猫粪便污染食品、饮水和餐具；注意个人饮食卫生，不食生肉、生蛋和未消毒的乳。

四、华支睾吸虫病

华支睾吸虫病（Clonorchiasis）简称肝吸虫病，是由华支睾吸虫寄生于人、家畜、野生动物的肝内胆管所引起的人兽共患病。人体感染是因为食入了含有华支睾吸虫活囊蚴的鱼或虾所致，可表现为胆管胆囊炎、胆石症和儿童发育障碍等，重者可发生肝硬化。

（一）病原

华支睾吸虫简称肝吸虫，属于后睾目、后睾科、支睾属。成虫主要寄生在人、犬、猫、猪等哺乳动物的肝胆管内，以肝左叶更常见。极重度感染可因胆管内虫体溢满而在胆囊和胆总管内寄生。虫卵随胆汁进入小肠，随粪便排出体外。从食入囊蚴到粪便中查到虫卵在不同的宿主需要20～40d，每虫每日排卵2000～4000个。华支睾吸虫成虫的寿命一般为10～15年。

囊蚴对外界抵抗力较强，在-4℃、50℃、55℃、60℃、70℃条件下全部死亡的时间分别为30d、70min、50min、2min和10s。在食醋、酱油、纯大蒜汁和辣椒浸液中全部死亡的时间分别为4d、36h、30h和24h。在10～18℃的条件下，麦穗鱼自然死亡后4d，其中的囊蚴100%的存活，囊蚴从死亡腐烂鱼体内分离出来进入水中仍保持一定活力。

（二）流行病学

（1）感染情况　全世界约有二亿九千万人生活在华支睾吸虫疫区，其中估计有700万患者。在国外主要在朝鲜、日本、泰国、越南北部和俄罗斯远东部分。在国内广泛流行于22个省（自治区、直辖市），全国平均人群华支睾吸虫感染率为0.4%，估计全国华支睾吸虫感染者至少有600万例。一些地区通过防治逐步控制了流行。然而在广东、广西、四川和东北三省等仍很严重，业已证明经济活动频繁、生活水平提高、旅游业发展、生食鱼类作为一种时尚风味广为流行和个体“排档”的兴起，是造成以上地区流行严重的重要原因。例如广东省95个县、市、区的调查表明人群华支睾吸虫感染率为16.2%，珠江三角洲则高达21.1%，其中有的村甚至高达62.9%～84.4%。广东省和广西壮族自治区华支睾吸虫病患者分别达300万和100万人。朝鲜族人喜食鱼类，某些传统的烹饪方法难以杀死感染期囊蚴，因此成为我国华支睾吸虫感染最严重的少数民族。伍惠生等1985年曾从我国21个省（市）、自治区所采的71种淡水鱼中分离出华支睾吸虫囊蚴。张勇燕1994年报告辽宁省部分地区淡水鱼华支睾吸虫囊蚴感染率高达97%，因此华支睾吸虫病已成为严重威胁我国人民身体健康的重要的食源性寄生虫病。

（2）传染源和传播途径　华支睾吸虫第一中间宿主是豆螺、沼螺，虫卵在第一中间宿主内发育为尾拗。尾坳在水中钻入第二中间宿主——淡水鲤鱼科鱼类（或虾类）特别是其肌肉内，发育成有感染性的囊拗。人在食入含有活囊蚴的淡水鱼或虾类后，囊蚴就可在人体寄生。因此华支睾吸虫病的感染通常是通过进食生鲜食品（生鱼片、生鱼粥、生鱼佐酒、醉虾蟹）感染，而抓鱼后不洗手或使用切过生鱼的刀及砧板切熟食或用盛过生鱼的器皿盛熟食也能使人感染。

（三）对人体危害

华支睾吸虫成虫对肝胆管的机械性损伤、虫体的分泌物和代谢物及虫体寄生所致宿主的脂质过氧化物酶增高是致病的主要因素。胆管上皮机械性损伤或梗阻、虫体代谢产物、死虫的崩解产物和随虫体进入的细菌均可引起胆管和胆囊的炎症反应。以虫卵、死亡的虫体为中心，在胆管内环境改变的条件下，胆汁黏稠，有结晶析出，从而形成结石。重度感染者，肝内小胆管扩张，胆管周围嗜酸粒细胞浸润，纤维组织增生，纤维逐渐向肝小叶内延伸，假小叶形成，致肝硬化。华支睾吸虫寄生可作为重要的致癌协同因子，致胆管上皮细胞的脱落、再生、增生及腺瘤样增生，以后渐变而成癌。华支睾吸虫感染引起的营养或代谢紊乱，脑垂体的功能受到损害是患儿生长发育障碍的主要原因。

一次食入大量华支睾吸虫囊蚴可致急性华支睾吸虫病。潜伏期一般为30d左右，感染越重，潜伏期越短。一般起病较急，首发症状是上腹部疼痛和腹泻，疼痛可呈持续性刺痛，进餐后加重，伴有厌油腻，似急性胆囊炎，可伴随胆道阻塞症状；3～4d后出现发热，常伴有明显畏寒和寒战，体温最高可达39.7℃，持续的时间长短不一，继而出现肝肿大。

隐性感染出现食欲减退、消化不良、上腹不适、肝区隐痛、乏力、轻度腹泻、水肿、消瘦、神经衰弱等症状。严重感染时有高热、寒战、腹泻、肝区疼痛、嗜酸性白细胞增多等表现。反复严重感染者出现浮肿、消瘦、贫血、黄疸、心悸、眩晕、失眠、肝脾肿大等症状。儿童和青少年感染后，临床症状严重，智力发育缓慢，死亡率较高。有些患者在晚期并发肝绞痛、胆管炎、胆囊炎和肝癌。

（四）预防措施

加强卫生宣传教育，提高群众特别是儿童的防病意识，使其认识到华支睾吸虫病的危害，提高自我防范意识，自觉革除陋习，提倡科学的烹调和食鱼习惯，不生食鱼虾，切生食和熟食的菜板要分开，接触鱼后要洗净手再吃东西，防止误食囊蚴。加强粪便管理，防止虫卵入水，做好厕所改造和鱼塘管理，防止粪便被雨水冲刷流入池塘，禁止猪圈直接通入鱼塘。不用新鲜粪便施肥，让粪便发酵后再施用。控制传染源，积极治疗患者和带虫者。在流行区，对重点人员、高发人群要重点检查、重点防治。在重流行区，开展普查普治。加强保虫宿主的管理，不用生鱼虾喂狗、猫、猪等动物。

五、并殖吸虫病

并殖吸虫病（Paragonimiasis）又称肺吸虫病（Pulmonary ditomiasis），是由寄生于人和其他哺乳动物肺部及组织内的一组并殖吸虫所致的一种慢性人兽共患寄生虫病。

（一）病原

并殖吸虫简称肺吸虫，属斜睾目、并殖科。并殖吸虫种类较多，世界上已知的有50种（亚种），33种分布在亚洲。在亚洲，对人类致病的主要虫种是卫氏并殖吸虫、斯氏狸殖吸虫、四川并殖吸虫、异盘并殖吸虫、团山并殖吸虫、会同并殖吸虫、太平并殖吸虫和肺生并殖吸虫等。

（二）流行病学

（1）感染情况　并殖吸虫病分布在亚洲、非洲和美洲等20多个国家和地区，在我国流行于全国22个省、市、区。根据皮试阳性估计，我国感染人数达2000万。卫氏并殖吸虫感染在韩国、日本、中国、菲律宾、印度、泰国以及越南等亚洲国家仍是一个严重的公共卫生问题，我国许多地区均有因食用生的或未经彻底加热的溪蟹、蝲蛄等感染并殖吸虫病的报道。随着市场经济活跃，疫区的溪蟹、蝲蛄的流入，造成非疫区居民发生感染的病例时有发生。

（2）传染源和传播途径　患者和保虫宿主是本病的传染源。生吃或半生吃溪蟹、蝲蛄，使本病得以传播。如一些地区，有吃生蟹、醉蟹、烤蟹等习惯，东北地区部分居民爱食蝲蛄豆腐及蝲蛄酱，这些方法都并不能将囊蚴全部杀死。儿童捕捉溪蟹、蝲蛄后生食，或用泥土、草叶包裹烘烤后食用，也极易被感染。也有因食用含童虫的野猪肉或饮用生溪水而感染者。

（三）对人体危害

并殖吸虫的童虫在宿主体内移行窜扰和成虫在肺组织内的寄生都可破坏组织，引起机械性的损伤，虫体的代谢物、分泌物等作为抗原物质能诱发宿主的免疫反应，造成机体的免疫病理损害。

急性肺吸虫病可表现出全身症状，患者有食欲不振、乏力、消瘦、低热等。重者发病急，毒性症状明显，如畏寒、高热、头痛、胸闷、腹痛、腹泻等。

卫氏并殖吸虫病的主要症状有胸痛、咳嗽、咳痰、痰中带血丝或痰血混合呈铁锈色，最典型的为似烂桃状痰液，有时甚至出现咯血，痰中常可查见大量虫卵。患者可有胸痛、气急、脓胸、脓气胸、胸腔积液。斯氏狸殖吸虫和四川并殖吸虫的童虫常侵犯肝脏，在肝组织内形成嗜酸性脓肿或囊肿，肝组织严重受损和肝脏功能异常，感染严重者可出现黄疸。

（四）预防措施

加强卫生宣传教育，提高群众的防病意识。要提倡科学的烹调方法，不食生或半生的溪蟹、蝲蛄，把住“病从口入”关，是预防肺吸虫病的关键。控制传染源，积极治疗患者、带虫者和保虫宿主。在流行区，对重点人员、高发人群要重点检查、重点防治。加强水源管理，防止人畜粪便和病人痰液污染水源。为了切断传染源，应用吡喹酮及时治疗病人和受感染的犬、猪。消灭中间宿主，管理转续宿主和保虫宿主（野生动物）。

六、猪带绦虫病、囊尾蚴病、牛带绦虫病

猪带绦虫病（Taeniasis solium）是由猪带绦虫，又名链状带绦虫、猪肉绦虫、有钩绦虫的成虫寄生于人体小肠引起的疾病；囊尾蚴病（Systicercosis cellulosae，又称囊虫病），是由猪带绦虫的幼虫即囊尾蚴寄生于人体组织内引起的疾病，是我国常见的人兽共患性寄生虫病。牛带绦虫病（Taeniasis saginata）是由牛带绦虫寄生于人的小肠引起的一种较常见的食源性人兽共患病。

（一）病原

猪带绦虫属于圆叶目、带科、带属，又称有钩绦虫、链状带绦虫或猪肉绦虫，寄生于人的肠道中，可存活25年。猪囊尾蚴俗称猪囊虫，囊虫，是猪带绦虫的幼虫。猪囊尾蚴在猪体内平均可存活3~5年，个别达15~17年，死后钙化。

牛带绦虫，又名肥胖带绦虫、牛肉绦虫、无钩绦虫。我国古代将其称为“白虫”、“寸

白虫”。人是牛带绦虫唯一的终宿主，成虫多寄生于人体的十二指肠与空肠曲下 40cm 处，以头节固着于肠壁。成虫在人体内寿命较长，可达 20 年甚至更长。

（二）流行病学

（1）感染情况　猪/牛带绦虫病在我国大陆除浙江省外，其他 29 个省（区、市）都有散发的带绦虫感染病例报道，并在一定地区形成地方性流行。近年来，各地的感染人数呈增加的趋势，猪带绦虫病以黑龙江感染率最高，牛带绦虫病则以西藏为首，感染率高达 70% 以上。猪/牛带绦虫病严重流行区，当地居民喜食生的或未熟的猪、牛肉，对本病的传播起着决定性的作用。近来，猪囊尾蚴病在我国的流行呈现两个新的趋势，一是就诊患者中来自城市的病人比例增多，超过农村。二是聚餐或在餐馆就餐机会多者患病率高。干部、教师和工人患者比例超过农民、学生及儿童。

（2）传染源和传播途径　人是猪带绦虫和牛带绦虫的唯一终末宿主和传染源。感染者通过粪便排出猪带绦虫或牛带绦虫虫卵，污染饲料或饮水，分别使猪或牛感染囊尾蚴。人因食入生的或未熟的含囊尾蚴的猪肉或牛肉而分别感染猪带绦虫或牛带绦虫。在猪带绦虫病严重的流行区，居民爱吃生的或未煮熟的猪肉，如云南省少数民族用生猪肉制作菜肴，熏、腌肉不再经火蒸煮；“生片火锅”、“过桥米线”及猪肉包子或饺子，因蒸煮时间过短，未将囊尾蚴杀死或生熟砧板不分造成交叉污染而致人感染。城市因烧烤盛行，习惯于食用烤猪、牛肉的居民增多而感染率呈上升趋势。

（三）对人体危害

猪带绦虫一般无明显症状，如感染虫数较多时，可出现腹痛、恶心、消化不良、腹泻、消瘦，偶尔因虫体扭结发生肠梗阻。囊尾蚴可寄生在人体多种组织器官中，常见的寄生部位依次为皮下组织、肌肉、脑、眼、心脏、肝、腹膜等。临床上大致可分为以下三种类型：①皮肤肌肉囊虫病。皮下囊虫结节从几个至数千个，分布部位以头部、躯干为多见，其次是大腿和上臂。②脑囊虫病。脑囊虫的发病率占囊虫病的 60% ~80%，以癫痫型最多见，约占脑囊虫病的 40%，由于囊虫寄生在大脑皮层邻近运动区引起局灶性刺激症状；脑膜炎型约占脑囊虫病的 1%，表现为慢性或亚急性脑膜炎；颅内高压型约占 20%；精神异常型约占 6% ~7%，由于囊虫引起脑皮层萎缩所致；脊髓型，此型少见，以截瘫、感觉障碍、大小便潴留等为特征，是由于囊虫寄生在椎管压迫脊髓出现脊髓受压的表现。③囊尾蚴在眼部常寄生于视网膜、玻璃体、眼肌及眼结膜，引起视力障碍等。

（四）预防措施

加强肉品卫生检验，禁止销售囊尾蚴病肉。在肉品加工中，主要原料和产品分开，用具和容器生熟分开。加强食品卫生宣传教育，禁止吃生肉。查治病人，合理处理粪便，提倡舍饲猪和牛。

七、旋毛虫病

旋毛虫病（Trichinelliasis）是由旋毛虫寄生于人等多种哺乳动物的小肠、十二指肠和横纹肌引起的食源性人兽共患病。

（一）病原

旋毛虫属于毛尾目、毛形虫科、旋毛虫属。成虫寄生于小肠，主要在十二指肠和空肠上段胞内。成虫和幼虫寄生于同一宿主内，但完成生活史则必须更换宿主。猫、犬及野猪、熊、狼、狐等多种哺乳动物均可作为本虫的宿主。旋毛虫包囊对低温抵抗力较强，在

-12℃、-15℃、-21℃分别能存活57d、20d、8~10d。旋毛虫囊包的抵抗力较强，能耐低温，猪肉中囊包里的幼虫在-15℃可存活20d，在腐肉中也能存活2~3个月。70℃以上温度可将其杀死。

（二）流行病学

（1）感染情况　旋毛虫病呈世界性分布，但以欧洲、北美洲发病率较高。非洲、大洋洲及亚洲的日本、印度、印度尼西亚等国也有流行。我国自1964年在西藏首次发现人体旋毛虫病以后，云南、河南、四川、贵州、广西、广东、湖北、东北三省等地均有人体感染甚至流行或暴发流行的报道。我国有27个省、市、自治区有猪感染旋毛虫的报道，其中河南、湖北的某些地区感染较为严重，猪的感染率在10%左右或更高，河南个别地区高达50.2%。

（2）传染源与传播途径　感染旋毛虫且含有感染性囊包的动物均为本病的传染源。对人而言主要传染源为受染的猪、犬，其次为野猪等。经口食入含活旋毛虫幼虫的囊包是本病的主要传播途径。自然界中，目前已知百余种哺乳动物可自然感染旋毛虫病，鼠等野生动物间相互残杀或吞食含有活旋毛虫囊包的动物尸体而感染；猪的感染主要是由于吞食含有旋毛虫囊包的肉屑。人的感染主要因生食、半生食含旋毛虫囊包的肉类尤其是猪肉而致。偶有通过感染者粪便内旋毛虫幼虫或经胎盘而传播的情况。

（三）对人体危害

旋毛虫对人体产生的损害有虫体移行产生的机械性损伤、过敏反应、虫体代谢产物及排泄物毒性作用。幼虫及成虫钻入肠黏膜，引起十二指肠、空肠黏膜的广泛炎症、水肿、充血、出血，甚至形成浅表溃疡。幼虫移行时可出现全身性小动脉、毛细血管的急性炎症、间质水肿；心脏可有不同程度的损害，主要是心肌、心内膜的充血、水肿、器质性炎症甚至心肌坏死，心包腔可有较多的积液，出现心力衰竭，成为旋毛虫患者死亡的主要原因之一；肺部可出现局灶性或广泛性肺出血、肺水肿、支气管炎甚至胸腔积液。重症者可波及神经系统，引起非化脓性脑膜炎和颅内压增高；部分患者可出现眼球结膜水肿、出血。

（四）控制和预防措施

广泛开展卫生宣传教育，使群众了解旋毛虫病的危害，普及旋毛虫病预防知识，改变饮食习惯，不吃生的或不熟的猪肉及其他肉类；严格执行食品卫生法规，加强肉制品卫生检查，严禁未经检验的肉类上市出售，建立健全病死畜肉无害化处理制度，这是预防工作的重要环节。改善养猪方法与条件，提倡圈养及饲料加热处理，杜绝用洗肉泔水喂猪，减少猪的感染；大力开展环境卫生运动，捕鼠灭鼠，减少传染源。

第五节　食品害虫对食品安全性的影响

昆虫是世界上种类和数量最多的动物，其中能够污染食品引起食源性疾病、毁坏食品和造成食品腐败变质的称为食品害虫。食品害虫有数百种，危害严重的仅十多种，有昆虫和螨类两大类。昆虫有六足，其中甲虫身体坚硬，前翅像刀鞘，属鞘翅目；蛾类身体柔软，前后翅有鳞毛，属鳞翅目。螨类有八足，不属于昆虫，属于蜘蛛类，身体柔软且小。

一、食品害虫的特点和危害

食品害虫种类繁多、分布广泛、抵抗力强，具有耐干燥、耐热、耐寒、耐饥饿、食性复杂、适应力和繁殖力强等特点，而且虫体小，易隐蔽，有些有翅，能进行远距离飞行和传播。因此，食品害虫极易在食品中生长繁殖，尤其是粮食和油料被害虫侵害比较普遍，干果、干菜、鱼干、腌腊制品、奶酪等食品中也有害虫孳生。

昆虫和螨在食品中生长繁殖，可蛀食、剥食、侵食及缀食食品，造成食品数量损失。据FAO报道，每年世界不同国家谷物及其制品在贮藏期间的损失率为9%～50%，平均为20%，主要由鞘翅目和鳞翅目的昆虫为害所致。害虫分解食品中蛋白质、脂类、淀粉和维生素，使其品质、营养价值和加工性能降低。害虫侵蚀食品，遗留有分泌物、虫尸、粪便、蜕皮和食品碎屑，使食品更易污染害虫和微生物。害虫大量孳生时，产生热量和水分，引起微生物增殖，导致食品发热、发霉、变味、变色和结块。另外，苍蝇、蟑螂和螨可携带病原体，通过食品传播疾病，严重危害人体健康。

昆虫有100多万种，影响食品安全质量的主要是鞘翅目、鳞翅目、双翅目和蜚蠊目。玉米象、谷蠹和麦蛾为我国三大仓库害虫。

二、防　　治

防治食品害虫，必须遵守“以防为主，综合防治”的原则，采用清洁卫生防治、物理与机械防治、生物防治、化学防治、习性防治、检疫防治等措施。

（一）加强食品卫生管理

保持食品加工间和贮藏库清洁卫生和干燥，妥善保藏食品，防止害虫孳生。及时清理垃圾和废弃物，可有效防止苍蝇和蟑螂孳生。使用风幕、纱幕和双道门等会防止苍蝇进入食品加工车间。

（二）防虫、灭虫

使用生物、物埋和化学方法杀灭害虫和鼠类。改善仓储条件，采用控温贮藏、气调贮藏、辐照技术或药剂熏蒸食品，防止害虫孳生。

（三）加强食品害虫检疫

食品在入库前、贮藏中和进出口时，要进行食品害虫检验检疫。

（四）提高食品质量

粮食清洁度要高，保持食品完整，减少杂质，提高食品质量，增强食品抗虫性能，可抑制害虫发生。

第六章　化学性物质与食品安全性

第一节　农用化学物质残留对食品安全性的影响

一、概　　述

根据我国《农药管理条例》（1997）的定义，农药（Pesticide）是指用于预防、消灭或者控制危害农业、林业的病、虫、草和其他有害生物，以及有目的地调节植物、昆虫生长的化学合成或者来源于生物、其他天然物质的一种物质或者几种物质的混合物及其制剂。

目前，全世界实际生产和使用的农药品种有上千种，其中绝大部分为化学合成农药。对这些化学农药有多种分类方法，如按用途可将其分为杀虫剂、杀菌剂、除草剂、杀线虫剂、杀螨剂、杀鼠剂、落叶剂和植物生长调节剂等类型；按化学组成及结构可将其分为有机磷、氨基甲酸酯、拟除虫菊酯、有机氯、有机砷、有机汞等类型。

二、农药污染食品的途径

农药污染食品的途径主要有如下几种。

1. 施用农药直接造成食品及食品原料的污染

（1）农作物生长过程中给农作物直接施用农药制剂后，渗透性农药和触杀型农药主要粘附在蔬菜、水果等作物表面，因此作物外表的农药浓度高于内部，并且大部分可以洗去；内吸性农药可进入作物体内，使作物内部农药残留量高于作物体外。另外，作物中农药残留量大小也与施药次数、施药浓度、施药时间、施药方法、气象条件以及植物的种类等有关。一般施药次数越多、间隔时间越短、施的浓度越大，作物中的药物残留量越大；油剂比粉剂更易残留；喷洒比拌土施药残留量多；农药残留随植物的不同种类和同一种类不同部位而不同，一般叶菜类植物的农药残留量高于果菜和根菜类。另外气温、降雨、日照等也可影响农药的残留。

（2）食品贮存期间为了粮食防虫和蔬菜、水果保鲜而使用的杀虫剂或熏蒸剂、杀菌剂和抑芽剂也可造成食品农药残留。例如粮仓用杀虫剂或熏蒸剂，香蕉和柑橘用杀菌剂，洋葱、土豆、大蒜用抑芽剂等。

（3）厩舍和牲畜卫生用药，可在动物体内产生农药残留。

2. 农作物从污染的环境中吸收农药

农作物施用农药时，农药可残留在土壤中，有些性质稳定的农药，在土壤中可残留数十年。农药的微粒还可随空气飘移至很远地方，污染食品和水源。这些环境中残存的农药又会被作物吸收而造成食品间接污染。

3. 由食物链和生物富集作用造成食品污染

食物链：如饲料污染农药而致肉、奶、蛋的污染，含农药的工业废水污染江河湖海进而污染水产品等。

生物富集作用：某些比较稳定的农药、与特殊组织器官有高度亲和力或可长期贮存于脂肪组织的农药可通过食物链的传递逐级浓缩，这种作用为生物富集作用。经过食物链的逐级富集后，若食用该类生物性食品，可使进入人体的农药残留量成千倍甚至上万倍的增加，从而严重影响人体健康。

4. 其他来源的污染

（1）粮食贮存、加工、运输和销售过程中的污染　如混装、混放、容器和车船污染等。运输及贮存中由于和农药混放，可造成食品污染。尤其是运输过程中包装不严或农药容器破损，会导致运输工具污染，这些被农药污染的运输工具，往往未经彻底清洗，又被用于装运粮食或其他食品，从而造成食品污染。

（2）事故性污染　如将拌过农药的种子误当粮食吃；误将农药加入或掺入食品中；施用农药时用错品种或剂量而致农药高残留等。

三、食品中常见的农药残留及其毒性

1. 有机磷农药

有机磷农药是一类有相似化学结构的化合物，但在具体结构组分、物理性质和药理作用等诸多方面有差异。大多数有机磷农药多为磷酸酯类或硫代磷酸酯类化合物，其结构通式为：

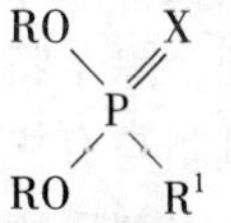

有机磷农药使用已有 70 多年的历史，并仍被广泛使用，是目前使用量最大的杀虫剂，世界上现有种类可达数百种，我国也有 200 多种。农业上常用的主要有对硫磷（1605）、内吸磷（1059）、马拉硫磷（4049）、倍硫磷、乐果、敌百虫、敌敌畏和毒死蜱等。部分品种也可用作杀菌剂（如稻瘟净、异稻瘟净、敌瘟灵等）或杀线虫剂（如克线丹、丙线磷、苯线磷等）。

大多数有机磷农约为无色或黄色油状液体；有大蒜味；可溶于多种有机溶剂，少数可溶于水；大多数有机磷农药性质不稳定，容易光解、碱解和水解等，也容易被生物体内有关酶系分解。

有机磷农药对食品的污染主要表现在植物性食品中，尤其是含有芳香物质的植物，如水果、蔬菜等最易吸收有机磷，且残留量也高。

有机磷农药的毒性主要是以急性中毒为主，属于神经毒素，可竞争性地抑制乙酰胆碱酯酶的活性，导致神经传导递质乙酰胆碱的积累，从而引起中枢神经中毒，表现出一系列的中毒症状，如流涎、流汗、流泪、恶心、呕吐、腹痛、腹泻、心动过缓、瞳孔缩小等。严重者可出现呼吸麻痹、支气管平滑肌痉挛甚至窒息死亡。

有些中毒者可出现迟发性神经病。较重者肢体远端出现肌萎缩，少数可发展为痉挛性麻痹，病程可持续多年。

不同种类的有机磷农药，其毒性有所差异。部分有机磷农药对大鼠经口 LD_{50} 见表 6－1。

表 6-1　　部分有机磷农药对大鼠经口 LD_{50}　　单位：mg/kg 体重

名　称	LD_{50}	名　称	LD_{50}
甲拌磷	1.0~4.0	马拉硫磷	1634~1751
倍硫磷	190~375	久效磷	8~23
敌百虫	450~500	乐果	185~245
辛硫磷	1845~2170	敌敌畏	450~630

2. 氨基甲酸酯类农药

氨基甲酸酯为氨基甲酸的 N-甲基取代酯类，化学结构通式为：RO—CONH—CH_3，其中的活性基团为：—O—CONH—CH_3，R 为酚类、脂肪烃类或其他环烃。该类农药大多为无色或白色晶状固体。在水中的溶解度低，可溶于多数有机溶剂。在碱性条件下易水解，加热可加速其水解。

自 1953 年美国首先合成第一种氨基甲酸酯类杀虫剂西维因以来，氨基甲酸酯类农药已发展成一大类农药，目前使用的品种已有 50 多个。此类农药广泛应用于杀虫、除草、杀线虫、杀菌等。用作杀虫剂的常用品种有西维因、涕灭威、混戊威、克百威、灭多威、残杀威等，用作除草剂的如禾木壮、哌草丹、丁草特、野麦畏等，某些品种如涕灭威、克百威还兼有杀线虫活性。

氨基甲酸酯类农药具有高效、低毒、低残留的特点，在作物上的残留时间一般为 4d，在动物的肌肉和脂肪中的明显蓄积时间约为 7d，残留量很低。在植物性食品中通常可以检出呋喃丹、西维因等氨基甲酸酯类杀虫剂，除了特殊情况外，一般含量均不超过国家标准。

氨基甲酸酯类农药的残留毒性作用机制与有机磷类似，也是胆碱酯酶抑制剂。但有两点不同：一是其抑制作用有较大的可逆性，水解后酶的活性可不同程度恢复，因此它的中毒症状消失快，并且目前尚未发现有迟发性神经毒性；二是含氨基，进入体内，在酸性条件下易与食物中的亚硝酸盐反应生成亚硝胺，从而具有致癌、致畸和致突变的可能性。虽然由膳食摄入的氨基甲酸酯类农药残留造成的亚硝基化合物的量与自然存在于食品和饮水中的亚硝基化合物的前体相比，可以忽略，但上述问题仍需进一步研究。

不同品种的氨基甲酸酯类农药的急性毒性差别很大。在我国常用几种氨基甲酸酯类农药中克百威（呋喃丹）、涕灭威属高毒性，西维因、叶蝉散、速灭威属中等毒性（表 6-2）。

表 6-2　　部分氨基甲酸酯类杀虫剂对大鼠经口的 LD_{50}　　单位：mg/kg 体重

名　称	LD_{50}	名　称	LD_{50}
涕灭威	0.93	叶蝉散	260~500
速灭威	268~600	西维因	500~850
巴沙	410~635	呋喃丹	8~245

3. 拟除虫菊酯类农药

拟除虫菊酯类是近年发展较快的农药，该类农药是模拟天然杀虫剂天然菊酯的化学结构而合成的有机化合物。自 20 世纪 70 年代初合成第一个光稳定性拟除虫菊酯杀虫剂——氯菊酯以来，拟除虫菊酯类农药得到了迅速的发展，常用作杀虫剂和杀螨剂，目前大量使用的品种已达数十个，其中主要有氰戊菊酯、溴氰菊酯、氯氰菊酯、杀灭菊酯（速灭杀丁）、苄菊酯（敌杀死）和甲醚菊酯等。

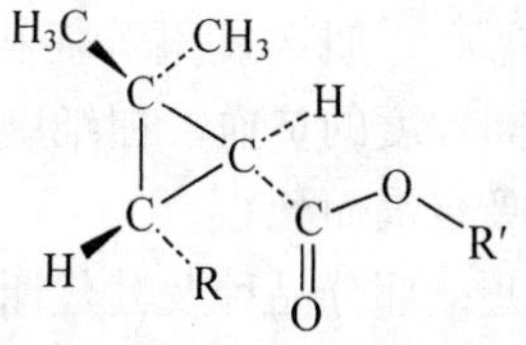

拟除虫菊酯类农药化学结构通式

拟除虫菊酯类农药多属中等毒性或低毒性，并且在环境和生物体内均可迅速降解，几乎没有生物蓄积效应。它对哺乳动物的毒性较小。急性中毒多为误服或生产性接触引起，主要是神经系统症状，如流涎、多汗、意识障碍、言语不清、反应迟钝、视物模糊、肌肉震颤、呼吸困难等，重者可致昏迷、抽搐、心动过速、瞳孔缩小、对光反射消失、大小便失禁，可因心衰和呼吸困难而死亡。其中毒机制为拟除虫菊酯类农药与生物膜结合后可改变生物膜的三维结构和通透性，影响钠泵或钙泵功能，使神经传导受阻。拟除虫菊酯类农药对皮肤有刺激和致敏作用，可致感觉异常（麻木、痛痒）和迟发性变态反应。

此类农药的诱变试验结果不一，个别品种（如氰戊菊酯）大剂量时疑有诱变性和胚胎毒性，有关其致癌和致畸性方面尚少有报告。

4. 有机氯农药

有机氯是早期使用的最主要的杀虫剂。根据化学结构，有机氯农药可分为滴滴涕（DDT）及其同系物、六六六（BHC）类、环戊二烯类及有关化合物、毒杀芬及有关化合物。各类有机氯农药的化学结构及药理作用相似，但毒性却有较大差别，其中 DDT 及其同系物和 BHC 类农药的毒性最大。

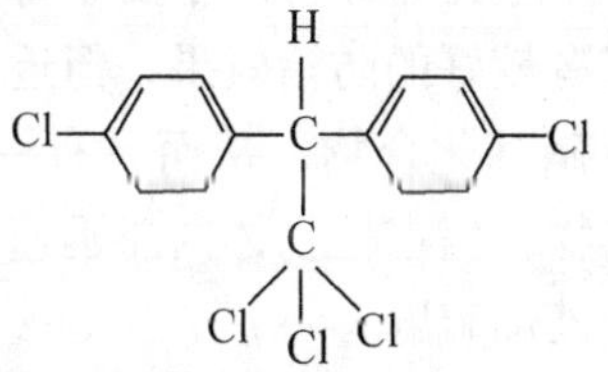

DDT

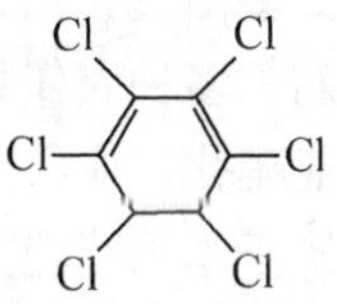

BHC

有机氯农药在环境中很稳定，不易降解，如 DDT 在土壤中消失 95% 的时间为 3 年～30 年（平均为 10 年）；脂溶性强，故在生物体内的蓄积具有高度选择性，主要蓄积于脂肪组织或脂肪多的部位。

从 20 世纪 40 年代大量使用 DDT 以来，有机氯对环境的污染不断增加，现在世界上几乎任何地区的环境中均可检出有机氯，甚至在从未使用过的地区如南极、北极，由于气流和水流的携带，目前也可检出有机氯的污染。因此，目前在各类食品中大多可检出不同程度的有机氯残留，特别是在动物性食品（如蛋、畜禽肉、鱼及水产品、乳制品）中残留量较高。此外，粮谷类、薯类、菜果类、豆类等，也有不同程度的有机氯残留。乳制品、禽肉、蛋类中有机氯农药污染主要来源于饲料中的农药残留，鱼及水产品中有机氯农药残留主要来源于水域污染和生物富集作用。粮谷类及果蔬类有机氯农药污染主要源于土壤污染或直接施用农药。动物性食品中 DDT 和六六六残留量普遍高于植物性食品。

随食物摄入人体内的有机氯农药，对人体的损害主要是肝脏、肾脏等的实质性损害和中枢神经系统损害，当人体摄入量达到 10mg/kg 体重时，即可出现中毒症状。中毒者中枢神经应激性显著增加，可引起头晕、恶心、肌肉震颤等症状，严重者可造成心肌损伤、肝脏、肾脏和神经细胞的变性，常伴有不同程度的贫血、白细胞增多、淋巴细胞减少等病变，有些中毒者可出现发热、昏迷，甚至呼吸衰竭而死亡。

有机氯可通过胎盘屏障进入胎儿，部分品种及其代谢产物有一定致畸性。人群流行病学调查也表明，使用此类农药较多地区的畸胎率和死胎率比使用此类农药较少的地区高10倍左右。

动物实验表明，某些有机氯农药具有一定的致癌作用。据报道，较大剂量的DDT可使小鼠、兔和豚鼠等动物的肝癌发生率明显增高。

由于有机氯农药具有高度的物理、化学、生物学稳定性，易于在环境中长期蓄积，并可通过食物链而逐级浓缩，还有一定的潜在危害和三致作用，故在许多国家已停止使用。我国于1983年停止生产，1984年停止使用六六六和DDT等有机氯农药。但由于其性质稳定，在水域、土壤中仍有残留，因此会在相当长的时间内继续影响食品的安全性，危害人类健康。

5. 杀菌剂

我国曾使用过的有机汞类杀菌剂，如西力生（含氯化乙基汞）、赛力散（含醋酸苯汞）等，是高效、高残留、高毒的杀菌剂，主要用于拌种。有机汞农药进入人体后，主要蓄积在肝、肾和脑组织中，且排出很慢。另外，有机汞农药也能通过胎盘屏障进入胎儿体内或通过乳汁进入婴儿体内，导致子代汞中毒，影响神经系统和智力发育。我国于1972年起已停止使用有机汞农药。

有机砷类杀菌剂（稻脚青、福美砷、田安等）在体内可转变为毒性很大的As^{3+}，导致中毒和肿瘤。

苯丙咪唑类杀菌剂如多菌灵、托布津、甲基托布津等对小麦赤霉病、黑穗病、水稻纹枯病、稻瘟病和甘薯黑斑病等多种农作物病害有较好的防治效果，但近年来有报告表明多菌灵在哺乳动物胃内能发生亚硝化反应，形成亚硝基化合物，从而具有一定的致畸、致癌作用。托布津和甲基托布津不属于苯丙咪唑类化合物，但在植物体内能迅速代谢为多菌灵和乙烯双硫代氨基甲酸酯，后者可进而生成致癌物质乙烯硫脲。

6. 除草剂

大多数除草剂对动物和人的急性毒性较低，且由于多在农作物生长早期使用，故作物吸收量通常很低，其危害性相对较小。但部分品种的致畸、致癌、致突变性以及其代谢物和所含杂质的毒性问题应给予足够的重视。如阿特拉津（莠去津）有一定致突变、致癌作用；2，4，5－三氯苯氧乙酸（2，4，5－T）产品中含有毒性及致癌性极强的杂质四氯二苯并对二噁英（TCDD）。

7. 混配农药的毒性

两种或两种以上农药的合理混配使用可提高其作用效果，并可延缓昆虫和杂草对其产生抗性，故近年来混配农药的生产和使用品种日益增多。多种农药混合或复配使用有时可加重其毒性（包括相加及协同作用），如有机磷可增加拟除虫菊酯类农药的毒性；氨基甲酸酯和有机磷农药混配使用则对胆碱酯酶的抑制作用显著增强；有机磷农药之间亦常有明显的协同作用。但目前对多种农药混合或复配使用的联合毒性作用的研究还相对较少，而且将多种农药联合作用的动物实验资料外推到人也存在较多的问题。

四、控制食品中农药残留量的措施

1. 加强对农药生产和经营的监督管理

为了加强对农药生产和经营的监督管理，保证农药质量，保护农业、林业生产和生态环境，维护人畜安全，国务院于1997年5月8日发布了《中华人民共和国农药管理条例》，并根据2001年11月29日《国务院关于修改〈农药管理条例〉的决定》修改施行。

注册是许多国家管理农药的最普遍形式。我国早在1982年10月1日就制定了农药登记制度并予以实施。其后，《农药管理条例》（正式）又明确规定国家实行农药登记制度。凡用于防治农、林、牧业的病害、虫害、杂草和其他有害生物及条件植物生长的农药品种，均属农药登记规定的管理范围。

《农药管理条例》还规定我国实行农药生产许可制度，即生产已依法取得农药登记的农药还必须报国务院化学工业行政管理部门批准。未取得农药登记和农药生产许可证的农药不得生产、销售和使用。

2. 安全合理地使用农药，加强对原料作物的生产管理

为了安全使用农药，早在1982年农牧渔业部和卫生部就联合颁布了《农药安全使用规定》。在规定中将农业生产中常用的农药分为高毒、中毒、低毒三类，并在附录中明确规定高毒、高残留农药不准用于蔬菜、果树、茶树、中药材和烟草等作物。随后《农药安全使用标准（GB4285—1989）》对主要作物和常用农药规定了最高用药量或最低稀释倍数，最多使用次数和安全间隔期（最后一次施药距收获期的天数），以保证食品中农药残留不致超过最大允许限量标准。1997年《农药管理条例》第二十七条又规定“使用农药应当遵守国家有关农药安全、合理使用的规定，按照规定的用药量、用药次数、用药方法和安全间隔期施药，防治污染农副产品”。同时规定“剧毒、高毒农药不得用于防治卫生害虫，不得用于蔬菜、瓜果、茶叶和中草药材”。

3. 制定食品中农药残留限量标准并加强监控

制定最高残留限量是食品中农药残留管理工作的重要组成部分。1966年，国际农药残留法典会议（JMPR）首次提出粮食中农药最大残留限量建议，直至2002年，国际食品法典农药残留委员会（CCPR）已对200种农药发布过食品中最大残留限量。我国于20世纪70年代初开始进行此项工作，目前已制定、修订了136个农药的各类食品中残留限量标准。

食品中农药残留量检验方法是监督监测食品是否符合卫生标准的重要手段，也是国际贸易上公平交易的科学依据。欧美一些国家主要采用多组分残留分析方法，如美国食品与药品管理局常规检测农药约300种，5个多组分残留测定方法可覆盖50%的目标物。为适应食品中农药残留限量标准需要，我国已建立了动植物型食品中40余种农药多组分残留测定方法，但尚需增加农药品种以扩大覆盖面。

4. 合理加工和烹调

食物食用前应经过削皮、洗涤、烹饪、加热等处理。据实验，粮食中的六六六经过加热处理可减少34%～56%，滴滴涕可下降13%～49%。各类食品经加热（温度94℃～96℃）后，六六六的去除率平均为40.9%，滴滴涕为30.7%。在碱性条件下加工食品，有利于有机磷农药的消除。

5. 其他

研究开发高效、无毒、无残留、无污染的无公害农药，逐渐淘汰传统农药，从根本上杜

绝农药残留，保障食品的安全性；大力提倡作物病虫害的综合防治；整治农药生产和使用对环境造成的污染以及培育抗病、抗虫农作物品种等。

第二节　兽用化学物质残留对食品安全性的影响

一、概　　述

兽药是指用于预防、治疗、诊断畜、禽等动物疾病，有目的地调节其生理机能并规定作用、用途、用法、用量的物质（其中含饲料药物添加剂）。兽药的用途包括多个方面，如防病治病、促进动物生长、改善饲料转化效率、提高畜、禽繁殖性能、改善动物性食品的品质等。畜牧生产和兽医临床上使用的兽药主要有抗微生物制剂（包括抗生素类和化学治疗药物如磺胺类和硝基呋喃类）、抗寄生虫制剂（包括驱虫剂和杀球虫剂）、激素类及其他生长促进剂。

根据FAO/WHO联合组织的食品中兽药残留立法委员会所下的定义，兽药残留是指动物产品的任何可食部分所含兽药的母体化合物及/或其代谢物，以及与兽药有关的杂质残留。所以，兽药残留既包括原药，也包括原药在动物体内的代谢产物。另外，药物或其代谢产物与内源大分子共价结合产物称为结合残留。动物组织中存在的共价残留则表明药物对靶动物具有潜在毒性作用。各类兽药都有可能在动物源性食品中发生残留，其中以抗生素类和激素类药物残留对人体健康的影响最大，是食品中较大的安全隐患之一。

随着膳食结构的不断改善，肉、蛋、乳、水产品等动物性食品所占的比例在不断增加，同时人们对动物性食品的质量要求也越来越高，对食品的兽药残留也引起了普遍关注，世界各国已经开始重视这个问题的严重性，并认为兽药残留将是今后食品安全性问题中的重要问题之一。

二、动物性食品中兽药残留的主要来源

1. 治疗和预防畜、禽疾病的兽药

在畜、禽养殖过程中，人们往往通过口服、吸入、注射、局部涂药等方法给食品动物用药，以防治疾病、保障生产或维护动物的健康。如果用药不当或不遵守休药期规定，药物就会在动物体内残留，导致动物性食品污染。

2. 饲料添加剂或动物保健品的使用

为了预防或治疗某些疾病、提高动物的繁殖和生产性能，常人为地将一些药物以长期、小剂量的方式拌入饲料或饮水中，通过饲料或饮水使药物残留在动物体内，从而造成动物性食品的兽药污染。

3. 动物性食品保鲜贮存过程中加入的兽药

在动物性食品保鲜贮存过程中，在经济利益的驱使下，有人将某些抗微生物制剂直接添加到食品中，以抑制微生物的生长、繁殖，这样不可避免地造成了不同程度的兽药残留，对食品的安全性造成了很大影响。

4. 无意带入的污染

在食品作业中，有些操作人员为了自身预防和控制疾病的目的而使用某些药物，也可能无意地造成对食品的污染。最典型的例子是，在我国的某些虾加工厂中，工人使用氯霉素眼

药水擦手，以预防虾壳刺激造成手的糜烂，致使发生我国出口虾仁中被检出氯霉素的事件。

5. 环境污染

动物用药后，兽药常以药物原形或代谢产物的形式随粪便、尿液等排泄物排出到环境中。绝大多数兽药在环境中仍具有活性，可直接污染土壤、水源、饲料、饲草及动物的生活环境，通过食物链进入动物体内，造成动物性食品的污染与残留。

三、动物性食品中兽药残留的主要原因

动物养殖过程中用药不当是产生兽药残留的最主要原因，大致有以下几个方面。

1. 非法使用违禁、淘汰或未经批准的药物

我国农业部在2003年（265）号公告中明文规定，不得使用不符合《兽药标签和说明书管理办法》规定的兽药产品，不得使用《食品动物禁用的兽药及其他化合物清单》所列21类药物及未经农业部批准的兽药，不得使用进口国明令禁用的兽药，畜禽产品中不得检出禁用药物。然而，在经济利益的驱动下，畜牧业生产企业，却未能很好地执行国家和进口国的规定，违规使用兽药情况十分普遍，如饲料中添加盐酸克仑特罗（瘦肉精）引起的猪肉中毒事件等。1970年美国食品和药物管理局对兽药残留的调查结果表明，使用未经批准的药物占兽药残留的6%。而1985年美国兽医中心的调查结果则为使用未经批准的药物占兽药残留的17%。

2. 不遵守休药期的有关规定

休药期是指畜、禽停止给药到允许屠宰或动物性产品（肉、蛋、奶等）允许上市的间隔时间。休药期的长短与药物在动物体内的消除率和残留量有关，休药期过短，就会造成动物性食品兽药残留过量，危害消费者健康。1970年美国FDA对兽药残留的调查表明，造成兽药残留的原因中未遵守休药期规定的占76%。1985年美国兽药中心（CVM）的调查结果表明，不遵守休药期规定的占51%。

3. 兽药滥用

不严格按照用药规范合理使用兽药，在用药剂量、给药途径、用药部位和动物种类等方面不符合用药规定，会导致药物在动物体内残留量增大，并使存留时间延长，从而造成药物对动物性食品的污染。在畜、禽养殖中，存在许多滥用兽药的现象，如为预防畜、禽疾病，在未确定病因的情况下，滥用青霉素类、磺胺类等抗菌药；为缓解畜、禽应激反应，大量使用金霉素或土霉素等药物。

4. 错误用药或未做用药记录

将与目的无关的药物用于所饲养的动物、重复使用几种商品名不同但成分相同的药物、按错误的用药方法用药或未做用药记录，会造成动物体内残留下不该使用的药物，或同一种药物残留量严重超标。1985年美国兽药中心的调查结果表明，未做用药记录造成的兽药残留占兽药残留总量的12%。

5. 饲料污染

动物饲料贮藏、运输和加工过程中所接触的设备、容器和工具等被兽药污染，从而导致兽药进入饲料当中，进入动物体后引起动物性食品中的兽药残留。

6. 突击使用兽药

为了提高畜、禽和鱼类的生长速度，突击使用激素类药物，以达到短期见效的目的；或在销售、屠宰前使用大剂量兽药，以掩饰有病畜禽的临床症状，逃避宰前检验。这些均可造

成动物性食品中严重的兽药残留，危害消费者的健康。

7. 使用药物生产的废渣、废水饲喂畜、禽和鱼类

药物生产产生的废渣、废水中含有一定量的药物或其他成分，它们长期用来饲喂畜、禽或直接排入鱼池，有可能造成药物残留于畜、禽和鱼类体内而污染动物性食品。

四、动物性食品中常见的兽药残留与危害

1. 抗生素类药物

抗生素类多为微生物天然发酵产物或采用化学半合成方法制造的相同或类似的物质，在浓度较低的情况下就能抑制或杀灭某些特异性微生物，是临床应用最多的一类抗菌药物，广泛应用于治疗人和动物的多种细菌性感染，如青霉素类、头孢菌素类、氨基糖苷类、四环素类、大环内酯类等。

作为临床治疗用药的抗生素类，常常在短期内使用，主要是通过注射、口服、饮水等方式进入动物体内。如在治疗奶牛或奶山羊乳房炎时，常常把青霉素类抗生素直接注入乳房内。如果在休药期结束前将动物屠宰或将所产奶供人饮用，则会在注射部位的肌肉、其他组织和奶中残留超量的青霉素类抗生素。在蜂业生产中，为防治蜜蜂幼虫腐臭病等细菌性病害，常超量使用四环素、土霉素、红霉素等抗生素药剂而造成蜂产品中抗生素残留超标。另外，在兽医临床用药时，还常常将不同的抗生素联合起来使用（如青霉素与链霉素联合使用），更容易造成抗生素类药物在动物体内残留，导致动物性食品污染。

自20世纪中叶抗生素被发现对动物有促生长作用以来，抗生素添加剂得到了广泛应用，这类抗生素主要通过添加于饲料经口进入动物体内，如土霉素添加剂、金霉素添加剂等。由于抗生素在动物体内需要一定的时间才能完全排出体外，因此长期使用，极容易在动物体内蓄积，造成动物性食品中的兽药残留。

（1）抗生素残留的危害　人食用含有抗生素残留的动物性食品后，一般不表现急性毒理作用。但长时间摄入低剂量的抗生素残留的动物性食品，则可在人体内蓄积而产生多种危害。

①引发过敏反应：过敏反应是一种急性反应，其中青霉素类是最容易引发过敏反应的一类抗生素。此外，四环素、链霉素等抗生素有时也能引起过敏反应。

青霉素、四环素类抗生素具有抗原性，能刺激机体形成抗体，当被致敏人体再接受这些抗生素治疗时，该抗生素就会与抗体结合，生成抗原抗体复合物而引发过敏反应，轻者表现为荨麻疹、皮炎和发热等，严重者可导致呼吸困难和过敏性休克，甚至危及生命，但发生率极低。

②导致病原菌产生耐药性：动物在反复摄入某一种抗菌药物后，体内将有一部分敏感菌株逐渐产生耐药性，形成耐药菌株。耐药基因可通过转导、转化、结合和溶源性转变等方式在细菌之间传播，也可通过食物链的传递进入人体，由此引起人类和动物感染性疾病的治疗失败。据美国《新闻周刊》报道，仅1992年就有13300名患者死于抗生素耐药性的细菌感染。现已证明，耐药的致病性大肠杆菌的质粒可以传递给敏感的大肠杆菌，使之变为耐药菌株。

③产生毒性作用：长期摄入氨基糖苷类抗生素残留严重超标的动物性食品可以引起药物性耳聋，还会损伤肾脏近曲小管上皮细胞，出现蛋白尿、血尿，甚至导致肾功能失调；氯霉素对骨髓造血机能有抑制作用，能使白细胞减少，特别是杀伤颗粒性白细胞，影响红细胞成

熟，长期摄入含有氯霉素残留的动物源性食品，可引起再生障碍性贫血和溶血性贫血，对敏感人群、新生儿、早产儿以及肝功能不全的病人影响更大；四环素类经口服可直接刺激机体，出现恶心、呕吐、腹部不适、食欲减退等症状，还能影响骨骼和牙齿的生长，抑制婴儿的骨髓生长。

④使肠道菌群失调：正常条件下，人体消化道内的微生态环境中存在着多种微生物，且相互拮抗而保持动态平衡，某些菌群还能合成维生素供机体使用。长期食用有抗生素残留的动物性食品后，敏感菌受到抑制，而不敏感菌在体内可大量繁殖生长，从而导致肠道菌群失调，同时使肠道内能够合成人体所需的 B 族维生素和维生素 K 的细菌受到抑制，从而引起维生素缺乏。由于抗生素抑制了有益菌的生长，为一些耐药的致病菌提供了生存空间，甚至造成“二重感染”，危害人体健康。

（2）动物性食品中抗生素类药物的允许残留量　最大残留限量（MRL）是科学家和权威人士认为不危害消费者健康同时对制造工艺没有影响的产品中残留的最大浓度。由于抗生素类的广泛应用，导致抗生素类药物残留的食品种类越来越多，包括各种动物性食品和蜂蜜等。由此造成的危害也越来越大。针对这些问题，世界各国均制定了动物性食品中抗生素类的最大残留限量。中华人民共和国农业部公告第 235 号（2002－12－24）《动物性食品中兽药最高残留限量》中规定：

阿莫西林（羟氨苄青霉素）和氨苄西林（氨苄青霉素）在所有食用动物体内的 MRL（μg/kg）均为：肌肉 50、脂肪 50、肝 50、肾 50、奶 10。

苄星青霉素/普鲁卡因青霉素在所有食用动物体内的 MRL（μg/kg）为：肌肉 50、脂肪 50、肝 50、肾 50、奶 4。

越霉素 A（氨基糖苷类抗生素）在猪和鸡的可食组织中的 MRL（μg/kg）为 2000。

土霉素/金霉素/四环素的 MRL(μg/kg）为：所有食用动物的肌肉 100、肝 300、肾 600；牛/羊奶 100；禽蛋 200；鱼/虾肉 100。

链霉素/双氢链霉素的 MRL(μg/kg）为：牛奶 200；牛/绵羊/猪/鸡的肌肉、脂肪和肝脏均为 600，肾脏 1000。

氯霉素及其盐、酯在动物性食品中不得检出。

（3）消除动物性食品中抗生素残留的方法　消除动物性食品中抗生素残留最直接的方法就是在饲料中不添加抗生素，但我国目前养殖场的生态环境和管理水平与欧洲发达国家相比存在很大差距，因此，控制无抗生素饲料使用仍存在一定难度。目前采用抗生素替代品，在畜禽饲料中添加动物消化道内的有益微生物或微生物发酵产物，可以明显改善动物的消化道健康状况，提高动物的免疫力，减少甚至消除对抗生素的依赖，从而降低动物性产品中抗生素的残留量。很多试验也证明，如果不考虑饲料成本，采用这种方法实现畜禽无抗生素饲养在理论上是完全可行的。

2. 磺胺类药物

磺胺类药物是一类具有广谱抗菌活性的化学合成药物，具有价廉、使用方便的特点，广泛应用于兽医临床及动物饲料添加剂等领域。常用的磺胺类药物有磺胺嘧啶、磺胺甲基嘧啶、磺胺脒、磺胺异噁唑（菌得清）、磺胺甲基异噁唑（新诺明）等。另外，磺胺药也经常与一些抗菌增效剂合用，组成复方，如复方新诺明、增效磺胺嘧啶钠等。

磺胺类药物经各种给药途径进入动物体后，可转移到肉、蛋和乳等动物性食品中，如果使用不合理很容易在动物组织中造成磺胺类药物残留。

磺胺类药物大部分以原形从体内排出，当动物接触排泄在垫草、污水、粪土中低浓度的磺胺类药物后，可导致动物再污染，引起动物体内磺胺类药物残留。

（1）磺胺类药物残留的危害　人类经常食用有磺胺类药物残留的动物性食品，就可能引起磺胺类药物在体内的逐渐蓄积，对人体产生各种毒性作用，除了产生耐药菌株、破坏肠道微生态环境外，甚至造成器质性损伤，也可引发过敏反应。

①过敏反应：经常食用含低剂量磺胺类药物的食品能使易感的个体出现过敏反应，患者出现药物热和皮疹，严重者可引起血管性水肿，甚至出现死亡。

②泌尿系统损害：长期摄入含磺胺类药物残留的动物性食品后，药物可不断在体内蓄积。磺胺类药主要以原形及乙酰磺胺的形式经肾脏排出，在尿中浓度较高而溶解度又较低，尤其当尿液偏酸性时，可在肾盂、输尿管或膀胱内析出结晶，产生刺激和阻塞，造成泌尿系统损伤，引起结晶尿、血尿、管型尿、尿痛、尿少甚至尿闭。

③造血系统损害：长期摄入含磺胺类药物的动物性食品，可破坏人的造血系统，造成再生障碍性贫血、溶血性贫血、白细胞减少症、粒细胞减少症、血小板减少症等，对人体健康产生极大的影响甚至危及生命。

④三致毒性：磺胺二甲基嘧啶等磺胺类药物在连续给药中能够诱发啮齿动物甲状腺增生，并具有致肿瘤倾向。磺胺类药物还可穿过血胎盘屏障进入胎儿体内，并且有“三致”的可能性。

此外，磺胺类药物残留还可引起消化系统障碍，使人出现食欲不振、恶心、呕吐、腹泻等症状；磺胺类药物的激素样效应也正在进一步研究中。

（2）动物性食品中磺胺类药物的允许残留量　磺胺类药物残留除对人体有多方面危害外，同时也是目前动物性产品贸易的主要技术问题，严重影响了畜牧业的正常发展。为了保障动物用药的安全性及有效性，以及人类摄食动物性食品后的安全性，许多国家都规定了磺胺类药物的最高残留限量。加拿大、欧盟、美国规定动物组织中磺胺类药物总量的最大残留量为100μg/kg，日本为20μg/kg。中华人民共和国农业部公告第235号（2002-12-24）《动物性食品中兽药最高残留限量》中规定：磺胺类在所有食用动物的肌肉、脂肪、肝脏、肾脏的MRL均为100μg/kg。

3. 硝基呋喃类药物

硝基呋喃类药物是人工合成的具有5-硝基呋喃基本结构的广谱抗菌药物，曾经在养殖业中较为广泛地使用。但是硝基呋喃类药物的副作用已引起人们的高度关注。我国出口的鱼、虾、禽肉、兔肉和肠衣均被检出含有硝基呋喃类药物，特别是我国出口的鳗鱼多次被检测出硝基呋喃类药物残留，严重影响了我国动物源性食品的出口。

在养殖业中经常使用的硝基呋喃类药物主要包括呋喃西林、呋喃妥因、呋喃唑酮和呋喃它酮。呋喃西林毒性较大，一般用作外用消毒药物，也有拌饵投喂防治水生动物疾病的报道。呋喃唑酮价格便宜，疗效确切，广泛用于家畜、家禽的痢疾、肠炎等的预防和治疗。呋喃妥因主要用于水产养殖中疾病的预防和治疗。

（1）硝基呋喃类药物残留的危害

①对养殖动物有毒性作用：大剂量或长时间使用硝基呋喃类药物均能对养殖动物产生毒性作用，其中呋喃西林的毒性最大，对养殖动物的毒性作用也最为常见，尤其是雏鸡和雏鸭，长期低剂量饲喂后可出现厌食、生长抑制、惊厥，最后死亡。

②三致毒性：动物实验证明硝基呋喃类药物具有致畸、致癌、致突变作用。呋喃它酮为

强致癌物，呋喃唑酮具有中等强度致癌性。呋喃唑酮可以诱发小白鼠和大白鼠出现乳腺癌和支气管癌，并且具有剂量效应关系；高剂量饲喂食用鱼和观赏鱼，可诱导鱼的肝脏发生肿瘤；长期低量给与呋喃西林可致雌性小鼠出现乳腺肿瘤和卵巢肿瘤。繁殖毒性结果表明，呋喃唑酮和呋喃西林能减少精子的数量和胚胎的成活率。硝基呋喃类药物也是直接致突变剂，不用附加外源性激活系统就可以引起细菌的突变，呋喃西林在动物实验中也具有诱突变性。

③对人体的危害：硝基呋喃类药物在体内代谢迅速，代谢的部分化合物分子与细胞膜蛋白结合成稳定的结合态，从而减缓了药物在体内的消除速度。由于普通的食品加工方法难以使蛋白结合态的硝基呋喃类残留物大量降解，而人类食用了含有硝基呋喃类药物残留的食品后，这些代谢物就可以在人类胃液的酸性条件下从蛋白质中释放出来而对人体造成危害，主要是胃肠反应和超敏反应。剂量过大或肾功能不全者，可引起严重毒性反应，主要表现为周围神经炎、药热、嗜酸性白细胞增多、溶血性贫血等。长期摄入可引起不可逆性神经损害，如感觉异常、疼痛及运动障碍等。动物体外试验结果表明，呋喃西林虽能引起哺乳动物细胞染色体损伤，但不能致基因突变，说明呋喃西林不能对人体产生基因毒性。

（2）动物性食品中硝基呋喃类药物的允许残留量　鉴于硝基呋喃类药物残留的严重危害，许多国家对该类药物制定了严格的检验检疫要求和规定。如美国 21CFR530.41 规定食源性动物禁止使用呋喃唑酮和呋喃妥因；韩国 2002 年版《食品公典》规定猪肉中不得检出呋喃唑酮；欧盟于 1995 年禁止在食用物中使用硝基呋喃类药物，并自 2002 年 3 月开始对进口的食品类产品进行此类药物的现场检测。2003 年欧盟委员会通过决议，确定水产品中硝基呋喃类药物及代谢物的限值为 1μg/kg。我国农业部也于 2002 年 4 月发布 193 号公告，公布了《食品动物禁用兽药及其化合物清单》，将硝基呋喃类药物作为禁用药物。2003 年又将水产品硝基呋喃代谢物纳入残留监控计划中。

4. 苯并咪唑类抗寄生虫药

苯并咪唑类药物是兽医临床上广泛应用的一类广谱抗寄生虫药物，对人和动物体内的多种寄生虫如蛔虫、吸虫和绦虫等均具有良好的驱杀作用。动物养殖中常用的苯并咪唑类药物主要有丙硫苯咪唑、苯硫咪唑、丙氧咪唑、噻苯咪唑、甲苯咪唑、丁苯咪唑等。

苯并咪唑类药物作为抗寄生虫药，常以片剂或粉剂的形式，在短期内给动物内服。在放牧地区，每年定期给牛、羊等投药，以驱除其体内的寄生虫，促进动物生长。

该类药物经口服进入动物体内后，可在肠道吸收，通过血液循环转运到机体各组织器官，其中以肝脏中药物分布量最大，浓度最高。在药物尚未完全排出体外之前，将动物宰杀，则可能在动物各组织中存在大量的药物残留，这类动物性食品被食用后，超量的苯并咪唑类药物残留就会进入消费者体内，达到一定量时，就会对消费者产生危害。

动物实验结果表明，苯并咪唑类药物可持久地残留于肝脏内，对动物具有明显的致畸性和致突变性。1973—1974 年发现丁苯咪唑对绵羊有致畸作用，多数为胎儿骨骼畸形。1975—1982 年先后又发现苯咪唑、丙硫咪唑等有致畸作用。

食用苯并咪唑类药物残留的动物性食品，对人具有潜在的毒性，主要危害是其致畸作用和致突变作用。在妊娠期，如果孕妇经常食入含超量苯并咪唑类药物残留的动物性食品，有可能发生胎儿畸形，如短肢、唇裂等。对所有消费者来说，如果经常食入含超量苯并咪唑类药物残留的动物性食品，可能由于其致突变作用使消费者发生癌变和性染色体畸变，其后代有发生畸形的危险。

中华人民共和国农业部公告第 235 号（2002－12－24）《动物性食品中兽药最高残留限

量》中规定苯并咪唑类在动物性食品中的 MRL（μg/kg）为：甲苯咪唑：羊/马的肌肉、脂肪和肾脏均为60，肝脏为400。丙氧苯咪唑：猪的肌肉100、（皮+脂）500、肝200、肾100。

5. 激素类药物

激素是机体某些组织分泌的特殊有机物质，能够活化或抑制不同的组织细胞，调节机体的各种代谢活动。为了促进动物体的生长、提高饲料转化率、增加瘦肉率等，人们将激素类药品应用于畜牧业生产中。常用的种类主要有生长激素、性激素（包括雌性激素如雌二醇、己烯雌酚、己烷雌酚、双烯雌酚等和雄性激素如丙酸睾丸素、氯睾酮）、甲状腺素等天然激素和一些人工合成的、具有同化作用的增强剂（如玉米赤霉醇和盐酸克伦特罗）。

激素类药物通常被埋植在动物的皮下或通过深部肌肉注射进入动物体内，也可以饲料添加剂的方式使用。如果使用激素后不久将动物急宰，则在动物埋植部位或注射部位可能残存大量的激素类药物。人食入激素残留的肌肉或其他组织后，会使大量激素进入人体而危及消费者的健康。特别是以性激素（尤其是雌激素）和同化激素在畜牧业生产中应用最多，对人类健康的危害也最大。

（1）性激素　正常情况下，动物性食品中天然存在的性激素含量是很低的，当人食入后经胃肠道的消化作用，性激素的大部分活性已经丧失，因而不会有效地干扰消费者的激素代谢和生理机能。如果在畜牧业生产中不适当地应用大量人工合成的性激素，通过摄入性激素残留的动物性食品，可能会影响消费者的正常生理机能。儿童食用性激素残留的食品可能产生发育毒性，如儿童性早熟、肥胖、生长发育障碍、婴儿出生缺陷等。成人长期摄入含有激素残留的动物源性食品不仅破坏人体正常的激素平衡（使女性男性化或男性女性化并且影响生育能力），而且有一定的致癌性，可导致内分泌相关肿瘤（如乳腺癌、卵巢癌等）的发生。目前，雌激素已被证明具有致癌作用。

对于性激素类兽药的使用问题，世界各国要求不一。欧洲国家全面禁止使用性激素作为促生长剂，因而，其生产的各类食品中不允许检出激素类兽药，当从食品中检出激素残留时，即为违法使用。美国则允许在正确掌握使用方法的前提下使用规定的品种。婴幼儿食品中不允许残留。

（2）盐酸克伦特罗　盐酸克伦特罗，俗称瘦肉精，有促进动物肌肉生长、降低胴体脂肪含量、提高瘦肉率和增加瘦肉产量的作用。20世纪90年代初国外曾用于饲料添加剂，后因人的不良反应而被禁用。但国内一些不法分子为了追求经济利益，在饲养中仍大量使用，并且由于盐酸克伦特罗化学性质稳定，一般加热方法不能将其破坏，从而造成了在动物性食品中的残留，特别是以猪肝中残留最多。

盐酸克伦特罗通过食物链进入人体后，作为心脏 β_2-受体激动剂，可引起心率加速，特别是原有心律失常的病例更易发生心脏反应，可见心室早搏、ST段与T波幅压低；激动骨骼肌 β_2-受体，可引起四肢、面颈部骨骼肌震颤，尤其是交感神经功能亢进的病例更易发生；还可以引起代谢紊乱，使血乳酸、丙酮酸升高，并可出现酮体。此外，还能引起血钾降低，从而导致心律失常。

盐酸克伦特罗的不合法使用会给消费者带来危害，FDA/WHO已制定了畜产品中的最高残留限量：肉、肝脏、肾、脂肪和奶分别为0.2μg/kg、0.6μg/kg、0.6μg/kg、0.2μg/kg、0.05μg/kg。在我国，盐酸克伦特罗一直是国家对兽药残留监控的必检项目。中华人民共和国农业部公告第235号（2002-12-24）《动物性食品中兽药最高残留限量》中规定：盐酸克伦特罗及其盐和酯在所有食品动物的所有可食组织中均不得检出。

五、控制动物性食品中兽药残留的措施

1. 规范和合理使用药物及饲料添加剂

兽药残留监测工作需要从源头抓起。严格按照《兽药管理条例》、《兽药标签、说明书管理办法》和《饲料药物添加剂使用规范》等规范和合理使用兽药和饲料药物添加剂，是避免和减少兽药残留的有效途径。

2. 严格规定兽药休药期

为保证给予动物内服或注射药物后药物在动物组织中残留浓度能降至安全范围，必须严格规定药物休药期。2001 年颁布执行的《中国兽药典》中首次规定了 20 多种兽药的休药期。2003 年农业部第 278 号公告又规定了兽药国家标准和专业标准中部分品种的休药期，并确定了部分不需要制定休药期的规定的品种。

3. 制定动物性食品中兽药的最高残留限量标准并加强监测

兽药残留限量标准是兽药残留监控的依据。我国兽药残留限量标准的制定开始于 1994 年，共经历了 4 次修订。现行的兽药最高残留限量标准是 2002 年 12 月 24 日农业部第 235 号文件发布的。该标准将我国兽药残留限量分为 4 类，即农业部批准使用的兽药按规定用于食品动物，不需要制定最高残留限量的，共 88 种；农业部批准使用的兽药按规定用于食品动物，需要制定最高残留限量的，共 96 种；农业部批准使用的兽药按规定可以用于食品动物，但不得检出兽药残留的，共 9 种；农业部明文禁止用于所有食品动物的兽药，共 31 种。

建立健全动物性食品兽药残留监控体系，加大监控力度，不断改善检测手段，完善兽药残留的检测方法，是严防兽药残留超标的动物性食品进入市场的必要手段。1998 年我国开始进行兽药残留监测工作，1999 年正式开始实施《全国动物及动物性食品中残留物质监控计划》和《官方取样程序》。2006 年 12 月 31 日，国家标准委批准并发布了 36 项农兽药残留检测国家推荐性标准，并于 2007 年 3 月 1 日起实施，这些标准为我国农、兽药残留的检测提供了技术依据。

4. 合适的食品食用方式

消费者可通过烹调加工、冷藏等加工方法减少食品中的兽药残留。如 WHO 估计肉制品中的四环素类兽药残留经加热烹调后，5 ~ 10mg/kg 的残留量可减低至 1mg/kg。氯霉素经煮沸 30min 后，至少有 85% 失去活性。

另外，还可通过制备高效低毒化学药品和加强对新药物进行安全性毒理学评价等方法对动物性食品中的兽药残留进行控制。

第三节　有毒金属对食品安全性的影响

存在于食品中的各种金属元素，其理化性质及生物活性有很大的差别，有的是对人体有益的元素（如钾、钠、钙、镁、铁、铜、锌等），但过量摄入这些元素对人体反而有害。有的是对人体有毒害作用的元素（如铅、汞、镉、砷等），这些元素在较低摄入量的情况下对人体可产生明显的毒性作用，这些元素常被称为有毒金属。

自从 1950 年在日本出现水俣病和骨痛病，并且查明是由于食品遭到汞污染和镉污染所引起的“公害病”以后，有毒金属对环境污染以及通过食物链造成的食源性危害问题引起

了人们极大的关注。

一、概　述

1. 食品中有毒金属的来源

（1）自然环境的本底高　生物体都是在自然环境中生长和发育的，因此，生物体内的元素含量与其所生存的环境有关。由于不同地区环境中元素分布的不均一性，造成了某些地区空气、水、土壤中某种和某些金属元素的含量明显高于其他地区，而使这些地区生产的食用动植物中有毒金属元素含量较高。

（2）环境污染　随着工农业生产的发展，有些农药中所含有的有毒金属，在一定条件下，可引起土壤、水体、空气的污染或在食用作物中的残留。含有各种有毒金属元素的工业“三废”不合理的排放，也可造成环境污染，并使这些“三废”中的有毒金属转入食品。

（3）食品生产加工　食品加工、储存、运输和销售过程中使用或接触的机械、管道、容器、包装材料以及因工艺需要而加入的添加剂中含有的有毒金属元素均可导致对食品的污染。

2. 食品中有害毒金属的毒害作用特点

摄入被有毒金属元素污染的食品对人体可产生多方面的危害，其危害通常有以下共同特点：

（1）强蓄积毒性　进入人体后排出缓慢，生物半衰期多较长。

（2）生物富集作用　可通过食物链的生物富集作用而在生物体及人体内达到很高的浓度。

（3）有毒金属污染食品对人体造成的危害，常以慢性中毒和远期效应（如致癌、致畸、致突变作用）为主。但亦可由于意外事故污染或故意投毒等引起急性中毒。

3. 影响有毒金属毒性作用的因素

（1）体内蓄积量　一般来说，有毒金属在人体内的总蓄积量较多并超过其阈值时，才会表现出毒性作用。

（2）有毒金属的存在形式及价态　金属元素的存在形式不同，其溶解性和吸收率不同，因而其毒性大小也有很大差异。通常情况下，以有机形式存在的金属吸收率较高，因而毒性也较大，如氯化汞的消化道吸收率仅为2%左右，而甲基汞的吸收率可达90%以上；水溶性强的金属盐类毒性较大，如氯化镉和硝酸镉因其水溶性大于硫化镉和碳酸镉，故毒性较大。有毒金属的存在价态也可影响其毒性，如通常 Cr^{6+} 的毒性大于 Cr^{3+}，$A_S{}^{3+}$ 的毒性大于 $A_S{}^{5+}$。

（3）膳食成分　某些膳食成分可以影响有毒金属的毒性，如含巯基的食物蛋白质可以与有毒金属结合，延缓其在肠道的吸收，同时能够保护含巯基的酶的活性；还原性抗坏血酸可以使六价铬还原为三价铬，减低其毒性；植酸可以和金属元素结合成不溶性的盐类，限制其吸收，从而可以降低其毒性。

（4）金属元素间的相互作用　有毒金属的毒性与其他金属元素的存在也有一定的关系，包括拮抗与协同作用。如铁可拮抗铅的毒性作用，其原因是铁与铅竞争肠黏膜载体蛋白和其他相关的吸收及转运载体，从而减少铅的吸收；锌可拮抗镉的毒性作用，因为镉和锌可竞争性结合金属硫蛋白中的巯基，当食物中的锌/镉比值较大时，镉的毒性就会降低；硒可拮抗汞、铅、镉等重金属的毒作用，因硒能与这些金属形成硒蛋白络合物，使其毒性降低，并易于排除。另一方面，某些有毒有害金属元素间也可产生协同作用，如砷和镉的协同作用可造成对巯基酶的严重抑制而增加其毒性，汞和铅可共同作用丁神经系统，从而加重其毒性作用。

二、常见有毒金属对食品的污染及危害

（一）汞（Hg）

汞有三种存在形式，即金属汞、无机汞和有机汞。金属汞在室温下具有挥发性，可随呼吸进入人体。在环境中和生物体内无机汞可通过微生物作用形成甲基汞，从而使毒性增强。

1. 食品中汞污染的来源

汞在岩石圈中广泛存在，但一般情况下含量很少。由于汞及其化合物广泛应用于工农业生产和医药卫生行业，其最终结果则是排入环境中造成环境污染，从而污染食品。除职业接触外，进入人体的汞主要来源于受污染的食物，尤其是鱼贝类等水产品中的甲基汞。这一方面是由于含汞的废水排入江河湖海后，其中所含的金属汞或无机汞可以在水体（尤其是底层污泥）中某些微生物的作用下转变为毒性更大的有机汞（主要是甲基汞），另一方面，除直接吸收外，水体中的有机汞还可以通过食物链的传递而在鱼体当中富集，使其浓度可能比周围水体中的浓度高出很多倍。

除水产品外，汞亦可通过含汞农药的使用和废水灌溉农田等途径污染农作物和饲料，造成谷类、蔬菜、水果和动物性食品的汞污染。

2. 食品汞污染对机体的危害

食品中的金属汞几乎不被人体吸收，无机汞吸收率亦很低，90%以上随粪便排出，而有机汞的消化道吸收率很高，如甲基汞90%以上可被人体吸收。吸收的汞迅速分布到全身组织和器官，但以肝、肾、脑等器官含量最多。

（1）急性毒性　大量吸入汞蒸气可引起急性汞中毒。初期表现为牙龈和口腔发炎、口腔内有金属味、流涎、牙龈有脱落感，随后在患者齿龈部出现斑点，同时有呕吐、腹泻和神经功能障碍等症状。

无机汞引起的急性中毒主要可导致肾组织坏死，发生尿毒症，严重时可引起死亡。

有机汞引起的急性中毒，早期主要可造成肠胃系统的损害，引起肠道黏膜发炎，剧烈腹痛、腹泻和呕吐，严重者可导致虚脱而死亡。

（2）慢性毒性　汞是强蓄积性毒物，在人体内的生物半衰期平均为70d左右，在脑内的储留时间更长，其半衰期为180～250d。因此，长期摄入被甲基汞污染的食品可致甲基汞中毒。我国在20世纪70年代也曾发生过松花江水被含汞工业废水污染，导致沿岸渔民慢性甲基汞中毒的事件。

甲基汞可以通过血－脑屏障在脑组织中产生蓄积，导致脑和神经系统损伤，如运动失调、语言障碍、视野缩小、听力障碍、感觉障碍及精神症状等，严重者可致瘫痪、肢体变形、吞咽困难甚至死亡。

此外，汞也能在肝脏、肾脏中产生蓄积。由于局部汞的高浓度积累，造成器官营养障碍，蛋白质合成下降，导致功能衰竭。

（3）致畸性和致突变性　甲基汞可以通过胎盘屏障而对生物体产生致畸作用。受孕小鼠给与甲基汞后出现死胎、吸收胎及仔鼠畸形。另外，Ramel发现甲基汞还可导致染色体异常，因而具有致突变的可能性。

无机汞可能是精子的诱变剂，可导致畸形精子的比例增高，影响男性的生育能力。

3. 食品中汞的允许残留量

GB2762—2005《食品中污染物限量》规定食品中汞的限量指标（MLs，mg/kg）为：成品粮总汞（以 Hg 计）0.02，薯类、蔬菜和水果 0.01，鲜乳 0.01，肉、去壳蛋 0.05，鱼（不包括食肉鱼）及其他水产品甲基汞 0.5，食肉鱼类（如鲨鱼、金枪鱼及其他）1.0。

（二）镉（Cd）

镉是人体非必需元素，但是环境中常见的金属污染物之一，且有蓄积性，在人体内半衰期长达 16～30 年。

1. 食品中镉污染的来源

镉在自然界中广泛存在，但在未污染的大气、土壤和天然淡水中，其含量通常很低。

有色金属矿山的开采和冶炼是镉环境污染的主要来源之一。镉在自然界中以硫镉矿形式存在，并常与锌、铅、铜、锰等矿共存，在这些金属的开采和冶炼过程中会排出大量的镉，造成环境污染，进而导致动植物和水生生物体内镉的含量会增加。

工业“三废”，尤其是含镉废水的排放对环境和食物的污染也较为严重。由于镉在工业上的应用十分广泛，因而对环境的污染也较普遍，一般食品中均能检出镉。镉也可通过食物链的富集作用而在某些食品中达到很高的浓度，特别是水生生物，对水中镉的浓缩倍数可以高达 4500 倍。一般而言，镉在食品中的含量分布情况为：海产食品、动物性食品（尤其是肝脏和肾脏）含镉量高于植物性食品，而植物性食品中，一般蔬菜含镉量比谷类子粒高，蔬菜中，叶菜、根菜类高于瓜果类。

许多食品包装材料和容器也含有镉。因镉盐有鲜艳的颜色且耐高热，故常用作玻璃、陶瓷类容器的上色颜料，并用作金属合金和镀层的成分，以及塑料稳定剂等，因此使用这类食品容器和包装材料也可对食品造成镉污染。尤其是用其存放酸性食品时，可致其中的镉大量溶出，严重污染食品，导致镉中毒。

2. 食品镉污染对人体的危害

除职业接触外，镉进入人体的主要途径是通过食物摄入，吸收率约为 5%，但受食物中镉的存在形式以及膳食中蛋白质、维生素 D 和钙、锌等元素的含量影响。当体内蛋白质、钙及维生素 D 缺乏时，可使机体对镉的吸收率增加。进入人体的镉大部分与低分子硫蛋白结合，形成金属硫蛋白，选择性地蓄积于肾脏和肝脏，其他脏器如脾、胰、甲状腺和毛发等也有一定量的积累。

（1）急性中毒　职业接触高浓度镉尘可以引起急性镉中毒。大量吸入镉蒸气后，在 4～10h 内出现呼吸道刺激症状，如咽喉干痛、流涕、干咳、胸闷、呼吸困难，还可有头晕、乏力、关节酸痛、寒战、发热等类似流感表现，严重者出现支气管肺炎和肺水肿。一般无肾脏损伤。

误食镉化合物也可引起急性中毒。经 10min 至数小时的潜伏期后，出现急剧的胃肠刺激症状（如恶心、呕吐、腹痛、腹泻）、全身乏力、肌肉酸痛和虚脱等。

（2）慢性毒性　镉可以引起肾脏损害。肾脏是镉在机体内蓄积的主要部位，也是镉中毒的主要靶器官。研究表明，慢性镉中毒可以导致肾小管功能障碍，肾小球过滤下降及肾脏近曲小管上皮细胞损伤，使肾的重吸收出现障碍，临床上出现多尿、蛋白尿、氨基酸尿、糖尿、高钙尿和酸性尿等症状。

镉可以引起骨骼损伤。骨代谢是一种复杂的体内平衡过程，钙、维生素 D、胶原、骨细胞以及甲状腺均参与。一般认为，镉所引起的骨骼损伤是继发于肾的损伤、肾中毒后对钙和磷的吸收率下降，使尿钙和粪钙排泄增加、肠钙吸收减少，导致骨质疏松和病理性骨折。另外，镉还可以通过干扰维生素 D 和胶原的代谢即干扰正常钙化所必需的正常的胶原结构而导致骨密度降低。

镉也能影响神经系统功能。镉可以通过机体血－脑屏障进入中枢神经系统，引起大脑的形态学改变，影响神经递质的含量和酶的活性。流行病学调查表明，镉与某些神经系统疾病及儿童智力发育障碍等有关，还可以导致记忆力下降。研究表明，镉的神经毒性机制可能与神经系统内的锌缺乏有关，也可能是通过引起神经细胞钙代谢紊乱所造成的。

镉还能引起贫血。一方面镉在肠道内可阻碍铁的吸收，另一方面当摄入大量镉后，可使尿中铁的排出增加。同时镉还能抑制骨髓血红蛋白的合成。

此外，镉还可以对呼吸系统、免疫系统产生损害及引起高血压、动脉粥样硬化等。

（3）生殖毒性　流行病学调查结果表明，镉污染对女性生殖健康有重要影响。对镉污染区和非污染区育龄妇女生殖健康进行调查发现，污染区育龄妇女中，未婚女性的月经周期异常率、痛经发生率（分别为 19.1% 和 42.6%）均高于非污染区（分别为 5.7% 和 18.9%）；污染区已婚妇女不孕症发生率（6.3%）高于非污染区已婚妇女（1.1%）；已婚妇女前两胎早产发生率及前两胎死产发生率（分别为 10.27% 和 4.23%）高于非污染区已婚妇女（分别为 2.85% 和 1.05%）。

（4）致畸、致癌和致突变作用　除急、慢性中毒外，国内外亦有不少研究表明，镉及其化合物对动物和人体有一定的致畸、致癌和致突变作用。研究表明，镉可引起肺、前列腺和睾丸的肿瘤。1993 年国际癌症研究协会（IARC）将镉定为 I_A 级致癌物，即人类致癌物。其致癌作用是因为镉是一个很弱的致突变剂，能损伤 DNA，影响 DNA 的修复以及促进细胞增生。另外，动物试验也表明，镉能诱导染色体畸变，对多种器官有致畸作用。

3. 食品中镉的允许限量

GB2762—2005《食品中污染物限量》规定食品中镉的限量指标（MLs，mg/kg）为：大米、大豆 0.2，花生 0.5，面粉和杂粮 0.1，畜禽肉类 0.1，畜禽肝脏 0.5，畜禽肾脏 1.0，鱼 0.1，鲜蛋 0.05，水果 0.05。

（三）铅（Pb）

铅是环境中重要的有毒污染物，对人体健康的危害尤其是对儿童健康的危害已引起世界各国学者的广泛关注。

1. 食品中铅污染的来源

（1）环境污染　生产和使用铅及含铅化合物时产生的废气、废水、废渣可造成环境铅污染，进而造成食品的铅污染。矿山开采、金属冶炼和精炼是局部区域严重铅污染的主要原因，这一过程产生的含铅粉尘和废水对周围大气和土壤有很大影响；汽油中通常加入四乙基铅作防爆剂，使得汽车排出的尾气中含有大量的铅；其他如含铅农药的使用、蓄电池、油漆制造、含铅涂料等均可造成铅对食品和环境的污染。

（2）食品容器和包装材料　瓷制餐炊具表面有一层彩釉，其中含有较多的铅，当彩釉和酸性食品接触时，其中的铅可溶出而污染食品；马口铁和焊锡中的铅可造成罐头食品的污染；用铁桶或锡壶装酒，可造成铅溶出到酒中；印制食品包装的油墨和颜料等常含有铅，亦可污染食品。此外，食品加工机械、管道和聚氯乙烯塑料中的含铅稳定剂等均可导致食品铅污染。

（3）含铅食品添加剂　如皮蛋加工时加入的黄丹粉（氧化铅）和某些劣质食品添加剂

等亦可造成食品的铅污染。

2. 食品中铅污染对人体的危害

铅的毒性与其化合物的形态、溶解性有关。硝酸铅、醋酸铅、铅的氧化物易溶于水或酸性环境，毒性较大；硫化铅、铬酸铅不易溶解，毒性较小。进入消化道的铅5%~10%被吸收，其吸收部位主要是十二指肠。吸收入血中的铅大部分（90%以上）蓄积于骨骼中，在肝、肾、脑等组织中亦有一定的分布。铅在生物体内的半衰期比较长，约为4年，如果以骨骼计算约为10年，因此铅进入人体后较难排出，可对许多器官系统和生理功能产生危害。

（1）急性中毒　引起人体急性铅中毒的最低剂量为5mg/kg体重，主要表现为口有金属味、出汗、恶心呕吐、阵发性腹部绞痛、便秘或腹泻、头痛、血压升高，严重者出现抽搐、昏迷、瘫痪和循环衰竭。

（2）慢性毒性　食品铅污染所致的中毒主要是在人体内的长期蓄积而导致的慢性损害作用，铅对生物体内许多器官组织都具有不同程度的损害作用，尤其是对造血系统、神经系统和肾脏的损害尤为明显。

此外，铅还可以对消化系统、心血管系统和免疫系统等产生不同程度的损伤作用。

（3）生殖毒性　动物实验结果表明，铅可抑制受精卵着床。给大鼠和小鼠饮用含铅水，结果使妊娠率、受精卵着床率明显降低，平均每窝胎仔数也减少。铅可抑制子宫的类固醇激素受体，使激素分泌减少。

铅对人类的生殖功能也有影响。除影响男性精子合成过程之外，在接触过铅的妇女中，可见到流产、死产、早产，并且引起妇女不孕、停经。铅还能通过母体胎盘侵入胎儿体内，特别是侵入胎儿的脑组织，对大脑造成损害。

（4）致畸、致癌、致突变作用

①致畸性：无机铅或有机铅均有致畸作用，可致胚胎发育差，并出现肢体畸形。

②致癌性：动物试验显示，高剂量的铅具有致癌性。用每千克含100mg碱性醋酸铅的饲料喂养瑞士种小鼠，可诱发良性和恶性肾脏肿瘤；用每千克含有1000mg醋酸铅的饲料喂养大鼠，也观察到类似的结果。但是，流行病学的研究指出，关于铅对人的致癌性，至今还不能提供决定性的证据。

③致突变性：有报告指出，无机铅可引起果蝇的基因突变，接触铅的工人有染色体畸变的淋巴细胞数比对照组明显增加的现象，提示铅具有致突变性。但也有一些相反的试验结果。

3. 食品中铅的允许限量

GB2762—2005《食品中污染物限量》规定，食品中铅的限量指标（MLs，mg/kg）为：谷类、薯类、豆类和畜禽肉类0.2，蔬菜、水果0.1，鲜蛋0.2，鲜乳0.05，婴儿配方粉0.02。

（四）砷（As）

1. 食品中砷污染的来源

（1）天然本底　砷是地壳的组成成分之一，多以化合物的形式存在。砷在地壳中的自然分布很不均匀，但大部分岩石中的砷含量均小于10mg/kg。

（2）含砷农药和兽药的使用　无机砷农药如砷酸铅、砷酸钙、亚砷酸钠等由于毒性大，已很少使用。有机砷类杀菌剂甲基砷酸锌、甲基砷酸钙和二甲基二硫代氨基甲酸砷等用于水稻纹枯病有较好的效果，但由于使用过量或使用时间距收获期太近等原因，可致农作物中砷含量明显增加。如施用有机砷农药后，收获的稻谷中砷残留量可达3～10mg/kg，而正常稻谷含砷不超过1mg/kg。畜牧业生产中常将对氨基苯基砷酸等含砷化合物加入动物饲料中，以促进动物生长、提高饲料转化率和防治肠道感染，这同样会造成动物体的兽药残留而影响到食品的安全性。

（3）环境污染　地壳中的砷矿物常与其他有色金属（如锡、铅、锌等）矿床共同伴生，在有色金属的开采和冶炼过程中，大量的含砷“三废”进入大气、土壤和水源，成为环境重要的污染源，导致对食品和饮水的污染。特别是水生生物如甲壳类和某些鱼类对砷有很强的富集能力，其体内砷含量可高出生活水体数千倍，但其中大部分是毒性较低的有机砷。

（4）食品加工过程中污染　食品加工过程中使用的原料、化学物和添加剂不纯或被污染均可造成加工食品的砷污染。如用工业盐酸制备的酱油中含砷量可高达190mg/L；1956年，日本发生的森永奶粉事件也是由于奶粉中添加的稳定剂磷酸氢二钠被三氧化二砷污染所引起。

2. 食品中砷污染对人体的危害

食品中的砷以不同形态存在，包括无机砷（主要是三价砷和五价砷）和有机砷（R－As－X）。通常无机砷的毒性大于有机砷，但其中砷的硫化物毒性很低；$A_S{}^{3+}$的毒性大于As^{5+}。元素砷不溶于水，因此基本上无毒性。

进入人体的砷可通过消化道、呼吸道和皮肤等途径而被吸收。吸收后的砷大部分在血液中与血红蛋白中的珠蛋白结合，24h内即可分布于全身组织，以肝、肾、脾、肺、皮肤、毛发、指甲和骨骼等器官和组织中蓄积量较多。

As^{3+}与巯基有较强的亲和力，尤其对含双巯基结构的酶，如胃蛋白酶、胰蛋白酶、丙酮酸氧化酶、α－酮戊二酸氧化酶、ATP酶等有很强的抑制能力，可导致酶的活性丧失，体内物质代谢出现异常或障碍。同时砷也是一种毛细血管毒物，可致毛细血管通透性增高，引起多器官的广泛病变。

（1）急性中毒　急性砷中毒主要是胃肠炎症状。由于砷可作为血胆碱酯酶抑制剂，因此严重者可致中枢神经系统麻痹而死亡，并可出现全身出血症状。

（2）慢性毒性

①皮肤损害：砷对皮肤的损害是发现最早、研究较多的危害之一，主要引起皮肤色素异常（包括皮肤白斑和颜面、四肢与躯干色素沉着引起的砷源性黑皮症）、皮肤角化过度等。但到目前为止，砷对皮肤的损害机制仍不十分清楚。

②神经损害：动物实验表明，砷可以通过血脑屏障进入人脑实质而对脑组织产生损害。砷可通过影响中枢神经系统神经递质的浓度而发挥其毒性作用，导致神经衰弱综合征。同时，含砷颗粒物暴露对外周神经系统的危害调查结果表明，砷污染也可造成对外周神经系统的损害。

③其他：进入生物体内的无机砷主要在肝组织中进行生物代谢，并可在微粒体、胞液和细胞核中大量蓄积，导致肝脏抗氧化系统发生变化而致肝脏损伤；进入人体的砷主要经尿液排出，因此不可避免地对肾脏产生一定的影响，可能导致其形态和功能均出现异常；流行病学和实验研究表明，砷的摄入会对机体免疫功能产生抑制作用，但相关作用机制尚不十分清楚；砷吸收后通过循环系统分布到全身各组织、器官，临床上主要表现为与心肌损害有关的心电图异常和局部微循环障碍导致的雷诺综合征、球结膜循环异常和心脑血管疾病等。此外，砷还可以导致肺功能受损。

（3）生殖毒性　大量研究显示，砷可以通过胎盘屏障进入胎儿体内，影响胎儿的正常发育，导致自然流产、死产、早产发生率以及低出生体重危险显著上升。

（4）致畸、致癌、致突变作用　无机砷化合物的三致作用也有不少研究报告，已证实多种砷化物具有致突变性，可在体内外导致基因的突变、染色体畸变并抑制 DNA 损伤的修复。砷酸钠可透过胎盘屏障，对小鼠和地鼠有一定致畸性。流行病学调查也表明，无机砷化合物与人类皮肤癌和肺癌的发生有关。1979 年，国际癌症研究中心（IARC）确认无机砷为人类皮肤及肺的致癌物。

3. 食品中砷的允许限量

GB2762—2005《食品中污染物限量》规定，食品中无机砷的限量指标（MLs，mg/kg）为：大米 0.15，面粉 0.1，杂粮 0.2，蔬菜、水果、畜禽肉类、蛋类、鲜乳 0.05，乳粉 0.25，鱼 0.1。

三、预防有毒金属污染食品的措施

由于有毒金属污染食品后很难被去除，故应积极采取各种有效措施，防止其对食品的污染。

（1）消除污染源。这是降低有毒、有害金属元素对食品污染的主要措施。如控制工业三废排放；直接接触食品的容器、工具、器械等应严格控制其卫生质量；食品生产加工中使用的添加剂或其他化学物质原料应符合食品卫生规定；加强对农用化学物质的管理，禁止使用含有毒金属元素的农药、化肥等。

（2）制定各类食品中有毒金属的限量标准，并加强经常性的监督检测工作。

（3）妥善保管有毒有害金属及其化合物，防止误食误用以及意外或人为污染食品。

第四节　新合成螯合物对食品安全性的影响

一、多环芳烃化合物

多环芳烃（polycyclic aromatic hydrocarbons，PAH）是指两个以上苯环连在一起的一类有机化合物，来源于有机物热解或不完全燃烧，是重要的环境和食品污染物，也是最早被发现和研究的致癌类化合物之一。迄今为止已发现的致癌性 PAHs 及其衍生物达 400 多种，由于苯并[a]芘｛benzo[a]pyrene，B[a]P｝致癌性强、分布广、性质稳定，且与其他 PAHs 有一定的相关性，故常被作为 PAHs 的典型代表。

（一）苯并[a]芘的结构及理化性质

苯并[a]芘是由 5 个苯环构成的多环芳烃，分子式为 $C_{20}H_{12}$，相对分子质量为 252。

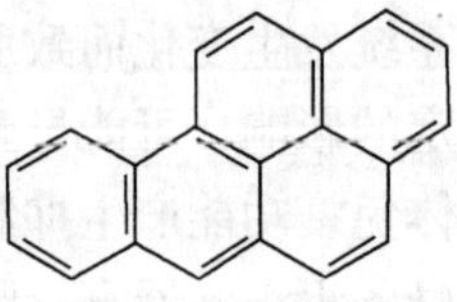

苯并[a]芘

苯并[a]芘纯品为淡黄色结晶，具有高熔点、高沸点、水溶性低、脂溶性高的特点。苯并[a]芘性质较稳定，但阳光及荧光可使之发生光氧化反应，氧也可使其氧化，与NO或NO_2作用则可发生硝基化。

（二）食品中苯并[a]芘的来源

1. 环境污染

工业生产产生的“三废”，如生产炭黑、炼油、炼焦、合成橡胶、烧沥青等行业的废水、废气和废渣中含有大量苯并[a]芘；工业锅炉和家用炉灶燃煤产生的烟气也可造成空气中的苯并[a]芘污染；另外，汽车尾气、垃圾焚烧、森林大火、烹调食品、香烟烟雾等均能导致苯并[a]芘对环境的污染。

2. 食品加工过程

大多数加工食品（如熏制食品、烘烤食品和煎炸食品等）中的苯并[a]芘主要来源于食品加工过程。

（1）烟熏　烟熏是传统的肉制品加工方法，如熏鱼、熏红肠、熏鸡及熏火腿等。烟熏食品含水量低，不易腐败变质且有特殊香味。但苯并[a]芘是熏烟中的一个重要成分，肉制品在熏制过程中因与熏烟直接接触而会受到污染。据报道，熏鱼中PAHs的含量为9.3~88.6μg/kg，熏肉中可达到2.6~29.8μg/kg。烟熏对肉制品的污染程度与发烟量、发烟条件和烟熏时的温度等因素有关。一般认为发烟温度在400℃以下时，只形成极微量的苯并[a]芘，发烟温度在400~1000℃时，苯并[a]芘的生成量随温度的上升几乎成直线增加。

（2）烧烤　烧烤时产品与燃烧产物直接接触，除烟尘中的苯并[a]芘外，由于烧烤时温度较高，食品中的有机物质受热分解，再经环化、聚合而形成苯并[a]芘，使产品中的苯并[a]芘含量增加。烧烤常用的燃料有木柴、炭、煤和电热等。研究表明，燃料产生的烟气越多，产品中苯并[a]芘的残留就越多，电烤的产品中残留最少。脂肪在高温条件下热解可生成苯并[a]芘，因此产品中的脂肪含量也是影响苯并[a]芘残留的一个重要因素。Doremire发现炭火烧烤牛肉中的脂肪含量由15%增加到40%时，产品中苯并[a]芘的残留量由16μg/kg增加到了121μg/kg。烧烤对产品的污染程度还与烧烤温度、时间以及肉块与火源的距离等有关。高温处理的样品污染程度大于低温处理的样品；烧烤时间过长，特别是产品被烤焦或炭化时，苯并[a]芘的含量会显著增加；用明火烧烤时，在相同的烤制时间内产品距离火源越近，其苯并[a]芘的残留量越大。

（3）其他加工环节的污染　有些设备管道和包装材料中含有苯并[a]芘。如在采用橡胶管道输送原料或产品时，橡胶的填充料炭黑和加工橡胶时用的重油中均含有苯并[a]芘，当液体食品如酱油、醋、酒、饮料等经过这些管道输送时，苯并[a]芘有可能转移到食品中，尤其是将橡胶管长期浸泡在食品中，其危害性更大；包装糖果、棒冰、面包等要用蜡纸，所使用的液态石蜡中苯并[a]芘的含量较高；食品加工机械用的润滑油中苯并[a]芘含量高，若密封不好，润滑油滴入后也会使食品受到污染；用融化的沥青去禽畜毛或将粮食晾晒在柏油路上，也会造成苯并[a]芘的污染。

3. 饲料污染

当动物饲料中含有苯并[a]芘时，用其饲喂后可在动物体内蓄积，因而在肉品、乳品及禽蛋中可能含有苯并[a]芘。

4. 生物合成

植物和微生物可合成微量多环芳烃。

由于食品种类、生产加工、烹调方法的差异以及距离污染源的远近等因素的不同，食品中苯并[a]芘的含量相差很大（表6-3），其中含量较多者主要是烘烤和熏制食品。

表6-3　　部分食品中的苯并[a]芘含量　　单位：μg/kg

种类	苯并[a]芘	种类	苯并[a]芘
熏奶酪	0.01~5.6	烤牛肉	0.41~1.58
熏鱼	1.3~15.2	烤羊肉串	1~2.84
熏香肠	0.8	熏排骨	0.34~5.0
熏火腿	3.2	香肠	0.34~0.53
炸油条	1.4~11	腊肉	0.86~27.56

（三）苯并[a]芘的危害

1. 致癌性

动物实验证明，苯并[a]芘对多种动物的局部或全身都有肯定的致癌性。许多国家相继用9种动物进行实验，采用多种给药途径，均得到了诱发癌症的阳性报告。

苯并[a]芘属于前致癌物，在体内主要通过动物混合功能氧化酶系中的芳烃羟化酶（aryl hydrocarbon hydroxylase，AHH）的作用，代谢活化为多环芳烃环氧化物。此类环氧化物能与DNA、RNA和蛋白质等生物大分子结合而诱发肿瘤。

2. 致突变性

苯并[a]芘常用作短期致突变实验的阳性对照物，但由于它是间接致突变物，需要S9的代谢活化。它在Ames试验及其他细菌突变试验、噬菌体诱发果蝇突变、DNA修复、姊妹染色单体交换、染色体畸变、哺乳类培养细胞基因突变以及哺乳类动物精子畸变等实验中皆呈阳性反应。此外，在人体组织培养试验中也发现苯并[a]芘有组织和细胞毒性作用，可导致上皮分化不良、细胞损伤、柱状上皮细胞变形等。

3. 致畸性和生殖毒性

苯并[a]芘具有致畸性和生殖毒性。在小鼠和兔中，苯并[a]芘能通过血—胎盘屏障发挥致癌活性，造成子代肺腺瘤和皮肤乳头状瘤，还观察到有降低生殖能力和对卵母细胞有破坏作用。

此外，苯并[a]芘还可损害中枢神经和血液系统，破坏淋巴细胞，影响肝脏功能和DNA修复能力等。

4. 对人类健康的影响

人群流行病学研究表明，苯并[a]芘通过皮肤、呼吸道和消化道等均可被人体吸收，有诱发皮肤癌、肺癌、直肠癌、胃癌、膀胱癌等作用。据报道，长期食用熏制食品与某些癌症发病有一定关系，如海边居民因长期食用大量咸鱼和熏鱼，其胃肠道及呼吸道的癌症发病率较内陆居民高3倍；冰岛的胃癌发生率居世界第3位，分析认为与当地居民喜食自己熏制的食品（如熏羊肉）有关；我国云南省宣威县由于室内燃煤，空气中苯并[a]芘污染严重，成为肺癌高发区；许多山区居民经常拢火取暖，室内终日烟雾弥漫，造成了较高的鼻咽癌发生率。

此外，有研究显示，苯并[a]芘对人体的内分泌系统也有一定的干扰作用，对人类的生存和繁衍构成严重的威胁。

（四）防止苯并[a]芘危害的措施

（1）加强环境治理，减少环境苯并[a]芘的污染从而减少其对食品的污染。

（2）改进食品生产、加工和烹调方法。

①改进食品的熏制和烤制技术如改进燃烧过程或选用优质燃料；控制生烟温度；采用熏烟过滤技术或采用改良的食品烟熏剂（烟熏液）；采用无烟焖炉、电炉或远红外线烤炉，避免食品直接接触炭火熏烟；避免高温长时间烹调等。

②严格控制加工容器、管道、设备、机械运输材料和包装材料的卫生，减少食品的污染。

（3）去毒　对已污染的食品可以通过适当的去毒措施降低苯并[a]芘的含量。如粮谷类可采用碾磨加工，在去除麸皮的同时，使苯并[a]芘含量降低；污染的植物油用活性炭吸附法可去除一部分苯并[a]芘；烟熏食品揩去表面的烟油、烤焦的食品刮去表面的烤焦部分、用日光或紫外线照射食品等均能降低其苯并[a]芘含量。

（4）制定食品中允许含量标准　目前许多国家的科研机构都在探讨食物中多环芳烃和苯并[a]芘的限量标准及人体允许摄入量问题，一般认为对机体无害的水中苯并[a]芘水平为0.03μg/L。GB2762—2005《食品中污染物限量》规定，食品中苯并[a]芘的限量指标为：熏烤肉5μg/kg，植物油10μg/kg，粮食5μg/kg。

二、杂环胺类化合物

20世纪70年代末，人们发现从烤鱼或烤牛肉炭化表层中提取的化合物具有致突变性，而且其致突变活性比苯并芘强烈。随后在鱼和肉制品以及其他含氨基酸和蛋白质的食品中也发现了类似的致突变物质。此后经近20多年的研究证明，这类致突变物主要是复杂的杂环胺类化合物，并且其中大多数也被证明可诱发实验动物多种组织肿瘤。因此，它对食品的污染及其对人类健康的危害，已经备受关注。

（一）食品中杂环胺的种类和理化性质

到目前为止，已从烹调的食品中分离鉴定了近20种杂环胺。按化学结构不同，杂环胺（Heterocyclic amines）类化合物可以分为两类，即氨基咪唑氮杂芳烃类（Amino - imidazoaza - arenes，AIAs）和氨基咔啉类杂环胺（Amino - carbolines）。

AIAs含有2 - 氨基咪唑基团，主要包括喹啉类（IQ）、喹喔啉类（IQx）和吡啶类。最近几年又发现了苯并噁嗪类，陆续鉴定出的新的化合物大多数为这类化合物。AIAs结构中的氨基能耐受2mmol/L的亚硝酸钠的重氮化处理，与最早发现的AIAs类化合物IQ性质类似，因此又被称为IQ型杂环胺。

氨基咔啉类主要包括α - 咔啉、γ - 咔啉和δ - 咔啉，其吡啶环上的氨基不能耐受2mmol/L的亚硝酸钠的重氮化处理，易被脱去而丧失活性，因此，又被称为非IQ型杂环胺。

（二）食品中杂环胺的生成及影响因素

食品中的杂环胺类化合物主要产生于高温烹调加工过程（如烧烤和油炸），尤其是蛋白质含量丰富的鱼、肉类食品在高温烹调过程中更易产生。因此，高温烹调的鱼和肉类食品是膳食杂环胺的主要来源。

食品中杂环胺的生成与食物成分和烹调方式密切相关。

1. 食物成分

（1）蛋白质　实验表明，经过相同的处理，从蛋白质含量丰富的食物中提取的基本组分（包括杂环胺样本的组分）的致突变水平比从碳水化合物含量丰富的食物中提取的要高，且氨基酸的组成决定着所形成的杂环胺的种类。同时，富含蛋白质的食物种类不同，产生的致突变性也有差别。由于肌酸或肌酐是 AIAs 的一个基本前体物质，可作为 α - 氨基 - 3 - 甲基咪唑部分的主要来源，故含有肌肉组织的食品如鱼和肉类可检测到较强的致突变性，而在用蔬菜产品制成的食品和以水解植物蛋白为主要成分的食品中却检测不到杂环胺。

（2）碳水化合物　对碳水化合物含量丰富的食品进行的研究也得出了不同的结论。Taylor认为这种食物不存在致突变作用；而 Spingarn 却在煎烤的马铃薯和麸质中检测到了致突变性。但是还没有很清楚地识别出致突变物。虽然有学者认为致突变物可能是杂环胺，但是其结构却与从肉类中分离的 18 种致突变物的杂环胺明显不同。

另外，也有人认为，美拉德（Maillard）反应可能在杂环胺形成过程中起重要作用，但也有实验证明在没有糖存在时也可以形成杂环胺，提示这可能是催化作用。

（3）脂类　脂类对于杂环胺的生成可能起着很重要的作用。Spingarn 认为食物中适度的脂含量会导致最大的致突变物的生成，可能是因为食物中的油脂有利于热的传导。但是，一旦大于这个值，则可以减少致突变物的生成。研究人员发现，高脂肪的肉类比低脂肪的肉类加热后产生的杂环胺要少，如汉堡包中的肉饼，含油脂 5% 时煎后其杂环胺的含量差不多是含油脂 15% 时的 5 倍。

（4）水分　杂环胺的前体物都是水溶性的，因此随着加热过程的进行，这些水溶性的前体物具有分子流动性，可迁移到食品的表面而暴露于反应所需要的温度范围，因而导致杂环胺在食物表面的大量生成。实验发现，一旦食物中水分丧失，那么就会最大量地产生杂环胺。如果烹饪前食物中水的含量较高，或烹饪时防止水分蒸发，就可以极大地减少杂环胺的产生。

（5）其他成分　食物的许多其他成分可以减少杂环胺的生成，如维生素 C、维生素 E、大豆蛋白、酚类物质、黄酮和黄酮醛以及抗氧化剂等均可抑制杂环胺的生成。

2. 烹调方式

（1）烹调温度和烹调时间　烹调中生成的杂环胺受加热温度和时间的影响。其中，加热温度是最重要的影响因素。一般来说，当烹调温度高于 100℃时开始生成杂环胺，且杂环胺的浓度随着温度的升高和时间的延长而增加。烹调时间对杂环胺的生成亦有一定影响，在 200℃油炸温度时，杂环胺主要在前 5min 形成，在 5 ~ 10min 形成减慢，进一步延长烹调时间则杂环胺的生成量不再明显增加。

（2）烹调类型和食物处理方式　一般来讲，温度在 100℃左右的烹饪方式（如水中的煮、蒸、焖等）生成的致突变物较少；用微波炉处理的食物，相比于一般的烹饪方式，不仅不会造成食物营养的差别，而且不会生成致突变物和导致遗传毒性；用间接的热对流加热食物的烹饪方式如烤、烘等，可使富含蛋白质的食物生成一定量的致突变物，而热辐射和热传导的烹调方式如煎、烤等可增加致突变物的生成；食物的再加热处理不会改变致突变物数量，而为了保存而采取的冰冻和蒸发方式，却会在下一步的食物处理过程中增加致突变物的生成量；在煎炸的鱼或肉制品表面挂上一层淀粉糊，能预防杂环胺的形成。

（三）杂环胺的代谢与危害

1. 杂环胺的代谢

所有的杂环胺都是前致突变物，必须经过代谢活化后才具有致癌性和致突变性。经口给予杂环胺很快经胃肠道吸收，并通过血液循环分布于身体的大部分组织。肝脏是杂环胺的重要代谢器官，而一些肝外组织（如肠、肺和肾等）也具有一定的代谢能力。

杂环胺的代谢活化涉及两个过程：环外氨基的氧化及其进一步酯化。环外氨基的氧化由细胞色素 P450IA2 催化，生成活性较强的中间代谢产物 *N* - 羟基衍生物。许多 *N* - 羟基衍生物本身就可以直接与 DNA 或其他细胞大分子结合。*N* - 羟基衍生物可进一步被乙酰转移酶和硫转移酶等酯化，将 *N* - 羟基代谢物转变成具有高度亲电子活性的最终代谢产物。

杂环胺可诱导细胞色素 P450 酶系，从而促进其自身的代谢活化。

2. 杂环胺的危害

（1）致突变性　在加 S_9 的 Ames 试验中，杂环胺有很强的致突变性。除诱导细菌基因突变外，杂环胺经 S_9 活化后亦可诱导哺乳动物细胞的基因突变、染色体畸变、姊妹染色体交换、DNA 断裂及修复异常、癌基因活化等遗传学损伤。但杂环胺对哺乳动物细胞的致突变性较对细菌的致突变性弱，并且杂环胺种类不同，对哺乳动物细胞的致突变性也有较大差别。

（2）致癌性　已证实杂环胺对猴和啮齿类动物有不同程度的致癌性，除吡啶类氨基咪唑氮杂芳烃（PhIP）外的化合物对肝脏具有致癌作用，而 PhIP 可以诱导大鼠的结肠癌和乳腺癌。PhIP 还可以在怀孕啮齿类动物体内经胎盘转移，也可以从授乳动物转移给吸乳的幼小动物，从而对子代动物产生致癌和毒性作用。杂环胺的致癌性除与含量有关外，不同的杂环胺之间的毒性往往有相加作用，并且当有其他环境致癌物、促癌物或细胞增生诱导物存在时，杂环胺的毒性都会增加。

（3）心肌毒性　Davis 等人用胎鼠原代细胞研究了 IQ 和 PhIP 的细胞毒性，发现暴露于这两种杂环胺中的细胞可发生线粒体水肿和变形。给大鼠和猴给予 IQ 或 PhIP 后，心肌可以发生灶性细胞坏死伴慢性炎症、间质纤维化等。这提示 IQ 和 PhIP 也可能对心血管系统有潜在损害作用。

（4）对人体健康的影响　流行病学调查结果表明，粪便中检测到的高突变性和人群中结肠直肠癌的高发性有关，且结肠直肠癌的发生和饮食中以牛、羊肉为主食及烹调方式高度相关。在人食用烹调的肉类食品后，尿中能检测到 PhIP 及其代谢产物。在一些人的结肠癌手术标本中也发现了 PhIP - DNA 加合物。这些初步结果直接提供了人类接触杂环胺并导致 DNA 损伤的证据。

另外，美国马里兰州全国卫生研究所的 Rashmi Sinha 博士及其同事对 273 名乳腺癌患者和 657 名健康人的杂环胺摄入情况进行了调查。结果显示，患乳腺癌的危险性随着食用 PhIP 的增多而增加。食用 PhIP 最多的 1/5 人群较食用量最少的 1/5 人群发生乳腺癌的可能性增加了 1.9 倍。这说明，PhIP 的接触在乳腺癌的发生和发展中扮演了极为重要的角色，是乳房的致癌因素。但这还需要进行更为详尽、周密的流行病学调查来进一步证实。

（四）防止杂环胺危害的措施

由于杂环胺的前体物肌酸、肌酐、氨基酸和糖等普遍存在于鸡、鱼、肉等食品中，而且仅仅简单的加热就可以形成杂环胺，因此人类很难完全避免每天从膳食中摄取杂环胺。但仍然可以通过控制适当的加工条件，尽量避免杂环胺的生成。

1. 采用适当的烹调方式

如不要使用过高温度烹调鱼和肉制品，特别是不要烧焦食物，并应避免过多食用烧烤煎炸的食物；尽量少用油炸和明火烧烤方式；采用水浴、蒸汽及微波炉烹调等。

2. 适当摄入能抑制杂环胺生成的食物

很多新鲜的蔬菜（如苦瓜）、水果中因含有维生素 C、酚类物质和黄酮类等活性成分，因此都有抑制杂环胺的致突变性和致癌性的作用；部分膳食纤维可以和杂环胺结合并降低其活性，因此可适当增加谷类食物的摄入量；另外，有实验证实，如果在牛肉馅饼中加入嗜酸性杆菌发酵的牛奶，食用者尿和粪便提取物中的致突变物就会减少，故可以适当食用经嗜酸性杆菌发酵的牛奶。

3. 灭活处理

次氯酸、过氧化酶等处理可使杂环胺氧化失活，亚油酸可降低其诱变性。

4. 制定食品中限量标准并加强监测

尽快制定食品中杂环胺的允许限量标准，建立和完善杂环胺的检测方法，加强食物中杂环胺含量监测，也是减少人体杂环胺膳食摄入量的有效途径。

三、丙烯酰胺

2002 年 4 月，瑞典国家食品局（Swedish National Food Administration，NFA）和斯德哥尔摩大学研究人员率先报道，在一些油炸和烧烤的淀粉类食品如炸薯条、法式油炸土豆片、谷物、面包等食品中存在丙烯酰胺，其生成可能与淀粉类食品的高温加工有关。随后，挪威、瑞士、英国、美国等国也相继报道了类似结果。由于丙烯酰胺具有潜在的神经毒性、遗传毒性和致癌性，因此食品中存在丙烯酰胺的问题引起了国际社会的广泛关注。为此，2002 年 6 月 25 日，WHO 和 FAO 紧急召开了食品中丙烯酰胺问题专家咨询会议，对食品中丙烯酰胺的食用安全性进行了探讨。

（一）丙烯酰胺的理化性质

丙烯酰胺为结构简单的小分子化合物，相对分子质量 71.09，分子式为 $CH_2CHCONH_2$，沸点 125℃，熔点 87.5℃。丙烯酰胺易溶解于水、醇等极性溶剂，在酸中稳定，但遇碱易分解，在熔点或暴露于紫外线时易发生聚合。丙烯酰胺的聚合产物聚丙烯酰胺广泛应用于饮用水净化、城市污水和工业废水处理、造纸工业、石油工业、纺织工业（染料、色素成分）和建筑工业等行业，或作为土壤稳定剂、化妆品和日用化学品中的添加剂以及用于生物工程试验等。

（二）食品中的丙烯酰胺

1. 丙烯酰胺在食品中的分布

从目前所报道的丙烯酰胺数据看，几乎所有的食品都含有丙烯酰胺。但食品种类和加工过程不同，丙烯酰胺的含量也有很大差异。

瑞典 NFA 对 100 多种食品中的丙烯酰胺含量进行了测定，结果表明，不同食品中丙烯酰胺的水平明显不同，一些食品在高温加工后丙烯酰胺的水平较高，如炸薯条和炸薯片；但在生的和普通蒸煮的食品中却很少能检测到丙烯酰胺。

WHO 对挪威、瑞典、瑞士、英国和美国等国家的高温加工食品中丙烯酰胺含量的分析结果显示，淀粉类食品如炸薯条和炸薯片中丙烯酰胺的含量较高，而富含蛋白质的禽、蛋、肉、鱼等食品本身不含丙烯酰胺，在经过同样的高温烹制后，也无明显的丙烯酰胺的增加。

另外，牛奶中也检测到了丙烯酰胺的存在，虽然其浓度在分析样本中比较而言是非常低的，但也已经超过了美国环保局和 WHO 所规定的一杯饮用水中丙烯酰胺最高允许含量的 10 倍。然而，目前已测定丙烯酰胺含量的食品种类非常有限，且这些食品均为西方膳食，尚缺乏我国传统食品中丙烯酰胺的相关资料。由于各国食品的烹调加工程序不同，而同一来源的食品采用不同的加工方法产生的丙烯酰胺差异很大，因此，关于全球食品中丙烯酰胺含量的资料还需进一步完善。

2. 食品中丙烯酰胺产生的机制和影响因素

在热加工食品中形成丙烯酰胺的机理尚未完全阐明，已有的研究结果认为其形成与Maillard反应有关。在食品高温加工过程中天冬氨酸（土豆和谷类中的代表性氨基酸）和葡萄糖可发生Maillard反应形成丙烯酰胺。

也有人认为除此途径外，丙烯酰胺还可通过食物中含氮化合物自身的反应，如水解、分子重排等作用形成。一些小分子的有机酸，如苹果酸、乳酸、柠檬酸等经过脱水等作用可形成丙烯酰胺。另外，也可直接由氨基酸形成，氨基酸分子的重排也是Maillard反应的常见过程，天冬酰胺脱掉一个二氧化碳分子和一个氨分子也可以转化为丙烯酰胺。

丙烯酰胺主要在富含碳水化合物的食品高温加工过程中所形成，除底物浓度外，其生成量主要与加热温度有关。当温度达到120℃时丙烯酰胺开始形成，140～180℃为生成的最佳温度，在加工温度较低时，如用水煮，丙烯酰胺的生成量较少。另有研究表明，水分含量也是影响其形成的重要因素，薯条越薄水分蒸发越快，越有利于丙烯酰胺的形成。此外，还有研究表明，降低食品的pH也有利于减少丙烯酰胺的生成量。

（三）丙烯酰胺的危害

动物实验发现丙烯酰胺单体是一种有毒的化学物质，可损害动物的神经系统，降低雄性动物的生育能力，能够引起哺乳动物体细胞和生殖细胞的基因和染色体异常从而具有遗传毒性，并与动物的肺癌、乳腺癌、甲状腺癌、口腔癌、肠道肿瘤和生殖道肿瘤的发生存在相关性。特别是丙烯酰胺的急性中毒剂量很低，德国联邦风险评估中心曾于2002年11月份发布评估报告指出：动物实验发现丙烯酰胺对健康的损害程度要比亚硝胺及强烈致肝癌的黄曲霉毒素“厉害上百倍”。

现有资料表明，丙烯酰胺对人体的毒性作用主要表现在对神经系统的毒性作用方面，主要导致周围神经病变和小脑功能障碍。由于胎儿和新生儿尚未建立完善的血脑屏障和血－CFS屏障，如母亲摄入大量富含丙烯酰胺的食物，丙烯酰胺可能通过此屏障渗透进入胎儿和新生儿体内，增加神经毒性的危险性。

丙烯酰胺对动物的致癌性已经确定无疑，但其对人体的致癌性还存在争议。鉴于动物实验的结果，1994年，国际癌症研究机构（IARC）曾将其列为人类的可能致癌物质。但到目前为止还没有关于食品中丙烯酰胺对人体致癌的报道。

（四）降低丙烯酰胺危害的措施

目前，对食品中丙烯酰胺的污染状况还未充分认识，对如何减少丙烯酰胺的产生也还没有很好的应对措施。目前就食品中丙烯酰胺的安全问题，专家建议：应平衡饮食，多吃新鲜蔬菜和水果，少吃煎炸食品和肥腻食物；通过降低烹调温度和缩短烹调时间来减少有关食品中丙烯酰胺的含量，从而达到预防的目的。

根据食品中丙烯酰胺的形成机理，也可以从以下几方面着手，以减低食品中丙烯酰胺的含量。

1. 减少或消除形成丙烯酰胺的前体物质

如油炸前浸泡或热烫、马铃薯应避免低温贮藏、通过发酵减少淀粉类物质、采用天冬酰胺酶处理以降解天冬酰胺、采用植酸和氯化钙处理使天冬酰胺与钙和植酸形成复合体等均可减少食品中丙烯酰胺的前体物质，从而有效控制丙烯酰胺的生成。

2. 抑制加工过程中丙烯酰胺的生成

如降低加热温度、缩短加热时间、控制产品水分、降低 pH 等。

3. 破坏或使食物中形成的丙烯酰胺重新反应

通过光辐射，如红外线、可见光、紫外线、X 射线、γ 射线等可使丙烯酰胺发生聚合反应，从而减少其在食品中的含量；利用臭氧使丙烯酰胺发生分解反应，生成小分子物质，也可减少其在食品中的含量。

4. 在食品消费前将形成的丙烯酰胺去除

热加工食品在真空条件下可因其中的丙烯酰胺挥发而降低其在食品中的残留。

四、氯 丙 醇

氯丙醇是继二噁英之后食品污染物领域又一热点问题，被列为食品添加剂联合专家委员会（JECFA）优先评价项目。目前人们关注氯丙醇是因为 3－氯－1，2－丙二醇(3－MCPD) 和 1，3－二氯－2－丙醇（1，3－DCP）具有潜在致癌性，其中 1，3－DCP 属于遗传毒性致癌物。在 20 世纪 70 年代，人们就发现氯丙醇能够使精子减少和精子活性减低，并能抑制雄性激素的生成。80 年代，英国发现用盐酸水解植物蛋白水解液生产的调味品中会产生少量的氯丙醇，且最普遍的是 3－MCPD。1999 年，我国大陆及香港特别行政区出口到欧洲的酱油、蚝油等调味品因 3－MCPD 的含量超过进口国的限量标准而被停止销售，给中国企业造成了巨大的经济损失，氯丙醇的污染问题也开始被中国政府和广大群众所关心。

（一）氯丙醇的种类及结构

氯丙醇一般是指丙三醇上的羟基被氯原子取代 1 至 2 个所构成的一系列同系物、同分异构体的总称。因其取代数和取代位置的不同可形成 4 种氯丙醇化合物，即单氯取代的氯代丙二醇，包括 3－氯－1，2－丙二醇（3－MCPD）和 2－氯－1，3－丙二醇（2－MCPD）；双氯取代的二氯丙醇，包括 1，3－二氯－2－丙醇（1，3－DCP）和 2，3－二氯－1－丙醇(2，3－DCP)。单氯取代的化合物可以作为二氯丙醇的前体进一步形成 1，3－DCP 和 2，3－DCP。因此，在 3－MCPD 污染的食品中常常也伴有 1，3－DCP 和 2，3－DCP 的污染。

3-MCPD　　2-MCPD　　1，3-DCP　　2，3-DCP

（二）食品中氯丙醇的来源

天然食物中几乎不含有氯丙醇，它们是食品在加工或储藏过程中形成的污染物。

1. 酸水解植物蛋白（Hydrolyzed vegetable protein，HVP）

传统工艺的水解植物蛋白是将植物蛋白质用浓盐酸在 109℃ 下回流酸解，在此过程中，为了提高氨基酸的得率，需加入过量的盐酸。此时若原料中还留存有脂肪和油脂，则其中的三酰甘油就同时水解成丙三醇，并进一步与盐酸反应生成氯丙醇，其中主要为 3－MCPD，约占全部氯丙醇类物质的 70%。许多调味品（如汤料、鸡精、方便面调料、配制“酱油”等）都是以酸解 HVP 为原料，而我国部分保健食品和婴儿食品也采用酸解 HVP 为原料，因而导致了氯丙醇对这些食品的污染。

2. 酱油

酱油有配制酱油和发酵酱油两种。由于配制酱油（正式名称为水解植物蛋白调味液）通常是通过添加 HVP 增加鲜味，因此是经常受到 3 - MCPD 污染的食品。发酵法生产的天然酱油一般不含或仅含少量的氯丙醇。

3. 饮水

除了以酸水解蛋白为原料的食品外，3 - MCPD 也可以在饮水中少量检出。其来源是自来水厂和某些食品厂用阴离子交换树脂进行水处理时，所采用的交换树脂中含有 1，2 - 环氧 -3 - 氯丙烷（ECH）成分。在水处理过程中，ECH 单体可以从树脂中溶出，并与水中的氯离子发生化学反应形成 3 - MCPD。

4. 包装材料

某些采用 ECH 交联树脂进行强化的食品包装材料（如茶叶袋、咖啡滤纸和纤维素肠衣等）也是食品中 3 - MCPD 的来源之一。由于包装材料的迁移可以导致 3 - MCPD 对食品和饮料的污染。目前正在开发第三代树脂，以显著减低 3 - MCPD，如以 3 - 氯 - 1，2 - 环丙烷来加工的变性淀粉等。

此外，某些发酵香肠（如腊肠）也被发现含有 3 - MCPD，其来源目前认为可能是食盐与脂肪的反应产物或是肠衣中使用的强化树脂中含有 3 - MCPD。经过高温加工的谷物制品（如饼干、面包）、麦芽提取物及膨化食品中均含有一定量的氯丙醇。

（三）氯丙醇的毒性

氯丙醇的种类复杂多样且毒性各有区别。3 - MCPD 是氯丙醇类化合物中污染最严重也是毒性相对较大的一种。

1. 肾脏毒性

在大鼠和小鼠的亚急性毒性试验中发现，肾脏是 3 - MCPD 的毒性作用靶器官，可使实验动物肾脏相对质量增加，其代谢产物草酸钙晶体沉积于肾小管内膜可使大鼠肾脏损伤，引起多尿和糖尿。同时，慢性毒性试验也发现，大鼠从饮水中摄入 3 - MCPD 后，随着摄入量的增加，大鼠肾脏绝对质量也显著增加，组织学检验发现有肾小管增生。

2. 生殖毒性

3 - MCPD 能够使精子减少和精子活性减低，并有抑制雄性激素生成的作用，从而可以使雄性动物的生殖能力减弱。许多研究表明，大鼠反复给予口服 1mg/（kg 体重 · d）以上剂量时，可以出现精子活动减弱和男性生殖力降低。

3. 神经毒性

3 - MCPD 对试验动物有神经毒性作用。最早的神经毒性改变为神经系统胶质细胞中的星状细胞发生严重水肿、细胞器严重破坏。当以 20mg/（kg 体重 · d）或更高剂量染毒时，可以发生与剂量有关的中枢神经系统损害，且以脑干的对称性损伤最为严重。

4. 致癌性

有关动物实验表明，实验动物 3 - MCPD 染毒剂量与一些器官的良性肿瘤发生率呈正相关，但引起肿瘤的剂量远远大于导致肾小管增生的剂量。1993 年，美国在 FDA/WHO 第 837 号技术报告中指出 3 - MCPD 会引起动物癌症。1999 年，加拿大科学家对 344 只大鼠做长期慢性单向肾脏增生研究，得出 3 - MCPD 在最低有害作用水平会产生肾脏肿瘤并最终癌变的结论。英国食品咨询委员会（FAC）在 2000 年 10 月的会议上也指出，3 - MCPD 大鼠体内实验表明其有致癌性，但致癌机理不明确。

对1，3－DCP的研究表明，1，3－DCP在高剂量［20mg/(kg体重·d)］情况下对大鼠有明显的致癌作用，肿瘤主要发生在肝脏、肾脏、口腔以及舌和甲状腺中。

5. 遗传毒性

一些体外实验研究认为，3－MCPD经过代谢形成具有基因毒性的中间产物，英国食品咨询委员会（FAC）在2000年10月的会议上也指出，3－MCPD体外实验显示有致突变性。但目前大多数研究者认为体外实验中3－MCPD呈现的遗传毒性，是由3－MCPD和培养基成分发生化学反应的产物所致，而不是生物转化的结果，因此，3－MCPD属于非遗传毒性致癌物。同时，提交给JECFA的体内试验分析结果也显示，3－MCPD没有遗传毒性。

一系列细菌和哺乳动物体外实验证明，1，3－DCP具有明显的致突变性和遗传毒性。

（四）减轻氯丙醇危害的措施

食品（特别是酱油）中的氯丙醇主要来源于酸水解植物蛋白。因此，可根据在此过程中氯丙醇的形成机理及其理化性质来降低或除去最终产品中的氯丙醇。

1. 原料控制

尽可能降低原料中残存的油脂，可以明显降低氯丙醇的生成。但要彻底清除原料中的油脂无论是在技术上还是经济上都有一定难度。

2. 改良水解工艺

在水解过程中加以控制，也可以减少氯丙醇的生成。国内有关研究者采用酸水解与传统酿造工艺相结合的安全生产工艺，可以使产品中氯丙醇的含量低于各国标准，且酱香浓郁、味道鲜美。美国CPC国际有限公司的专利为酸酶法加工工艺，是先采用中性蛋白酶进行蛋白水解，然后在缓和条件（40～45℃，pH6.5～7.0）下进行酸水解，这样制得的产品中检测不到氯丙醇。

3. 除去产品中的氯丙醇

（1）真空浓缩法（英国） 按传统的方法进行水解，然后对HVP采用真空浓缩法除去其中的易挥发的1，3－DCP和2，3－DCP，但不能去掉3－MCPD和2－MCPD。

（2）碱反应法（日本） 将酸水解植物蛋白的高温水解液用碱调整pH为7.5～7.8，加热沸腾15～20min，冷却后再调pH为5.6，经两次活性炭吸附、过滤，其产品的3－MCPD的检测量可小于0.01mg/kg。同时也可以改进颜色和感官品质，满足作为食品添加剂的使用条件。

（3）蒸汽蒸馏法（瑞士雀巢制品公司专利） 处理时水解液温度为62℃，流量8000kg/h，连续不断进入蒸馏塔。蒸馏塔头保持100Pa压力，将1440kg/h饱和蒸汽逆流射入塔内，塔釜温度为63℃；另外，加入NaOH使冷凝液pH为11，以除去其中的氯丙醇。

4. 制定限量标准并加强监测

目前国际食品法典委员会尚没有氯丙醇的国际标准，但已经列入议程。国际上不同国家对氯丙醇的最高允许限量有不同要求。如加拿大初步规定调料中3－MCPD的允许限量为1mg/L；美国食品药物管理局规定酸水解蛋白和酱油中3－MCPD的允许限量为1mg/L，1，3－DCP为50μg/L；英国规定应该尽量达到技术上可以减低的程度（10μg/L）；欧盟则规定酱油中3－MCPD的允许限量为20μg/L；我国食品工业标准化技术委员会将发酵酱油与采用添加水解蛋白的调味品分开，并将后者称为酸水解蛋白调味液，并规定其3－MCPD的允许限量为1mg/L。

第五节　*N*－亚硝基化合物对食品安全性的影响

人们对亚硝基化合物的毒性研究是自1954年，英国某工厂在接触二甲基亚硝胺溶剂的三名研究人员中发现二名有肝硬变现象以后，才开始引起人们对亚硝胺的注意。1956年，Magee和Bames用二甲基亚硝胺诱发出大鼠肝癌。1964年，Ender等人发现用高剂量亚硝酸盐保藏鲱鱼粉，饲养牛、羊、水貂等动物发生严重肝损害，并从鱼粉中分离出了二甲基亚硝胺，此后人们对亚硝胺的兴趣骤然增加，认识到食品中可能存在亚硝胺，特别是用硝酸盐和亚硝酸盐腌制的食品。这促使人们对人类消费的食品开始进行广泛的研究，并发展到整个*N*－亚硝基化合物。

一、*N*－亚硝基化合物的结构、种类及性质

N－亚硝基化合物是一类具有 >N—N=O 结构的有机化合物，根据其化学结构可以进一步分为两大类。

（一）*N*－亚硝胺

N－亚硝胺的基本结构为：

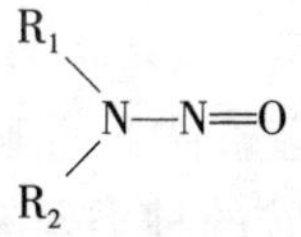

R_1 和 R_2 为烷基或环烷基，也可以是芳香基、杂环化合物或氨基酸。其中 R_1 与 R_2 相同者为对称性亚硝胺，如*N*－亚硝基二甲胺（NDMA）、*N*－亚硝基二乙胺（NDEA）；R_1 与 R_2 不同者为不对称性亚硝胺，如*N*－亚硝基甲乙胺（NMEA）和*N*－亚硝基甲苄胺（NMB$_Z$A）等。另外，亚硝胺由于相对分子质量不同，可以表现为蒸汽压大小不同，因此又可分为挥发性亚硝胺和非挥发性亚硝胺。

除了少数*N*－亚硝胺（如*N*－亚硝基二甲胺、*N*－亚硝基二乙胺、*N*－亚硝基二乙醇胺以及某些*N*－亚硝基氨基酸等）可以溶于水及有机溶剂外，大多数亚硝胺都不溶于水，仅溶于有机溶剂中。亚硝胺化学性质一般较稳定，在通常条件下，不易发生自发性水解，需要经体内代谢后才具有致癌能力。

（二）*N*－亚硝酰胺

N－亚硝酰胺的基本结构为：

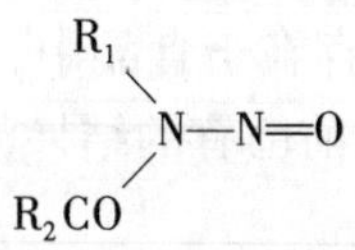

N－亚硝酰胺成分较多，并且不是完全按化学结构进行分类，而是以其化学性质和生物学作用进行归类。其中，R_1、R_2 可以为烷基或芳香基，R_2 也可以是 NH_2、NHR、NR_2（称为*N*－亚硝基脲）或RO基团（称为亚硝基氨基甲酸酯）。

亚硝酰胺类化学性质较不稳定，在酸性和碱性条件（甚至是近中性环境）下能够发生自发性降解，也能够在作用部位直接降解成重氮化合物，并与DNA结合而发挥直接的致癌性和致突变性。

二、N－亚硝基化合物的合成

（一）N－亚硝基化合物的前体物质

食品中的N－亚硝基化合物天然含量极微，主要是由其前体物质在适宜的条件下通过化学或生物学途径而合成。

食品中N－亚硝基化合物的前体物质主要有两种，一是N－亚硝化剂，包括硝酸盐、亚硝酸盐、其他氮氧化合物以及可促进亚硝基化的物质，如硫氰酸盐或醇酯等。其中硝酸盐、亚硝酸盐广泛存在于土壤、水及植物中，当大量施用含氮化肥和除草剂、土壤中缺钼或干旱时，均可使农作物和蔬菜中大量蓄积硝酸盐，在还原性微生物存在的情况下，很易转化为亚硝酸盐。此外，亚硝酸盐作为食品添加剂常被添加到肉制品当中，以促进发色和防腐，从而使肉制品中亚硝酸盐含量也增加；另一种为能够亚硝基化的含氮化合物，包括胺类、氨基酸、多肽、磷脂、酰胺等，其中最主要的是胺类。胺类化合物是蛋白质、氨基酸、磷脂、酰胺等生物大分子合成的必需原料，故也是各种天然动物性和植物性食品的成分；胺类化合物也可以由蛋白质分解成氨基酸并脱羧而成，不新鲜的食物特别是腐烂食物中，胺类物质的含量会明显增加；大量的胺类物质也是药物、农药（特别是氨基甲酸酯类农药）和许多化工产品的原料，这些物质也可能残留在食品中而成为N－亚硝基化合物的前体物质。

（二）N－亚硝基化合物的合成

亚硝酸盐和胺和其他含氮物质在适宜条件下经亚硝基化作用可合成N－亚硝基化合物，其生成量与反应物浓度、氢离子浓度、胺的种类及有无催化剂等密切相关。除反应物浓度外，氢离子浓度对反应有着重要影响。一般在酸性条件下最容易发生反应，如仲胺亚硝基化的最适pH为2.5～3.4。胺的种类与亚硝基化程度也有关。一般仲胺合成N－亚硝基化合物的能力最强，伯胺和叔胺反应很困难。但在硫氰酸根存在时，伯胺和亚硝酸的反应也很快。此外，卤化物、甲醛等对N－亚硝基化合物的合成有一定的催化作用。

除食品中所含有的N－亚硝基化合物外，人体内也能合成一定量的N－亚硝基化合物。N－亚硝基化合物的合成反应，一般在酸性环境下最容易进行，因此，增加氢离子浓度有助于该化合物的合成。人和其他哺乳动物的胃液酸度一般为1～4，适宜于上述合成条件，因此，胃可能是体内合成亚硝胺的主要场所。

另外，在唾液中及膀胱内（尤其是尿路感染时）也可能合成一定量的亚硝胺。

三、N－亚硝基化合物在食品中的分布

N－亚硝基化合物的前体物质广泛存在于食品中，在食品加工和贮藏过程中易转化为亚硝胺及其他N－亚硝基化合物。根据目前已有的结果，鱼类、肉类、蔬菜、啤酒等发酵制品及某些乳制品等食品中含量较多。

（1）鱼和肉制品　一般，新鲜鱼和肉类食物中仅含有少量的胺类，但进行腌制、烘烤尤其是油煎等加工处理或者腐烂变质时，这些含蛋白质丰富的食物便分解出较多的胺类化合物，并与加入的硝酸盐和亚硝酸盐反应，形成N－亚硝基化合物。腌制食品如果再用烟熏，由于熏烟中含有的氮氧化物可与鱼或肉中的仲胺起反应，因而N－亚硝基化合物的含量将会更高。

（2）蔬菜瓜果等植物性食品　植物性食品中含有较多的硝酸盐和亚硝酸盐，其中芹菜、

大白菜、菠菜、油菜和莴苣中硝酸盐的含量可达600～3912mg/kg。蔬菜在室温下长期存放或者腌制，硝酸盐在细菌及硝酸盐还原酶的作用下可转化为亚硝酸盐，在适宜条件下，可与自身所含有的胺类物质发生反应，生成亚硝胺及其他*N*－亚硝基化合物。

（3）发酵食品　酱油、醋、啤酒、酸菜等发酵食品中均可检测出*N*－亚硝基化合物。除啤酒和酸菜外，一般含量较低，在5μg/kg以下。啤酒中亚硝胺的含量与麦芽烘烤过程有关，如果直接用火加热，则麦芽中的大麦芽碱、芦竹碱等生物碱可与火焰中存在的空气中的氮被氧化而产生的氮氧化物反应，生成二甲基亚硝胺。如果间接烘烤，则亚硝胺含量会明显降低。

（4）乳制品　在某些情况下，为了阻止微生物生长防止奶酪腐败而加硝酸盐，在细菌分泌的硝酸盐还原酶的作用下，有可能将其还原为亚硝酸盐，进而形成*N*－亚硝胺。此外，奶粉和奶酒中也存在着微量挥发性*N*－亚硝基化合物。

四、*N*－亚硝基化合物的毒性

1. 急性毒性

各种*N*－亚硝基化合物因其结构不同，急性毒性有较大差异（表6－4），对于对称性烷基亚硝胺而言，其碳链越长，急性毒性越低。但许多亚硝胺的急性毒性表现相似，肝脏是首先的靶器官，通常伴有出血性肺水肿。另外，还可以发生骨髓和淋巴组织的损伤。

表6－4　一些*N*－亚硝基化合物对大鼠经口的LD_{50}　单位：mg/kg

N－亚硝基化合物	LD_{50}	*N*－亚硝基化合物	LD_{50}
甲基卞基亚硝胺	18	乙基丁基亚硝胺	380
二甲基亚硝胺	27～41	二丙基亚硝胺	480
甲基亚硝基脲	180	吡咯烷亚硝胺	900
二乙基亚硝胺	216	二丁基亚硝胺	1200
二甲基亚硝基脲	240	二戊基亚硝胺	1750

2. 致癌作用

N－亚硝基化合物对动物的致癌性已得到许多实验的证实，在已经检测的300种亚硝胺类化合物中，已证实有90%至少可诱导一种动物致癌。其致癌作用的特点如下。

（1）致癌性强。不仅小剂量长期接触可以致癌，而且一次大剂量冲击也可引起肿瘤，而且存在着剂量－效应关系。

（2）对多种动物都有致癌性。目前已经在40多种种属的实验动物中进行测试，包括与人的血缘关系相当近的灵长类动物，但未发现有一种动物对*N*－亚硝基化合物的致癌作用有抵抗力。

（3）有全身性致癌作用，同时具有器官特异性。总体上说，*N*－亚硝基化合物可诱发动物几乎所有组织和器官的肿瘤，但不同结构的*N*－亚硝基化合物的致癌性有特异的器官亲和性，如二甲基亚硝胺是一种肝活性致癌物，同时对肾脏也表现有一定的致癌活性；二乙基亚硝胺对肝脏和鼻腔有一定的致癌活性。一些亚硝胺类化合物对大鼠的致癌性见表6－5。

表 6-5　一些 *N*-亚硝基化合物对大鼠的致癌性

化合物	肿瘤种类	致癌性
二甲基亚硝胺	肝癌、鼻窦癌	+++
二乙基亚硝胺	肝癌、鼻窦癌	+++
二正丙基亚硝胺	肝癌、膀胱癌	+++
乙基丁基亚硝胺	食管癌、膀胱癌	++
甲基苄基亚硝胺	食管癌、肾癌	++
甲基亚硝基脲	前胃癌、脑癌、胸腺癌	+++
二甲基亚硝基脲	脑癌、神经癌、脊髓癌	+++
亚硝基吗啉	肝癌	+++
亚硝基吡咯烷	肝癌	+
亚硝基哌啶	食管癌	+++

注："+++"为强；"++"为中；"+"为弱。

（4）多种途径摄入均可诱发肿瘤。经口摄入、呼吸道吸入、皮下肌肉注射，甚至皮肤接触均可诱发肿瘤。

（5）可通过胎盘对子代有致癌作用。大量研究表明，*N*-亚硝基化合物不仅可对成年动物致癌，还可通过胎盘或乳汁对子代致癌，且动物在胚胎期对其致癌作用的敏感性明显高于出生后或成年期。

亚硝胺和亚硝酰胺的致癌机制不同。*N*-亚硝酰胺为直接致癌物，无需活化就具有致癌作用。而亚硝胺为间接致癌物，需要在体内代谢活化。亚硝胺在体内主要经肝脏细胞色素P450与微粒体混合功能氧化酶的代谢活化作用，生成致癌活性剂——烷基偶氮羟基化物（R—N═N—OH），该化合物可造成DNA或RNA复制错误而使正常细胞发展为癌细胞，形成肿瘤。

3. 致畸作用

亚硝酰胺类（如甲基亚硝基脲、乙基亚硝基脲）对动物有一定的致畸性，可使胎儿发生神经系统和骨骼系统畸形，包括无眼、脑积水、肋骨、脊柱畸形和少趾等，并存在剂量-效应关系。亚硝胺类如在妊娠适宜时期给毒，也可使子代发生畸形，但致畸作用很弱。

4. 致突变作用

研究结果表明，亚硝酰胺也是直接致突变物，能引起细菌、真菌、果蝇和哺乳类动物细胞发生突变。亚硝胺需经哺乳动物微粒体混合功能氧化酶系统代谢活化后才有致突变性。同时，许多研究表明 *N*-亚硝基化合物的致突变性强弱与致癌性强弱无明显的相关性。

五、*N*-亚硝基化合物与人类肿瘤

N-亚硝基化合物对人类的致癌性，目前尚缺少一些直接的资料。但流行病学调查资料表明，人类的某些癌症（如胃癌、食管癌、肝癌、结直肠癌、膀胱癌等）可能与接触 *N*-亚硝基化合物有关。如智利盛产硝石，食品中亚硝酸盐含量较高，其胃癌造成的死亡率也居世界首位；日本人爱吃咸鱼和咸菜，其胃癌高发；非洲赞比亚的食管癌高发与当地人常饮的

自酿酒中二甲基亚硝胺含量较高有关；我国河南省林县为食管癌高发区，而相邻的范县则为食管癌低发区，比较两地的食品，林县食品中亚硝胺检出率明显高于范县食品；一些肝癌高发区的流行病学调查表明，这些地区的腌菜中亚硝胺的检出率可高达60%，因此喜食腌菜可能也是肝癌发生的危险性因素。

六、防止 *N*－亚硝基化合物危害的措施

防止 *N*－亚硝基化合物对人体的危害可从两方面着手：一是减少食品中 *N*－亚硝基化合物及其前体物的含量；二是阻断 *N*－亚硝基化合物在体内的合成。

1. 防止食物霉变或被其他微生物污染

由于某些细菌或霉菌等微生物可还原硝酸盐为亚硝基盐，而且许多微生物可分解蛋白质，生成胺类化合物，或有酶促亚硝基化作用，因此，防止食品霉变或被细菌污染对降低食物中亚硝基化合物含量至关重要。在食品加工时，应保证食品新鲜，并注意防止微生物污染。

2. 改进食品贮藏和加工方法

低温贮藏含蛋白质丰富的食品和硝酸盐含量较多的蔬菜，腌制蔬菜时加盐量应不少于4%，控制鱼和肉制品中硝酸盐或亚硝酸盐的添加量，烘烤啤酒麦芽和干燥豆类食品尽量用间接加热方式等均可以减少 *N*－亚硝基化合物的形成。

3. 合理施用钼肥

农业用肥及用水与蔬菜中亚硝酸盐和硝酸盐含量有密切关系。使用钼肥可降低地下水及农产品中硝酸盐和亚硝酸盐的含量，有利于减少食品中 *N*－亚硝基化合物的合成。

4. 阻断食品中 *N*－亚硝基化合物的合成

利用亚硝化反应的阻断剂，可有效阻止食品中胺类与亚硝酸盐的反应，减少 *N*－亚硝基化合物的合成。

研究表明，许多食物成分均有较强的抑制亚硝基化过程的作用，如维生素 C、维生素 E、酚类及某些还原物质，具有抑制和减少亚硝胺合成的作用，同时对亚硝酸盐的发色和防腐作用毫无影响；大蒜和大蒜素可抑制胃内硝酸盐还原菌，使胃内亚硝酸盐含量明显降低；此外，茶叶、猕猴桃汁和沙棘果汁等也有阻断作用。因此，有条件的情况下，尽量多食用新鲜的水果和蔬菜，对降低 *N*－亚硝基化合物的危害可以起到一定的作用。

另外，某些物质如乙醇、甲醇、正丙醇、异丙醇、蔗糖等在高浓度时，尤其在 $pH \leqslant 3$ 的条件下能抑制亚硝基化过程，而在 $pH \geqslant 5$ 时反而能促进亚硝基化过程。

5. 制定食品中的限量标准并加强监测

GB2762—2005《食品中污染物限量》规定，食品中 *N*－亚硝胺的限量指标为：海产品中 *N*－二甲基亚硝胺和 *N*－二乙基亚硝胺分别为4μg/kg 和7μg/kg，肉制品中 *N*－二甲基亚硝胺和 *N*－二乙基亚硝胺分别为3μg/kg 和5μg/kg。

在制定标准的基础上，还应加强对食品中 *N*－亚硝基化合物含量的监测，严禁食用 *N*－亚硝基化合物含量超过标准的食物。

第六节　二噁英及其类似物对食品安全性的影响

二噁英（PCDD/Fs）是指氯代二苯并－对－二噁英（PCDDs）和氯代二苯并呋喃

(PCDFs)类物质的总称，属于氯代含氧三环芳烃类化合物。

二噁英具有极强的致癌性、免疫毒性和生殖毒性等多种毒性作用。已经证实这类物质化学性质极为稳定、难于生物降解，并能在食物链中富集。1962—1970 年美国在越南战争中使用的一种氯酚脱叶剂中含有二噁英，致使越南人从 1970 年以后患癌症、皮肤病、流产、新生儿先天性畸形等病例剧增。二噁英的剧毒性和在环境介质中的持久性，引起了人们对其污染环境、危害人体健康等问题的极大关注。1991—1994 年美国环境保护局（EPA）对二噁英进行了全面评价，并在 2001 年的证实报告中明确指出二噁英不仅能增加癌症死亡率，还降低人体免疫能力和干扰内分泌功能等。1997 年国际癌症研究中心（IARC）将 2，3，7，8 - TCDD（2，3，7，8 - 四氯二苯并 - 对 - 二噁英）列为对人的Ⅰ类致癌物，对人体具有潜在的危害。1998—1999 年西欧一些国家相继发生了肉制品和乳制品中二噁英严重污染的事件。近年来二噁英已成为国内外研究的热点。

一、二噁英的结构和性质

1. 结构

由于氯原子取代位置的不同，使得二噁英种类很多，共有 210 种异构体，包括 75 种 PCDD 和 135 种 PCDF，其中 2，3，7，8 - 四氯二苯并 - 对 - 二噁英（2，3，7，8 - tetrachlorodibenzo - *p* - dioxins，TCDD）是目前已知此类化合物中毒性和致癌性最大的物质。

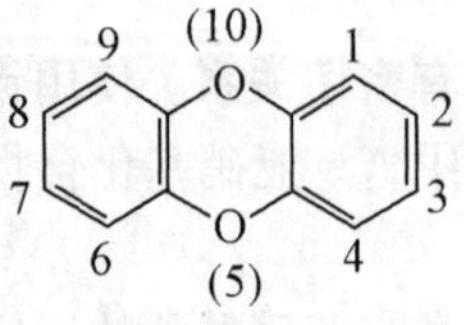

二噁英母核

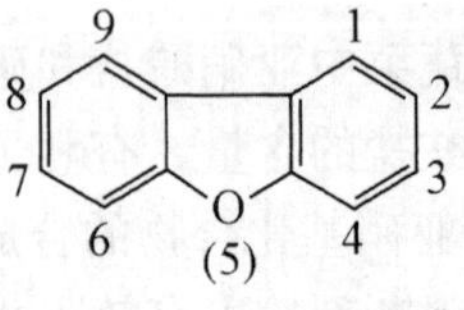

二苯并呋喃母核

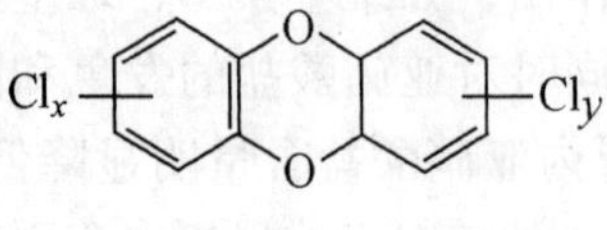

PCDDs

（多氯二苯并二噁英）

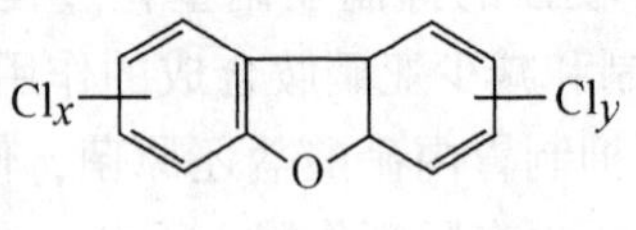

PCDFs

（多氯二苯并呋喃）

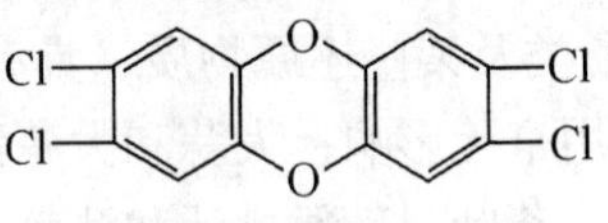

2,3,7,8-TCDD

（2，3，7，8四氯二苯并-对-二噁英）

2. 理化性质

（1）热稳定性　PCDD/Fs 对热十分稳定，在温度超过 800℃ 时才开始降解，而在 1000℃ 以上才会被大量破坏。

（2）低挥发性　PCDD/Fs 的蒸汽压极低，因而除了气溶胶颗粒吸附外，在大气中存在较少。

（3）脂溶性和生物富集作用　PCDD/Fs 的水溶性很差而脂溶性很强，故可蓄积于动植物体内的脂肪组织中，并可经食物链富集，通过脂质转移和生物富集后，生物浓缩因子可高达 10^4。

（4）在环境中的半衰期长　PCDD/Fs 对理化因素和生物降解有较强的抵抗作用，尽管在紫外线的作用下 PCDD/Fs 可发生光降解，但其主要存在于土壤中，平均半衰期约为 9 年，故可以在环境中长期存在。

二、环境和食品中二噁英的来源

（一）环境中二噁英的来源

一般认为二噁英是人类无意识合成的副产物，自然界产生的二噁英很少，火山爆发和森林大火是可能的途径。其来源可分为工业来源和非工业来源两方面。

1. 工业来源

（1）含氯化合物的生产和使用　许多含氯化合物如多氯联苯（PCBs）、氯代苯醚类农药、氯代苯氧乙酸类除草剂、五氯酚木材防腐剂、六氯苯和菌螨酚等，在生产过程中，均伴随着痕量二噁英的产生。这些物质在生产、使用或由于意外事故进入环境时，必然造成对环境的污染。目前，大多数发达国家已经开始削减此类化合物的生产和使用，如美国已全面禁止2，4，5－三氯苯氧乙酸的使用，限制木材防腐剂及六氯苯的生产和使用。

（2）纸浆漂白　1950年以前，世界各国纸浆漂白时均通入氯气。这一过程可以产生2，3，7，8－TCDD。随着生产技术的改进，在采用二氧化氯（不含元素氯）或无氯剂（完全无氯）后在纸浆中未再检出2，3，7，8－TCDD，其他的二噁英类物质检出量也很低。

（3）固体废弃物焚烧　固体废弃物焚烧过程是环境中二噁英的主要来源。固体废弃物包括生活垃圾、医疗垃圾及危险废物等。20世纪70年代后期，荷兰科学家对生活垃圾焚烧厂的二噁英排放进行研究，发现大量的二噁英存在于焚烧厂的烟气飞灰内。日本1990年的调查显示，垃圾焚烧排放的二噁英占总排放量的80%～90%。医疗废物中含有氯代化合物，焚烧时PCDD/Fs含量比生活垃圾焚烧更高。目前，固体废弃物焚烧产生二噁英的机理尚不明确，可能的原因为固体废弃物本身含有二噁英；固体废弃物中含有含氯前体（如聚氯乙烯、氯代苯、五氯苯酚等），在燃烧中可生成二噁英；碳、氢、氧和氯等元素在燃烧过程中通过基元反应生成二噁英。

（4）其他来源　如金属生产（铁矿烧结是目前欧洲二噁英排放的第二大主要来源）、金属回收（如从电缆中回收金属、二次熔铝、熔铜以及锌的回收等）、工业锅炉燃烧等。

2. 非工业来源

（1）汽油的不完全燃烧，致使汽车排出的尾气中也含有PCDD/Fs。

（2）环境中的光化学反应和生物化学反应　PCDD/Fs的前体物可通过环境中的光化学反应或生物化学反应等产生PCDD/Fs。如氯代－2－苯氧酚可通过光化学环化反应生成PCDD/Fs；氯酚可通过光化学二聚反应生成PCDD/Fs，也可以通过过氧化酶催化氧化产生PCDD/Fs。

（3）意外事故和战争　PCDFs的环境污染还来源于意外事故和战争。如美国、加拿大、瑞典、芬兰和法国曾多次发生变压器的泄露和意外爆炸，造成了PCDFs和PCBs（多氯联苯）的污染。1976年意大利Seveso附近一家化工厂发生爆炸，使周边7.8km^2范围内的居民暴露于高剂量的PCDFs当中。1998—1999年在德国、比利时分别发生PCDFs污染饲料，造成乳制品、鸡和鸡蛋等食品被PCDFs污染。美国在越南战争期间使用了一种名为药剂橙的脱叶剂，其中含有少量2，3，7，8－TCCD。据统计，美军在越战中共使用了5000万L药剂橙，其中所含的PCDFs总量可达170kg。

在工业化国家，PCDD/Fs主要来自城市固体垃圾焚烧、含氯化学品的杂质、纸浆漂白和汽车尾气的排放。而我国有着与工业化国家不同的污染来源，由于血吸虫预防的需要采用大量PCP－Na消灭钉螺，造成我国长江流域的江河湖泊的严重污染。此外，小造纸厂遍布我国各地，排放的废水与废渣造成主要江河湖泊的严重污染。因此，PCDD/Fs 在我国的污染不容忽视。

（二）二噁英对食品的污染

人们接触二噁英，除了直接吸入空气中的颗粒、污染的土壤及皮肤的吸收等途径外，食物消费是最重要的途径。膳食接触的二噁英可以超过人体接触量的 90%，而动物性食品是其主要来源。PCDD/Fs 对食物的污染途径主要有以下方面。

1. 环境的污染

食品中的 PCDD/Fs 主要来自于环境的污染。由于 PCDD/Fs 的脂溶性及其在环境中的稳定性极高，可以经过生物链的富集作用，在动物性食品中达到较高的浓度。同时，由于环境大气的流动，在飘尘中的 PCDD/Fs 沉降至地面植物上，污染蔬菜、粮食与饲料。动物食用污染的饲料也造成 PCDD/Fs 的蓄积，因此，鱼、畜、禽肉类及其蛋类和乳类等是主要的污染食品。

2. 食品包装材料中 PCDD/Fs 的迁移

伴随着工业化进程，食品包装材料发生改变。许多软饮料及奶制品采用纸包装。由于纸张在氯漂白过程中产生 PCDD/Fs，作为包装材料可以发生迁移造成食品污染。

3. 意外事故

日本和我国台湾地区发生的米糠油事件、西班牙的食用油中毒事件，都是由于采用 PCBs 作为无火焰加热介质（加热时可以产生 PCDFs），由于管道渗漏使 PCBs 和 PCDFs 进入食用油造成污染，导致了大规模的食物中毒。

三、二噁英的毒性与危害

1. 急性致死毒性

2，3，7，8 - TCDD 被认为是 PCDD/Fs 中毒性最强的一种，但其急性致死效应 LD_{50} 在不同种属试验动物之间差异很大。2，3，7，8 - TCDD 急性中毒的动物一般存活数周后才死亡，在此期间机体表现为“代谢废物综合征”，中毒特点为染毒几天内便出现体重严重下降，并伴随着肌肉和脂肪组织的急剧减少，并且体重下降程度与染毒剂量之间存在剂量 - 效应关系。但到目前为止，尚未见到由于人类全身性中毒而死亡的报告。

2. 皮肤毒性

氯痤疮是二噁英高剂量中毒的一个特征性标志，人和哺乳动物的皮肤暴露于二噁英当中都会出现同样的症状。具体表现为皮肤发生增生或角化过度，色素沉着，以痤疮形式出现，并伴随胸腺萎缩及废物综合征。职业或意外事故接触二噁英后出现典型的氯痤疮，临床上很难与青春期痤疮相区分，其诊断主要依据接触史与发病年龄及相关因素。

3. 肝毒性

二噁英对动物有不同程度的肝损伤作用，主要表现为肝脏体积增大、实质细胞增生与肥大、肝细胞变性坏死、胞浆内脂滴和滑面内质网增多、微粒体酶及转氨酶活性增强，单核细胞浸润等。不同种属动物对其肝毒性的敏感性亦有较大差异，仓鼠和豚鼠较不敏感，而对大鼠和兔的肝损伤极其严重，可导致死亡。

4. 免疫毒性

实验研究表明，二噁英的免疫毒性表现为胸腺萎缩、体液免疫和细胞免疫抑制，抗体产生能力抑制、抗病毒能力降低。在非致死剂量时即可致实验动物胸腺的严重萎缩，并可抑制抗体的生成，降低机体的抵抗力。二噁英的免疫毒性已基本确定，并认为免疫系统是二噁英主要的和最敏感的靶器官之一，其他毒性的发挥几乎都与其免疫毒性有关。

5. 生殖毒性和内分泌干扰毒性

二噁英类物质属于环境内分泌干扰物，具有明显的抗雌激素作用，可以使大鼠、小鼠、灵长类雌性动物的子宫重量减轻、受孕率和每窝胎仔数减少，甚至不育。哺乳动物试验、体外细胞培养研究和流行病学调查结果还表明，二噁英慢性暴露可以导致子宫内膜异位症的发病率上升。此外，近年来还有一些研究表明，二噁英亦有明显的抗雄激素作用，可致雄性动物睾丸形态改变、精子数量减少和运动能力降低等。还有研究表明，人对二噁英的抗雄激素作用（雌性化效应）可能比动物更为敏感。

二噁英除了能干扰体内性激素代谢外，还可以改变体内胰岛素、甲状腺激素的代谢水平。动物实验结果表明，二噁英可以使动物体内胰岛素水平下降，引起糖代谢紊乱，还可使动物甲状腺组织出现可逆性细胞增殖现象。人群流行病学调查表明，越战期间接触药剂橙的美军士兵以及 Seveso 污染地区人群中糖尿病的发病率也相对较高。

6. 发育毒性和致畸性

啮齿类动物毒性试验证实孕鼠和幼鼠对二噁英发育毒性高度敏感，如对小鼠母体无毒性效应的二噁英暴露可以导致胎鼠发生腭裂和肾盂积水等畸形。大鼠孕期或哺乳期内一次给予低剂量二噁英就可以导致仔鼠生殖器畸形、精子数量减少和卵泡发育异常。但胚胎发育阶段不同、个体不同，对二噁英的敏感性也存在差异。另外，流行病学研究结果显示，孕妇接触二噁英容易引起早产、宫内发育迟缓和死胎，且围产期胎儿血清中 TCDD 浓度可以比母体高约 2 倍。越战中曾经接触过药剂橙的美军退伍老兵的后代中脊柱裂等先天畸形的发生率也较高。

7. 致癌性和致突变性

二噁英对多种动物有极强的致癌性，其中尤以啮齿类最为敏感。致癌的主要靶器官有肝脏、甲状腺、肺、皮肤和软组织。

有流行病学研究表明，接触 PCDD/Fs 与人类某些肿瘤（如呼吸系统、肺、胸腺、结缔组织、软组织、造血系统和肝脏等）的发生有关。但目前尚未发现 PCDD/Fs 有明显的致突变作用，故认为此类化合物可能是非遗传毒性致癌物，其主要作用发生在肿瘤的促进阶段，是一类作用较强的促癌剂。

8. 其他器官或系统毒性

意大利 Seveso 污染事故的追踪调查还表明，暴露人群的心血管病死亡率明显增高，其中男性表现为慢性缺血性心脏病，女性主要为高血压和慢性风湿性心脏病。研究者认为，这除了与高浓度二噁英暴露有关外，还与这次事件引起的精神紧张有关。还有报道，二噁英暴露可引起慢性阻塞性肺病的发生率升高、消化功能障碍、肌肉和关节运动功能改变、神经和内分泌的改变及衰竭综合征。

四、预防二噁英类化合物危害的措施

1. 源头治理，降低 PCDD/Fs 对环境的污染

降低 PCDD/Fs 对环境的污染是预防二噁英类化合物污染食品及对人体造成危害的根本措施，如减少含 PCDD/Fs 的农药和其他化合物的使用，严格控制有关的农药和工业化合物中杂质（尤其是各种 PCDD/Fs）的含量，控制垃圾燃烧（尤其是不完全燃烧）和汽车尾气

对环境的污染等。

2. 制定食品中的允许限量并加强监测

目前，欧洲和其他一些国家已经建立了牛奶中 PCDD/Fs 的最高允许限量（ML）推荐值或指导值，特别是欧盟，已经建立了食品中 PCDD/Fs 的最高允许限量，并于 2002 年 7 月 1 日实施。

另外，由于 PCDD/Fs 种类繁多、含量极微，使其定量分析十分困难，并且目前公认的检测方法——高分辨气质联用技术，所需设备昂贵，检测周期长，检测成本高昂，使得对 PCDD/Fs 的研究和环境、食品中污染水平的检测变得十分困难，因此，发展可靠、实用和成本较低的 PCDD/Fs 检测方法是目前亟待解决的问题，只有在此基础上才能加强环境和食品中 PCDD/Fs 含量的监测，对防止 PCDD/Fs 的危害起到积极作用。

五、二噁英类似物

有一些卤代芳烃化合物，如多氯联苯（PCBs）、多溴联苯（PBBs）、氯代二苯醚等，其理化性质和毒性与二噁英相似，被称为二噁英类似物。

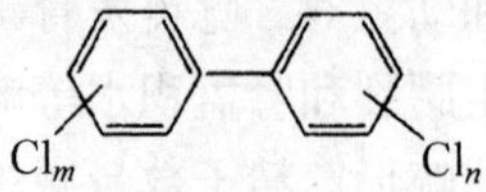

多氯联苯

多氯联苯（PCBs）是含氯的联苯化合物，联苯环上有 10 个可被氯取代的位置，由于氯取代的位置和数量的不同，PCBs 也有 210 种异构体。

多氯联苯混合物被广泛应用于电器设备如电缆、变压器和电容器的绝缘材料上，也常用作塑料等的添加剂。

多氯联苯在使用过程中通过泄漏、流失、废弃、蒸发、燃烧、堆放、掩埋及废水处理等可进入外环境，从而对水源、大气和土壤造成污染，通过食物链的生物富集作用污染水生生物，因而这类物质最容易富集在海洋鱼类和贝类食品中。

第七章　食品加工中的食品安全性问题

第一节　物理因素对食品安全性的影响

一、油炸与焙烤

油炸与焙烤在改善食品色泽和风味、延长食品保藏期方面发挥着非常重要的作用。但是，油炸和焙烤都是高温加工过程（一般均在100℃以上），在此过程中，会使食品成分如碳水化合物、脂肪和蛋白质等发生一系列化学变化，甚至产生某些有毒有害物质，影响着消费者的健康。

食品成分不同，油炸和焙烤过程中所产生的有毒有害物质的种类也有所不同。一般碳水化合物含量较高的食品经高温加工后，丙烯酰胺的含量会明显升高；杂环胺则是蛋白质含量较高的食品的主要热加工产物；脂肪的高温热解和热聚会产生多环芳烃类化合物。这些物质均可对消费者的健康产生一定的危害。

二、辐 照 杀 菌

（一）概述

食品辐照技术是一项新兴的食品保藏技术，是利用钴－60或铯－137产生的γ射线或电子加速器产生的低于10MeV的电子束对食品进行照射，以延迟新鲜食物某些生理过程（发芽和成熟）的发展，或对食品进行杀虫、消毒、杀菌、防霉等处理，达到延长保藏时间，稳定和提高食品质量的目的。经过辐照处理的食品称为辐照食品。食品在辐照过程中，通过辐射区域时所吸收的能量称为辐照剂量。

与传统的食品保藏方法如加热、冷藏、化学处理等相比，辐照保藏具有一些显著的优点：灭菌彻底，能够彻底杀灭食品中的各种有害微生物和病菌；辐照加工是一种“冷处理”过程，辐照过程中被处理食物不升温，不破坏食品结构和营养成分；辐照处理是一种物理处理过程，不加任何添加剂和化学药剂，因此无有毒有害物质残留；节约能源，不污染环境；辐照食品可以在常温下贮存；可包装后再处理且处理后的食品能立即被运输、贮藏或者进食。目前，全世界已有500多种辐照食品在40多个国家获批准，30多个国家进入大规模商业化生产阶段，每年的加工量在30万吨以上。食品辐照已被列为WHO确保食品安全的重点推广项目。

（二）辐照食品的安全性

自食品辐照技术在20世纪40年代开始研究以来，世界各国的科学家和研究机构，相继开展了辐照食品卫生安全性方面的研究，耗费大量的人力、财力和时间。可以说在食品辐照卫生安全性方面所进行的研究工作之深入，远远超过历史上任何一种食品加工技术。

辐照食品的安全性是一个广泛的概念，包括综合毒理学上的安全性、微生物学上的安全性以及营养学上的合格性。

1. 辐照食品的营养安全性

大量的辐照对食品营养成分影响的研究表明，低剂量（10kGy）条件下，辐照食品保持了其宏观营养成分（蛋白质、脂类和糖类）的正常营养价值，在某些辐照食品应用中可能发生维生素损失，然而这种损失很少，并且辐照处理所引起的食品营养损失量同其他普通食品加工过程类似。同时动物喂养和人体食用实验证明，辐照对食品的消化吸收影响很小。因此，辐照食品具有可接受的营养价值。FAO/IAEA/WHO 联合专家委员会根据对大量有关辐照食品的营养的研究报告的综合评估，于 1980 年提出食品辐照不会导致任何营养上的特殊问题。1997 年，FAO/IAEA/WHO 联合专家委员会在瑞士日内瓦举行的会议上，专家组又讨论了高剂量辐照对食品营养和其他方面的影响，并得出结论：超过 10kGy 的辐照剂量"也是安全的"。

2. 辐照食品的微生物学安全性

辐照食品的微生物学安全性是指食品辐照后能够抑制或消灭致病或致腐微生物，保证食品的安全，同时不产生新的食品安全问题。辐射能消除或抑制食品中常见微生物的正常过分生长，同时可能导致另一种不同微生物的过分生长和腐败类型。因此必须鉴定这一新的类型，并确定它能否对食品消费者产生健康危害。另一方面，辐射可能诱发细菌的突变，产生具有较大的辐射抗性的微生物类型，但至今尚未观察到食品中的细菌污染物由于辐射诱变改变其正常特性（致病性、毒素产生能力等）而导致消费者受到健康危害的情况。因此，目前认为辐照食品不会增加微生物学的危害。

3. 辐照食品的综合毒理学安全性

对辐照食品的综合毒理学安全性研究主要集中在三个方面：辐照食品有无放射性、会不会产生有毒物质、有无"三致"毒性。

关于辐照食品的放射性问题，目前普遍认为，食品在接受照射时，不直接与放射源接触，只接触由 γ 射线或电子束带来的能量，因此不存在食品带有放射性的问题，这正如 X 光透视不会使人产生放射性、扫描器扫描后不会使行李产生放射性是同样的道理。

对于照射会不会使食品产生有毒物质，世界各国的科学家进行了大量的研究。结果表明，食品经过辐照，随着剂量不同会相应地生成各种物质，但这些物质大多是食品中天然存在的成分，并且在数量上远比加热处理时要少得多。另外，大量的动物毒理试验的结果表明，食用辐照食品的动物生长、发育、遗传与食用不辐照食品的动物完全相同，"三致"试验结果也没有明显变化，至今还没有任何相反的报告。基于此，联合国粮农组织、国际原子能机构与世界卫生组织共同组成的"国际食品辐照卫生安全评价联合专家委员会"（JECFI）于 1980 年在日内瓦正式宣告：用 10kGy 以下剂量处理的任何食品，不会产生毒理学上的问题，今后可以不再进行毒理学试验而允许销售。除动物外，1958—1963 年，美国曾在美军人员中多次进行试食辐照食品的人体试验。1983—1984 年，我国也曾在某部队官兵和北京、上海、成都等医科院校师生志愿人员中进行了为期三个月的人体食用辐照食品试验。结果表明食用辐照食品和食用不辐照食品组人员之间没有差别，没有任何不良影响。

2003 年 7 月，国际食品法典委员会（CAC）在意大利罗马召开了第 26 届大会，会议通过了修订后的《辐照食品国际通用标准（CODEX STAN 106—1983，Rev. 1—2003）》和《食品辐照加工工艺国际推荐准则（CAC/RCP 19—1979，Rev. 1—2003）》，从而在法规上突破了食品辐照加工中 10kGy 的最大吸收剂量的限制，允许在不对食品结构的完整性、功能特性和感官品质发生负面作用和不影响消费者的健康安全性的情况下，食品辐照的最大剂量可以高于10kGy，以实现合理的辐照工艺目标。

但需注意的是，辐照并非适合所有食品，此项技术也不应被滥用。辐照并不能替代卫生控制，食品的污染越严重，杀灭病原体所需的辐照剂量越高，其口味、品质和营养成分的变化就越大；而且辐照难以破坏或消除食品中已经形成的毒素和病毒等，也不能提高其卫生水平，因此接受辐照的食品应该是洁净卫生的，并应保证其良好的品质及按照良好操作规范（GMP）进行处理和加工。中国、美国、欧盟、澳大利亚、新西兰、CAC等制定的有关法规和标准中都强调了这一点。

三、微波加工

自1945年美国发明微波炉以来，全世界已有10亿户以上的家庭使用微波炉，微波技术的应用越来越广泛并已深入到人们生活的方方面面。因此，微波技术的安全性日益受到人们的重视，特别是1991年的“血液事件”和2003年美国麻省理工学院 Raymond Francis 教授在网络上发表了家用微波炉有害论的文章后，更加引起了人们的关注。

（一）微波加工的原理及特性

微波是指频率在300MHz~300GHz范围内的电磁波，波长1mm~1m。在食品工业中，微波常用频率为915MHz和2450MHz。微波加热食品是通过微波的电场和磁场的交替变化，使食品中的极性分子（如水、蛋白质和脂肪等）的极性取向随着外电磁场的变化而变化，使分子与分子之间急剧的摩擦、碰撞、震动和挤压，使物料内各部分在同一瞬间获得热量而升温。和常规加热方法相比，微波加工采取内部加热的方式，因此物料内部受热均匀，加热速度比常规加热快2~4倍。另外，微波加工还具有选择性、即时性、高效节能、穿透性高等特点。由于微波加热具有以上的特点，故在农业、林业、轻纺工业、化学工业、医药工业、食品工业等领域的应用得到了迅速的发展。

（二）微波加工对食品成分的影响

微波的能量虽不能使牢固的共价键解离，但对氢键、范德华力、疏水键和盐键等次级键具有一定的破坏作用，可使其松弛、断裂和重组，因此会对食品成分的结构和性质产生一定影响。食品中各组分的分子极性不同，介电常数不同，它们对微波的吸收就会产生差异，从而导致微波对食品物料各成分的影响也有所不同。

1. 微波加工对油脂的影响

微波加工对油脂的影响，主要表现在以下两个方面。

（1）对油脂理化指标的影响　油脂的分子结构是极性的脂肪酸分子，可在微波作用下产生一定程度的热效应而影响油脂的品质。相关研究结果表明，在微波加热条件下，油脂的酸价和过氧化值均有所升高，其上升幅度为不加热处理的2~3倍，是常规加热方法的1倍左右。

（2）对油脂组成的影响　研究发现，在传统加工过程中，高温会加速脂肪的氧化，促使油脂分解和聚合，造成亚油酸和亚麻酸等必需脂肪酸的含量下降，而饱和脂肪酸的含量有所增加。而在微波处理前后，脂肪酸的组成成分没有太大变化，尤其是最主要的油酸和亚油酸含量基本上不变。而且通过红外光谱扫描图分析，进一步证明了微波处理过程中没有顺反异构现象。但也有试验证明，微波对某些油脂的组成也会产生一定的影响，尤其对高水分油脂的影响较为明显。

2. 微波加工对碳水化合物的影响

糖类和淀粉等碳水化合物作为能量的主要来源，是食品中的重要营养成分。其中，蔗糖和葡萄糖可以吸收微波而融化，但大剂量的微波辐射可使它们发生 Maillard 反应和焦糖化反应，从而失去营养价值并影响产品的感官品质。

淀粉是谷类食品的主要成分，谷类食品的品质与其淀粉的含量、种类及存在状态密切相关。在微波工艺中，完全干燥的淀粉很少吸收微波，但是，在正常存在条件下，淀粉都含有水分，并且与许多其他粮食组分共同存在，这样，微波就会对淀粉产生一定作用，影响淀粉的糊化度和结晶度，但不会改变淀粉的化学结构。

3. 微波加工对维生素的影响

在食品加工中，水果、蔬菜类产品中的维生素类是要特别保护的成分，任何的加工方式都会对其含量产生一定影响，而有关试验发现，微波对维生素（A、B、C、D）的破坏比常规的加工要小得多。所以，从维生素营养价值方面来衡量，微波对维生素的加热是高质量的。

对于维生素 E 的研究表明，适宜的微波辐射强度能较好地保留食品中的维生素 E，但是，一旦辐射过量，植物油中维生素 E 的含量会显著变化。张桂英等证实大豆油中的 α - 生育酚含量随微波平均辐射强度的增大而下降，且辐照时间越长，下降幅度越大。另外，微波对维生素 E 的抗氧化作用也有一定的抑制作用。

4. 微波加工对蛋白质的影响

蛋白质的营养价值受其存在形式和结构的影响。实验证实，相比其他加工方式，微波对蛋白质的含量影响不大。例如，微波几乎不影响牛奶中的蛋白质含量，也不会破坏酱油中的氨基酸，而且适量的微波辐射有利于提高大豆蛋白的营养价值。但由于微波的热效应会导致蛋白质变性凝固，非热力作用能使活性大分子的生物活性丧失，因此血液或其他希望保持活性的蛋白质制品等不能用微波加热。

另外，微波辐射导致的热效应和机械效应可以使蛋白质的介电性质和结构发生变化，从而使蛋白质性质发生一系列有利的改变。如微波处理会使大豆浓缩蛋白的溶解性增大、改善谷朊乳化性，显著扩大谷朊粉的应用范围等。但长时间的处理会极大地破坏物料的功能性质。

5. 微波加工对化学污染物的影响

一些谷类食品经烘烤和油炸后会产生丙烯酰胺等致癌性物质，并且含量大大超过 WHO 规定的最大残留量。米饭经微波炉烹制后，会产生较常规加热方式更多的丙烯酰胺，但含量并不超标。N - 亚硝基化合物具有致癌、致畸、致突变作用，微波处理咸肉中的 N - 亚硝基化合物水平较传统烹调方式要低。二噁英及其类似物不仅有致癌性、免疫毒性和生殖毒性，而且还是内分泌干扰物，会造成雄性雌性化，是重点监测物质。微波烹调可通过水分和脂肪的损失，减少肉类食品中的二噁英含量。杂环胺是一类在烹调过程中由蛋白质和氨基酸加热分解产生的具有致突变性、致癌性和心肌毒性的化合物，而加工温度对其生成量有重要影响。由于微波处理时间短，且表面温度不会过高，因而产生的杂环胺较少，且诱变活性也有所降低。

6. 微波加工对其他成分的影响

西班牙国家科学研究委员会研究人员分别用蒸、高压锅、煮和微波烹煮方法处理花椰菜。结果发现，在蒸的过程中，蔬菜中的抗氧化剂几乎没有损失，但微波炉烹煮的花椰菜中抗氧化剂几乎全部消失，其他烹煮方法对抗氧化剂的破坏程度介于两者之间。微波加热会导致食品香味损失，原因为用微波加热时，食品水分的挥发较传统的加热方式快而且多，食品中水溶性香味的散失也会较多。Anastasia 等发现 PVDC 和 PVC 薄膜中的增塑剂 DOA 和 ATBC 可在微波烹调过程中转移到绞肉中，且肉类的脂肪含量对其转移率有重要影响，故 PVDC 和 PVC 薄膜只能用于低脂食品的微波烹调。

（三）微波加工食品的安全性

根据微波加工对食品成分的影响研究可以看出，微波加热食品时，它既是加热源，又是辐射源，会使食品品质产生一定变化。对微波敏感的食品和食品成分会产生某些不利影响，但不显著；而在食品中营养物的保留、微生物的抑制或杀灭和某些有毒有害物质消除等方面，微波加工比传统方式更安全，且品质更高。因此，只要正确掌握微波技术，科学使用，合理选材，避免对食品进行长时间微波加工、反复微波辐射或微波高温，能有效地减少或防止微波加工带来的危害。

第二节　食品添加剂对食品安全性的影响

一、食品添加剂概述

（一）食品添加剂定义

目前，对食品添加剂的定义种类较多，不少国家都根据自己的要求和理解对添加剂进行了定义。按《中华人民共和国食品安全法》的规定，食品添加剂是指“为改善食品品质和色、香、味以及为防腐、保鲜和加工工艺的需要加入食品中的人工合成或者天然物质”。英国、美国、日本等国家也分别对添加剂定义进行了规定。

各国对食品添加剂的定义和标准的不同，不利于食品原料的流通。为了满足日益扩大的国际市场的需求，1983 年 CAC 规定：“食品添加剂是指本身不作为食品消费，也不是食品特有成分的任何物质，而不管其有无营养价值，它们在食品的生产、加工、调制、处理、充填、包装、运输、贮存等过程中，由于技术（包括感官）的目的，有意加入食品中或者预期这些物质或其副产物会成为（直接或间接）食品的一部分，或者改善食品的性质，但不包括污染物或者为保持、提高食品营养价值而加入食品中的物质。”

我国规定营养强化剂是指“为增强营养成分而加入食品中的天然的或者人工合成的属于天然营养素范畴的食品添加剂”。因此，它属于食品添加剂的范畴。但 CAC 却明确指出食品添加剂不包括营养强化剂。

（二）食品添加剂的分类

食品添加剂种类繁多，各国允许使用的种类也各不相同。据统计，目前国际上使用的各类食品添加剂有 14000 多种，FAO/WHO 推荐使用的有 400 多种（不包括香精、香料），截至 2001 年我国允许使用的食品添加剂已达 1600 多种，其中包括食用香料和其他（不包括复合食品添加剂）。

食品添加剂通常可按其来源、功能和安全性的不同而进行分类。按来源不同可分为天然食品添加剂和人工合成食品添加剂两大类。前者主要由动植物提取制得，也有一部分来自微生物的代谢产物或矿物。后者则是通过化学合成方法制取的，其中包括与天然食品添加剂等同的人工合成物，如天然等同色素、天然等同香料等。

不同国家和机构对食品添加剂的功能判定不同，因此分类方法也各不相同。我国GB12493—1990《食品添加剂分类和代码》按功能和主要用途将食品添加剂划分为21类（表7-1）。

表7-1　食品添加剂分类与代码（GB12493—1990）

名称	代码	名称	代码	名称	代码
酸度调节剂	01	着色剂	08	水分保持剂	15
抗结剂	02	护色剂	09	营养强化剂	16
消泡剂	03	乳化剂	10	防腐剂	17
抗氧化剂	04	酶制剂	11	稳定与凝固剂	18
漂白剂	05	增味剂	12	甜味剂	19
膨松剂	06	面粉处理剂	13	增稠剂	20
胶姆糖基础剂	07	被膜剂	14	其他	21

香料类是最丰富多彩的一类食品添加剂，但以上分类系统未包括香料类。因此，实际上我国的食品添加剂按功能分类应为22类。

食品添加剂的使用安全性是人们最关心的话题，因此可将食品添加剂按其安全性进行划分，即以ADI值作为判断食品添加剂毒性大小的标准。食品添加剂法典委员会（CCFA）在FAO/WHO食品添加剂联合专家委员会（JECFA）讨论的基础上将其分为A、B、C三类，然后每类又细分为两类，具体如下：

（1）A类　指JECFA已经制定出ADI值和暂定ADI值的食品添加剂。

A（1）类：指经过JECFA评价，毒理学性质清楚，已经制定出ADI值或认为毒性有限，不需制定ADI值的。

A（2）类：指JECFA已经制定出暂定的ADI值，但毒理学资料不够完善，暂时许可用于食品的。

（2）B类　指JECFA曾经对其进行安全评价，但未建立ADI值者，或者未进行安全评价的食品添加剂。

B（1）类：指JECFA曾经对其进行安全评价，因毒理学资料不足，未建立ADI值的。

B（2）类：指JECFA未进行安全评价的。

（3）C类　指JECFA根据毒理学资料认为在食品中使用不安全，或应严格限制在某些食品中作特殊用途的食品添加剂。

C（1）类：指JECFA根据毒理学资料认为在食品中使用不安全的。

C（2）类：指JECFA认为应严格限制在某些食品中做特殊使用的。

需要说明的是，由于毒理学、分析技术以及食品安全性评价的不断发展，某些原来经JECFA评价认为是安全的品种，经过再次评价后，可能被认为是不安全的。因此，对于食品添加剂的安全性问题应及时注意新的发展和变化。

（三）食品添加剂的使用要求

尽管食品添加剂在用于食品之前，已进行了多次安全性测试，但毕竟不是食品的基本成分，因此，食品添加剂的安全性问题仍然是人们关注的焦点。事实证明，有些食品添加剂能引起急性和慢性中毒，具有致癌性、致突变性和致畸性等，威胁着人类健康。有些食品添加剂虽然添加的剂量甚微，但是它们有可能在体内产生蓄积毒性，或者当与食品中的其他成分及不同添加剂之间相互作用时，可能会产生意想不到的有毒物质。为了保证消费者的健康，食品添加剂必须在安全性监督管理下，在允许的范围内按要求使用，避免滥用。

为了确保将食品添加剂正确使用到食品中，一般来说，应遵循以下原则：

（1）各种食品添加剂都必须经过一定的毒理学安全性评价，在其使用限量内长期使用对人体安全无害。

（2）生产、经营和使用食品添加剂应符合我国卫生部颁发的使用卫生标准、卫生管理办法和质量规格标准。

（3）鉴于有些食品添加剂具有一定的毒性，应尽可能不用或少用，必需使用时应严格控制使用范围及使用量。

（4）不影响食品自身的感官性状和理化指标，对营养成分无破坏作用。

（5）不得以掩盖食品腐败变质或伪造、掺假为目的而使用食品添加剂，不得销售和使用污染或变质的食品添加剂，使用食品添加剂不得有夸大或虚伪的宣传内容。

（6）食品添加剂在达到一定使用目的后，经加工、烹调或贮存时，它能被破坏或允许有少量残留。

（7）专供婴儿的主辅食品，除按规定可以加入食品营养强化剂外，不得加入人工甜味剂、色素、香精、谷氨酸钠等不适宜的食品添加剂。

（8）复合食品添加剂中的各单项物质必须符合食品添加剂的各有关规定。

（9）应注意食品添加剂的使用方法，在加工过程中若使用不当，可能会产生一些不良的变化。

二、常用食品添加剂的种类及安全性

（一）防腐剂

防腐剂是对微生物具有杀灭、抑制或阻止其生长作用以延长食品保存期的食品添加剂。目前，我国允许使用的防腐剂主要有苯甲酸及其钠盐、山梨酸及其钾盐、丙酸及其盐类、对羟基苯甲酸酯类及乳酸链球菌素等。

1. 苯甲酸及苯甲酸钠

苯甲酸又名安息香酸，分子式为 $C_7H_6O_2$。在低 pH 的环境中，苯甲酸对广范围的微生物有效，唯对产酸菌作用弱。由于苯甲酸在常温下难溶于水，使用不便，因此实际生产中大多使用其钠盐。

对于苯甲酸的毒性，动物试验结果表明，苯甲酸对动物的生长、食物吸收、寿命、生殖能力等均无不良影响。用 ^{14}C 示踪证明，苯甲酸在人体内不产生蓄积，大多数在 9～15h 内与甘氨酸结合成马尿酸（苯甲酰甘氨酸）通过尿排出体外。少量的苯甲酸能与葡萄糖醛酸结合成葡萄糖苷酸，也由尿排出体外。在人体临床试验中，未见中毒现象。因此，作为食品添加剂，苯甲酸是安全的。但也有报道苯甲酸可能会引起中毒。所以各国虽允许使用，但应用范围却很窄。FAO/WHO 建议其 ADI 值为 0～5mg/kg 体重（苯甲酸和苯甲酸钠的总量以苯甲酸计）。

2. 山梨酸及山梨酸钾

山梨酸为 2，4－己二烯酸，亦称花楸酸，分子式 $C_6H_8O_2$。山梨酸在酸性介质中对霉菌、酵母和好气性细菌的生长有良好的抑制作用，随着 pH 增大防腐效果减小，pH 为 8 时丧失其防腐作用。因为山梨酸难溶于水，故食品中常用其钾盐。

山梨酸是一种不饱和脂肪酸，可参加体内正常代谢，最后分解为 CO_2 和 H_2O，几乎对人体无害，是目前国际上公认的较好的防腐剂。FAO/WHO 建议山梨酸 ADI 值为 0～25mg/kg 体重（山梨酸和山梨酸钾的总量以山梨酸计）。

3. 丙酸及其盐类

丙酸及其盐类（丙酸钠、丙酸钙等）主要用于面包、糕点类食品，对 pH 较高的面包制品有较好的防霉作用，对能引起面包发黏的需氧性芽孢杆菌有抑制作用，但对酵母无效，故不会影响酵母的正常发酵。丙酸可认为是食品的正常成分，也是人体正常代谢的中间产物，因此安全无毒，对其 ADI 值也无需规定。

4. 对羟基苯甲酸酯类

对羟基苯甲酸酯类又称尼泊金酯，为对羟基苯甲酸与低碳醇（甲醇、乙醇、丙醇、丁醇及异丁醇等）所生成的酯类，它们对食品均有防止腐败的作用，其中以对羟基苯甲酸丁酯的防腐效果最好。但目前我国仅限用对羟基苯甲酸乙酯和对羟基苯甲酸丙酯。

对羟基苯甲酸酯类对霉菌、酵母有较强的抑制作用，且抑制作用不受 pH 的影响，但对细菌，特别是革兰氏阴性杆菌和乳酸菌的抑制作用较弱。对羟基苯甲酸酯类水溶性差，但乙酯和丙酯复配使用可提高溶解度，并有协同增效作用。

对羟基苯甲酸酯类在胃肠道中能被迅速吸收，并水解成对羟基苯甲酸，代谢途径与苯甲酸基本相同，不在体内蓄积，故毒性较低。FAO/WHO 建议其 ADI 值为 0～10mg/kg 体重。

5. 乳酸链球菌素

乳酸链球菌素是由乳酸链球菌代谢产生的一种多肽类抗生素类物质，由 34 个氨基酸组成。乳酸链球菌素对肉毒杆菌等厌氧芽孢杆菌及嗜热脂肪芽孢杆菌有很强的抑制作用，但对霉菌和酵母一般无抑制作用。目前，乳酸链球菌素在食品工业中的应用已十分广泛，主要用于乳制品、罐头制品（特别是肉类罐头）和植物蛋白制品等。

由于乳酸链球菌素是一种多肽，能被人体消化道当中的蛋白酶水解，同时，乳酸链球菌素不会影响肠道正常菌群，不会产生抗药性，也不会与其他抗生素产生交叉抗性，因此是一种安全的防腐剂。FAO/WHO 建议其 ADI 值为 0～33 000IU/kg 体重。

（二）抗氧化剂

抗氧化剂是指能阻止或延缓食品成分氧化的食品添加剂，主要用于防止油脂及富含油脂食品的氧化酸败，也可用于果蔬制品的护色和保鲜。常用的抗氧化剂有丁基羟基茴香醚（BHA）、二丁基羟基甲苯（BHT）、没食子酸丙酯（PG）、叔丁基对苯二酚（TBHQ）和异抗坏血酸及其钠盐等。

1. BHA

BHA 为脂溶性抗氧化剂，对热稳定，且对动物性脂肪的抗氧化作用较之对不饱和植物油更有效，因此常用于使用动物性脂肪的焙烤制品。同时，BHA 对微生物有一定的抑制作用，在一定的浓度范围内能抑制蜡样芽孢杆菌、鼠伤寒沙门氏菌、金黄色葡萄球菌、枯草杆菌和某些霉菌的生长。

多年来，国内外的研究报道认为 BHA 是一种比较安全的抗氧化剂，但有人对 BHA 的安全性提出了质疑。1982 年，日本的研究者在动物实验中发现，BHA 对大白鼠有一定的致癌性。1986 年 FAO/WHO 也曾报告 BHA 对大鼠前胃的致癌作用取决于剂量，而对狗无致癌作用，对猪和狗可引起食道增生。1989 年，FAO/WHO 对其再次进行评价，认为只有在大剂量（20g/kg 体重）时才可能引起大鼠前胃癌，在小剂量（10g/kg 体重）下未见有胃黏膜增生现象。考虑到对狗无有害作用，人类无前胃靶组织，故于 1996 年正式制定其 ADI 值为 0～0.5mg/kg体重。

2. BHT

BHT 性质与 BHA 类似，为脂溶性抗氧化剂，对热稳定，没有 BHA 的异臭，与金属离子反应无色泽变化，而且价格便宜，因此被大多数国家广泛采用。

用含量分别为 0.2%、0.5%、0.8% 的饲料喂饲大白鼠两年，与对照组相比没有发现异常现象。美国国家癌症研究所用含 BHT 的饲料喂养大、小白鼠，结果证明无致癌性。因此，BHT 的安全性还是能够信赖的。1996 年 FAO/WHO 重新制定其 ADI 值为 0～0.3mg/kg 体重。

3. PG

PG 又称五倍子酸丙酯，常温下在水和油脂中的溶解度均较低，加热能促进其溶解。对热稳定，但遇金属离子易着色。对光敏感，易发生分解。PG 对油脂的抗氧化能力很强，尤其是和柠檬酸及其他抗氧化剂复配使用，效果尤佳。

用含 5% 和 1% PG 的饲料喂饲大鼠两年，均未呈现毒性反应。PG 进入人体后可被水解，大部分转变为 4－*O*－甲基没食子酸，内聚成葡萄糖醛酸后经尿液排出体外，在人体内无蓄积，毒性较小。FAO/WHO 规定其 ADI 值为 0～1.4mg/kg 体重。

4. TBHQ

TBHQ 是一种较新的酚类抗氧化剂，水溶性差而油溶性良好，对热较稳定，遇金属离子无变色反应。TBHQ 对大多数油脂尤其是对植物油来说，较之其他抗氧化剂更为有效。另外，TBHQ 也有一定的抗菌作用，对细菌、酵母和霉菌均有抑制作用，且氯化钠对其抗菌有增效作用。FAO/WHO 规定其 ADI 值为 0～0.2mg/kg 体重。

5. 异抗坏血酸及其钠盐

异抗坏血酸及其钠盐为 L－抗坏血酸的异构体，是一种水溶性抗氧化剂，其抗氧化作用较 L－抗坏血酸为佳，且价格便宜，但耐热性较差，且不具有抗坏血病的功能。

用含 1% 异抗坏血酸的饲料喂养大鼠 6 个月，未见生长异常，再继续喂养 2 年，在体重、死亡率、组织病理学方面均未发现异常。但有人提出它可能在人体内与抗坏血酸有竞争作用，影响抗坏血酸的吸收。FAO/WHO 规定其 ADI 值为 0～5mg/kg 体重。

（三）甜味剂

甜味剂是指赋予食品甜味的食品添加剂，也是世界各地使用最多的一类添加剂。甜味剂按其来源可分为天然甜味剂和人工合成甜味剂两大类。

天然甜味剂包括糖类、糖醇类及非糖醇类。糖类主要指蔗糖、果糖、葡萄糖，因其具有较高的营养价值，属于食品原料，故不作为食品添加剂来限制使用。糖醇类主要有木糖醇、山梨糖醇、麦芽糖醇、赤藓糖醇等，其特点是不会引起血糖值升高，不产酸，因此常用作糖尿病、肥胖患者的甜味剂，并具有防龋齿作用。糖醇类物质的摄入一般不会干扰机体正常的代谢，对人体基本无害，其 ADI 值均无特殊规定，但大量食用时可导致腹泻。非糖醇类天然甜味剂主要有甜叶菊苷和甘草等。对于甜叶菊苷，国外曾进行过较多的毒性实验，均未显示出毒性作用。甘草、甘草甜素及其衍生物为天然甜味剂，食用安全，可按生产需要适量食用。

人工合成的甜味剂主要是一些具有甜味的化学物质，特点为甜度较高，但无任何营养价值，近年来还陆续发现其对人体具有潜在的危害性。我国允许使用的人工合成甜味剂主要有糖精及其钠盐、环己基氨基磺酸钠（甜蜜素）、阿斯巴甜（甜味素）和乙酰磺胺酸钾（安赛蜜）。

1. 糖精及糖精钠

糖精是世界各国广泛使用的一种人工合成甜味剂，甜度很高，为蔗糖的 300 ~ 500 倍。因其水溶性差，故通常使用其钠盐。自 1879 年发现糖精钠，1884 年正式投产后 100 多年来，其安全问题一直是个争论中的问题。一般认为，糖精钠在体内不能被分解，大部分从尿中排出，全世界曾广泛使用数十年，尚未发现对人体有毒害作用。对于其致癌性长期以来一直也存在争议，但其长期的食用历史已证明它与癌症之间没有必然的联系。有关专家评论认为“从实用观点出发可以认为糖精不是致癌物”。1997 年，FAO/WHO 将其 ADI 值规定为 0 ~ 5mg/kg 体重。

2. 甜蜜素

甜蜜素自 1950 年开始应用到 1969 年曾怀疑为致癌物而被禁止使用。但随后很多试验表明其无致癌性，目前已有 40 多个国家承认它是安全的。美国 FDA 经长期试验于 1984 年宣布其无致癌性，但美国国家科学委员会和国家科学院仍认为其有促癌作用和可能的致癌作用，因而美国至今仍禁用。1994 年 FAO/WHO 规定其 ADI 值为 0 ~ 11mg/kg 体重。

3. 阿斯巴甜

阿斯巴甜化学名称为天冬酰苯丙氨酸甲酯，进入体内后很快分解为相应的氨基酸和甲醇，经正常途径代谢后排出体外。1991 年 FAO/WHO 评价其经 2 年以上试验结果证明是安全可靠的。但患有苯丙酮酸尿症者不能使用，必需在使用食品的标签上标明苯丙氨酸的含量。1994 年 FAO/WHO 规定其 ADI 值为 0 ~ 40mg/kg 体重。

4. 安赛蜜

安赛蜜又称 AK 糖，1967 年研制成功，1970 年开始做各种动物毒性试验。经过多年的安全实验和检查，WHO、美国 FDA 及欧共体等权威机构得出结论：“安赛蜜对人体和动物安全、无害”。目前，全球已有 90 多个国家正式批准在食品中应用。1994 年 FAO/WHO 规定其 ADI 值为 0 ~ 15mg/kg 体重。

（四）酸度调节剂

酸度调节剂是以赋予食品酸味为主要目的的食品添加剂，此外，也具有一定的防腐、抗氧化、促进发色等作用。常用的酸度调节剂主要是一些有机酸，包括柠檬酸、乳酸、酒石酸、苹果酸等。因为这些有机酸大多数都存在于各种天然食品中，进入体内后也均能参加体内代谢，因此安全无毒，ADI 无限定，可根据生产需要适量使用，但要注意其纯度。

无机酸使用较多的是磷酸，主要用于可乐型饮料，是构成可乐风味不可缺少的风味促进剂。磷酸毒性较小，ADI 值为 0 ~ 7mg/kg 体重（以磷计），但由于磷摄入过多会影响钙的吸收，因此不宜食用过多，尤其是儿童。

（五）增味剂

增味剂为能赋予食品鲜味、增强食品风味的食品添加剂，是除食盐以外人类消费量最大的一类调味料。按其化学性质的不同，增味剂可分为两大类，即氨基酸系列和核苷酸系列。

L - 谷氨酸钠，又称味精，是应用最多的一类氨基酸系列鲜味剂。1987 年以前世界各国对味精的使用一度引起风波。因为烹饪时过量使用味精，会引起所谓的“中国餐馆症”，表现为短时的头痛、心跳加速、恶心等症状，甚至有人报道对人类生殖系统也有不良影响。但后来证明，在正常的范围内使用，并不会导致上述不良影响的出现。1987 年 FAO/WHO 的食品添加剂联合专家委员在第19次会议上结束了对谷氨酸钠安全性的讨论，肯定了其安全性。我国也于1989年将味精列入GB2760使用名单，并规定可按生产需要适量使用于各类食品中。

核苷酸系列增味剂主要有5′-鸟苷酸二钠、5′-肌苷酸二钠、5′-呈味核苷酸二钠、琥珀酸二钠。核苷酸广泛存在于各种食品中，除本身具有鲜味外，还有增强风味的作用，特别是对肉类特有的风味有显著影响。

目前，我国允许琥珀酸二钠用于调味料，最大使用量为20g/kg，其他几种均无需制定ADI值。

（六）着色剂

着色剂又称食用色素，是以食品着色为目的的食品添加剂，按其来源不同可分为天然和合成色素两大类。天然色素主要是从天然植物组织中提取，也可来自于动物或微生物，色泽自然、种类繁多，有的含有一定的营养价值和药用价值，除个别品种（如藤黄）具有毒性外，一般均具有一定的安全性。食用合成色素是采用人工合成的方法制得的有机色素，具有色泽鲜艳、稳定、价格低廉等特点，但其本身及其代谢物对人体有一定的毒害，包括一般毒性、致泻作用和致癌作用。此外产品中可能还混杂着某些染料中间体或产生有毒副产物，如苯酚、苯胺等对人体也会造成一定的毒害。

鉴于合成色素的致癌性，FAO/WHO的食品添加剂联合专家委员会（JECFA）根据各国送来的安全性数据进行评议，并对目前允许使用的合成色素均进行了严格的毒性试验，分别制订了其ADI值（表7-2）。

表7-2　食用合成色素的ADI值（FAO/WHO，1994）　单位：mg/kg体重

名称	ADI	名称	ADI
苋菜红及其铝色淀	0~0.5	日落黄及其铝色淀	0~2.5
胭脂红及其铝色淀	0~4	亮蓝及其铝色淀	0~12.5
赤藓红及其铝色淀	0~0.1	靛蓝及其铝色淀	0~5
新红及其铝色淀	0~0.1	叶绿素铜钠盐	0~15
诱惑红及其铝色淀	0~7	β-胡萝卜素（合成）	0~5
柠檬黄及其铝色淀	0~7.5	二氧化钛	无需规定

注：色淀为水溶性色素沉淀在许可使用的不溶性基质（通常为氧化铝）上所制得的特殊着色剂。

（七）护色剂

护色剂又称发色剂，是肉制品加工中为改善肉制品的颜色而加入的食品添加剂，主要是硝酸盐和亚硝酸盐。除发色外，硝酸盐和亚硝酸盐也有一定的防腐作用，特别是对肉毒梭状芽孢杆菌的繁殖和产毒有明显的抑制作用。

硝酸盐和亚硝酸盐是允许使用的食品添加剂，在安全范围内使用不会对人体产生危害。但由于硝酸盐能被还原成亚硝酸盐，而亚硝酸盐为强氧化剂，高剂量摄入可使血液中的亚铁血红蛋白氧化成高铁血红蛋白，从而失去携带和输送氧气的能力，导致组织缺氧，出现肠源性青紫症。另外，硝酸盐和亚硝酸盐也是强致癌物质亚硝胺的前体物质，因此，在工艺可行的前提下，应尽量减少其用量或采用替代品，以防止对人体的危害。鉴于硝酸盐和亚硝酸盐可能存在的致癌性，欧共体建议不得将其用于儿童食品。1994年FAO/WHO规定硝酸盐和亚硝酸盐的ADI值以钠盐计算分别为5mg/kg体重和0.2mg/kg体重。2002年JECFA根据动

物实验结果将亚硝酸盐的ADI值正式确定为0.07mg/kg体重。

在使用发色剂的同时，为了促进肉的发色，还常加入一些发色助剂，如L－抗坏血酸及其钠盐、烟酰胺等，这些物质的使用可以减少硝酸盐和亚硝酸盐的使用量，从而降低对人体的危害。

（八）食用香味料

为提高食品风味而添加的香味物质称为食用香味料，包括食用香料和食用香精。食用香料是指能赋予食品以香气或同时赋予特殊滋味的食品添加剂，按来源不同可分为天然香料、天然等同香料和人工合成香料3大类。天然香料大多是从植物中提取的，具有特殊增香作用且安全性高；天然等同香料是用化学方法合成或用化学方法从天然芳香原料中分离得到的物质。这些物质与人类消费的天然产品中存在的物质，在化学结构上是相同的。合成香料是采用化学合成方法得到的物质，其化学结构迄今在自然界尚未发现存在，因此其安全性引起人们极大关注。由于香料种类繁多，目前绝大多数在国际上还未进行卫生学评价，但在我国允许使用的香料均经过了一定的毒理学评价，并被认为在一定剂量下对人体无害，可按正常生产需要使用。

食用香精是指由芳香物质、溶剂或载体以及某些食品添加剂组成的具有一定香型和浓度的混合体，其中，芳香物质为香料。由于食用香精在食品中用量通常很小，一般来说只要规定用量范围内使用不会产生有害作用。

第八章　食品包装材料与食品安全性

随着人类社会的进步、国民经济的发展、人民生活水平的提高，食品包装越来越引起人们的重视。

第一节　食品包装的基本概念

一、食品包装的定义

包装是指为了在流通中保护产品、方便贮运、促进销售，按一定技术方法而采用的容器、材料和辅助材料的总称。食品包装是指采用适当的包装材料、容器和包装技术，把食品包裹起来，以使食品在运输和贮藏过程中保持其价值和原有形态。

二、食品包装的作用

食品包装的好坏直接影响到食品能否以完美的状态传达到消费者手中，其主要作用有①保护商品；②方便贮运；③促进销售；④提高商品价值。

三、食品包装的类别

1. 按包装材料和容器分类

（1）纸和纸板　主要有纸盒、纸箱、纸袋、纸罐、纸杯等。

（2）塑料　主要有聚乙烯、聚丙烯、聚氯乙烯、聚苯乙烯、聚偏二氯乙烯、丙烯腈共聚塑料、聚碳酸酯树脂、复合薄膜以及塑料薄膜袋、编织袋、周转箱、热收缩膜包装、软管等。

（3）金属　主要有镀锡钢板、镀铬钢板、铝等制成的金属罐、桶等。

（4）玻璃　主要有瓶、罐、坛、缸等。

（5）其他　主要有橡胶、搪瓷、陶瓷等。

2. 按在流通过程中的作用分类

（1）运输包装　运输包装又称大包装，具有很好的保护作用，方便运输和易于装卸，其外表面对运输注意事项应有明显的文字说明或图示，如“不可倒置”、“易燃”、“防雨”等。木箱、金属大桶、集装箱等一般都属运输包装。

（2）销售包装　销售包装又称小包装或商业包装，不仅具有保护作用，而且注重包装的促销和增值功能，如瓶、罐、盒、袋及其组合包装等。

3. 按包装结构形式分类

（1）贴体包装　贴体包装是将产品封合在用透明塑料片制成的、与产品形状相似的型材和盖材之间的一种包装形式。

（2）组合包装　组合包装是将同类或不同商品组合在一起进行适当包装，形成一个搬运或销售单元的包装形式。

（3）托盘包装　托盘包装是将产品或包装件放在托盘上，通过捆扎、裹包或粘结等方法固定而形成包装的一种包装形式。

此外，还有可携带包装、热收缩包装、可折叠式包装等。

4. 按销售对象分类

按销售对象可分为出口包装、内销包装、军用包装和民用包装等。

5. 按包装技术方法分类

按包装技术方法可分为真空包装、充气包装、防潮包装、防水包装、防伪包装、无菌包装等。

第二节　塑料包装材料及制品

塑料由于原料来源丰富、成本低廉、重量轻、运输方便、化学稳定性好、易于加工、装饰效果好以及良好的保护作用等特点而受到食品包装业的青睐，成为近年来世界上发展最快、用量最大的包装材料。塑料包装材料广泛用于食品的包装，大量取代了玻璃、金属和纸类等传统包装材料，使食品包装的面貌发生了巨大的改观。

一、塑料的组成、分类和性能

（一）塑料的组成

塑料是以一种高分子聚合物树脂为基本成分，再加入一些用来改善性能的各种添加剂制成的高分子材料。

1. 聚合物树脂

塑料中聚合物树脂占40%～100%，树脂的种类、性质以及在塑料中所占的比例大小对塑料性能起着主导作用。

2. 塑料常用添加剂

塑料添加剂的类别和品种繁多，主要有以下几种：

（1）增塑剂　这是一类可以增加塑料制品可塑性的添加剂。增塑剂主要有磷苯二甲酸酯类、磷酸酯类、己二酸二锌酯等。其中，磷苯二甲酸酯类应用最广，毒性较低；磷酸酯类增塑剂中的己二酸二锌酯耐低温性较好。

（2）稳定剂　它的作用是防止塑料制品在空气中长期受光的作用或长期在较高温度下降解的一类物质。稳定剂主要有硬脂酸锌盐、铅盐、钡盐、镉盐等，但铅盐、钡盐、镉盐对人体危害较大，食品包装材料一般不用这类稳定剂。锌盐稳定剂在许多国家都允许使用，其用量规定为1%～3%。

（3）填充剂　它的作用是弥补树脂某些性质不足，改善塑料的使用性能，如提高制品的耐热性、硬度等，同时可降低塑料成本。常用的充填剂主要有滑石粉、碳酸钙、陶土、石棉、硫酸钙等，其用量一般为20%～50%。

（4）着色剂　着色剂主要为染料及颜料，用于改变塑料等合成材料固有的颜色。它可使制品美观，提高商品价值。

（5）其他添加剂　润滑剂主要是一些高级脂肪酸、高级醇类或脂肪酸酯类；抗氧化剂一般为BHA（丁基羟基茴香醚）和BHT（二丁基羟基甲苯）；抗静电剂有烷基苯磺酸盐、α-烯烃磺酸盐等，毒性均较低。

（二）塑料的分类

通常按在加热、冷却时呈现的性质不同，把塑料分为热塑性塑料和热固性塑料两类。

1. 热塑性塑料

主要以加成聚合树脂为基料，加入少量添加剂而制成。其优点为：成型加工简单，包装性能良好，废料可回收再利用；缺点为：刚硬性低、耐热性不高。用于食品包装及容器的热塑性塑料主要有聚乙烯、聚丙烯、聚苯乙烯、聚氯乙烯等。

2. 热固性塑料

主要以酚醛树脂为基料，加入添加剂、固化剂及其他一些添加剂而构成。其优点是耐热性高、刚硬、不溶、不熔等；缺点为性脆、成型加工效率低，废弃物不能回收再利用。热固性塑料主要有脲醛塑料及醛酚塑料等。

（三）塑料包装材料的性能

1. 物理性能优良

塑料具有一定的强度和弹性，耐折、耐磨、抗振，并且具有一定阻隔性。

2. 化学稳定性好

塑料大多耐酸、耐碱等。

3. 质量轻

方便运输、销售等。

4. 易加工成型

塑料容易加工成各种形状，可将塑料加工成薄膜、片材、中空容器、复合材料等包装制品。

5. 美观

塑料可进行印刷装潢，应用透明的塑料包装，可增加商品的美观效果。

二、塑料中有害物质的来源

塑料包装体现了现代食品包装形式丰富多样、流通使用方便的发展趋势，成为食品销售包装最主要的包装材料。但塑料包装用于食品也存在着一些安全性问题。

（1）树脂本身有一定的毒性；

（2）树脂中残留有毒单体、裂解物及老化产生的有毒物质；

（3）塑料包装容器表面有微尘杂质及微生物污染；

（4）塑料制品在制作过程中添加的稳定剂、增塑剂、着色剂等可带来危害。

（5）塑料回收料再利用时附着的一些污染物和添加的色素可造成食品的污染。

塑料以及合成树脂都是由很多小分子单体聚合而成，小分子单体的分子数越多，聚合度越高，塑料的性质越稳定，当与食品接触时，向食品中迁移的可能性就越小。用到塑料中的低分子物质或添加剂很多，如防腐剂、抗氧化剂、杀虫剂、热稳定剂、增塑剂、着色剂、润滑剂等，它们易从塑料中迁移，应事先采取措施加以控制。

三、塑料包装材料对食品安全的影响

1. 聚乙烯（PE）

聚乙烯是由乙烯单体聚合而成的化合物。聚乙烯包装的优点为：对水蒸气的透湿率低，有一定的拉伸强度和撕裂强度，柔韧性好，耐低温，化学性能稳定，热封性好，易成型加工等。其缺点为：对氧气、二氧化碳的透气率高，不耐高温，印刷性能和透明度较差。

采用不同工艺方法聚合而成的聚乙烯因其相对分子质量大小及分布不同，分子结构和聚集状态不同，形成不同的聚乙烯品种，一般分为低密度聚乙烯（LDPE）和高密度聚乙烯（HDPE）两种。低密度聚乙烯主要用于制造食品塑料袋、保鲜膜等；高密度聚乙烯主要用于制造食品塑料容器、管等。

聚乙烯塑料本身是一种无毒材料，它属于聚烯烃类长直链烷烃树脂。聚乙烯塑料的污染物主要包括聚乙烯中的单体乙烯、添加剂残留以及回收制品污染物。其中乙烯有低毒，但由于沸点低、极易挥发，在塑料包装材料中残留量很低，加入的添加剂量又非常少，基本上不存在残留问题，因此，一般认为聚乙烯塑料是安全的包装材料。但低相对分子质量聚乙烯溶于油脂使油脂具有蜡味，从而影响产品质量。聚乙烯塑料回收再生制品存在较大的不安全性，由于回收渠道复杂，回收容器上常残留有害物质，难以保证清洗处理完全，从而造成对食品的污染。有时为了掩盖回收品质量缺陷往往添加大量涂料，导致涂料色素残留污染食品。因此，一般规定聚乙烯回收再生品不能用于制作食品的包装容器。

2. 聚丙烯(PP)

聚丙烯是由丙烯聚合而成的一类高分子化合物，其力学性能优于聚乙烯。聚丙烯的优点：其透明度高，光泽度好，具有良好的机械性能和拉伸强度，硬度及韧性均高于聚乙烯。耐油脂，耐高温。聚丙烯的阻隔性能优于聚乙烯，其化学稳定性好，易加工成型。其缺点为：耐低温比聚乙烯差，热封性比较差。

聚丙烯主要用于制作食品塑料袋、薄膜、保鲜盒等。聚丙烯加工中使用的添加剂与聚乙烯塑料相似，一般认为聚丙烯是安全的，其安全性高于聚乙烯塑料。聚丙烯的安全性问题主要是针对回收再利用品，与聚乙烯相类似。

3. 聚氯乙烯(PVC)

聚氯乙烯是由氯乙烯聚合而成的。聚氯乙烯塑料是由聚氯乙烯树脂为主要原料，再加以增塑剂、稳定剂等加工制成。聚氯乙烯树脂本身是一种无毒聚合物，但其原料单体氯乙烯具有麻醉作用，可引起人体四肢血管的收缩而产生痛感，同时还具有致癌和致畸作用。它在肝脏中可形成氧化氯乙烯，具有强烈的烷化作用，可与 DNA 结合产生肿瘤。因此，聚氯乙烯塑料的安全性问题主要是残留的氯乙烯单体、降解产物以及添加剂的溶出造成的食品污染。单体氯乙烯对人体的安全限量要求小于 1mg/ kg 体重。我国国产聚氯乙烯树脂单体氯乙烯残留量可控制在 3mg/kg 以下，成品包装材料已控制在 1mg/kg 以下。

聚氯乙烯塑料有软质和硬质之分，软质聚氯乙烯塑料中增塑剂含量较大，用于食品包装安全性差，通常不用于直接的食品包装，常用于生鲜水果和蔬菜包装。硬质聚氯乙烯塑料不含或含极少增塑剂，它们安全性好，可用于食品的包装。

4. 聚苯乙烯(PS)

聚苯乙烯由苯乙烯单体聚合而成。聚苯乙烯本身无毒、无味、无臭、不易生长霉菌，可制成收缩膜、食品盒等。其安全性问题主要是单体苯乙烯及甲苯、乙苯和异丙苯等。残留量对大鼠经口的 LD_{50}（半致死量）：苯乙烯单体为 5.0g/kg，乙苯为 3.5g/ kg，甲苯为 7.0g/ kg。苯乙烯单体还能抑制大鼠生育，使其肝、肾重量减轻。残留于食品包装材料中的苯乙烯单体对人体最大无作用剂量为 133mg/ kg，塑料包装制品中单体残留量应限制在 1% 以下。

5. 聚偏二氯乙烯(PVDC)

聚偏二氯乙烯是由偏氯乙烯单体聚合而成的高分子化合物。纯的聚偏二氯乙烯很脆、很硬，不适合作包装材料，但与氯乙烯单体共聚，并加入增塑剂和稳定剂后，可制得化学性质稳定、透明性良好的薄膜。

聚偏二氯乙烯薄膜主要用于制造火腿肠等灌肠类食品的肠衣。聚偏二氯乙烯中可能有氯乙烯和偏氯乙烯残留，它属中等毒性物质。按 GB15204—1994 规定，氯乙烯和偏氯乙烯残留量应分别低于 2mg/kg 和 10mg/kg。

6. 聚碳酸酯(PC)

聚碳酸酯(简称 PC)是分子链中含有碳酸酯基的一类高分子聚合物，而酯基的结构可分为脂肪族、芳香族、脂肪族 - 芳香族等多种类型。此前芳香族聚碳酸酯是允许使用在食品包装材料中的，生产过程中需添加双酚 A 用于产品防碎，而研究表明双酚 A 能导致内分泌失调，会威胁幼儿的健康，甚至透发癌症和导致肥胖等。我国卫生部发布公告称，2011 年 9 月 1 日起禁止进口和销售聚碳酸酯婴幼儿奶瓶和其他含双酚 A 的婴幼儿奶瓶，已经上市的，由生产企业或进口商负责召回。

7. 聚酯(PET)

聚酯是对聚对苯二甲酸乙二醇酯的简称，俗称涤纶。聚酯具有良好的阻气、阻湿、阻油和保香性能，化学稳定性良好。其刚硬而有韧性，抗拉强度是聚乙烯的 5 ~ 10 倍，是聚酰胺的 3 倍，还具有良好的耐磨和耐折叠性。

聚酯安全性好，大量用于饮料包装。

8. 复合薄膜

复合薄膜是指由两层或两层以上的不同品种可挠性材料，通过一定技术组合而成，所用复合基材有塑料薄膜、铝箔、纸和玻璃纸等。

复合薄膜是塑料包装发展的方向，它具有以下特点：可以高温杀菌，食品保存期长；密封性能良好，适用于各类食品的包装；防氧气、水、光线的透过，能保持食品的色、香、味；如采用铝箔层，则增加印刷效果。然而，复合薄膜所采用的塑料等材料应符合卫生要求，并根据食品的性质及加工工艺选择合适的材料。复合薄膜的突出问题是粘合剂。目前采用的粘合方式有两种，一是采用改性聚丙烯直接复合，它不存在食品安全问题；另一种是采用粘合剂粘合，多数厂家采用聚氨酯型粘合剂，但这种粘合剂中含有甲苯二异氰酸酯(TDI)，用这种复合薄膜袋装食品经蒸煮后，就会使 TDI 迁移至食品中并水解产生具有致癌性的 2，4 - 二氨基甲苯 (TDA)。

第三节　橡胶、搪瓷和陶瓷包装材料及制品

一、橡胶包装材料及制品

橡胶制品常用作奶嘴、瓶盖、高压锅垫圈及输送食品原料、辅料、水的管道等。橡胶可分为天然橡胶与合成橡胶两大类，天然橡胶是以异戊二烯为主要成分的天然长链高分子化合物，本身既不分解也不被人体吸收，一般认为对人体无害，但由于加工的需要，加入的多种助剂，如促进剂、防老剂、填充剂等，给食品带来了不安全的问题。合成橡胶是由单体聚合而成的高分子化合物，影响食品安全性的问题主要是单体和添加剂的残留。

橡胶中许多成分具有毒性，这些成分包括硫化促进剂、抗氧化剂和增塑剂等。橡胶制品在使用时，这些单体和助剂有可能迁移至食品，对人体产生不良影响。橡胶加工时使用的无

机促进剂用量较少，因而较安全。有机促进剂如甲醛类的乌洛托品能产生甲醛，对肝脏有毒性；秋兰母类、胍类、噻唑类、次氯酰胺类对人体也有危害。

二、搪瓷和陶瓷包装材料及制品

搪瓷器是将瓷釉涂覆在金属坯胎上，经过焙烧而制成的产品，搪瓷的配方复杂。陶瓷器是将瓷釉涂覆在由黏土、长石和石英等混合物烧结成的坯胎上，再经焙烧而成的产品。搪瓷的烧结温度为800～900℃；陶瓷的烧结温度为1000～1500℃。

搪瓷、陶瓷容器的主要危害来源于制作过程中在坯体上涂的彩釉、瓷釉、陶釉等。釉料主要是由铅、锌、镉、锑、钡、钛、铜、铬、镉、钴等多种金属氧化物及其盐类组成，它们多为有害物质。当使用搪瓷容器或陶瓷容器盛装酸性食品（如醋、果汁）和酒时，这些物质容易溶出而迁入食品，甚至引起中毒。陶瓷器卫生标准是以4%乙酸浸泡后铅、镉的溶出量为标准，标准规定，镉的溶出量应小于0.5mg/L。搪瓷器卫生标准是以铅、镉、锑的溶出量为控制要求，标准规定铅小于1.0mg/L，镉小于0.5mg/L，锑小于0.7mg/L。

第四节 金属包装材料及制品

金属用作包装材料有较长的历史，马口铁用于食品包装已有近200年的历史，其他金属包装材料用于食品包装也有100多年的历史。

金属包装主要是以铁、铝为原材料，将其加工成各种形式的容器来包装食品。由于金属包装材料及容器具有包装性能和包装效果优良、包装材料和包装容器的生产效率高、包装食品流通贮藏性能好等特点，其在食品包装材料中占有非常重要的作用，成为食品包装最重要的四大材料之一。

一、金属的包装性能

金属包装与其他包装相比，有许多显著的性能和特点。其优良性能主要表现在以下几个方面。

1. 具有优良的阻隔性能。

不仅可以阻隔气体，还可阻光，特别是阻隔紫外光，它还具有良好的保藏性能。这一特点使食品具有较长的货架寿命。

2. 具有优良的机械性能。

主要表现为耐高温、耐湿、耐压、耐虫害、耐有害物质的侵蚀。这一特点使得用金属容器包装的商品便于运输与贮存，使商品的销售半径大为增加。

3. 方便性好。

金属包装容器不易破损，携带方便，易开盖，增加了消费者使用的方便性。

4. 表面装饰性好。

金属具有表面光泽，可以通过表面印刷、装饰提供理想的美观商品形象，以吸引消费者，促进销售。

5. 废弃物容易处理。

金属容器一般可以回炉再生，循环使用，既能回收资源、节约能源，又可减少环境污染。

6. 具有良好的加工适用性

金属材料具有良好的耐高低温性、导热性、耐热冲击性，可以适应食品冷、热加工、高温杀菌以及杀菌后的快速冷却等加工需要。

金属包装材料虽然具有许多优良特性，但也有不足之处。主要缺点为：①化学稳定性差。主要表现为耐酸碱的能力差，金属包装高酸性内容物时容易腐蚀，金属离子易析出而影响食品风味，这在一定程度上限制了它的适用范围，但现在应用一些涂料，使这个缺点得以弥补。②重量较大，价格较贵。金属材料与纸和塑料相比，其重量较大，加工成本较高，但随着生产技术的进步和大规模生产而得以改善。

二、金属包装材料对食品安全的影响

1. 铁质包装材料

铁质制作的容器在食品中的应用较广，如烘盘及食品机械中的部件。铁质容器的安全性问题主要有下面两个方面：

（1）白铁皮（俗称铅皮）镀有锌层，接触食品后，锌会迁移至食品，国内曾有报道用镀锌铁皮容器盛装的饮料引起食品中毒的事件。在食品工业中应用的大部分是黑铁皮。

（2）铁质工具不宜长期接触食品。

2. 铝制包装材料

作为金属包装材料中应用最广泛的一种材料，铝制包装材料有许多优点：表面性能优异，光泽效果好；热传导率高，适合于热加工食品包装和冷冻食品包装；质量轻；易成型；阻隔性好；可循环利用。其缺点为：强度较低，不耐腐蚀，焊接性差等。

铝制包装材料主要分为熟铝、生铝、合金铝三类。过量摄入铝元素对人体的神经细胞带来危害，如炒菜普遍使用的生铝铲会将铝屑过多地通过食物带入人体。因此，在铝制食具的使用上应注意，最好不要将剩菜、剩饭放在铝锅、铝饭盒内过夜，更不能存放酸性食物。因为，铝的抗腐蚀性很差，酸、碱、盐均能与铝发生化学反应，析出或生成有害物质。应避免使用生铝制作饮具。在食品中应用的铝材（包括铝箔）应该采用精铝，不应采用废旧回收铝作原料，这主要因为回收铝来源复杂，常混有铅、镉等有害金属及其他有毒物质。

铝的毒性表现为对脑、肝、骨、造血和细胞的毒性。研究表明透析性脑痴呆与铝有关，长期输入含铝营养液的病人易发生胆汁淤积性肝病。铝中毒时常见的是小细胞低色素贫血。我国规定在食品包装材料和容器中精铝制品和回收铝制品的铅溶出量应分别低于0.2mg/L和5mg/L，锌、砷、镉溶出量应分别控制在1mg/L、0.04mg/L、0.02mg/L以下。

3. 不锈钢包装材料

不锈钢包装材料以它精美、华丽、耐热、耐用等优点，日益受到人们的青睐。不锈钢的基本金属是铁，由于加入了大量的镍元素，能使金属铁及其表面形成致密的抗氧化膜，提高其电极电位，使之在大气和其他介质中不易被锈蚀。但在受高温作用时，镍会使容器表面呈现黑色。使用不锈钢应注意，不能与乙醇（酒精）接触，以防镉、镍游离。不锈钢食具盛装料酒或烹调使用料酒时，料酒中的乙醇可将不锈钢涂层中的镍溶解，容易导致人体慢性中毒。

由于食品与金属制品直接接触会造成金属溶出，因此对某些金属溶出物都有控制指标。我国罐头食品中的铅溶出量不超过1mg/kg，锡溶出量不超过200mg/kg，砷溶出量不超过0.5mg/kg。对铝制品容器的卫生标准规定为在4%乙酸浸泡液中，锌溶出量≤1mg/L，铅溶出量≤0.2mg/L，镉溶出量≤0.02mg/L，砷溶出量≤0.04mg/L。

第五节　玻璃包装材料及制品

玻璃发明于3000年前的埃及，用作包装材料的历史悠久。玻璃是由硅酸盐、碱性成分（纯碱、石灰石、硼砂等）、金属氧化物等为原料，在1000~1500℃高温下熔化而成的固体物质。玻璃的种类很多，根据所用的原材料和化学成分不同，可分为氧化铝硅酸盐玻璃、铅晶体玻璃、钠钙玻璃、硼硅酸玻璃等。

一、玻璃的包装性能

玻璃包装材料具有以下优点：

（1）无毒无味，化学稳定性好，卫生清洁，与包装食品无任何不良反应；

（2）温度耐受性好，可高温杀菌，也可低温贮藏；

（3）光亮，透明，美观，内装物清晰可见，特别适合透明销售包装；

（4）原材料来源丰富，价格便宜，成本低；

（5）成型性好，加工方便，可制作各种形状，以适应市场需要；

（6）可回收及重复使用，对环境污染少；

（7）刚性好，不易变形；

（8）阻隔性能好，不透气，能提供良好的保质条件，对食品的风味、香气保持良好。

玻璃包装材料也有不足之处，其主要缺点为：①重量大，运输费用高；②脆性大，易破碎；③加工耗能大；④印刷性能差。

二、玻璃包装材料对食品安全的影响

玻璃的着色需要用金属盐，如蓝色需要用氧化钴，茶色需要用石墨，竹青色、淡白色及深绿色需要用氧化铜和重铬酸钾等。玻璃的安全性问题主要是从玻璃中溶出的迁移物，如在高脚酒杯中往往添加铅化合物，加入量一般高达玻璃的30%，这有可能迁移到酒或饮料中，对人体造成危害。此外，在玻璃制品的原料中，二氧化硅的毒性虽然很小，但应注意二氧化硅原料的纯度。

第六节　纸质包装材料及制品

纸是一种古老的包装材料，自从公元105年中国发明了造纸术后，纸不仅带来了文化的普及和繁荣，也促进了科学技术的发展。

纸或纸基材料构成的包装材料，因其成本低、易获得、易回收等优点，在现代化的包装工业体系中占有非常重要的地位。从发展的趋势来看，纸及其制品作为食品的包装材料的用量越来越大。

纸及其制品包装材料在一些发达国家占整个包装材料总量的40%~50%，在我国约占40%。常用的食品包装用纸有牛皮纸、羊皮纸和防潮纸等。牛皮纸主要用于外包装；羊皮纸可用于奶油、糖果、茶叶等食品的包装；防潮纸又称涂蜡纸，有良好的抗油脂性和热封性，主要用于新鲜蔬菜等食品的包装。

一、纸的包装性能

纸及其制品在包装领域之所以独占鳌头，是因为有其一系列独特的优点：

（1）加工性能良好，印刷性能优良，具有一定的机械性能，便于复合加工。

（2）卫生安全性好，废弃物可回收利用。

（3）原料来源广泛，成本低廉，容易形成大批量生产。

（4）重量较轻，便于运输。

纸包装材料虽然有很多优点，但其资源消耗较大，造纸行业“三废”污染比较严重。

二、常用纸类包装容器

纸容器是以纸或纸板等纸复合材料制成的纸袋、纸盒、纸杯、纸箱、纸桶等容器。它按用途可分为两大类：一类用于销售包装，另一类用于运输包装。

1. 纸袋

纸袋是用纸加工而成的一种袋式容器，主要用于盛装农产品、食品等。

纸袋种类繁多，按其用途可分为大纸袋和小纸袋两种。大纸袋又称贮运袋，一般由多层纸或与其他材料复合而成，用于盛放砂糖、粮食等大宗粉粒状食品；小纸袋主要用于零售食品。

2. 纸杯

纸杯是一种纸质小型包装容器，纸杯通常口大底小，可以一只只套叠起来，便于取用、装填和贮存，并带有不同的封口形式。常用的纸杯为复合纸杯，是以纸为基材的复合材料经加工而成。

3. 纸盒

纸盒是一种半硬性纸包装材料。为保证食品安全，防止包装材料带来的污染，与食品的接触面应加衬里等，也有的涂覆 PE（聚乙烯）。用纸、塑料等材料复合制成可折叠纸盒，密封性能好，其材料由 PE/纸/PE/Al/PE 构成，常用的形状有屋顶长方形、平顶长方形、正四面体等，主要用于牛奶与果汁等饮料的无菌包装。

4. 纸桶

纸桶也称纸板桶或牛皮纸桶，容器一般在 220L 以下，最大装量 100kg，常用于粉状食品、化工原料等的包装。纸桶比金属桶轻，虽然可在桶外壁进行防水处理，但仍不适于户外存放或长期置于自然环境中。

5. 纸复合罐

纸复合罐于 20 世纪 50 年代开始用于食品包装。由于选用了高性能的纸板、金属薄层衬里及树脂薄膜，使复合罐密封性能有所提高。复合罐抗压性比马口铁罐差，不能用于蒸汽杀菌及水杀菌，气密封性能不如金属罐。

纸复合罐可用于盛装干性粉体、块体等固体食品，如可可粉、茶叶、麦片、咖啡及各类固体饮料；也适合于油性黏流体包装，如油料食品等；还适合于流体内容物包装，包括奶粉、调味品、酒、矿泉水、牛奶以及果汁饮料等。

三、纸中有害物质的来源

纯净的纸是无毒的，但由于原料受到污染，或经过加工处理，纸和纸板中通常会有一些杂质、细菌和某些化学残留物，从而影响包装食品的安全性。纸中有害物质的来源主要有以下几个方面。

（1）造纸原料中的污染物；

（2）造纸过程中添加的助剂残留；

（3）彩色颜料污染；

（4）纸表面杂质及微生物污染；

（5）纸在加工处理时使其含有较多的化学污染物。

四、纸对食品安全的影响

包装纸对食品安全的影响与制纸原料、添加物、油墨等有关。

1. 制纸原料

制纸原料主要有木浆、草浆、棉浆等，木浆最佳。由于作物在种植过程中使用农药等，因此在麦秆、稻草等制纸原料中含有害物质，有的还掺有一定比例的回收废纸。虽然回收废纸经脱色可将油墨染料脱去，但铅、镉、多氯联苯等有害物质仍留在纸浆中。因此，制作食品包装用纸不应采用回收废纸作原料。

2. 添加物

造纸中所用的添加物有亚硫酸钠、硫酸铝、氢氧化钠、次氯酸钠、松香、防霉剂等，这些物质残留将对食品造成污染，因此应防止其在纸中残留。此外，为了使纸增白，往往在纸中添加荧光增白剂，这种增白剂是一种致癌物，应禁止在食品包装纸中添加。

3. 油墨

目前，食品包装纸的油墨污染比较严重，而我国还没有食品包装用专用油墨，一般工业印刷用油墨中含有铅、镉、甲苯、二甲苯等有害物质。如一些高级食品包装都使用了锡纸，据了解，很多锡纸中铅含量都超过了卫生允许指标，而铅是公认的造成重金属中毒的“元凶”。还有许多企业喜欢用彩色包装纸包装食品，虽然彩色油墨是单面印刷在食品包装纸外侧，但印刷后的彩纸是捆叠在一起的，每张包装纸的无印刷面也接触了油墨，即使是浸了石蜡的彩色蜡纸，也会因涂蜡不匀，彩色油墨仍有机会与食品直接接触。因此，食品包装上用纸不能说明是安全的。为了防止油墨对食品造成的污染：一方面要加强对油墨配方的审查，选用安全的颜料和溶剂；另一方面印刷面不能直接接触食品。

第九章　新型食品及其安全性

第一节　转基因食品及其安全性

一、转基因食品概况

转基因技术的定义：将人工分离和修饰过的基因导入生物体基因组中，由于导入基因的表达，引起生物体性状的可遗传的修饰，这一技术称之为转基因技术，人们常说的“遗传工程”、“基因工程”、“遗传转化”均为转基因的同义词。

利用现代分子生物技术，将某些生物的优良基因转移到其他受体物种中去，改造生物的遗传物质，使其在性状、营养品质、消费品质等方面向人们所需要的目标转变，经培育或种植而获得转基因生物。转基因生物直接食用或者作为加工原料生产的食品，统称为“转基因食品”。

人类第一次成功实现的基因重组是 Cohen 研究小组在 1973 年完成的，他们利用转基因技术或者基因工程技术人为地进行了遗传物质的定向转移，从而打破了生物种属间的自然隔离屏障，以此改变动植物和微生物的生物特性。经过多年的研究与应用，这项技术在很多相关领域已经取得突破性的进展，并得到长足的发展。1983 年，世界上第一例转基因植物在美国成功培植，世界上第一种转基因食品是 1993 年投放美国市场的转基因晚熟西红柿，随后，来源于动物、植物和微生物的转基因食品发展非常迅速，各种类型转基因食品应运而生。

转基因技术目前主要应用在如下几个方面：

①通过提高作物的抗逆性和改良作物性状来提高产量，而且因为大幅度减少了农药的使用和用量，在增加粮食产量的同时还能保护生态环境和降低生产成本。

②利用转基因动物生产更多的肉类食品和能用于人类移植的器官。

③利用转基因生物生产治疗人类疾病的珍贵药物等。

近年来随着世界可耕地持续减少，而人口却以每年 0.8 ~ 1.0 亿的速率增加，因而使用基因工程技术，以提高食物的产量和品质、增加营养素含量，越来越受到广泛的关注。传统的杂交育种耗费时间长，通常需要 8 ~ 10 年的时间，但利用生物技术定向改造作物，从而大大加速了优良作物的筛选和培育过程，例如很多抗性基因被插入作物中以抵抗疾病或病虫害。而在农业方面绝大多数基因工程的应用都与人类的食品或动物饲料有关，如 1992—1994 年，孟山都公司试验了产生杀虫蛋白的马铃薯，该种马铃薯能抗御马铃薯甲虫。1998 年，转基因作物已经在 8 个国家种植，全球种植面积从 1997 年的 1100 万 hm^2 增加到 2780 万 hm^2，共增加了 1670 万 hm^2。除棉花和烟草为经济作物外，其余均为供人类食用的大豆、玉米、油菜籽、马铃薯。这些作物多分布在美国、加拿大和南美，欧洲也有部分种植，美国占全球种植面积的 74%，成为转基因作物的主要种植区。

外源基因表达的产物以及基因工程技术的影响在美国的农作物种植和食品加工的各个环

节中无处不在。从牛奶、奶酪到水果、蔬菜，再到粮食、油脂、蛋奶等，到处都存在转基因食品。国际农业生物技术应用研究机构（ISAAA）的最新报告表明，目前各国已研究试种的转基因植物超过4500种，其中已批准商业化种植的接近90种，其中最常见的转基因食品有玉米、大豆、西红柿、油菜等。转基因农作物自1996年大规模商业化种植以来，在国际争论的环境中得到迅猛发展，成为近代历史上应用最快的作物新技术，创造了巨大的经济、社会和环境效益。2006年全球转基因作物的种植面积由1996年的170万 hm^2 发展到1.02亿 hm^2，增长了60多倍，种植的国家达22个，还有29个国家批准转基因作物作为食品或饲料进口，种植的农户首次超过1000万，90%的受益者是发展中国家的贫困农民。最可喜的是，因种植转基因作物10年间累计减少使用杀虫剂22.4万t。Purdue大学农业政策和技术评定中心主任和农业经济学教授Marshall Martin认为，美国“2/3～3/4的奶酪在生产过程中使用了遗传工程凝乳酶。由于抗玉米螟的BT玉米的种植，美国的许多人已经在食用遗传工程玉米”。Martin强调，通过生物技术生产的玉米已经用在许多常见食品中，如早餐粥等。转基因玉米还用于制造用做软饮料、糕点、糖果等食品甜味剂的玉米糖浆。美国约1/3的奶牛使用了牛生长激素。转基因的马铃薯也已开始种植，转基因甜菜也将问世。转基因作物种植面积几乎超过了任何以往其他生物产品发展的速度和步伐，可以预计今后仍将继续保持强劲的发展势头。

根据我国转基因生物管理的权威部门：国家农业转基因生物安全委员会提供的官方数据显示，1998年5月，农业部生物工程安全委员会批准了6个准许商业化的许可证，其中有3个涉及食品，即抗病西红柿、抗病甜椒和耐贮存西红柿，其中商业化、规模化种植的转基因作物是具有自主知识产权的抗虫棉，抗虫棉的种植面积2003年已累计达到4000万亩（注：1亩＝666.7 m^2，下同），而另一个延迟成熟的番茄则还处于小范围种植阶段，仅10000亩；进口的转基因食品局限在大豆、玉米、油菜等领域。我国进口的大豆中，70%是转基因大豆，在我国市场上70%的含有大豆成分的食物中都有转基因成分，像大豆油、色拉油、磷脂、酱油、膨化食品等。目前我国转基因农作物田间试验和商品化生产面积居世界第四位，在转基因动物研究方面，我国在转基因鱼、兔、鸡、羊等的研究中取得了突破性进展。

二、转基因食品的种类及特点

按转基因生物来源的不同可将转基因食品分为三类即动物源转基因食品、植物源转基因食品和微生物源转基因食品；按照转基因食品的功能又可以分为：增产型、控熟型、高营养型、保健型、新品种型和加工型。一般按前一种方法分类。

1. 转基因植物性食品

转基因植物性食品的主要品种有小麦、玉米、水稻、大豆、蔬菜、马铃薯、番茄等。目前转基因植物研究的重点在于研究培育延缓成熟、耐极端环境、抗虫害、抗病毒、抗枯萎等性能的作物，提高植物的生存能力；培育不同脂肪酸组成的油料作物、多蛋白质的粮食作物、不同糖类组成的经济作物等可以廉价生产具有特殊价值的农业产品。

（1）抗除草剂转基因作物　2000年全球种植抗除草剂转基因作物的面积达到3270万 hm^2，占总转基因种植面积的72%，其中主要为抗除草剂大豆。作用机理：抗除草剂转基因植物通过导入外源基因，在作物体内表达出特异的酶，以抵抗除草剂的破坏作用，使作物在吸入除草剂后仍能继续生长。作用：降低劳动强度，降低劳动成本。举例：Roundup Ready soybean（RR大豆）。耐美国孟山都公司Roundup除草剂。

（2）抗虫转基因作物 2000 年全球种植抗虫转基因作物的面积达到 830 万 hm^2，占总转基因植物种植面积的 19%，其中以抗虫玉米为主。作用机理：产生杀虫蛋白毒素，防治虫害。举例：BT 玉米，产生三种毒素：Cry1Ab、Cry1Ac、Cry9c。

（3）营养增强型作物 其特定营养组分和维生素含量更高。美国培育的各种低亚麻酸（2%）大豆、低棕榈酸（4%）大豆、高油酸（70%）大豆、高硬脂酸（28%）大豆、高棕榈酸（27%）大豆等品种，有效地改善了大豆油的营养价值、氧化稳定性、功能性以及氢化加工时物理性质，并有望提高油脂产品的附加值。2006 年英国科学家新开发出一种富含胡萝卜素的转基因稻米——第二代"黄金大米"。第一代"黄金大米"的胡萝卜素含量太低（每百克大米约含 1.6 毫克胡萝卜素）。第二代"黄金大米"中胡萝卜素的含量达到第一代"黄金大米"的 23 倍之多，第一代"黄金大米"中使用了来自黄水仙的基因，而第二代"黄金大米"是通过将该基因换成玉米中的对应基因而培育出来的。

（4）其他转基因作物 目的是改善产品的品质；增强抵抗病毒病、真菌病及细菌病的能力。

利用生物遗传工程，将普通的蔬菜、水果、粮食等农作物，变成能预防疾病的神奇的"疫苗食品"。科学家培育出了一种能预防霍乱的苜蓿植物。用这种苜蓿来喂小白鼠，能使小白鼠的抗病能力大大增强。而且这种霍乱抗原，能经受胃酸的腐蚀而不被破坏，并能激发人体对霍乱的免疫能力。于是，越来越多的抗病基因正在被转入植物，使人们在品尝鲜果美味的同时，达到防病的目的。

2. 转基因动物性食品

转基因动物的生产中主要以培育生长速度快、抗病力强、肉质好的转基因动物，以提高产仔（卵）数、饲料转化率、增加动物的产奶量和改善奶的组成成分为目标，主要应用于鱼、猪、牛、羊等。比如，牛体内转入了人的基因，牛长大后产生的牛乳中含有基因药物，提取后可用于人类病症的治疗。在猪的基因组中转入人的生长素基因，猪的生长速度增加了一倍，猪肉质量大大提高，现在这样的猪肉已在澳大利亚被请上了餐桌。

3. 转基因微生物发酵食品

着重于改造有益微生物，生产食用酶，提高酶产量和酶活力，改善发酵食品的风味和品质，主要有转基因酵母和食品发酵用酶等。例如，生产奶酪的凝乳酶，以往只能从杀死的小牛的胃中才能取出，现在利用转基因微生物已能够使凝乳酶在体外大量产生，避免了小牛的无辜死亡，也降低了生产成本。

基因食品的主要特点是利用转基因技术将特定的优良基因片断导入受体生物体内，以获得物化性质、营养品质和消费水平等方面更符合人们需要的新产品。

三、研究转基因食品的目的

研究转基因食品主要有以下六个方面的目的。

1. 提高产量、增强抗性（特别是农作物的抗病虫害、抗逆境的性能）

农作物增产与其生长、分化、肥料、抗逆、抗虫害等因素密切相关，通过转移或修饰相关的基因可达到增产效果。通过基因工程，我们可以获得高产、稳产、多抗性的优良农作物品种，改良植物性食品的生产性能。例如，将携带抗虫性状的外源性基因转移到玉米上，获得抗虫基因的玉米表现出抗虫特性。20 世纪 80 年代以来，有近 30 种转基因植物进入商业化生产，例如大豆、番茄、玉米、小麦、西葫芦等。

通过基因工程可以培育生长速度快、抗病力强、肉质好的转基因动物。例如将外源性生长激素基因导入目标动物，使该动物的肌肉蛋白含量和饲料转换率明显提高，生长速度加快。转基因鱼可以加快自身的生长，如“AF蛋白”公司将两种鱼类基因——生长激素基因和激活该生长激素基因的基因转移到大西洋鲑鱼体中，转基因鲑鱼生长速度可提高10倍。

利用基因工程可以改变微生物生理调控机制，获得高产菌株，改善微生物来源的有机酸、氨基酸、维生素、酶、香料、单细胞蛋白质以及传统酿造食品的生产工艺，可以提高产品产量，降低生产成本。

2. 改善营养品质

改良植物性食品的营养品质有以下两种基因工程途径：

（1）在目标植物中转入产生所需要成分的基因。许多粮食作物缺少人体必需的氨基酸，为了改变这种状况，可以从改造种子的蛋白质基因入手，使其表达的蛋白质具有合理的氨基酸组成。例如，将玉米中编码必需氨基酸的基因引入马铃薯，得到必需氨基酸含量增加10%以上的转基因马铃薯；把编码大豆铁蛋白的基因导入水稻，可使转基因水稻种子胚乳中铁的含量提高3倍等。

（2）通过删除有害性状基因，使转基因作物品质通过基因操作而得到改善，例如消除蔬菜、水果中脂肪氧化酶、多酚氧化酶基因，以提高产品的加工性能和感官质量，延长保质期等。利用这一方法还可对农作物食品进行转基因脱毒。

3. 增加保健功能

开发转基因生物生产基因工程疫苗或抗体——食品疫苗，是当前研究的热点之一。通过转移病原体的抗原基因或毒素基因至粮食作物、果树及动物受体细胞中，使其产生相应的抗体。食用此类食品，相当于在补充营养的同时服用了疫苗，起到预防疾病的作用。已报道研究成功的例子很多，如能够分泌抗人类病毒疫苗乳的转基因牛、羊，能够增加牛乳中乳铁蛋白含量的转基因牛，能够生产含有抗感染人类抗体、人类生长因子、人类干扰素鸡蛋的转基因鸡，以及能够生产含有人类抗体血清的转基因猪等。另外，有的转基因食物可防止动脉粥样硬化和骨质疏松。还有，通过对将各种不同糖类为发酵原料的酵母菌的酶基因重组，得到能把糖化液中所含各种糖完全发酵的菌株，生产出可供糖尿病人饮用的“淡啤酒”等。

4. 增加生物多样性

通过不同种间的基因重组可形成新品种，所获得的转基因食品可能在口味、色泽和香气方面具有新的特点。因此，可以按各个国家的需求来培植新的农作物，生产所需的食品。如通过导入硬脂酸-ACP脱氢酶的反义基因，可使转基因油菜种子中硬脂酸的含量从2%增加到40%；而将硬脂酸-COA脱饱和酶导入作物后，可使转基因作物中的饱和脂肪酸（软脂酸、硬脂酸）的含量下降，不饱和脂肪酸（油酸、亚油酸）的含量增加，其中油酸的含量可增加7倍。

将植物或动物基因转入微生物目标菌中并得到表达，开发出新的食品生产基因工程菌，由此利用微生物发酵法生产植物和动物性食品原料、食品添加剂、食品生产用酶类等产品，有利于提高原料利用率、降低生产成本和开发新的食品来源。

5. 改善植物性食品的加工、储藏性能

通过基因工程技术，改变作物产品的物质组成，使之更适于各种不同的食品加工工艺和保鲜的需要。应用转基因技术还可以解决植物性食品储藏保鲜的难题。番茄、香蕉、草莓、蜜桃、杏、荔枝等果蔬产品在收获后的储藏、运输及销售过程中，由于果实的后熟难以控制，常常导致软化、过熟、腐烂变质而造成巨大损失；传统的储藏保鲜技术如冷藏、涂膜保鲜、气调保鲜等在储藏费用、期限、保鲜效果等方面存在不足，难以满足人民生活水平日益提高的需求。随着对果蔬成熟及软化机制的深入研究和基因工程技术的迅速发展，使得通过基因工程方法直接生产耐储藏的果蔬品种已成为可能。目前无论在国外还是国内都已有商品化的转基因耐储藏番茄的生产。

6. 有利于保护环境

传统农业的耕种主要依靠施用化肥来提高产量、靠农药来防治病虫害，其带来的负面影响是综合地力下降及造成了环境污染。具有抗病虫害功能和可抗逆境生存的转基因作物，提高了对疾病的抵御能力，可减少由于使用农药造成的环境污染，降低农作物生产成本，如转基因马铃薯、水稻、大豆、小麦等，能抵御各种病虫害和杂草，不用喷洒农药，可避免农药污染。我国首创的将人工合成的抗菌肽基因以农杆菌为载体导入水稻细胞，得到6种抗白叶黏病细菌病害株系；把北冰洋比目鱼的抗冻基因导入草莓中，可提高转基因草莓的抗冻能力。

四、转基因食品的安全性问题

从理论上讲，转基因技术和常规育种技术一样都是通过优良基因重组获得新品种，只不过运用的技术手段不同而已。常规育种之所以能被大多数人接受，主要是由于常规育种是在自然生态环境中，在仅限于种内或近缘种间进行。但是转基因技术则不同，它是对原有品种的部分性状进行修饰或根据人类的愿望增加其有利性状，消除其不利性状；它可以将自然界几乎不可能发生或者是很难发生的现象通过基因重组获得实现，由此也引起人们密切关注它的安全问题。转基因食品的安全性主要包括两个方面：一是对人体的影响（近期安全性问题）；二是对生态环境的影响（远期安全性问题）。

1. 转基因食品对人体健康可能产生的影响

（1）潜在致敏性　食物过敏被定义为一种对食物中存在的抗原分子的不良免疫介导反应，这是全世界关注的公共卫生问题。据统计，全世界有近2%的成年人和4%～6%的儿童会产生过敏反应，其中90%以上的过敏反应是由蛋、鱼、乳、甲壳动物、花生、大豆、小麦和核果类等引起的。科学家把巴西胡桃的特质移植到黄豆上去，但结果却使一些对胡桃敏感的人在摄取黄豆时有过敏可能。因此，要加强对转基因食品的管理，对它的潜在致敏性必须进行严格的上市前试验，并在上市后对食用人群进行跟踪监测。

（2）对食品营养品质的改变　外源基因的引入有可能会对某些食品的营养价值产生无法预期的改变，其中可能会使某些营养成分含量降低，也有可能使某些营养成分含量增加，从而造成体内营养素平衡紊乱。转基因食用植物和动物中的营养成分改变对营养成分间的相互作用、营养基因间的相互作用、营养的生物利用率、营养的潜能和营养的代谢等方面的影响的问题，目前还在继续研究中。

（3）转基因食品的潜在毒性　遗传修饰在打开一种目的基因的同时，也可能会无意中连带提高某天然植物毒素的表达水平。某些天然毒素基因，例如马铃薯的茄碱、番茄毒素、木薯和利马豆的氰化物、豆科的蛋白酶抑制剂等，都有可能受到影响，使这些毒素的表达水平和含量增加，直接危及消费者的健康。

（4）基因转移　泛指基因或DNA片段在不同生物个体之间的传递，包括横向和纵向两个方向。纵向传递即通过繁殖进行的亲代和子代的基因传递。基因横向传递：水平基因转移（horizontal gene transfer，HGT），又称侧向基因转移（lateral gene transfer，LGT），是指在差异生物个体之间，或单个细胞内部细胞器之间所进行的遗传物质的交流。

当把一个外来基因加入植物或细菌中去，这个基因会与别的基因连接在一起。人们在服用了这种改良食物后，食物会在人体内将抗药性基因传给致病的细菌，使人体对抗生素产生抗药性。

（5）对人肠道微生态环境的影响　转基因食品中的标记基因有可能传递给人体肠道内正常的微生物群，引起菌群谱和数量变化，通过菌群失调影响人的正常消化功能。

2. 转基因食品对生态环境可能产生的影响

人类历史上几千年的作物改良，所产生的一个总体效应是：作物遗传改良的程度越高，对人类创造的环境的依赖性就越大，在自然条件下就越难生存。转基因植物是近年来出现的新生事物，发展十分迅速，种植面积直线上升。随着转基因植物的迅速发展，关于转基因植物的争论也越来越激烈，如转基因植物是否演化为“超级杂草”，是否外源基因扩散至亲缘野生种，外源抗病毒基因是否会引起新病原菌产生等。在这些争论中越来越多地掺入了是否会对生态环境产生影响以及经济、贸易和政治因素。现在越来越多的人认为转基因植物对生态环境的影响比对人类健康的直接影响可能更大。

五、转基因食品的检测

转基因食品的检测是指对食品原料和深加工食品中的转基因成分进行检测，是保证其质量和安全的必要手段。检测方法目前主要有三种：一是核酸检测方法，包括聚合酶链式反应（PCR）、连接酶链式反应（LCR）、指纹图谱法（RFIP、AFLP 及 RAPD 等）、探针杂交法等；二是蛋白质检测方法，包括蛋白质单向电泳、蛋白质双向电泳、Western 杂交分析及 ELISA 法等；三是酶活力检测方法。对于加工后产品的检测一般不采用酶活力检测方法及蛋白质检测方法。在加热的过程中，核酸的破坏较小，通过核酸检测方法可对各种样品进行检测。另外，现有的基因检测手段比蛋白质检测手段更加灵敏、有效，而且操作简便、结果精确，所以 PCR 技术是实验室应用最为广泛的检测方法。

1. PCR 的检测方法的基本原理

以特定的基因片断（DNA 片断）为模板，利用人工合成的一对寡核苷酸为引物，以四种脱氧核苷酸为底物，在耐高温 DNA 聚合酶的作用下，通过 DNA 模板的变性、模板与引物的退火及引物的延伸三个阶段的多次循环，使模板 DNA 扩增。

2. 检测步骤

（1）外源基因的分离、提取　转基因食品的种类不同，分离提取外源基因的具体方法也不完全相同。一般来说，主要包括以下操作：从食品样品释放出外源基因，包括将食品样品研细，使细胞破碎，并用适当的缓冲剂萃取破碎细胞中游离出来的 DNA；去除萃取液中的蛋白质；将萃取液中的蛋白质用酒精沉淀等。

（2）PCR 扩增反应　根据转基因食品中外源基因的特点，设计并合成相应的引物，控制适宜的变性、退火及延伸反应条件，以所分离的外源基因 DNA 为模板在 PCR 仪中进行 PCR 扩增反应。

（3）PCR 扩增产物的检测　采用适当的方法对 PCR 扩增产物进行分析，如果扩增反应的产物与外源基因片断相同，表明该食品样品中含有外源基因，可判断为转基因食品。相反，如果扩增反应的产物与外源基因片断不相同，则表明该食品样品中不含有此类外源基因，可判断为非转基因食品。

六、主要国家转基因食品安全法规体系和管理

由于转基因技术开辟了一个新领域，目前的科学技术水平还难以完全准确地预测到外源基因在受体生物遗传背景中的全部表现，人们对于转基因食品的潜在危险性和安全性还缺乏足够的预见能力。因此，必须采取一系列严格措施对遗传工程体从实验研究到商品化生产进行全程安全性评价和监控管理，以保障人类和环境的安全。各国均针对自己的国情制定出或正在制定综合性的生物技术安全指南和管理措施，建立起一系列的 GMO 安全管理的程序和规定，其中美国是以产品为基础的管理，欧盟是以研发过程为基础的管理，中、日、韩等兼顾生物产品与研发过程。以下介绍几个主要国家的转基因食品管理模式。

1. 美国转基因食品的管理

美国生物技术食品主要由美国食品与药物管理局（the Food and Drug Administration，简称 FDA）、美国环保局（the Environmental Protection Agency，简称 EPA）和美国农业部（the U. S. Department of Agriculture，简称 USDA）负责检测、评价和监控。其中，FDA 的食物安全与应用营养中心是管理绝大多数食物的法定权力机构；而美国农业部的食品安全和检测部门，负责肉、禽和蛋类产品对消费者的安全与健康影响的管理；另外 EPA 管理食品作物杀虫剂的使用和安全。

1990 年 3 月，FDA 讨论了第一个用于食品的重组 DNA 技术物质——凝乳酶的管理，该酶被应用在生产奶酪和其他日常食品中。FDA 在检测中考虑到：引入基因表达的蛋白具有动物来源的凝乳酶相同的结构和功能；生产过程是可靠的；生产菌在加工过程中被除去或消灭并且其本身不存在毒性或致病性；任何抗生素抗性标记基因在加工过程中已被除掉，故认为该酶符合 GRAS。

1992 年 FDA 颁布了食品安全和管理指南，以保证 FDA 对那些通过现代生物技术所生产的食物和食物成分进行管理的权力。一种新食物的研制方法，例如生物技术，并不能作为决定这种新食物安全性的因素。同样，安全性评价应根据“实质等同性”原则来进行。生物技术食品要接受 FDA 的食物销售法规的管理，加入食物中的物质应按食品添加剂的要求进行上市前审批。FDA 同时认为，由于重组 DNA 技术等的快速发展，管理方针应具有足够的灵活性以便允许随技术革新而做必要的修改。FDA 在 1992 年的指南中，要求利用生物技术生产食物的生产商要考虑转基因食品发生的预料之中及预料之外的改变，还要检查受体、DNA 的供体、被转入或修改的 DNA 及其产物的特性。FDA 认为食品的安全性只是相对的，如许多食品包含某些成分，如果这些成分浓度超过能接受的范围，就能表现出危险性。此外，某些人对一定食品过敏或不能忍受。因此，FDA 认为绝对安全的食品是不存在的。但是生产商必须保证，不能将有毒物质转入受体，食物产生的毒性物质及抗营养因子不能超过无法接受的水平。应该考虑在营养成分、毒性、过敏和抗营养方面可能发生的质量和数量上的变化。新转入的或已知功能的转基因物质，如果曾经在其他的食物中以相当的水平被食用，或与那些安全食用的食物相似，则不需要再通过 FDA 的批准。

如果转入的 DNA 来源于一种已知的过敏原或可能的过敏原，生产商就应向 FDA 进行咨询，此外，根据转入蛋白质与已知过敏原的序列结构、大小、对消化酶的抵抗力、对热的稳定性及其他科学标准，生产商应保证其不是过敏原。另外，FDA 也鼓励生产商在研究和生

产过程中，就遇到的科学及法律上的问题向 FDA 咨询。生产商应向 FDA 提交转入物质的安全性报告，FDA 接到有关安全报告后，如果没有特殊的安全问题，则不再对该产品的安全性做进一步的考虑。

2. 欧盟转基因食品的管理

欧盟国家对生物技术食品评估作出了严格的法律规定。欧盟管理体系基于两方面的基本考虑：首先是考虑生物技术的应用可能引起的特定风险，此外是考虑最终产物及其安全性。1997 年 5 月 14 日，欧盟通过了“欧盟议会和委员会新食品和食品成分管理条例第 258/97 号令”［Regulation（EC）No. 258/97 of the European Parliament and “the Councill concerning novel Food and novel food ingredients］”并即日生效。该管理法规主要规定了新食品的定义、新食品和食品成分上市前安全性评估的机制和对 GMO 产生的食品和食品成分的标签要求。欧盟认为新食品包括含有 GMO 的食品和食品成分、对 GMO 来源的食品和食品成分以及其他分子结构经过修饰的食品和食品成分等。新食品和食品成分不应给消费者带来危险，不能误导消费者，不能明显不同于现有的食物以至于营养学上不利于消费者。管理法规要求申请者必须提交申请给成员国并提供必要的信息。成员国再把申请复件送给欧盟委员会和各成员国。申请所在成员国授权机构必须在 3 个月内提交给欧盟委员会和所有成员国一份最初的评估报告。若经过 60d，各成员国不提出异议，该食品或食品成分可被允许进入欧盟市场。但若该食品包含 GMO，则必须经过由（欧盟委员会）食品常务委员会（the Standing Committeeon Foodstuffs）等组成的审议程序。2004 年实行集中管理，由食品安全总署（EFSA）负责农业 GMO 安全管理。

为了保证最终消费者了解必要的信息，欧盟要求新食品必须贴有标签。对于转基因食品或食品成分则实现强制性标签。标签一栏必须标明该食物的组成、营养价值和食用方法。

在英国，新食品必须得到独立的新食品和工艺顾问委员会（ACNFP）的批准。英国政府的政策是要求基因改良产品在标签上注明以便消费者选择。英国政府约有 15 个委员会（每个委员会均由独立专家组成），专门处理较大的有关道德和其他公众关心的问题，其中一些委员会的成员来自各方面，如环境释放顾问委员会。1998 年，英国首相组建了一个新的内阁委员会来管理生物技术领域的发展，包括与卫生、粮食和农业等的联系，协调政府对这些问题的态度。该委员会已经全面评估英国的管理和委员会体系，保证不出现断层和不必要的机构重叠或抵触，保证在技术、公关政策和道德问题审查之间达到正确的平衡。此外，英国有关生物技术的一些决定还会受到欧盟委员会法律法规的管辖。比如，根据欧盟程序英国否决了诺华（Novartis，由 Ciba - Geigy 和 Sandoz 合并）的基因改良玉米。

欧盟基于研发过程中是否采用转基因技术及其影响：

（1）横向系列的法规

①基因修饰微生物的封闭使用指令。

②基因修饰生物（GMOs）的目的释放指令。

③基因工程工作人员劳动保护指令。

（2）与产品相关的法规

①基因修饰生物及其产品进入市场的指令。

②基因修饰生物与病原生物体运输的指令。

③饲料添加剂指令。

④医药用品指令。

(3) 新食品指令

①关于转基因生物有意环境释放的指令。

②关于转基因微生物封闭使用的指令。

③关于转基因食品和饲料条例及其实施细则。

④关于转基因生物的可追踪性和标识及由转基因生物制成的食品和饲料产品的可追踪性条例。

3. 日本转基因食品的管理

日本的转基因生物技术研究和应用较早，并从一开始就非常重视其安全管理。政府制定了一系列的法规以保证研究和应用重组 DNA 生物的安全性。早在 1979 年 8 月 27 日，日本政府就颁布了“重组 DNA 生物实验指南”，并随后多次进行修订。1996 年 3 月颁布了第 10 次修正案。1989 年 4 月，日本农林水产省颁布了《农、林、渔及食品工业应用重组 DNA 准则》，并先后三次修订。日本目前实施的是 1995 年第三次修正案。该准则要求，凡是准备生产和销售重组 DNA 生物用于农业，以及用重组 DNA 生物生产相关的材料（包括以前按照该准则没有特殊控制方法的环境应用），都必须根据其受体、重组 DNA 分子和所用载体的特性进行全面的重组 DNA 生物安全性评价。

日本对转基因农作物的研究、开发和安全性管理，按照政府机构的职能分工，由科学技术厅、农林水产省、厚生省分三个阶段，分别制定管理指南进行安全性的评价、认定与管理。具体内容如下：

(1) 制定法规

科学技术厅：实验阶段的安全指南。文部省制定实验阶段安全指南，对实验室及封闭温室内转基因植物的研究进行规范。

农林水产省：对农、林、渔业和环境影响的安全性评价指南。1989 年由农林水产省（MAFF）发布农业转基因生物环境安全评价指南，该指南主要指导研究开发人员对转基因生物的潜在风险进行评估。评价分为两个阶段：第一阶段是隔离条件下的试验；第二阶段是开放环境下的栽培试验。1996 年农林水产省又发布了转基因饲料安全性评价指南，从 2001 年 4 月起，转基因饲料的安全评价纳入现行的《饲料安全保障与质量改进法》中执行：1991 年发布《转基因食品安全评价指南（试行）》，2001 年 4 月正式实施。规定转基因产品只有通过环境安全评价和食品安全评价，或者通过环境安全评价和饲料安全评价，才能被允许在日本进行商业化生产和从国外进口。2000 年 3 月发布《转基因食品标识标准》，对本国流通的转基因食品进行标识，该法案自 2001 年 4 月 1 日起实施，适用于 5 种农作物产品，包括大豆、玉米、马铃薯、油菜籽、棉花，以及由上述作物产品加工后重组 DNA 或蛋白质仍然存在的加工品。

(2) 规范内容

科学技术厅：①实验室研究与开发；②一般温室内转基因植物的比较。

农林水产省：①隔离条件下的安全性；②一般开放性环境中的栽培；③作为饲料的营养成分比较及转基因产品安全性评价。

厚生省：作为饲料、食品营养成分比较及其转基因产品的安全性评价。

(3) 安全评价对象及其项目指标的确定

①作为转基因植物受体的安全状况：自然界的分布、栽培并作为食品的历史、形态特征、杂草化及有无产生有毒物质的可能性。

②遗传基因导入的安全性：目的基因的来源、性能、碱基构造、序列及其有无毒性。

③遗传工程体的安全性：a. 包括导入的方法、发育过程、操作安全；b. 转基因植物对环境安全的影响（如花粉漂移、种子发芽率、近缘植物杂交的可能性、植物提取液的分析等）；c. 转基因产品——食品及其饲料等的安全性（按照厚生省制定的食品安全评价指南进行。对于国外进入日本的转基因食品、饲料，在日本还要重新做安全性评价）等。

另外，日本食品流通局负责《新食品规则》的制定和转基因食品的标识。厚生省的安全管理机构设食品卫生科，由审议会和食品卫生调查会审批并报厚生省大臣确认转基因食品的安全性。具体的审查工作由16名专家组成的生物技术特别小组负责国内外企业、农林水产科研单位等的转基因食品的评价工作。

针对较大程度依赖进口食品的国情，日本建立了以“转基因食品”为重点的“科技、农业、食品卫生”相衔接的基因工程管理法制体系和评价制度。从1988年到1998年10月15日，日本通过安全评价确认达到“一般性场地开放性试验”的转基因植物35种，通过食品安全确认的共23种，主要是来自美国的转基因大豆和加拿大的转基因油菜。

4. 我国转基因食品的管理

我国由于转基因技术发展较美欧晚，在安全法规和管理上起步晚于发达国家。目前有关国际组织和国外的现行法规，已经明确将转基因食品归入了“新食品（Novel foods）”的管理范畴。按多数国家的规定，所谓“新食品”系指在一个地区或国家以前无食用习惯的食品，在我国的现行法律法规中将此类食品称为“新资源食品”，并将转基因食品归入“新资源食品”的管理范畴，并对其食用安全性评价与监督管理也作出了一些规定。

[阅读材料] 几年来的转基因技术重要事件：

1. 加拿大“转基因油菜超级杂草”事件

有人认为，外源基因的导入可能会造就某种强势生物，从而破坏原有生物种群的动态平衡和生物多样性。1995年，加拿大首次商业化种植了通过基因工程改造的转基因油菜。但在种植后的几年里，其农田便出现了对多种除草剂具有耐抗性的野草化的油菜植株，即超级杂草。如今，这种杂草化油菜在加拿大的草原农田里已非常普遍。因为一些转基因油菜籽在收获时掉落，留在了泥土中，来年它们又重新萌发。如果在这片田地上种下去的不是同一个物种，那么萌发出来的油菜就变成了一种不受欢迎的野菜，而且这种能够同时抵御三种除草剂的野草化的油菜不但很难铲除，而且还会通过交叉传粉等方式，污染同类物种，使种质资源遭到破坏。应当指出的是，“超级杂草”并不是一个科学术语，只是一个形象化的比喻，目前并没有证据证明已经有“超级杂草”存在。同时，基因漂流并不是从转基因作物开始，而是历来都有。如果没有基因漂流，就不会有进化，世界上也就不会有这么多种的植物和现在的作物栽培品种

2. 美国的“星联玉米事件”

阿凡迪斯公司生产的一种“星联”转基因玉米，由于可能引起人体的过敏反应，美国环保局仅批准其用于动物饲料，禁止其用于食品生产。但是，2000年9月及随后进行的检测却发现，许多玉米食品中竟然含有星联。尽管星联的种植面积在当年美国玉米总种植面积中仅占不到1%，但由于在加工和存储阶段与其他玉米种类混合，当年美国收获的玉米中约有10%被星联污染。美国政府还指出，阿凡迪斯没有遵守为防止异花授粉而在种植星联玉米和种植普通玉米的土地间保留一定间隔作为缓冲的规定。2002年3月，阿凡迪斯为消费者的集体诉讼支付了900万美元。此外，为回收市场上可能含有星联的300多种食品，阿凡

迪斯和相关保险公司支付了约10亿美元。2002年6月，英国《自然生物技术》杂志发表的一篇评论称，值得庆幸的是，目前还没有发现混有星联的食品影响消费者健康的情况，但如果是一种用于生物制药的转基因品种混入人类的食物链，情况又会如何呢？

3. 巴西坚果事件

大豆的蛋白质含量很高，而且是优质的植物蛋白，但美中不足的是，这些大豆蛋白缺乏一些必需氨基酸，而这些必需氨基酸人体无法合成，必须从食物中摄取。美国先锋种子公司的科学家在对大豆做品质改良时发现巴西坚果中有一种蛋白质富含甲硫氨酸和半胱氨酸，并将这一基因转到大豆中。但他们发现一些人对巴西坚果有过敏反应，而且引起过敏反应的正是这一蛋白。他们随即对带巴西坚果蛋白的转基因大豆也进行检验，发现对巴西坚果过敏的人对这种转基因大豆也过敏。该公司于是取消了这项研究计划。

这件事一度被说成是转基因大豆引起食物过敏，显然不准确。但我们可以从两个方面来看待这件事：一方面，转基因技术有可能将一些造成食物过敏的基因转移到农作物中来，因此需要防止；另一方面也说明对转基因植物的安全管理能有效地防止转基因食品成为过敏原。事实上，国际上早已列出有关能产生过敏反应的食品及有关基因的清单。

4. Pusztai 事件

英国苏格兰 Rowett 研究所的研究人员 Arpad Pusztai 1998 年秋在电视台宣称，他用转雪花莲凝集素基因的马铃薯饲喂大鼠，“导致大鼠体重及器官重量严重减轻，免疫系统被损坏”。由此引发了国际上对转基因作物安全性的争论。

英国皇家学会对此十分重视，组织了专门的同行评议，并于1999年5月公布报告，指出 Pusztai 的试验有六方面的错误，即：不能确定转基因和非转基因马铃薯的化学成分有差异；对食用转基因土豆的大鼠，未补充蛋白质以防止饥饿；供试验用的动物数量少，饲喂几种不同的食物，且都不是大鼠的标准食物，很少统计学意义；试验设计差，未做双盲测定；统计方法不当；试验结果无一致性。此事件也首次引起国际轰动，绿色和平组织、地球之友等反生物技术组织把这种土豆说成是“杀手”，并策划了破坏转基因作物试验地等行动，焚毁了印度的两块大试验田，甚至美国加州大学戴维斯分校的非转基因试验材料也遭破坏，以致研究生的毕业论文都无法答辩。不久，Rowett 研究所宣布 Pusztai 被劝退，并不再对其言论负责。

5. 帝王蝶（Monarch butterfly）事件

1999 年美国康奈尔大学 Losey 等报道在实验室以拌有转 Bt 基因抗虫玉米花粉的马利筋草喂养帝王蝶幼虫可导致死亡，这一结果被解释为转基因技术威胁非目标昆虫。“环境主义”组织据此提出应限制转基因玉米的生产与销售。

当年夏天，美国环境保护局（EPA）组织昆虫专家们对帝王蝶问题进行了专题研究，结论是，抗虫玉米花粉在田间对帝王蝶并无威胁。其原因是：①玉米花粉大而重，扩散不远，在田间所有花粉只落在10码以内，在距玉米5m的马利筋杂草上，每平方厘米叶子上只发现一粒玉米花粉；②帝王蝶通常并不吃玉米花粉，它们在玉米散完粉后才大量产卵；③在经调查的美国中西部转 Bt 基因玉米占玉米面积的25%，但田间的帝王蝶数量却很大。美国环境保护局在最近的一个报告中指出，评价转基因作物对非目标昆虫的影响，应以野外实验为准，而不能仅仅依靠实验室的数据。但这一事件也表明，抗虫转基因玉米还存在有待改进的地方，如可以让花粉不产生 Bt 杀虫蛋白，这样就可使得花粉对非目标昆虫完全没有威胁。

6. 墨西哥玉米事件

2001年发现的一种墨西哥玉米基因污染的问题是比较重要的。还有《自然》2001年曾经发表文章，关于墨西哥玉米遭到转基因玉米污染的事件。墨西哥本身不种植转基因的玉米，而且有法规规定不允许种植，但是它进口美国的转基因玉米用做饲料。结果可能是有些农民拿转基因玉米去种，种完之后就污染了当地的玉米。墨西哥是玉米的原产地。如果玉米原产地的遗传多样性受到污染，本地的玉米遗传结构受到破坏，产生的污染问题是很严重的。这件事对中国也有很大的启示。中国现在进口转基因大豆，而中国是大豆的原产地，很有可能转基因的大豆会对中国当地原产的大豆发生遗传污染。因此，现在国家对转基因的大豆控制还是比较严格的，不允许种植。

第二节　克隆食品及其安全性

一、克隆技术与克隆食品的概念

克隆技术是指众多的基因或细胞群体中，通过选择和无性繁殖获得目的基因或细胞的技术操作。克隆可根据其研究或操作的层次分为：基因克隆、细胞克隆和个体克隆三大类。基因克隆是指在DNA分子水平上开展研究工作，以获得大量的相同基因及其表达产物，亦称分子克隆，其技术称重组DNA技术。细胞克隆是在细胞水平上进行操作以获得大量相同的细胞。个体克隆则是经过一系列的不同操作来产生一个或多个与亲代相同的个体，如克隆羊等。

克隆动物是指不经过有性繁殖，通过对母本动物进行基因复制而得到的一模一样的另一只动物，它和母本动物就像不同时出生的双胞胎。世界上第一只体细胞克隆动物是1996年出生于英国的克隆羊多利，随后克隆牛、克隆猪等不断诞生。克隆动物技术可以使一些优良动物品种快速产出大量“后代”，比起传统培育和繁殖方法，采用这种技术有时间和数量上的优越性，使少数优秀个体迅速扩大成群，具有生产效率高、周期短、成本低等明显优势。

克隆食品是克隆动物本身或克隆动物的分泌代谢产物如酶、乳以及以克隆动物或产物为原料加工而成的食品。

二、克隆技术及克隆食品的概况

让我们回顾一下克隆的历史。首先是用青蛙做的实验。20世纪年50年代中期，有两个年轻的美国人做了一个非常漂亮的实验，得到了细胞核移植的青蛙，现在叫克隆蛙。十多年以后，有一位英国科学家，也是一位年轻人，他利用非洲蛤蟆做了另外的一个实验，突破了以前的实验禁区。他发现用分化了的蝌蚪肠上皮细胞进行核移植，有可能得到蝌蚪或者得到蛤蟆，说明分化了的细胞有可能去分化或再程序化，这是非常杰出的工作，非常轰动。20世纪60年代的早期，童第周教授在我国开始了克隆鱼的研究，他后来把鲤鱼的细胞核移植到鲫鱼的去掉细胞核的卵子里边去，或者反过来，均获得了成功。证实了不同种的生物之间也可以成功地进行细胞核的移植。1981年，中国科学院水生生物研究所用肾脏细胞克隆了一条鱼，这在科学发展中是一件很重要的事情，证明了成年细胞也可以去分化和再程序化。1996年威尔莫特实验室成功克隆了绵羊“多莉”，1997年6月该实验室用胚胎细胞为核供体，获得了表达治疗血友病的凝血因子IX的转基因克隆绵羊“波莉”(Polly)，1997年12月又在美国 Science 杂志上发表了用转染的胚胎成纤维细胞获得 6 头转基因克隆绵羊。目前转基因克隆绵羊能高水平地表达人血凝因子 IX，开创了转基因克隆动物技术的先河。进入 21 世纪克隆动物技术的研究在发达国家和发展中国家都掀起了热潮，克隆技术成果离应用阶段越来越近，2004 年，西班牙北部城市维多利亚第一只克隆牛出生。我国中国农业大学农业生物技术国家重点实验室的李宁教授成功地克隆了牛和医用猪。

克隆技术主要用于：

（1）扩增特殊的或不育的优良动物个体，比如克隆高产的奶牛等；

（2）与转基因技术结合起来，提供大量临床所需的异种器官；

（3）延缓某些濒危动物的消亡。

此外，克隆技术在医学上的应用有着巨大的潜力。

三、克隆动物及食品的安全性

一般来说，克隆动物是否安全有三方面的含义，通过克隆生物技术的操作，改变原来的生物体，看它是否安全。首先从生态上讲，它是否安全，第二从遗传上讲，它是否安全，把它作为食物、作为药物的话，应用上是否安全。一些专家认为，从克隆只是复制而转基因要进行基因改造来看，或许克隆动物食品面临的安全风险要小。

克隆动物自身的安全性也让很多人质疑。克隆“多莉羊”的诞生与死亡让人们看到一个可怕的事实——克隆动物比普通动物短命得多，“多莉羊”死时还不到 7 岁，普通羊的寿命平均为 12 年。这证明，尽管基因和模本动物的完全一样，尽管肉和乳制品与普通产品没啥差别，但是，克隆动物还是存在不可避免的缺陷。更有人担心，克隆动物拥有完全一样的基因，一旦爆发某种疾病所有动物都将无一幸免，在一朝之间死亡，那将带来灾难性的后果。克隆动物常见的问题包括：分娩的低成功率、胎儿过大以及胎盘畸形、水肿、产期死亡、复制动物导致动物的死亡率上升等，克隆动物的这些问题提醒我们关注克隆食品安全性和动物健康问题是十分必要的。克隆技术虽然为优良品种的动物快繁提供重要途径，但对克隆动物本身也增加了相应的风险，因此，对克隆家畜的肉奶产品等转基因食品采取谨慎的态度是没有错的。

当转基因食品的安全性还在越来越受到人们的广泛关注之际，欧洲食品安全局 2008 年 1 月在其网站上宣布：“就食品安全而言，克隆动物提供的食品和来自常规饲养动物的食品之间不大可能存在任何差异”。2008 年 1 月 11 日，该机构又发布报告，再次重申其有关克隆食品对人体无害的论断。2008 年 1 月 15 日，美国食品和药物管理局也再度重申，经过克隆的牛、猪和山羊以及它们的后代均可以安全食用，克隆牛产的奶也可安全食用，相关食品上市时无须贴专门标签，同意销售这些克隆动物制成的食品。欧盟和美国的食品安全部门相继为克隆食品开了绿灯，也许不久后克隆食品就会像转基因食品一样被摆上普通百姓的餐桌。克隆食品上餐桌，这在人类历史上尚属首次。或许，继转基因技术之后，克隆技术又将带来一次餐桌上的“革命”。

早在 2001 年，美国食品和药物管理局就曾委托全国科学基金会的一个专家委员会评估克隆牲畜的安全性。该委员会认为，克隆牲畜在食品安全上“问题不大”。如果用常规方法而不是肉骨粉饲养，克隆牛的安全性是毫无问题的，不要担心会有疯牛病。克隆与其他生物技术不同，不会在牛体内引入异种基因，基因突变的几率也属于可控制范围，因此食用克隆牛肉完全不必害怕。

美国食品和药物管理局最近收到的大量数据显示，克隆牲畜与普通牲畜出产的肉制品与奶制品没有区别。管理局收到的最重要数据来自得克萨斯州奥斯汀的 ViaGen 公司，该公司用来自 4 头克隆公猪和 3 头普通公猪的精子让 89 头母猪受孕，共产下 404 只幼崽，其中 242 只为克隆猪后代，这 404 只幼崽全部由美国农业部科学家在相同环境下饲养成年后宰杀。一家独立实验室随后对克隆猪后代的猪肉进行了蛋白质构成、脂肪酸分析等多项共 1.4 万份测试，其中只有 3 份测试结果与普通猪肉不同，仅 1 份超出农业部认定的正常范畴。

关于克隆牛所产的奶和肉，与天然繁殖的牛所产奶和肉到底有没有明显的区别，美日科学家组成的研究小组不久前在《自然》杂志上称，来自美国康涅狄格大学和日本鹿儿岛良种牛育种研究所的科学家采用体细胞克隆技术，分别用表皮纤维原细胞克隆了良种的日本黑肉牛与欧洲荷斯坦奶牛，然后将克隆肉牛的肉与天然繁殖肉牛的肉进行比较，同时将克隆奶牛所产的奶与天然繁殖奶牛所产的奶进行比较，科学家的结论是，克隆奶牛和天然繁殖奶牛所产奶的脂肪、蛋白质、乳糖、固体物以及尿素含量都没有明显区别；克隆牛所产牛初乳与天然繁殖牛所产牛初乳在抗体成分上也极其相似。在牛肉的对比研究中，研究人员发现克隆牛和天然繁殖牛的肉的湿润度、粗蛋白、粗脂肪、氨基酸和脂肪酸含量等 100 多项指标中有 90 多项基本一致，不一样的是克隆牛的肥肉含量、肠系膜脂肪含量和脂肪酸含量都略高，不过这些指标也在食品管理机构允许的范围内。

由日本东京大学等单位的 6 名教授组成的科研小组在 1999 年以“利用克隆技术的动物性食品的安全性”为题进行了多方面的研究，研究结果认为，担心胚胎细胞克隆牛和体细胞克隆牛作为食品有安全性问题是没有科学根据的。科研小组的研究结果认为：①胚胎细胞克隆牛和体细胞克隆牛虽然流产死亡和出生后死亡的事例比较多，但是，也有许多克隆牛在顺利地成长，仅对这些个体进行的研究来看，包括各种生理功能在内，迄今为止未见什么异常。②虽然哺乳动物和鸟类的体内存在着毒性和病原性物质，构成它们的蛋白质作为食品被食用后会对部分人产生过敏反应，但是还没发现导致人体产生毒性和病原性物质的情况。③目前也没有发现胚胎细胞克隆牛和体细胞克隆牛的蛋白质产生新的毒性和病原性物质。

尽管欧美的食品安全机构公布的数据显示，克隆牲畜与普通牲畜出产的肉制品与奶制品没有区别，是安全的。然而，全球各地仍有许多人对食用克隆家畜的肉、奶制品充满了疑虑，“皮尤食物和生物技术项目组织”在 2006 年 9 月做了一项民意调查，64% 的人都说他们不能接受克隆食品，人们给出的最主要原因是“宗教和道德”，食品的安全排在第二。2008 年 1 月 17 日，法国和德国农业部长坚决表明，不会食用克隆动物产品。英国主流媒体更是毫不留情地把克隆动物称作“农场坟墓的怪胎”，把克隆食品视为“怪物食品”。

消费者和有关国家的某些担心并非没有根据。自从德国胚胎学家汉斯·施佩曼于 1938 年率先提出克隆动物的设想以来，人们对克隆技术的怀疑和争议一直就没有间断过。尽管人类在这一领域的探索已有 70 年的历史，但克隆技术至今仍不尽成熟。研究发现，如同文件反复复印后清晰度会降低一样，使用体细胞克隆技术使动物代代相传，会对动物基因造成或大或小的损伤，而基因信息的流失会导致克隆动物出现“先天性病残”。与自然繁殖的动物相比，克隆动物容易出现体重超重等异常，患病率和死亡率相对较高，寿命更短。由此可见，美国食品和药物管理局关于克隆动物和普通动物“无差别论”似乎经不起推敲，克隆绵羊“多莉”的早逝可能就是有力的例证。

目前克隆动物食品要真正走向人们的餐桌还有三个困难需要克服。首先，克隆动物食品的安全性问题仍受到人们质疑。其次，现在生产克隆动物食品的成本还是高于传统食品的成本。最后，克隆动物食品要真正走向人们的餐桌，最根本的阻力还是来自消费者心理。

由于上述原因，尽管欧美相继为克隆动物食品开“绿灯”，但克隆动物的肉类和乳品要摆上普通百姓的餐桌恐怕还要经过激烈的交锋和艰难的过程。然而，随着科学技术的进步，克隆食品会像转基因食品一样，迟早会进入食物流通领域，摆上百姓的餐桌。因此，世界各国目前都应该考虑如何共同应对。比如，出台相关的法律法规和技术标准，不断完善克隆技术，研发并运用针对克隆食品的检验和检疫技术，防止有问题的克隆食品出入境，尤其要防止克隆食品演变为有害垃圾甚至基因炸弹，以确保消费者的知情权和克隆食品的安全性。

总之，克隆食品是否安全，不仅事关人类的健康和生命安全，还关系到人类的可持续繁衍。

第三节　保健食品及其安全性

一、保健食品概述

1. 定义与要求

保健食品在许多国家有不同的概念，如在日本称为机能性食品，强调以调节人体机能为主要目的。1996 年，我国卫生部发布了《保健食品管理办法》，对保健食品的概念进行了规范。

保健食品系指表明具有特定保健功能的食品，即适宜于特定人群食用，具有调节机体机能，不以治疗疾病为目的的食品。所以，保健食品的特点在于它对人体机能的调节上，而不在于对疾病的治疗上。对于生理机能正常，想要维护健康或预防疾病的人来说，是一种营养补充品；对生理机能异常的人来说，是一种调节生理机能、强化免疫功能的食品。

保健食品既是食品，又不是普通食品。首先，保健食品必须是食品，必须无毒、无害，符合普通食品的基本要求，即能提供一种或多种营养素，能被人体消化吸收，安全无害。其次，保健食品应有特定的保健功能，且是可以用科学的试验方法进行客观验证的具体、明确的功能，可满足一部分特殊人群的特殊生理机能的调节需要；同时，它不能取代人体正常的膳食摄入和对各种必需营养素的需要。再次，保健食品是适宜于特定人群食用的特殊食品，是为解决一部分特殊人群的特殊需要的特殊食品，它对食用对象、食用量都有一定的限制，并非人人皆宜。此外，保健食品虽能满足一部分特殊人群的特殊需要，但这只是在较少的食用量下，由其所含的功能因子，参加机体的生理调节作用，促进机体由一种不稳定或称诱病态向正常状态转化，所以它的作用是缓慢的。当病人处于病态时，不能取代药物对病人的治疗作用。所以保健食品不应也不能作为药品，它不能以治疗疾病为目的，只能以通过一定的途径调节机体的生理机能来满足人体的要求。

保健食品一方面应保证对人体不产生任何急性、亚慢性或慢性危害；另一方面应通过科学试验（功效成分定性、定量分析，动物或人群功能试验），证实确有有效的功效成分和有明显、稳定的调节人体机能的作用，或通过动物（人群）试验，确有明显、稳定的调节人体机能的作用。

2. 保健食品的功效成分

保健食品的功效成分主要有以下几类：

(1) 多糖类，如膳食纤维、茯苓多糖、灵芝多糖、香菇多糖等。

(2) 功能性甜味剂类，如单糖、寡糖、多元糖醇等。

(3) 功能性油脂（脂肪酸）类，如多不饱和脂肪酸（油酸、亚麻酸、花生四烯酸等）、磷脂、胆碱等。

(4) 自由基清除剂类，如超氧化物歧化酶（SOD）、谷胱甘肽过氧化酶等。

(5) 维生素类，如维生素 A、维生素 E、维生素 C 等。

(6) 肽与蛋白质类，如谷胱甘肽、免疫球蛋白等。

(7) 活性菌类，如乳酸菌、双歧杆菌等。

(8) 微量元素类，如硒、锌等。

其他还有二十八烷醇、植物甾醇、皂苷等。

3. 保健食品的产品分类

保健食品按调节人体机能的作用可分为调节免疫功能食品、延缓衰老食品、改善记忆食品、促进生长发育食品、抗疲劳食品、减肥食品、耐缺氧食品、抗辐射食品、抗突变食品、抑制肿瘤食品、调节血脂食品、改善性功能食品、调节血糖食品等。

按组成和功能可分为以下几种：

(1) 营养型保健品　该类保健品中含有人体易缺乏的一种或数种营养成分，如维生素类、氨基酸类、微量元素类或特殊营养成分等，能针对性地补给人体所缺乏的营养，补充能量，恢复人体正常状态，避免或治疗因人体缺乏某种营养成分所导致的疾病。

(2) 中药型保健品　是以中医药学理论指导组方原则，适当添加相应的中药或中药提取物而制成的保健品，如降血脂、增强心肌功能的保健品等。

(3) 微生态型保健品　微生态型保健品内含一种或多种有益身体的细菌，通过补充体内的有益菌，抑制杀灭体内有害菌，防止感染性疾病的发生；有益菌还可降低体内各种毒素和废物含量；生物合成维生素等有关营养成分，有利于补充体内营养；并可防止多种慢性病及老年病的发生。

(4) 综合型保健品　综合型保健品是集营养成分、中药活性成分、微生态成分于一体的保健品。由于内含成分全面，可综合调节人体生态平衡功能，具有良好的开发和使用前景。

(5) 其他类型的保健品　主要指从龟、鳖、蛇、蚁、虫等动物中提取的活性成分制成的保健品。这类保健品富含营养成分，并具有特有的活性成分，对特定的人群具有明显的保健功能。

二、保健食品的安全性

(1) 生产保健食品的企业应符合 GB 14881—1994 的规定，并应逐步健全质量管理体系。

(2) 原辅料　技术要求中原料、辅料、食品添加剂等应符合相应国家标准或行业标准的有关规定。放射性物质限量应符合 GB 14882—1994 的规定。

(3) 外观和功能特性　应具有保健食品特有的形态、色泽、气味、滋味、质地，不得有令人厌恶的气味和滋味。

(4) 功能要求　至少应具有调节人体机能作用的某一种功能。

(5) 理化要求

①净含量：应按我国《定量包装商品计量监督管理办法》执行。

②功效成分和营养素：保健食品一般应含有与其功能相对应的功效成分及功效成分的最低有效含量，必要时应控制有效成分的最高限量。应含有同类属食品应有的营养素。

③食品添加剂和食品营养强化剂的添加量：应符合食品添加剂使用卫生标准（GB 2760）和食品营养强化剂使用卫生标准（GB 14880）的规定；供婴幼儿、孕（产）妇食用的保健食品不得含有兴奋剂和激素；供运动员食用的保健食品不得含有 GB 15266 规定的禁用药品。

④卫生要求：见表 9－1 和表 9－2。

表 9－1　　铅、砷、汞的限量

项　目	限　量	
	一般产品	个别产品
砷（以 As 计）/(mg/kg) ≤	0.3	藻类和茶类为原料的固体饮料和胶囊产品 2.0
铅（以 Pb 计）/(mg/kg) ≤	0.50	藻类和茶类为原料的固体饮料和胶囊产品 1.0
汞（以 Hg 计）/(mg/kg) ≤	5.0	藻类和茶类为原料的固体饮料和胶囊产品 0.3

表 9－2　　微生物限量

项　目	限　量			
	液态产品		固态或半固态产品	
	蛋白质含量≥1.0%	蛋白质含量≤1.0%	蛋白质含量≥4.0%	蛋白质含量≤4.0%
菌落总数/(cfu/g 或 cfu/mL)≤	1000	100	30000	1000
大肠杆菌/(MPN/100g 或 MPN/100mL)≤	40	6	90	40
霉菌/(cfu/g 或 cfu/mL)≤	10	10	25	25
酵母/(cfu/g 或 cfu/mL)≤	10	10	25	25
致病菌	不得检出			

第十章 食品安全性评价

第一节 概 述

所谓食品安全性评价（food safety evaluation）就是运用毒理学动物试验结果，并结合流行病学的调查资料来阐明食品中某种特定物质的毒性及潜在危害、对人体健康的影响性质和强度，预测人类接触后的安全程度。

一、毒理学在食品安全性评价中的应用发展

毒理学（toxicology）是一门既古老又年轻的学科，是从生物医学角度研究化学物质对生物体的损害作用及其机制的科学。近年来，毒理学的研究范围已扩大，不只限于化学物质，还包括各种有害因素如放射性、微波等物理因素以及生物因素。随着社会生产的发展，人类使用和接触到的化学物质的种类已经超过500万种，其中包括了大量工农业生产过程中所使用和生产的化学物质，如食品添加剂、化妆品、农药、兽药等，在一定接触剂量和条件下，它们可产生毒作用。这些使得毒理学在研究内容和方法上有了极大的发展。

20世纪生命科学如生物化学、生物物理学、遗传学和分子生物学的新概念、新技术推动了毒理学的发展，不仅形成了一系列专门化的分支学科，而且具有各种各样的特异性毒作用的毒物也成为生命科学打开生命奥秘的工具和钥匙。

食品安全性评价就是毒理学的具体应用。经典方法中对安全系数做了许多附加修正，以提高种属之内与之间推导预测的精确性，但其后果就是面临来自行政规定而缺乏科学依据的一连串修正系数。近年来已提出了新的方法，尽可能使用实际数据而不是人为的假设来确定安全系数。如对致癌物质的评定将使用一种定量的模型，它所重视的是从高剂量到低剂量的推导，而不是从动物到人的种属间的推导。外源性化学物安全性评价的新进展还包括用毒性等效性因子或问答式的方法、构效关系的定量分析等来研究复杂化学物。

二、食品安全性评价检测技术的发展

检测技术是进行食品安全性评价工作的基础。为此，各国的食品安全控制系统都把检测机构的设置、先进检测方法的应用、分析质量保证（AQA）体系的建立和提高以及人员培养放在优先地位，也是国家食品安全保障体系的能力建设的重点。

目前，食品安全性评价及控制呈现两个明显的趋势：①安全卫生指标限量值逐步降低，并出现了污染物的超痕量指标，如二噁英检测超痕量水平达$10^{-15}\sim10^{-12}$数量级；②检测技术日益趋向于高技术化、系列化（多残留）、速测化、便携化。如在化学性危害的检测方面，做到了按一定的规范对受检产品取样进行快速检验；又如运用免疫学、生物工程技术建立的快速检测方法，这些方法有酶联免疫法、放射免疫法、受体传感器法、荧光素标记法、cDNA标记探针法等。这些高技术方法具有如下特点：第一，灵敏度高，可达$10^{-15}\sim10^{-12}$，甚至几个分子；第二，方法的特异性高、假阳性率相对较低；第三，适用范围较宽，可测定

各类食品；第四，检测的费用低。国外已有不少农、兽药残留和生物毒素快速筛检的试剂盒产品。这些检测一般可在非实验室的条件下在现场对样品进行筛检，只要检验结果为阳性，受检食品就不允许上市。当需要确切知道所检测项目的确实存在和定量结果时（如进行食品安全性评价、发生国内外贸易纠纷及仲裁、政府行为的监督检查时），再把阳性样品送到实验室内，用大型精密（甚至超精密）仪器进行进一步的确证和定量分析。

近年来使用大型精密仪器对于食品中很多痕量级成分进行提取、纯化、检测，如快速溶剂提取系统（ASE）、固相萃取系统（SPE）、超临界萃取系统（SPP）、免疫亲和层析柱（IAC）等样品的处理、浓缩技术等用于检测，与传统方法相比，对微量、痕量成分提取更加简化和快速，缩短了检测周期。又如，某些化学污染物的高度危害，在环境和生物体内难降解，造成食品和人体蓄积，需要采用大型精密仪器进行检测。另外，如二噁英及其类似物（包括多氯联苯），检测方法灵敏度的要求为超痕量水平，需要用高分辨质谱分析和采用稳定性同位素稀释技术进行检测；又如传统的原子吸收分光光度方法检测食品中矿物质和元素，也开始被更加灵敏和快速的 ICP - MS 取代。

目前农药残留的检测已从单个化合物的检测发展到可以同时检测几百种化合物的多残留系统分析，兽药残留的检测也向多组分方向发展。如美国 FDA 的多残留方法（可检测 360 多种农药）、德国 DFG 的方法（可检测 325 种农药）、荷兰卫生部的多残留分析方法（可检测 200 种农药）、加拿大多残留检测方法（可检测 251 种农药，其中 GC - MS 检测 239 种，HPLC - Fluor 检测 12 种）。将农药残留分析的主要步骤：样品的采集、制备、提取、纯化、浓缩、分析、确证等各步骤采用的不同方法建成不同的模块，根据样品及分析要求的不同，而组合成不同的处理分析流程，从而建立起一个多残留检测选择检索程序的前处理技术平台，使复杂的技术流程简化而又有分析质量保证。

在生物性危害方面，一些发达国家建立了以致病菌遗传物质的分子结构为基础的 DNA 指纹图谱鉴定技术，为可靠地确定食源性疾病患者排泄物中所分离的细菌与可疑中毒食品中分离的细菌的同源性提供了重要的手段。而且这些检测技术也为开展食源性致病菌的定量危险性评价提供了必不可少的技术支撑，成为控制微生物食源性危害的重要手段。美国已在全国范围内建立了细菌分子分型国家电子网络，并已成功地应用于导致沙门氏菌食物中毒暴发的食品的溯源及控制。而基于 PCR 的快速检测技术，特别是基因芯片的高通量能力可以从众多肠道致病菌或致泻性病毒与寄生虫中筛检病原并达到可溯源的能力。

三、有危害物质的监测

在食品安全性评价的过程中，有关危害物监测研究资料对危害物的确定、危害程度的判断均具有重要的参考作用。因此，建立对危害物质进行监测、溯源和预警体系，既能有效掌握和控制危害物质对人体健康的危害，还能积累数据，作为危险性评估的重要资料。

1. 食源性疾病与危害的监测

对食源性疾病采用设置的哨点（Sentinel point）进行监测，以及在发生食源性疾病后，对病原菌的摄入量与健康效应进行剂量 - 反应关系的分析，是进行危险性评估、掌握食源性疾病的变化趋势和制定食源性疾病控制对策的重要依据。目前，美国疾病预防控制中心（CDC）的主动监测网络在改善食源性疾病的漏报率方面已取得显著成绩。一些西方发达国家已开展了禽、肉制品中沙门氏菌以及乳制品中李斯特氏菌的定量危险性评价。

2. 食品中化学污染物的监测

早在1970年，世界卫生组织（WHO）就与联合国环境保护署（UNEP）和联合国粮农组织（FAO）联合发起全球环境监测规划/食品污染监测与评估项目（GEMS/Food），并与相关国际组织制定了庞大的污染物监测项目与分析质量保证体系（AQA），其主要目的是监测全球食品中主要污染物的污染水平及其变化趋势。如此，不但可了解食品中化学污染物的基本情况，还可为优先控制污染物并追踪其变化趋势、进行食品安全性评价提供可靠依据。目前一些发达国家都有比较固定的监测网络和比较齐全的污染物与食品监测数据。如美国有近20多年的动物性食品中农药（如DDT等）的残留量资料。我国虽是GEMS/Food计划的参加国，只在一些重要污染物（重金属、农药、兽药、真菌毒素等）方面开展了一些零星的检测工作，缺乏系统的监测数据。这不但影响我国食品中污染物标准制定的科学性，而且无法在CAC制定过程中积极参与和保护本国利益。如目前CAC正在讨论水产品中铅的限量标准，而我国的有限数据大多数还停留在20世纪80~90年代的水平，因此在讨论中发言权很少。此外，二噁英、氯丙醇和伏马菌毒素等限量标准，CAC已开始讨论，而我国至今还不清楚，迫切需要监测数据。

3. 对食源性危害物进行人群接触评估

开展监测研究的重要目的之一是为了对各种消费者人群进行危害物接触评估，以得出危险性评价的最终结果。国际上成熟的经验是首先要知道平均每人每天某些危害的膳食摄入量，即所谓“外接触”；接着要知道在机体内的负荷（如血、尿中铅的浓度、二噁英的浓度等），即所谓的“内接触”。鉴于当前所关注的主要化学性危害均系低剂量和长时间接触，要以临床指标评价健康效应是不现实的。因此，必须采用生物学标志物进行评估。生物学标志物包括接触性和效应性。接触性标志物可以反映某些危害的摄入水平，如尿中黄曲霉毒素与DNA的结合物，氯丙醇的代谢产物巯基尿酸和氯乳酸等；效应性标志物可以反映机体生理功能的损伤，如镉导致尿中β_2-微球蛋白的出现，伏马菌素引起神经鞘氨醇的改变，二噁英和氯丙醇引起男性精子动力学的变化。这些数据为评价食源性危害的危险性提供十分宝贵的依据。如果外接触指标不超过FAO/WHO提出的安全摄入量水平（ADI），或暂定每周允许摄入量（PTWI），内接触不超过正常值，生物学标志物不显著高于非接触人群，则可以相当有把握地认为此摄入量是安全的；反之，则是不安全的，需要采取控制措施。这套评估技术是一些发达国家近20年来工作经验的总结，并已纳入FAO/WHO和WTO/CAC的诸多文件，同时，这也是制定食品安全标准和仲裁贸易纠纷的重要手段和依据。

四、对新技术、新工艺、新资源加工食品进行安全性评估

现代农业生产过程中，农药、植物生长调节剂的使用已经日趋增加。农产品农药残留以及蔬菜、水果进行“膨大”、“催熟”的植物生长调节剂中是否具有性激素活性，成为人们关注的焦点。此外，在日常膳食中存在的植物雌激素（如大豆异黄酮等）对儿童的性激素作用也引起国际学术界对婴儿配方食品中是否允许加大豆制品的争论。为此，发达国家已经投入巨资开展环境内分泌干扰物的筛选计划，美国已经开始对所批准登记的农药进行内分泌干扰活性的筛选，并将于2008年公布根据内分泌干扰活性重新确定的农药的最高残留限量（MRL）。

由新技术生产出的食品的安全性一直是世界重点关注的中心。如由转基因技术生产的油料含有反式脂肪酸致心血管疾病；辐照食品衍生物的安全性问题；螯合钙（甘氨酸钙）与传统的钙原的吸收利用率明显不同，它仅在1/5剂量就可能造成中毒；我国保健食品的主要

原料成分与国际上的功能食品或膳食补充剂有很大不同，一般是多种植物粗提取物的混合物，纯度低，且没有像国外具备一套成熟的评价其安全性的程序和方法，等等。目前，还缺乏对这些新技术带来的安全性问题开展有针对性的评价的合理、权威的方法。

另外，食品工业用菌安全性的检测与评价在世界各国均受到很大程度的关注。在欧、美、日等许多国家，对食品发酵用菌种的管理、审批非常严格，对菌种的使用历史、分类鉴定、耐药性、遗传稳定性、有效性都有明确的要求和数据库，生产用的菌株要求必须在国际公认的菌种保存中心保存。许多国家还制定出食品工业中允许使用的菌种名单，建立了完善的菌种安全性评价的检验方法。

五、食品安全性评价方法的发展

现代生物学应用，对外源性化学物已经从安全性评价（Safety evaluation）发展到危险性评估（Risk assessment）。

在20世纪50年代初期，以急性和慢性毒性试验所获得的动物实验资料为基础的综合评价一般称为安全性评价，提出未观察到有害作用剂量（No observed adverse effect level，NOAEL）及制定人的每日允许摄入量（Acceptable daily Intake，ADI），以此为基础与基准制定各种卫生标准。到目前为止，我国在此领域的国家标准名称还沿用《食品安全性毒理学评价程序和方法》。而1960年美国国会通过的Delaney修正案确定了“凡是对人和动物有致癌作用的化学物不得加入食品”的条款，按此进行管理就提出了致癌物零阈值（Zero threshold）的概念。到了20世纪70年代的后期，发现的致癌物越来越多，而其中一些（如二噁英）是难以避免或无法将其完全消除的，或在权衡利弊后尚无法替代的化学物。于是，零阈值的概念演变成可接受危险性（acceptable risk）的概念，以此对外源性化学物进行危险性评估，即接触某化学物终生所致的危险性减低到可接受危险性，且将其视为相当于不可抗拒的自然灾害所致的人类社会危险性。随之，危险性评估与预测的方法应运而生，并已经从化学物的致癌作用扩展到了生殖发育和内分泌危害、神经精神危害和免疫危害，甚至生物性因素（如微生物感染）领域的危险性分析。从安全性评价向危险性评估的发展，不仅是“有毒、有害物质”的危害定量化的发展，而且在定性方面也有了很大进展。这使得毒理学与食品安全科学紧密地结合起来，把危险性科学的发展推到了一个新的高度。

由于化学、毒理学、营养学和微生物学之间的界限日渐缩小，利用多学科机制建立起来的食品安全性评价将全面地发展到以危险性评估、危险性管理和危险性交流组成的危险性分析技术。因为常用的危险性评估架构可以指导危险性管理者用相对统一的方法来使用有用的信息，而评价者可以在做出合理决策时指出尚缺乏的科学资料，并可协调各国间食品“安全性评价”程序的差别。

第二节　食品的毒理学评价

一、毒理学基本概念

（一）毒物及其分类

（1）毒物（poison）是指在一定条件下，以较小剂量进入机体就能干扰正常的生化过程或生理功能，引起暂时或永久性的病理改变，甚至危及生命的化学物质。

实际上几乎所有的化学物质都有引起机体损伤的可能。例如，各种药物在其治疗剂量范围内发挥疗效，而超出该范围达到中毒剂量时，则成为毒物。又如人体内经常有痕量的铅、汞等重金属存在，对人体没有危害，但超过一定剂量后，会发生重金属中毒。可见，“所有物质都是毒物，剂量将它们区分为毒物与药物”。

（2）毒物的分类　人类最早接触的毒物主要是动植物中的天然毒物。自19世纪工业革命以来，化学合成物大量面世。到目前为止全世界已经登记的化学物质达1000多万种，人们经常使用和接触的有7万~8万种。随着人类科学技术的飞速发展，使人们接触的化学物质数量和种类迅猛增长。在毒理学研究中可将这些化学物质按用途和分布范围分为：

①工业化学品：如工业生产原料、辅剂、中间体、副产品、杂质、成品等。

②食品添加剂：如糖精、香精、食用色素、防腐剂、甜味剂、抗氧化剂等。

③日用化学品：如化妆品、清洁与洗涤用品等。

④农用化学品：如化肥、农药（如杀虫剂、防虫剂、除草剂）、植物生长调节剂、保鲜剂等。

⑤医用化学品：如各种剂型的药物、消杀剂、造影剂等。

⑥环境污染物：如存在于废水、废气、废渣中的各种化学物质。

⑦生物毒素：如动物毒素、植物毒素、细菌毒素、真菌毒素等。

⑧军事毒物：如芥子气等战争毒剂。

⑨放射性物质：如放射性核素、天然放射性元素等。

（二）毒性及其分级

1. 毒性（toxicity）

毒性是指化学物质能够造成机体损害的能力。

毒性的大小与剂量、接触条件包括接触途径、接触期限、速率和频率等因素有关。

（1）剂量　是化学物质毒性的决定因素。在同等剂量下，对机体损害能力越大的化学物质，其毒性越高。相对于同一损害指标，需要剂量越小的化学物质，其毒性越大。毒性大小也是相对的。只要达到一定的剂量水平，化学物质就具有毒性，而如果低于某一剂量水平时，不具有毒性。

（2）接触途径　多数情况下，化学物质需要进入血液并随血流到达作用部位才能发挥其毒性，而同一种化学物质经由不同途径（经口、皮、呼吸道等）与机体接触时，其吸收系数（即入血量与接触量之比）是不同的。例如，经静脉染毒时，化学物质直接入血，吸收系数为1，即完全被吸收，通常表现出的毒性也最高。其他静脉外途径染毒，一般吸收系数都小于1，表现出的毒性也相对较低。经口染毒时，化学物质在胃肠道吸收后经由门静脉系统到达肝脏被代谢（称为首过效应，first pass effect）。在这种情况下，代谢产物的毒性直接影响化学物质对机体的损害能力。

（3）接触期限、速率和频率

①接触期限：在毒理学研究中，通常按给动物染毒的时间长短分为急性、亚慢性和慢性毒性试验。急性毒性试验为1次或24h内多次对实验动物高剂量染毒，而亚慢性和慢性毒性试验则为较长时间（至少1个月以上）内对动物反复多次低剂量染毒。许多化学物质的急性染毒与较长时间染毒的毒性表现不同，一般前者迅速而剧烈，后者则相对平缓。除了强度差别外，有时还有性质差别。例如，有机溶剂苯的急性中毒表现是中枢神经系统抑制，而重复接触则导致再生障碍性贫血和白血病。

②接触速率：不同化学物质即使染毒剂量相同，若吸收速率不同则中毒表现也将不同。吸收速率快者（如静脉注射）可在短时间内到达作用部位并形成较高浓度，从而表现出较强的毒性。

③接触频率：对于具体的化学物质而言，接触的间隔时间如短于其生物半减期（$t_{1/2}$）时，进入机体的量大于排出量，易于积累至一个高水平，从而引起中毒。反之，如接触的间隔时间长于 $t_{1/2}$ 时，就不易引起中毒（高剂量接触时除外）。

2. 选择毒性（Selective toxicity）

选择毒性系指一种化学物质只对某种生物产生损害作用，而对其他种类生物无害；或只对机体内某一组织器官发挥毒性，而对其他组织器官不具毒作用。

化学物质出现选择毒性的原因可能在于：①物种和细胞学差异；②不同生物或组织器官对化学物质生物转化过程的差异；③不同组织器官对化学物质亲和力的差异；④不同组织器官对化学物质所致损害的修复能力的差异。

选择毒性反映了生物现象的多样性和复杂性，使毒理学动物试验结果外推至人发生困难。但也正是由于选择毒性的存在，人类才得以发明各种特异性药物用于临床医疗、农业和畜牧业等领域，并从中获益。

3. 毒性分级

（1）毒性终点　在毒理学研究中，不同阶段的试验可用于观察化学物质的不同毒作用或毒性终点（end－point）。如急性毒性试验以受试物引起的机体死亡为毒性终点指标；亚慢性、慢性毒性试验以受试物造成的生理、生化、代谢等过程的异常改变为毒性终点指标；而遗传毒理学试验则以受试物导致的基因突变、染色体畸变、畸形、肿瘤形成等为毒性终点。

（2）毒性分级　因许多毒性终点之间无法类比，故化学物质的毒性分级标准以终点为基础，如急性毒性根据 LD_{50} 分级，致畸物则根据致畸指数分级。但目前各国分级标准尚不统一。下面介绍联合国世界卫生组织（WHO）和我国对农药、食品的急性毒性分级，见表 10－1、表 10－2。

表 10－1　　外来化合物急性毒性分级标准（WHO）

毒性分级	大鼠一次经口 LD_{50}/（mg/kg）	6 只大鼠吸入 4h，死亡 2～4 只的浓度/（mg/kg）	兔经皮 LD_{50}/（mg/kg）	对人可能致死的剂量	
				（g/kg）	总量（g/60kg）
剧毒	<1	<10	<5	<0.05	0.1
高毒	1～	10～	5～	0.0	3
中毒	50～	100～	44～	0.5～	30
低毒	500～	1 000～	350～	5～	250
实际无毒	5 000～	1 000～	2 180～	>15	>1 000

表 10－2　　我国农药的急性毒性分级

毒性分级	经口 LD_{50}/（mg/kg）	兔经皮 LD_{50}/（mg/kg）	吸入 LD_{50}（2h）/（mg/kg）
剧毒	<5	<20	<20
高毒	5～50	20～200	20～200

续表

毒性分级	经口 LD_{50}/(mg/kg)	兔经皮 LD_{50}/(mg/kg)	吸入 LD_{50} (2h)/(mg/kg)
中毒	50~500	200~2 000	200~2 000
低毒	>500	>2 000	>2 000

（三）毒作用及其分类

1. 化学物质的毒作用（Toxic effect）

化学物质的毒作用是指外源性化学物质本身或其代谢产物在作用部位达到一定数量并停留一定时间，与组织大分子成分互相作用的结果。毒作用又称为毒效应，是化学物质对机体所致的不良或有害的生物学改变，故又可称为不良效应、损伤作用或损害作用。

一般认为，毒作用应具有以下特点：①造成机体的正常形态、生理过程、生长发育过程受到影响，寿命可能缩短；②造成机体的功能容量（如维持机体内稳态的能力、进食量、耐力等）降低；③造成机体对外加应激的代偿能力降低；④造成机体对其他某些环境有害因素的易感性增高。

2. 化学物质的毒作用分类

化学物质的毒作用根据其特点、发生的时间和部位有不同的种类。

（1）速发作用与迟发作用

①速发作用（Immediate effect）：指机体与化学物质接触后在短时间内出现的毒效应。

②迟发作用（Delayed effect）：指机体接触化学物质后，中毒症状缺乏或虽有中毒症状但似已恢复，经过一定的时间间隔才表现出来的毒效应。致癌物的潜伏期往往很长，从机体与之初次接触到出现肿瘤有时需要20~30年时间，又称为远期作用。

（2）局部作用与全身作用

①局部作用（Local effect）：指发生在化学物质与机体直接接触部位处的损伤作用。

②全身作用（Systemic effect）：是指化学物质经血液循环到达体内其他组织器官引起的毒效应。

大多数化学物质引起全身作用。如铅吸收后，可引起血液、神经、消化、生殖等多系统病变。某些化学物质兼有这两种作用，如四乙基铅在接触部位对皮肤有损害作用，吸收后分布到全身，对中枢神经系统以及肝、肾等实质性脏器发挥其毒性。某些严重的局部作用也可间接引起全身作用，如严重的酸灼伤后，可引起未接触到酸的肾脏损害。

（3）可逆作用与不可逆作用

①可逆作用（Reversible effect）：指停止接触化学物质后，造成的损伤可以逐渐恢复。常见于接触化学物质的剂量较低、接触时间较短、损伤较轻时。

②不可逆作用（Irreversible effect）：是指停止接触化学物质后，损伤不能恢复，甚至进一步发展加重。

化学物质的毒作用是否可逆主要取决于被损伤组织的再生能力。如对于肝脏这样的再生能力强的器官，多数损伤是可逆的；而对于中枢神经这样的再生能力很差的组织，则损伤多为不可逆的。

（4）过敏性反应（Hypersensibility） 也称变态反应（Allergic reaction）。该反应与一般的毒性反应不同。首先，某些作为半抗原的化学物质（致敏原）与机体接触后，与内源性蛋白结合为抗原并激发抗体产生，称为致敏；当再度与该化学物质或结构类似物质接触时，引发抗原抗体反应，产生典型的过敏反应症状。化学物质所致的过敏性反应在低剂量下即可发生，难以观察到剂量-反应关系。损害表现多种多样，轻者仅有皮肤症状，重者可致休克，甚至死亡。

(5) 特异体质反应（Idiosyncratic reaction） 系由于遗传因素所致的对某些化学物质的反应异常。如肌肉松弛剂琥珀酰胆碱正常时可为血浆中的拟胆碱酯酶迅速分解，故作用时间很短。而某些病人由于该酶基因中的个别单核苷酸发生了改变，使之缺乏分解该药物的能力。当被给予标准剂量的琥珀酰胆碱时，呈现持续性的肌肉松弛，甚至窒息。

（四）损害作用与非损害作用

损害作用（Adverse effect）所致的机体生物学改变是持久的，可逆或不可逆的，造成机体功能容量，如进食量、体力劳动负荷能力等涉及解剖、生理、生化和行为等方面的指标的改变，维持体内的稳态能力下降，对额外应激状态的代偿能力降低以及对其他环境有害因素的易感性增高，使机体正常形态、生长发育过程受到影响，寿命缩短。

非损害作用（Non-adverse effect）所致机体发生的一切生物学变化都是暂时和可逆的，应在机体代偿能力范围之内，不造成机体形态、生长发育过程及寿命的改变，不降低机体维持稳态的能力和对额外应激状态代偿的能力，不影响机体的功能容量的各项指标改变，也不引起机体对其他环境有害因素的易感性增高。

（五）毒效应谱（Spectrum of toxic effects）

化学物质与机体接触后引起的毒效应包括肝、肾、肺等实质器官损伤、内分泌系统紊乱、免疫抑制、神经行为改变、出现畸胎、形成肿瘤等多种形式。效应的范围则从微小的生理生化正常值的异常改变到明显的临床中毒表现，直至死亡。毒效应的这些性质与强度的变化构成了化学物质的毒效应谱。

（六）靶器官（Target organ）

化学物质被吸收后可随血液分布到全身各个组织器官，但其直接发挥毒作用的部位往往只限于一个或几个组织器官，这样的组织器官称为靶器官。

许多化学物质有特定的靶器官，另有一些则作用于同一个或同几个靶器官，这在化学结构与理化性质近似的同系物或同类物中更为多见。但对同一靶器官产生相同毒效应的化学物质的作用机制可能不同。

（七）生物学标志（Biomarker，Biological marker）

生物学标志又可称为生物学标记或生物标志物，是指针对通过生物学屏障进入组织或体液的化学物质及其代谢产物，以及它们所引起的生物学效应而采用的检测指标。生物学标志的研究与应用可准确判断机体接触化学物质的实际水平，有利于早期发现特异性损害并进行防治，对于阐明毒作用机制、建立剂量-反应关系、进行毒理学资料的物种间外推具有重要意义，是阐明毒物接触与健康损害之间关系的有力手段。

生物学标志可分为接触生物学标志、效应生物学标志和易感性生物学标志三类。

(1) 接触生物学标志（Biomarker of exposure） 是对各种组织、体液或排泄物中存在的化学物质及其代谢产物，或它们与内源性物质作用的反应产物的测定值，可提供有关化学物质暴露的信息。接触生物学标志又分为体内剂量标志和生物效应剂量标志。

①体内剂量标志：可以反映机体中特定化学物质及其代谢物的含量，即内剂量或靶剂量，如检测人体的某些生物材料（如血液、尿液、头发中的铅、汞、镉等重金属含量）可以准确判断其机体暴露水平。

②生物效应剂量标志：可以反映化学物质及其代谢产物与某些组织细胞或靶分子相互作用所形成的反应产物含量。如苯并[a]芘可与DNA结合形成加合物，又如环氧乙烷可与血红蛋白形成加合物。这些加合物的形成往往预示着毒效应的起始，而加合物的数量则决定了毒效应的强度。故生物效应剂量标志的使用有助于准确地建立剂量-反应关系。

（2）效应生物学标志（Biomarker of effect） 是指可以测出的机体生理、生化、行为等方面的异常或病理组织学方面的改变，可反映与不同靶剂量的化学物质或其代谢产物有关的健康有害效应的信息。

效应生物学标志包括早期效应生物学标志、结构和功能改变效应生物学标志和疾病效应生物学标志。早期效应生物学标志主要反映化学物质与组织细胞作用后，在分子水平产生的改变。结构和功能改变效应生物学标志反映的是化学物质造成的组织器官功能失调或形态学改变。

（3）易感性生物学标志（Biomarker of susceptibility） 是反映机体对化学物质毒作用敏感程度的指标。

二、剂量-反应关系

（一）剂量（Dose）

剂量通常可指机体接触化学物质的量或在试验中给予机体受试物的量（外剂量），也可指化学物质被吸收入血的量（内剂量）或到达靶器官并与其相互作用的量（靶剂量、生物有效剂量）。单位可用mg/kg体重、mg/cm^2皮肤等表示。

（二）反应（Response）

反应是指化学物质与机体接触后引起的生物学改变。反应分为量反应（Graded response）和质反应（Quantal response）两类。

量反应属于计量资料，有强度和性质的差别，可以某种测量数值表示。如有机磷农药抑制血中胆碱酯酶活性，其程度可用酶活性单位的测定值表示。

质反应通常用于表示化学物质在个体中引起的毒效应强度的变化。质反应属于计数资料，没有强度的差别，不能以具体的数值表示，而只能以“阴性或阳性”、“有或无”来表示，如死亡或存活、患病或未患病等。质反应用于表示化学物质在群体中引起的某种毒效应的发生比例。

（三）剂量-反应关系

剂量-量反应关系和剂量-质反应关系统称为剂量-反应关系。化学物质的剂量越大，所致的量反应强度应该越大，或出现的质反应发生率应该越高。在毒理学研究中，剂量-反应关系的存在被视为受试物与机体损伤之间存在因果关系的证据。

（1）剂量-量反应关系（Graded dose - response relationship） 表示化学物质的剂量与个体中发生的量反应强度之间的关系。如空气中的CO浓度增加导致红细胞中碳氧血红蛋白含量随之升高。

（2）剂量-质反应关系（Quantal dose - response relationship） 表示化学物质的剂量与某一群体中质反应发生率之间的关系。如在急性吸入毒性实验中，随着苯的浓度增高，各试验组的小鼠死亡率也相应增高。

（四）剂量-反应曲线

（1）剂量-反应曲线 以表示量反应强度的计量单位或表示质反应的百分率为纵坐标、

以剂量为横坐标绘制散点图，可得到一条曲线，即剂量－反应曲线。

（2）剂量－反应曲线的形式　常见的剂量－反应曲线有以下几种形式：

①S 形曲线：是典型的剂量－反应曲线，多见于剂量－质反应关系中，分为对称 S 形曲线和非对称 S 形曲线两种形式。

对称 S 形曲线：当群体中的全部个体对某一化学物质的敏感性差异呈正态分布时，剂量与反应率之间的关系表现为对称 S 形曲线（图 10－1）。

非对称 S 形曲线：曲线在靠近横坐标左侧的一端曲线由平缓转为陡峭的距离较短，而靠近右侧的一端曲线则伸展较长。它表示随着剂量增加，反应率的变化呈偏态分布（图 10－2）。

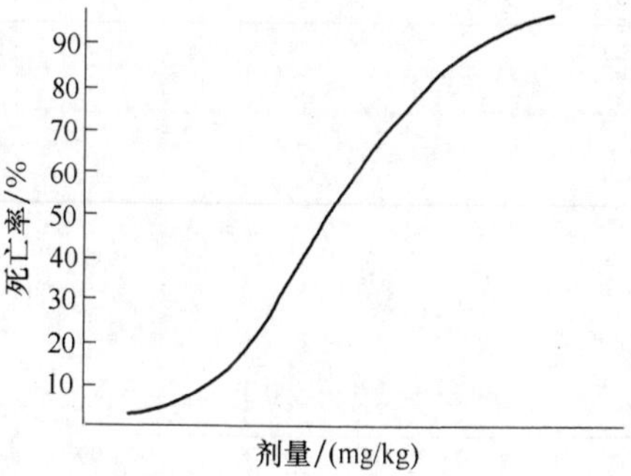

图 10－1　对称 S 形曲线

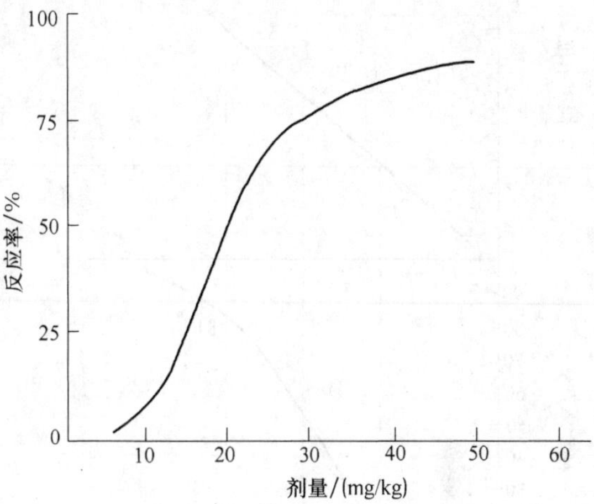

图 10－2　非对称 S 形曲线

对称和非对称 S 形曲线在 50% 反应率处的斜率最大，剂量与反应率的关系相对恒定。因此，常用引起 50% 反应率的剂量来表示化学物质的毒性大小。如半数致死剂量（LD_{50}）、半数中毒剂量（TD_{50}）、半数效应剂量（ED_{50}）等。

②直线：化学物质剂量的变化与反应的改变成正比。

③抛物线：为一条先陡峭后平缓的曲线，类似于数学中的对数曲线，又称为对数曲线型。这种曲线只需将剂量换算为对数即可转变为一条直线。

（3）剂量－反应曲线的转换　当把纵坐标的标识单位反应率改为反应频率时，对称 S 形曲线转换为高斯曲线（图 10－3 的下图）。当纵坐标标识单位用概率单位（见表 10－3），对称形曲线即转换为直线（图 10－3 的上图）。如非对称 S 形曲线转换为直线：先把横坐标的剂量单位换算为相应的对数，再把纵坐标的反应率改为概率单位，即可得到一条直线。

表 10－3　　反应率与概率单位之间的换算关系

反应率/%	概率单位
0.1	2
2.3	3
15.9	4
50.0	5
84.1	6
97.7	7
99.9	8

转换而来的直线可以建立数学方程，计算出各剂量对应的反应率及曲线斜率。LD_{50}、TD_{50}、ED_{50}等只是引起50%反应率发生的一个点剂量，不能全面反映化学物质的毒性特征，而曲线斜率可反映这方面的情况。如图10－4所示，A、B两化学物质的LD_{50}相同，但其曲线斜率不同。A物质的曲线斜率小，需要有较大的剂量变化才能引起明显的死亡率改变；而B物质的曲线斜率大，相对小的剂量变化即可引起明显的死亡率改变。在较低剂量时，A物质的危险性较大，而在较高剂量时，B物质的危险性较大。

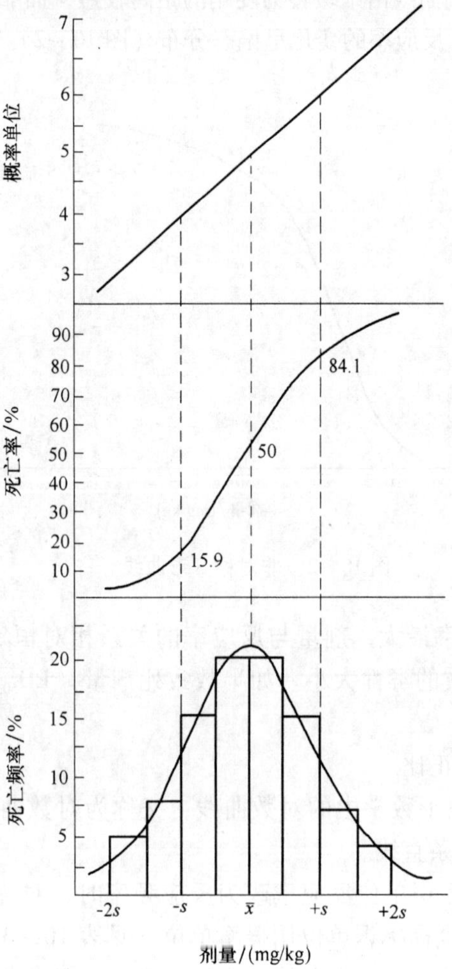

图10－3 S形剂量－反应曲线转换为直线

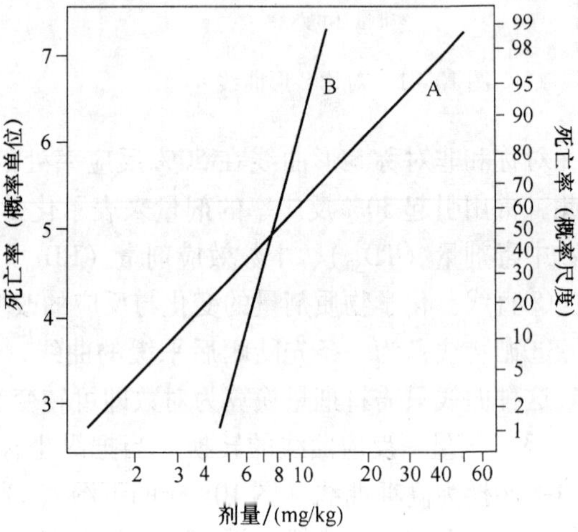

图10－4 两种化学物质的毒性比较

三、表示毒性常用指标

毒理学中常用的毒性指标包括致死剂量、阈剂量、最大无作用剂量和毒作用带等。当受试物质存在于空气或水中时，上述各指标中的剂量改称为浓度（Concentration）。

（一）致死剂量

（1）绝对致死剂量（Abaolute lethal dose，LD_{100}） 指化学物质引起受试对象全部死亡所需要的最低剂量或浓度。

（2）最小致死剂量（Minimal lethal dose，MLD或LD_{01}） 指化学物质引起受试对象中的个别成员出现死亡的剂量。从理论上讲，低于此剂量即不能引起死亡。

（3）最大耐受剂量（Maximal tolerance dose，MTD 或 LD_0） 指化学物质不引起受试对象出现死亡的最高剂量。若高于该剂量即可出现死亡。

（4）半数致死剂量（Median lethal dose，LD_{50}） 指化学物质引起一半受试对象出现死亡所需要的剂量，又称致死中量。LD_{50}是评价化学物质急性毒性大小最重要的参数，也是对不同化学物质进行急性毒性分级的基础标准。化学物质的急性毒性越大，其 LD_{50}的数值越小。

（二）阈剂量和最大无作用剂量

（1）阈剂量（Threshold dose） 指化学物质引起受试对象中的少数个体出现某种最轻微的异常改变所需要的最低剂量，又称为最小有作用剂量（Minimal effect level，MEL）。

阈剂量分为急性和慢性两种：急性阈剂量（Acute threshold dose，Lim_{ac}）为与化学物质一次接触所得；慢性阈剂量（chronic threshold dose，Lim_{ch}）则为长期反复多次接触所得。

最低剂量（Lowest observed adverse effect level，LOAEL）：由于实际工作中，化学物质所致的损害作用受到所选观察指标、检测技术的灵敏度和精确性、试验设计的剂量组数以及每组受试对象数等多种因素的影响，准确地测定阈剂量是很困难的，故该概念只有理论上的意义。在毒理学试验中获得的类似参数是观察到损害作用的最低剂量。

（2）最大无作用剂量（Maximal no - effect dose，ED） 指化学物质在一定时间内，按一定方式与机体接触，用现代的检测方法和最灵敏的观察指标不能发现任何损害作用的最高剂量。

未观察到损害作用的剂量（No - observed adverse effect level，NOAEL）：最大无作用剂量也不能通过试验获得。毒理学试验能够确定的是未观察到损害作用的剂量。

（三）毒作用带（Toxic effect zone）

毒作用带是表示化学物质毒性和毒作用特点的重要参数之一，分为急性毒作用带与慢性毒作用带。

（1）急性毒作用带（Acute toxic effect zone，Z_{ac}） 为半数致死剂量与急性阈剂量的比值，即：

$$Z_{ac} = LD_{50}/Lim_{ac}$$

Z_{ac}值小，说明化学物质从产生轻微损害到导致急性死亡的剂量范围窄，引起死亡的危险性大；反之，则说明引起死亡的危险性小。

（2）慢性毒作用带（Chronic toxic effect zone，Z_{ch}） 为急性阈剂量与慢性阈剂量的比值，即：

$$Z_{ch} = Lim_{ac}/Lim_{ch}$$

Z_{ch}值大，说明 Lim_{ac} 与 Lim_{ch} 之间的剂量范围大，由极轻微的毒效应到较为明显的中毒表现之间发生发展的过程较为隐匿，易被忽视，故发生慢性中毒的危险性大；反之，则说明发生慢性中毒的危险性小。

（四）安全限值

安全限值即卫生标准，是对各种环境介质（空气、土壤、水、食品等）中的化学、物理和生物有害因素规定的限量要求。它是国家颁布的卫生法规的重要组成部分，是政府管理部门对人类生活和生产环境实施卫生监督和管理的依据，是提出防治要求、评价改进措施和效果的准则，对于保护人民健康和保障环境质量具有重要意义。常用每日容许摄入量（Accept able daily intake，ADI）、最高容许浓度（Maximum allowable concentration，MAC）、阈限值（Threshold limit value，TLV）、参考剂量（Reference dose，RfD）等来表示。

（1）每日容许摄入量　指允许正常成人每日由外环境摄入体内的特定化学物质的总量。单位用mg/（kg体重）表示。

（2）最高容许浓度　在劳动环境中，MAC是指车间内工人工作地点的空气中某种化学物质不可超越的浓度。在此浓度下，工人长期从事生产劳动，不致引起任何急性或慢性的职业危害。在生活环境中，MAC是指对大气、水体、土壤等介质中有毒物质浓度的限量标准。

接触人群中最敏感的个体即刻暴露或终生接触该水平的化学物质，不会对其本人或后代产生有害影响。由于接触的具体条件及人群的不同，即使是同一化学物质它在生活或生产环境中的MAC也不相同。

（3）阈限值　为美国政府工业卫生学家委员会（ACGIH）推荐的生产车间空气中有害物质的职业接触限值，为绝大多数工人每天反复接触不致引起损害作用的浓度。由于个体敏感性的差异，在此浓度下不排除少数工人出现不适、既往疾病恶化甚至罹患职业病。

（4）参考剂量　为环境介质（空气、水、土壤、食品等）中化学物质的日平均接触剂量的估计值。RfD是由美国环境保护局（EPA）首先提出，用于非致癌物质的危险度评价。人群（包括敏感亚群）在终生接触该剂量水平化学物质的条件下，预期一生中发生非致癌或非致突变有害效应的危险度可低至不能检出的程度。

化学物质的安全限值一般是将LOAEL或NOAEL缩小一定的倍数来确定的。这个缩小的倍数称为安全系数或不确定系数。

四、一般毒性作用及其实验方法

根据接触毒物的时间长短，可将产生的一般毒性作用分为急性毒性、亚慢性毒性和慢性毒性。相应地，根据接触毒物的时间长短所进行的观察和评价毒效应的试验可分为急性毒性试验、亚慢性毒性试验和慢性毒性试验。

一般毒性的研究对防治外源性化学物所致急性中毒、对食品毒理学安全性评价和危险度评定、食品制定卫生标准以及管理毒理学的决策方面均具有十分重要的意义。

（一）急性毒性作用及其试验方法

（1）急性毒性作用（Acute toxicity）是指机体（实验动物或人）一次或24h内多次接触外源化学物后短期内所产生的毒性效应，包括一般行为、外观改变、大体形态变化以及死亡效应。

（2）急性毒性试验的目的　①测定和求出受试化学物对实验动物的半数致死剂量和其他急性毒性参数，并根据LD_{50}值进行急性毒性分级的评价；②初步评价受试化学物对机体急性毒效应的强度、性质和可能的靶器官；③为亚慢性、慢性毒性研究及其他毒理试验染毒剂量的设计和观察指标的选择提供依据；④为毒理学机制研究提供线索。

（3）急性毒性试验原理　经口一次性给予或24h内多次给予受试物后，观察在短时间内（一般1~2周）动物所产生的毒性反应，包括致死和非致死的指标参数，致死剂量通常用半数致死剂量LD_{50}来表示。

（4）急性毒性试验方法要点（GB15193.3—1994）

①实验动物：一般均分别用两种性别的成年小鼠或大鼠，小鼠体重为18~22g，大鼠体重为180~220g。要求同一次试验同一批实验动物体重变异范围不应超过该批动物平均体重的20%。动物应隔夜空腹，一般禁食16h左右，不限制饮水。如实验前对受试物的毒性已

有所了解，则应选择对其敏感的动物进行实验。如对黄曲霉毒素应选择雏鸭，对氰化物则应选择鸟类等。如有资料或预试验表明受试物对雌、雄动物毒效应有明显的性别差异，则应单独分别试验并求出不同性别动物各自的 LD_{50} 值。

②实验动物的分组：实验动物的组数与每组的动物数一般依据计算 LD_{50} 的方法而定。食品毒理研究中常用的计算 LD_{50} 的方法有：霍恩氏法、寇氏法和概率单位法。不同方法对动物组数和剂量设计的要求不同，如霍恩氏法设 4 个剂量组，每组一般 5 只动物；寇氏法一般设 5 ~ 10 个剂量组，每组 6 ~ 10 只动物。

③剂量选择：剂量选择是急性毒性试验成功的基础。总的原则是先用少量动物，以较大的剂量间隔（一般是按几何级数）进行预试验，找出 10% ~ 90%（或 0% ~ 100%）的大致致死剂量范围，在此基础上设计正式试验的剂量与分组。如果实验前通过查文献，找到与受试物化学结构与理化特征相近似的化学物毒性资料，取与本次实验相同的动物物种和品系、相同的染毒途径的 LD_{50} 值作为参考值，在该 LD_{50} 值的上下各设计 1 ~ 2 个剂量组作为预试验剂量，寻找出本次实验受试物的大致致死剂量范围。

某些食品中外源化学物急性毒性很低，在急性毒性试验中当染毒剂量达到 10g/kg 时，实验动物仍无明显毒性体征，或虽有毒性体征，但无死亡，此时一般可不再求 LD_{50}（此时 LD_{50} >10g/kg，按《食品安全性毒理学评价程序和方法》中对急性毒性分级的六级标准，已属于实际无毒级）。

④染毒途径：经口染毒以灌胃给药最为常用。一般一次性给予受试物，如估计受试物的毒性很低或溶解度很低者，可一日内多次给予，每次间隔 2 ~ 3h，仍合并作为一次的剂量计算，但只要剂量达到 10g/kg 体重仍不引起动物死亡，即可停止再进行更多次给予。

⑤中毒反应观察：给予受试动物后，即应观察并记录实验动物的中毒表现和死亡情况。一般需观察 7 ~ 14d，若给予受试物 4d 后仍继续有死亡时，需观察 14d，必要时延长到 28d。观察记录应尽量准确、具体、完善，包括出现程度与时间。对死亡动物可做大体解剖，以初步了解可能的死亡原因、靶器官。

⑥计算 LD_{50}：试验结果的计算与统计，根据实验设计选定的计算 LD_{50} 的方法进行计算（霍恩氏法需通过查表）求出 LD_{50} 及 95% 的可信限范围。

⑦结果评价：根据 LD_{50} 数值判定受试物的急性毒性分级，由中毒症状初步提示其毒作用特征。

（5）急性联合毒性试验　两种或两种以上的受试物同时存在时，可能发生毒作用之间的拮抗、相加或协同三种不同的联合作用方式，可根据一定的公式计算和判定标准来确定这三种不同的作用。

联合毒性作用的类型有：①拮抗作用。指两种或两种以上化学物对机体所产生的毒效应低于各个化学物单独毒性效应的总和，这样的联合作用称为拮抗作用。②相加作用。两种或两种以上化学物对机体所产生的毒性效应等于各个化学物单独对机体所产生毒效应的总和，称为相加作用。③协同作用。两种或两种以上外源化学物对机体所产生的毒性效应大于各外源性化学物单独对机体的毒效应总和，这种情况称为协同作用。

①试验内容：a. 分别测定单个受试物的 LD_{50}；b. 按各受试物的 LD_{50} 值的比例配制等毒性的混合受试物；c. 以霍恩氏法测定混合物的实测 LD_{50}，若用其他 LD_{50} 测定方式时，可以按各个受试物的 LD_{50} 值的 1/2 之和作为中值，然后按等比级数向上、下推算几组，与测定单个受试物相同方式测出混合物的 LD_{50}。如估计是相加作用，可向上、下各推算两组；如估

计为协同作用，则可向下多设几组；如可能为拮抗作用，则可向上多设几组。

②计算与判定：混合物中各个受试物是以等毒比例混合的，因此以测定出的混合物实测 LD_{50} 乘以各受试物的比例即可求得各受试物的剂量。

混合物预期 LD_{50} 值按下式计算：

$$\frac{1}{\text{混合物的预期 }LD_{50}\text{值}}=\frac{a}{\text{受试物 A 的 }LD_{50}\text{值}}+\frac{b}{\text{受试物 B 的 }LD_{50}\text{值}}+\frac{n}{\text{受试物 N 的 }LD_{50}\text{值}}$$

式中，a、b、$\cdots n$ 为受试物 A、B、…N 在混合物中所占的质量比例；$a+b+\cdots+n=1$

混合物预期 LD_{50}/混合物实测 LD_{50} 比值：采用 Smith H. F 法进行联合作用方式的制定，即该比值小于 0.4 为有拮抗作用，0.4 ~ 2.7 为有相加作用，大于 2.7 为有协同作用。

（二）亚慢性毒性作用及其试验方法

（1）亚慢性毒性（Subchronic toxicity） 是指实验动物或人连续较长期（通常为 1 ~ 6 个月）接触外源化学物所产生的中毒效应。所谓“较长期”是相对于急性、慢性毒性而言，并没有统一的、严格的时间界限。

（2）亚慢性毒性试验的目的 ①研究受试物亚慢性毒性剂量 - 反应（效应）关系，确定未观察到有害作用的剂量（NOAEL）和其观察到有害作用的最低剂量（LOAEL），提出安全限量参考值；②观察受试物亚慢性毒性效应谱、毒作用特点和毒作用靶器官；③观察受试物亚慢性毒性作用的可逆性；④为慢性毒理试验的剂量设计和观察指标选择提供依据；⑤为在其他试验（急性、亚急性、其他动物物种的亚慢性试验等）中发现的或未发现的毒作用提供新的信息，比较不同动物物种毒效应的差异，为受试物毒性机制研究和将研究结果外推到人提供依据。

（3）亚慢性毒性试验的原理 亚慢性毒性试验以化学毒物连续反复的染毒、比较充分而适当的接触时间、较大范围的剂量和广泛深入的检测，可以观察实验动物所产生的生物学效应，获得丰富的毒理学信息。在实际工作中应用很多，特别是在评价新化学物的毒性方面，目前尚无法替代。

（4）亚慢性毒性试验方法的要点

①实验动物的选择：

a. 物种和品系：一般要求选择两种实验动物，一种是啮齿类，一种是非啮齿类，以便全面地了解受试物的毒性。根据受试物的重要性和试验条件，可使用大鼠和犬，有时用猴。亚慢性经皮毒性试验，可用兔或豚鼠。大鼠常用 Wistar 和 Sprague - Dawley。犬常用 Beagle 犬。

b. 性别、年龄和动物数：一般要求选用两种性别，每组雌雄各半。特殊情况下如研究某种受试物的性腺毒性或生殖毒性，也可选用单性别的动物。一般选择离乳不久的动物，大鼠 6 ~ 8 周龄（体重 80 ~ 100g）。同组动物体重相差不应超过平均体重的 10%，组间平均体重不超过 5%。大鼠、小鼠每组不少于 20 只，犬、猴每组不少于 6 只。若试验要求在试验中期处死部分动物作中期检测，则每组动物数量要相应增加。对照组和剂量组动物数应相同，体重、年龄一致。

c. 饲养环境：亚慢性毒性试验周期较长，观察指标较多，实验动物的质量、喂饲条件和试验环境明显影响受试物的毒性反应。应尽可能使用高等级实验动物，在符合国家实验动物标准的试验环境中进行。亚慢性毒性试验，应使用清洁级及以上等级大小鼠，并饲养在屏障环境内进行试验。该环境严格控制人员、物品和环境空气的进出。保持符合规范的温度、日温差、湿度、换气次数、气流速度、压强梯度、落下菌数、空气洁净度、氨浓度、噪声和照度。应提供合理营养的饲料、洁净的饮水、清洁无污染的垫料和笼具。不同项目的试验应分室进行。人工控制昼夜交替。

②染毒方式：选择染毒途径时要考虑：尽量选择和人类接触途径相似的方式；与预期进行的慢性毒作用研究的接触途径相一致。

一般以经口、经呼吸道和经皮染毒为多。经口染毒途径有三种方式：灌胃法、喂饲法、胶囊法。一般大小鼠建议灌胃法，特别是在要求染毒量准确性较高的情况下。犬采用胶囊法或灌胃法。

染毒频率通常每日一次，连续给予，如试验期为 3 个月或超过 3 个月时，也可每周 6 次。经呼吸道染毒的时间通常为每日 2 ~ 6h，根据设计需要可缩短或延长。工业毒物可以缩短至 1h，环境污染物可延长至 8h。每日染毒的时间应保持一致，以保持受试物生物学效应每日相似性。一般在每日上午进行，给药后喂食。

③剂量选择和分组：一般至少应设 3 个剂量组和 1 个阴性（溶剂）对照组。高剂量组应能引起明显的毒性或少量动物的死亡（少于 10%）。低剂量组应无中毒反应，相当于未观察到有害作用剂量（NOAEL）。高低剂量组间设置 1 个中剂量组，比较理想的中剂量组约相当于观察到有害作用的最低剂量（LOAEL）。通常可根据急性毒性的阈剂量，或 1/5 ~ 1/20 的 LD_{50}剂量（同一动物品系和同样染毒途径）确定高剂量。高、中、低剂量组距以 3 ~ 10 倍为宜，一般不少于 2 倍。对于药物，还常采用人临床拟用剂量和药效量作依据，大鼠可用人临床拟用剂量的 10、30 和 100 倍，非啮齿类可用 5、15、50 倍。

④观察指标：检查的项目包括一般性指标、实验室指标、系统尸解和组织病理学检查、其他特殊指标检查。

a. 一般性指标：主要指外观体征和行为活动、粪便性状、食量及体重变化等，从中发现一些化学毒物的毒性特征。

外观体征、行为活动：每日观察实验动物出现的外观体征和行为改变，记录各体征出现的时间和先后次序，包括食欲、活动、被毛、分泌物、排泄物、呼吸等，尤其要留意动物被毛的光洁度与色泽、眼分泌物、呼吸、神态、行为等。这些资料有助于分析化学毒物损害机体的部位及程度。

动物体重：动物体重是一个相当重要且比较敏感、客观的指标，可以用体重直接统计，也可用体重的增长重量，或用体重百分增长率（以染毒开始时体重为 100%）进行统计和比较。反映受试物对实验动物的生长发育及一般状态的影响。一般每周称重一次，3 个月以后也可每两周称重一次。

饲料消耗量：亚慢性试验期间必须每周观察并记录动物的饲料消耗量，并计算食物利用率，即动物每食入 100g 饲料所增长的体重克数（g 体重/100g 饲料）。比较各染毒组与对照组动物的食物利用率，有助于了解化学物的毒性效应，尤其要将体重指标和食物利用率结合起来分析。

b. 实验室检查：通常包括血、尿常规和血液生化指标检测。由此可发现受试物所致器官损伤和功能紊乱。

血液学检查：包括红细胞计数、血红蛋白含量、白细胞计数及分类、血小板计数、凝血时间等。

血液生化检查：通常为血清天冬氨酸氨基转移酶（AST）、丙氨酸氨基转移酶（ALT）、碱性磷酸酶(ALP)、尿素氮(BUN)、总蛋白(TP)、清蛋白(ALB)、血糖(GLU)、总胆红素(T-BIL)、肌酐(Crea)、总胆固醇(T-CHO) 等。

尿液检查：包括外观、pH、蛋白、糖、潜血和沉淀物镜检等，可提供与毒物有关的靶器官毒性和中间代谢产物的信息。

c. 系统尸解和组织病理学检查：试验结束时活杀实验动物，做系统解剖，进行详细的肉眼检查，测定脏器重量并做组织病理学检查。在试验中间死亡或处于濒死状态的动物，亦应做及时的系统尸解和病理学检查。

脏器重量和脏器系数：一般称取心、肝、脾、肺、肾、肾上腺、卵巢或睾丸、脑等脏器湿重，并计算其脏器系数。脏器系数或称脏体比，指某个脏器的湿重与单位体重的比值，通常是每100g体重中某脏器所占的质量，表示为脏器质量（g）/体重（100g）。该指标比较适用于实质性脏器，若某脏器的脏器系数增大或减小，则反映该脏器的肿大或缩小，如增生、充血、水肿、萎缩等变化。

病理学检查：组织病理学检查是确定化学毒物对机体毒作用的靶部位、损害的性质和程度，从病理学角度寻找化学毒物与病理改变的剂量效应关系，为了解化学毒物的毒效应及其机制提供依据。

病理学检查包括：大体检查、常规组织病理学检查、酶组织化学检查、免疫组织化学检查、细胞超微结构检查等，分别从大体、组织、细胞、亚细胞，甚至分子水平等多个方面发现化学毒物的毒效应。

d. 其他指标的检查：除了上述通常的检查指标外，常根据受试物毒性资料、试验中的观察和受试物的结构等线索增加一些检查项目。如推测受试物可能对心血管系统有毒性，可进行心电图、血压、眼底检测；对神经系统有影响，可进行神经行为、神经反射等检查；对电解质、微量元素代谢有毒作用，则检测血钙、血磷等含量；还可增加眼科、骨髓项检查等。病理学方面除大体解剖和常规病理检查外，还可根据需要增加酶组织化学检查、免疫组织化学检查和细胞超微结构检查等。总之，为了充分了解受试物的中毒特征，获得尽可能多的揭示毒性靶器官和中毒机制的线索，亚慢性毒性试验应认真仔细地选择观察指标，如能有特异性指标则更好。所谓特异性指标是指能反映毒物对机体毒作用本质的特征性指标，常与其毒作用机制有关。实际上特异性指标就是生物学标志。

（三）慢性毒性作用及其试验方法

（1）慢性毒性（Chronic toxicity）是指实验动物或人长期（甚至终生）反复接触外源化学物所产生的毒性效应。所谓“长期”，一般是指2年。对大鼠相当于终生染毒，对兔相当于生命期的36%，对犬为20%，对猴为13%。

（2）慢性毒性试验的目的

①研究慢性毒性剂量-反应（效应）关系。确定长期接触造成有害作用的最低剂量（LOAEL）或阈剂量和未造成有害作用的剂量（NOAEL），为制定人类接触时的安全限量标准，如最高容许浓度（MAC）和每日容许摄入量（ADI）以及危险度评价提供毒理学依据。

②观察慢性毒性效应谱、毒作用特点和毒作用靶器官。

③观察慢性毒性作用的可逆性。

④为毒性机制研究和将毒性结果外推到人提供依据。

（3）慢性毒性试验方法要点

①实验动物的选择：慢性毒性试验选择实验动物的原则与亚慢性毒性试验相同，应使用

2种哺乳动物。实际工作中大多用大鼠、犬和猴，经皮染毒也可使用豚鼠和家兔。动物数量要明显多于亚慢性试验，每组大鼠40~60只，犬8~12只，雌雄各半。如在试验过程中需要分批处死部分动物时，则应适当增加每组的动物数，以满足试验结束时数据统计处理的要求。试验结束时每个剂量组每性别的啮齿类动物数不少于10只，非啮齿类不少于4只。慢性毒性试验期长，故应选择年龄较小的动物，一般选初断奶的动物，即小鼠出生后3周（体重约10~15g）、大鼠出生后3~4周（体重50~70g）、犬一般在4~6月龄时开始试验。

②染毒途径和时限：从理论上说染毒途径应选择和人类实际接触相似的途径，但实际工作中多采用经口染毒，一般每周染毒5~6d。根据需要也可经皮肤染毒和经呼吸道染毒。

慢性毒性试验动物染毒的期限究竟以多长为宜，应根据试验具体要求和所选用的动物物种而定。研究工业毒物一般认为染毒6个月或更长时间，环境毒物与食品的慢性毒性试验染毒期则要求1年以上或2年。也有学者主张动物终生染毒，这样求得的阈剂量或LOAEL和NOAEL更能准确反映化学物质的慢性毒性作用。如果慢性毒性试验与致癌试验结合进行，则实验动物染毒时间最好接近于动物的预期寿命，甚至动物终生染毒。

③剂量分组：慢性毒性试验一般设3个染毒剂量组和1个对照组，必要时另设1个溶剂对照组，一般认为以亚慢性毒性试验的LOAEL等确定。以其1/5~1/2为高剂量组，以1/50~1/10为中剂量组，1/100为低剂量组。

如无亚慢性试验资料，可以参照LD_{50}值设计剂量，如以1/10 LD_{50}为高剂量组，1/100 LD_{50}为中剂量组，1/1000 LD_{50}，为低剂量组。各染毒剂量组之间的剂量间距应当大一些，组间剂量差一般以5~10倍为宜，最低不小于2倍。

合理的剂量设置应能得到如下结果：足够高的剂量以能观察到受试物的毒性作用，阐明毒性靶器官，同时试验能顺利进行；有明确的剂量-反应关系，得到理想的LOAEL和NOAEL。

（4）观察指标　与亚慢性毒性试验相似，亦需进行一般性指标、实验室检查、病理学检查及其他特异性指标的检查四方面，每个方面的观察指标选择更多更全面。以亚慢性毒性试验所提供的毒效应和靶器官为基础，重点观察在亚慢性毒性试验中已经显现的阳性指标。优先采用亚慢性毒性试验筛选出来的敏感指标或特异性指标。必须指出的是，在慢性毒性试验和（或）致癌试验中，组织病理学检查是非常重要和必不可少的，常常是最客观和最有说服力的指标。

试验结束时，部分实验动物停止染毒，继续留养1~2个月，进行恢复期观察，对已显现变化的指标进行追踪观察，有助于了解受试物有无后作用、迟发作用及损害效应的可逆性，为制定卫生标准和确定人类使用的安全限量标准时选择安全系数提供参考。

五、食品安全性毒理学评价程序

食品安全性毒理学评价程序可参照GB 15193.1—2003。

第三节　食品安全性风险性评价

一、食品安全性风险性评价的程序

（一）食品安全性风险性评价有关概念及意义

食品法典委员会（CAC）于1995年在食品安全性评价中提出了风险分析的概念，并把风险分析分为风险评价(Risk assessment)、风险管理(Risk management) 和风险信息交流(Risk communication) 三个部分，其中风险评价在食品安全性评价中占有中心位置。对食品中危害成分进行风险性控制需要以风险评价为依据，以风险信息交流为保证。在进行整体的食品安全性评价过程中，要进行食品中某种危害成分的单项评价、某食品综合评价、膳食结构的综合评价以及最终的风险评价，同时要把化学物质评价、毒理学评价、微生物学评价和营养学评价统一起来得出结论。

1. 风险性评价

风险性评价是指对食源性危害（化学的、生物的、物理的）给人体产生的已知的或潜在的对健康产生不良作用的可能性进行科学评估，即通过现有的资料包括流行病学研究、毒理学数据、污染物残留数据分析、统计手段、暴露量及相关参数的评估等，对危害物质进行识别、确认和定量，决定某种有害物质的风险。

SPS 协定中对风险性评价的定义为：进口国根据可能采取的卫生或植物卫生措施，对其领土上某种害虫或疾病的进入、存在或传播的可能性，以及对潜在的生物学和经济影响进行评价，或对食品、饮料和饲料中食品添加剂、污染物、毒素或致病菌的存在对人体和动物的健康可能造成的不良作用等进行评估。

2. 风险性管理

指权衡接受、减少或减低风险性，并选择和实施适当政策的过程。就是根据风险评估的结果，选择和实施适当的管理措施，尽可能有效地控制食品的风险，从而保障大众的健康。

风险管理可以分为风险评价、风险管理的选择评价、执行风险管理的决定、监控和回顾几个部分。①风险评价就是确认食品的安全性问题，描述风险概况，就风险评估和风险管理的优先性对危害进行排序，为进行风险评估而制定风险评估政策，继而进行风险评估和审议风险评估的结果。②风险管理的选择评价是确定现有的管理选项，然后选择最佳的管理选项，做出最终的管理决定。③监控和回顾是对实施措施的有效性进行评估，在必要时对风险管理和评估进行回顾。

为了做出风险管理决定，风险评价过程的结果应当与现有风险管理选项的评价相结合。在风险管理决策中应当首先考虑保护人体健康。对风险的可接受水平应主要根据对人体健康的影响来决定，同时应避免风险水平上随意性的和不合理的差别。同时可适当考虑如费用、效益、技术可行性、对风险的认知程度等因素。执行管理决定之后，应当对控制措施的有效性和对暴露人群的风险的影响进行监控，以确保食品安全目标的实现。

风险评估政策的决定应当作为一个特殊的组成部分包括在风险管理中。风险评估政策是为价值判断和政策选择制定准则，这些准则将在风险评估的特定决定点上应用，因此最好在风险评估之前，与风险评估人员共同制定。从某种意义上讲，决定风险评估政策往往成为进行风险分析实际工作的第一步。

风险管理决策应当考虑风险评估结果的不确定性。如有可能，风险估计应包括将不确定性量化，并且以易于理解的形式提交给风险管理人员，以便他们在决策时能充分考虑不确定性的范围。

风险管理要与风险评估功能分离，以确保风险评估过程的科学完整性，减少风险评估和风险管理之间的利益冲突。

在风险管理过程中都应当与消费者和其他有关团体进行交流。风险情况交流不仅仅是信息的传播，而更重要的功能是将对有效进行风险管理至关重要的信息和意见并入决策的过程。

3. 风险性交流（Risk communication）

风险性交流是在风险性评估者、风险性管理者和其他有关团体之间交流有关风险性的信息和意见的相互作用过程，其对象可以包括国际组织（CAC、FAO、WHO、WTO 等）、政府机构、企业、消费者和消费者组织、学术界和研究机构以及大众传播媒介。

进行有效的风险情况交流应该包括风险的性质、利益的性质、风险评估的不确定性及风险管理的选择四个方面的要素。

4. 食品风险性评价的意义

食品风险性评价是一个科学技术过程，正如 CAC 对风险评价(Risk assessment)定义的那样，是对人体暴露于食源性危害中，产生已知或潜在的健康不良作用的可能性及其严重程度所进行的一个系统的科学评价程序。其评估结果可以数量（定量）表示，如食品添加剂的每人每天允许摄入量（ADI）或污染物的每人每周耐受量（PTWI）；也可以用危险的性质（定性）表示，如黄曲霉毒素具有对人的致癌性。这些评估结果，如果是由国际权威专家组作出的，一般适用于世界各地的各类人群，包括不同种族、性别、年龄以及个体等，因为在科学的评估过程中已考虑到了这些因素。长期以来，在 FAO/WHO 组织下有几个国际权威性的从事危险性评估的专家组织［包括对食品添加剂、污染物和兽药残留进行评估的 JECFA（FAO/WHO 联合食品添加剂专家委员会）、对农药残留进行评估的 JMPR（FAO/WHO 联合农药残留会议），以及近年来不定期开展工作的 FAO/WHO（致病）微生物危险性评估专家组］，这些专家组织均由国际上知名专家组成，对食源性危害进行独立的科学评估。评估结果由 FAO/WHO 统一向全世界公布。

风险性评估在食品安全领域中应用的主要方面是制定食品安全标准（包括生产规范和指南）。无论是食品法典（CAC）标准或是国家标准的制定都必须基于风险性评估的结果。WTO 的 SPS 协定明确规定了危险性评估的地位。同时，WTO 的基于科学、透明度和协调一致等原则均要求在制定标准的过程中运用危险性评估。因此，应该把风险性评估作为 WTO 的重要“游戏规则”之一。

除标准以外，风险性评估的应用还涉及进出口食品的监督检验，按照食品中危害的类别全面地分配各项食品安全管理工作的资源，评价食品安全政策、法规和标准出台后的效果等方面。因此，可以认为风险性评估的应用涉及食品安全的科学研究和监督管理等各方面。

（二）食品安全性风险性评价的程序

食品安全性风险性评价的程序为：①危害确定（Hazard identification）；②危害特征的描述（Hazard characterization）；③风险暴露评价或摄入量评估（Exposure assessment）；④风险性特征描述（Risk charactcrization）。

风险评价的进行首先要确定食品中可能有哪些危害成分，即危害确定，然后根据毒理学评价、残留水平和暴露量或摄入量评价，得出供试食品某特定危害物导致风险的性质、大小及其某些不确定性的说明。它们的关系见图 10－5。

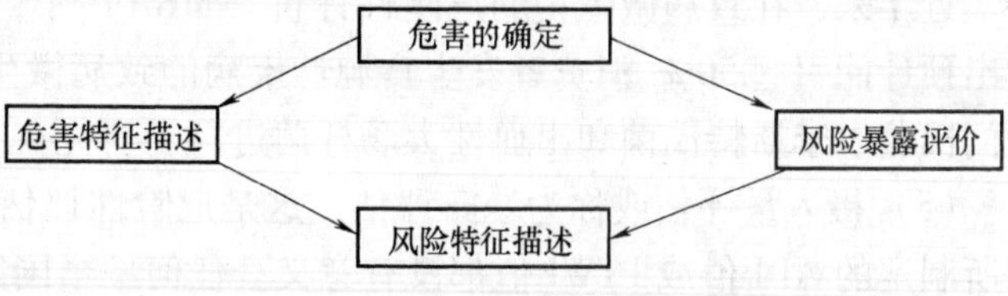

图 10－5　风险评价程序示意图

（1）危害（Hazard）　指食品中或食品本身对健康有不良作用的生物性、化学性或物理性因素，这包括有意加入的或者无意污染的或者在自然界中天然存在的。

（2）危险性、危险度或风险度（Risk） 由食品危害产生不良作用的可能性及其强度。

（3）危害的确定 是根据流行病学研究、动物试验、体外试验、结构-反应关系等科学数据确定人体在暴露于某种危害后是否会对健康发生不良作用。

流行病学的数据是最有价值的，但往往难以获得，特别是对于新的食品添加剂，动物实验的数据往往是危害识别的主要依据。这就要求这些试验必须遵循标准化试验程序。国际经济合作与发展组织（OECD）和美国环境保护局（EPA）曾经制定了化学品的风险性评价程序，我国也以国家标准形式制定了《食品安全性毒理学评价程序和方法》。无论采用什么程序，所有试验均应按良好实验室规范（GLP）和标准化的质量保证/质量控制（QA/QC）方案实施。而体外试验的结果则可以作为作用机制的补充资料，但不能作为预测对人体危险性的唯一信息来源。结构-反应关系在对化学物（如脂链香精、多环芳烃、二噁英）进行评价时，有相当的价值。

（4）危害特征描述 是指对可能存在于食品中的生物、化学和物理性因素所造成的健康危害进行定性和定量评价，一般和毒理学评价、残留水平和膳食消费结构相联系。过量的食品营养物、食品添加剂、化学污染物、微生物等与食品安全性有关的危害成分均要进行风险评价。

危害特征描述所期待得到的是建立起剂量-反应关系。

危害特征描述一般是由毒理学试验获得的数据外推到人，计算人体的ADI值。这是因为动物毒理学试验中为了能观察到毒性，不得不使用很高的剂量，但绝大多数食源性危害（如食品添加剂、农药残留）在食品中的实际含量往往很低。因此，困难在于用高剂量所观察到的动物不良反应来预测人体低剂量暴露的危害，存在不确定性，目前尚未有适当的解决办法。对于大多数化学物而言，在剂量-反应关系的研究中都可获得一个阈值（NOAEL），乘以一个适当的安全系数（100倍），即为安全水平，或称为每日允许摄入量（ADI），以每日每公斤体重摄入的毫克数表示。此外，剂量的种属间度量系数也是目前争论很大的问题。如致癌物可分为遗传毒性致癌物和非遗传毒性致癌物，前者能够直接或者间接引起靶细胞的遗传改变，其作用的主要靶子是遗传物质，后者作用于非遗传位点，可能导致细胞增殖和/或靶位点的持续性的功能亢进或衰竭。某些非遗传毒性致癌物在剂量大小不同时，会产生不同的效果，而遗传毒性致癌物没有这种作用，即不存在一个没有致癌危险性的低摄入量。因此，非遗传毒性致癌物可以采用阈值除以安全系数得出ADI值。而遗传毒性致癌物就应当采用非阈值法进行管理，目前通常的做法是应用一些数学模型来估计致癌物的作用强度（Potency），以每单位（μg、ng）摄入量引起的癌症病例数表示。如，一般认为在每百万人口中增加一个癌症病例是可接受的危险性。

可以看出，在进行这种数学模型的定量评估时，如果没有较大量的人群流行病学数据，而单凭动物试验的结果来外推，评估结果往往是不可靠的。

近年来，在致病微生物的危险性评价（MRA）中，也开展了剂量-反应关系研究，即找出预计能引起50%消费者发生食源性疾病的致病微生物的摄入量。目前，在国际上已对沙门氏菌、李斯特氏菌和出血性大肠杆菌进行了研究。

（5）摄入量评估或称为暴露评估 这是危险性评估的重要部分。如果没有摄入量数据，则所制定的ADI值或PTWI值都没有意义。任何一个国家或地区都需要进行摄入量评估，因为，摄入量因文化、经济、生活习惯等因素而不同。无论是制定国家食品标准，或是参与制定国际食品标准，乃至解决国际食品贸易争端，都必须有本国的摄入量数据。

总之，风险性评估是一个系统的、循序的科学过程，其核心步骤是危险性特征描述。而危险性评估结果的可靠性则在很大程度上取决于数据的数量和质量。如果具有比较完整的数据（包括各种动物毒性试验、体外机制研究、毒代动力学研究、流行病学调查等），同一项研究又有不同国家、单位和专家的报告，而且结果比较一致，则其危险性评价结果就比较可靠。然而，在实际工作中，往往数据不足，特别是缺少人群流行病学数据，而且不同研究报告的结果不尽一致。这就给危险性评估带来许多不确定性（Uncertainty）和变异性（Variability）。所以，在使用专家所提供的危险性评估结果时，必须了解其数据资源和评估过程。

二、有毒化学物质的风险性评价

化学物的风险性评估主要针对有意加入的化学物、无意的污染物和天然存在的毒素，包括食品添加剂、农药残留和其他农业用化学品、兽药残留、不同来源的化学污染物以及天然毒素（如霉菌毒素和鱼贝类毒素）。但微生物中细菌毒素不包括在内。

（1）危害确定　根据流行病学研究、动物试验等确定人体摄入化学物的潜在不良效应，这种不良作用产生的可能性，以及产生不良作用的确定性和不确定性，并对这种不良效应进行分类和分级。

（2）风险特征的描述　对食品中化学有害物（包括食品添加剂、农药、兽药和污染物等）建立剂量－反应关系或计算人群危险性。

（3）暴露评估　人体与化学物的接触，显然发生于外部环境和机体的交换界面（如皮肤、肺和胃肠道）。暴露评估就是对人体与化学物接触进行定性和定量评估，包括暴露的强度、频率和时间，暴露途径（如经皮、经口和呼吸道），化学物摄入（intake）和摄取（uptake）速率，跨过界面的量和吸收剂量（内剂量）等。

暴露水平评估主要根据膳食调查和各种食品中化学物质暴露水平调查的数据进行，通过计算可以得到人体对于该种化学物质的暴露量。

例如，对于食品添加剂、农药和兽药残留以及污染物的膳食摄入量的估计，需要有相应的食物消费量与这些食物中要评估的化学物浓度资料。食品添加剂、农药和兽药残留的膳食摄入量可根据规定的使用范围和使用量来估计。最简单的情况是，食品中某一添加剂含量保持恒定，原则上以最高使用量计算摄入量。但在许多情况下，食品中的量在食用前就发生了变化，如食品添加剂（如亚硝酸盐、抗坏血酸等）在食品储存过程中可能发生降解或与食品发生反应；农药残留在农产品原料加工过程中会降解或富积；食品中的兽药残留则受到动物体内代谢动力学、器官分布和停药期的影响。因此，食品中的实际水平可能远远低于最大允许使用量或残留量。因仅有部分农作物或家畜家禽使用农药和兽药，食品中有时甚至可以不含农药或兽药残留。食品添加剂的含量可以从制造商那里获得，而包括农药和兽药残留在内的食品污染物的摄入量则要通过敏感和可靠的分析方法对代表性食品进行分析获得。

又如，评估食品中各种化学物的摄入量时，不仅要求我国居民食物消费的平均数，而且应该有不同人群的食物消费资料，特别是敏感人群的资料。如在铅的评估中，婴幼儿十分重要，1992 年的中国总膳食研究就包括了婴儿和 2 ~ 8 岁的食物消费量数据，并采用这些数据进行食品样品的制备与分析。我国目前膳食摄入量的数据主要来自膳食调查，但在制定国际性食品安全危险性评估办法时应该注意膳食摄入量资料的可比性，特别是世界上不同主食消费情况。GEMS/Food 已经建立了5个地区性（亚洲、非洲、东地中海，欧洲和拉美）的和全球性的膳食数据库，这是依据联合国粮食和农业组织（FAO）食物平衡表数据制定的。

（4）风险性特征描述　某一化学物如果存在阈值，则对人群危险性可以采用摄入量与ADI相比较的百分数作为危险性特征的描述，如果所评价的化学物质的摄入量较ADI小，则对人的健康危害的可能性甚小，甚至为0。如1992年中国总膳食研究评估，我国膳食总的来说是安全的，但2~8岁儿童铅的摄入量超过暂定允许摄入量的18%，表明我国儿童已经处于铅污染的危害中；同时从大样本的儿童调查中也发现血铅超过100μg/L的儿童在城市已经占40%，这也表明铅对我国儿童健康的潜在危害已经是不容忽视的问题。

如果所评价的化学物没有阈值，对人群的危险性是摄入量与危害强度的综合结果。

食品添加剂以及农药和兽药残留采用固定的风险性水平是比较切合实际的，因为假如估计的危险性超过了规定的可接受水平，就可以禁止这些化学物的使用。但是，对于污染物［包括明令禁止使用但已经在环境中持久存在的污染物（如有机氯农药）］比较容易超过所制定的可接受水平。

三、生物性危害的风险性评价

食品总是带有少量的生物性危害，食品企业需要尽量在现有技术条件下将生物性风险降低到可以接受的水平，而管理机构则需要用风险性分析的方法确定食源性危害的生物风险性水平，然后制定食品安全政策。这些生物性危害包括致病性细菌、霉菌、病毒、寄生虫、藻类及它们的毒素；生物性危害主要通过产生毒素造成症状或宿主进食具有感染性的活病原体而产生病理学反应使人致病。毒素的阈值较容易确定，有可能开展风险性评估；而病原菌产生的危害在进行评估时，风险性特征的描述就比较困难，因为微生物病原体可以繁殖，也可以死亡，其生物学相互作用是很复杂的。进入食物链的原料受到污染的程度可因很多因素影响而发生改变。动物品系和环境也影响病原体的致病性，而宿主和病原体的变异也非常大。目前仅仅停留于对机体摄入某一食品产生损害的严重程度和可能性进行定性评估。由于在对全球食品安全构成危害中最重要的生物因素是致病性细菌，目前的数据也主要是针对细菌的风险性评估，并且是定性的风险性特征描述。如许多国家正在制定的熟食中李斯特氏菌属标准，其风险性评估就是采用了定性的方法，涉及食源性疾病暴发的流行病学特征、食物原料可能的污染率、不同食物中李斯特氏菌属的生态学知识和食品加工、储存、销售和消费者再加工所造成的影响等内容。

以微生物的风险性评价程序为例来加以说明。

（1）危害的确定　根据流行病学调查及实验室检验等相关资料，确定食品中具有公共卫生意义的生物性危害，如致病性细菌及其毒素、真菌毒素、病毒、藻类、原生动物和蠕虫等。危害的资料亦可以从科学文献、食品厂、政府机构、相关国际组织的数据库、专家意见等渠道获得。

（2）危害特征描述　对食品中病原菌分布趋势、对人体所致不良作用强度和持续时间作定性或定量估计。

（3）风险暴露评价　微生物性危害的风险暴露评价就是对一个个体或一个群体暴露于微生物危害的可能性的估计。提供食品中病原微生物的数量或生物毒素污染水平的估计值，还应考虑每一加工步骤中温度失控对菌数的影响。对于不能在食品中生长的病毒和寄生虫，主要关注污染频率、浓度和分布、去除污染和/或灭活措施的效率。此外，还应参考病原菌生态学特征，地区和季节特点，卫生条件和控制水平，加工、包装、储存食品的方法及与其他食品的交叉污染等情况。食品消费模式是进行暴露量评价的另一部分，包括食品的消费范围、每周或每年的消费频率，食品生产和消费时的环境条件，社会经济和文化背景，民族、季节、地区差异，消费者的饮食习惯和行为等。

（4）风险特征描述　不同个体经食品感染病原菌后患病的风险性取决于食用者本人、病原和食品基质三方面的因素。由于受资料来源（试食自愿者，动物模拟实验，细胞、组织、器官等体外实验，流行病学调查，中毒资料，年度统计资料）和某些资料的不完整（致病菌感染量、发病率、病死率以及个体患病的敏感性差异等）的影响，获取致病菌的剂量－反应关系非常困难，但这对于科学地进行风险性评价具有非常重要的作用。

四、转基因食品的安全性评价

（一）转基因食品的不安全因素

转基因食品作为一种新型的食品种类，自它出现的那一天起，就备受世人的关注，其安全性问题一直是科学界、政府、消费者所关注的热点。虽然转基因食品的安全性问题是人们关心的问题，但其结果又是不很确定的。目前还没有足够科学证据表明转基因食品对人类健康无害或是有害，由于基因与人类疾病和健康的关系十分复杂，人们对改变基因的远期健康效应知之甚少。

（二）转基因食品的安全性评价

1. 转基因食品安全性评价的目的

从技术上分析生物技术及其产品的潜在危险，对生物技术的研究、开发、商品化生产和应用的各个环节的安全性进行科学、公正的评价，以期在保障人类健康和生态环境安全的同时，也有助于促进生物技术的健康、有序和可持续发展，因此，对转基因食品安全性评价的目的可以归结为：①提供科学决策的依据；②保障人类健康和环境安全；③回答公众疑问；④促进国际贸易，维护国家权益；⑤促进生物技术的可持续发展。

2. 转基因食品安全性评价的原则

它主要包括两方面内容：遗传工程体（Genetically modified organisms）特性分析和实质等同性（Substantial equivalence）原则。

（1）遗传工程体特性分析　包括①对供体的来源、分类、学名、与其他物种的关系、作为食品食用的历史、有无有毒史、过敏性、传染性、抗营养因子、生理活性物质、关键营养成分等进行分析。②对被修饰基因及插入的外源 DNA 进行描述，包括来源、结构、功能、用途、转移方法、助催化剂的活性等。对介导物的名称、来源、特性和安全性进行分析。③分析受体与供体相比的表型特性和稳定性、外源基因的拷贝量、引入基因移动的可能性、引入基因的功能与特性。

（2）实质等同性原则　1993 年经济合作发展组织（OCED）在绿皮书《现代生物技术食品的安全性评价概念与原则》中，提出对现代生物技术食品采用实质等同性的评价原则。该原则认为，如果导入基因后产生的蛋白质经确认是安全的，或者是转基因作物和原作物在主要营养成分（脂肪、蛋白质、碳水化合物等）、形态和是否产生抗营养因子、毒性物质、过敏性蛋白等方面没有发生特殊变化的话，则可以认为转基因作物在安全性上和原作物是同等的，也就是说实质等同性原则认为转基因食品与非转基因食品在对人类的影响方面是相通的。

1996 年，FAO/WHO 召开的第二次生物技术安全性评价专家咨询会议中，按照实质等同性原则，将转基因植物、动物、微生物产生的食品分为三类：第一类，转基因食品与现有的传统食品具有实质等同性；第二类，除某些特定的差异外，与传统食品具有实质等同性；第三类，与传统食品没有实质等同性。

3. 实质等同性的比较内容

一般来说，进行实质等同性比较时应包括以下几个方面：

（1）生物学特性的比较　对植物来说包括形态、生长、产量、抗病性及其他有关的农艺性状；对微生物来说包括分类学特性（如培养方法、生物型、生理特性等）、定殖潜力或侵染性、寄主范围、有无质粒、抗生素抗性、毒性等；对动物来说包括形态、生长生理特性、繁殖、健康特性及产量等。

（2）主要营养成分比较　主要营养因子包括脂肪、蛋白质、碳水化合物、矿物质、维生素等。一般情况下，对食品的所有成分进行分析是没有必要的，但是，如果其他特征表明由于外源基因的插入产生了不良影响，那么就应该考虑对广谱成分予以分析。

（3）天然有毒物质与抗营养因子比较　天然有毒物质与非转基因的起始植物相比，转基因植物及其产品中的天然有毒物质含量是否有所增加，如番茄中的 α - 番茄素、马铃薯中的茄碱、葫芦科作物中的葫芦素等。其育成的品种中含量应在安全标准以下。

（4）过敏原比较　在某些植物中含有对一部分人群致敏的物质，过敏蛋白质一般不易在食品加工过程中及在消化系统中被降解、糖基化。若基因来自非已知过敏原或对新基因的表达产物是否有过敏反应不清楚，应对新产品做过敏性分析。

转基因食品中外源蛋白是否会产生过敏性，可通过以下几方面进行评判：①外源基因是否编码已知的过敏蛋白。②外源基因编码蛋白与已知过敏蛋白氨基酸序列在免疫学上是否有明显的内源性。③外源基因编码蛋白属某类蛋白成员，此类蛋白家庭的有些成员是过敏蛋白。已被批准的转基因食品中，外源编码蛋白过敏性均已经过相关审查。

4. 转基因食品安全性评价方法

按照实质等同性原则划分的三类转基因食品，根据其与现有食品的差异程度，采取不同的方法进行安全性评价：

（1）转基因食品或食品成分实质等同于现有的食物，那么就可认为转基因食品和现有食品是相同的。此时无需更多地考虑转基因食品在毒理、过敏和营养等方面的安全性。

（2）现有食品及成分具有实质等同性，但存在某些特定差异。这种差异包括：引入的遗传物质是编码一种蛋白质还是多种蛋白质，是否产生其他物质，是否改变内源成分或产生新的化合物。这时应主要分析转基因食品与现有食品之间的差异。分析内容主要包括植入的基因与几种蛋白质有关，是否会产生新物质，基因操作是否改变内源成分或会否产生新的化合物。一般来说，基因本身是不存在安全性问题的，要关注的是植入基因的稳定性和发生基因转移的可能性。

对这类食品的安全性评估应主要考虑蛋白的结构、功能和特异性以及食用的历史。一般来说，与可安全食用的蛋白质功能类似的蛋白质不会引起安全性问题。但若转基因食品蛋白与现有食品蛋白的功能不同，则要做潜在毒性和过敏性分析。除对蛋白质本身的安全性要进行研究外，对由此而产生的其他物质（如脂肪、碳水化合物和小分子化合物）的安全性也应该加以注意。这时可参照其他食品中的同一成分进行对比。如月桂酸含量高的转基因油菜，虽然油菜中并不含有月桂酸，但月桂酸是热带食用油（如椰子油、棕榈仁油）的主要成分，有长期安全食用的历史。因此，这类食品不需进行安全性试验，只需改变其名称以反映其成分和特性的变化。

（3）某一食品没有比较的基础　即它是一种全新的食品，与现有食品相比较，没有等同性。虽然这种新食品与现有食品没有可比性，但并不是说这种食品就一定不安全，但是在这种食品供应市场之前必须对其安全性和营养性进行分析。首先应全面分析基因操作中的各有关要素和基因产物特性，若转入的是功能不很清楚的基因组区段则应同时考虑供体生物的背景资料。由于目前转基因食品还没有出现这种情况，故在这方面的研究还没有开展。

在应用实质等同性评价转基因食品时，应该根据不同的国家、文化背景和宗教等的差异进行评价。

转基因食品的安全性评价程序正趋于完善阶段，在基本上遵循“实质等同性原则”的前提下，目前具体实行的评价方法有以下几种：

①实质等同性比较法：遵循“实质等同性原则”将转基因生物与对应的传统生物的生态学（形态、性状、生长发育、产量、抗逆性、适应性和其他常测指标等）和生理学（脂肪、蛋白、碳水化合物、维生素、毒素和过敏原等）进行比较。根据遗传背景熟知度，可以进行风险评价和管理。如有可能产生意外效果，则需要检测更多的项目。

美国 FDA 采用两步法评价转基因生物的安全性：第一步是对目的基因及相应产物做出评价，所测数据及评价结果只反映外源基因及其产物本身的安全性；第二步是对寄主生物接受外源基因后出现的意外性状进行评价，其结果只代表寄主植物的属性。

②等同性与相似性比较法：此法是国际生命科学学会欧洲分会（ILSI · Europe）于 1996 年提出的，其基本原则是“等同性”与“相似性”联合使用。依据此法将转基因食品分为三个安全等级：Ⅰ级，转基因食品与传统食品实质等同或极为相似；Ⅱ级，转基因食品与传统食品十分等同或非常相似；Ⅲ级，转基因食品与传统食品既不等同，也不相似。对于Ⅲ级基因食品需要作进一步评价，但不等于不安全。

③Fagan 改良法：此法是 Fagan J. B. 博士于 1996 年提出的，主要包括两个方面的内容：第一，通过对已知毒素、过敏原和营养成分的检测，查明寄主植物中原有毒素、过敏原是否存在，营养成分是否发生变化。第二，对未知毒素和过敏原的鉴定，通过动物实验和人体试验，明确是否有不良反应。此外，还要进行市场信息反馈和社会调查，印证其安全性。此法较为科学严谨，但如此多的监测内容和如此长的研究周期，特别是人体试验观察，不仅增加了操作难度，而且可能影响到人体安全。

④树状决策法：此法是 1998 年国际生物技术委员会和国际生命科学研究院提出来的，通常用于转基因食品潜在过敏性评价。如果转基因食品含有已知过敏原，就应该假定新生基因产物也是过敏原，可采用“树状决策法”决策程序。

靠“树状决策法”还远远不够，还需要补充下述两项检测：①对新生蛋白质的表达水平高和存在部位在可食部者应重点关注。②对新生蛋白质功能不清楚者，如高含量蛋氨酸蛋白是否构成过敏原需进一步研究认定。最近引入的“随机监控跟踪”可以监视转基因食品的中长期影响；“解剖技术”可以在不同层面使用，如基因研究、蛋白质研究和代谢研究等，用于监控意外效果，被认为是有效的替代方法，进一步完善了安全性评价方法。

五、食品的致敏性评价

（一）食品的致敏性评价程序

食品的致敏性评价程序包括：资料审查和信息检索，特性检验，消化及加工稳定性试验，动物皮肤局部过敏试验，动物全身过敏试验，血清学试验。

（二）食品的致敏性评价方法

（1）资料审查和信息检索　通过国际相关信息网的资料审查和信息检索，确认致敏成分是否属于常见的致敏食物，确定其可能致敏的成分及名称，并检索致敏成分的特性，分析受体生物致敏的可能性，获取相关致敏成分的特性参数，为致敏成分的检验选择适当的技术路线和方法。

（2）致敏成分分子特性检验　根据已知的致敏成分的相对分子质量范围和理化性质，采用抽提和层析技术，从样品中提取和纯化目标粗蛋白。经凝胶电泳和显影，显示样品中目标蛋白的条带。与蛋白质相对分子质量标准物及对照样品比较，鉴定其相对分子质量，判定产品样品中是否存在致敏物质的成分。

具体操作方法：①目标粗蛋白的提取和纯化。②凝胶电泳。③致敏性成分条带及相对分子质量的鉴定。

检验结果若确认产品样品有与致敏性成分相应或相近的蛋白质条带，指示产品样品中可能有此致敏成分。需对此成分作进一步的分析。

（3）消化及加工稳定性试验　根据经济合作与发展组织（OECD）提出的判断标准，致敏蛋白质具有抗蛋白水解或热变性的能力，即能耐受食品加热和烹调操作，能抵抗肠道消化酶的作用。通过对样品进行体外酶消化试验和加工处理试验，测定样品中可能致敏成分的稳定性。

①体外酶消化试验：

a. 模拟人胃肠道消化条件，配制蛋白酶消化液（蛋白酶的种类及浓度可通过实验选择）。

b. 产品样品和对照样品按正常的食用方式进行处理，并加以机械破碎，制成浆液。

c. 样品浆液与蛋白酶消化液按一定比例混合，在适合于酶作用的温度和酸度的条件下进行消化度试验。作用完成后，以此为样品进行上述“致敏成分分子特性检验”。

②加工稳定性试验：模拟食品常用的加工方式，对产品样品和对照样品进行加热和加工处理。处理完成后，对样品进行机械破碎，制成浆液。以此为样品进行上述“致敏成分分子特性检验”。

③结果判定：

a. 试验结果确认产品样品的可能致敏成分在消化稳定性试验、加热和加工稳定性试验中降解至不出现相应的蛋白质条带，指示样品中可能的致敏成分为非致敏成分；

b. 试验结果确认产品样品的可能致敏成分在消化稳定性试验、加热和加工稳定性试验中不发生降解，仍出现相应的蛋白质条带，指示样品中可能的致敏成分为致敏成分。

（4）动物皮肤局部过敏试验　通过动物局部皮肤涂敷试验，检验可疑致敏成分对动物皮肤的刺激强度，为可疑致敏成分的皮肤致敏反应评分，判定可疑致敏成分对皮肤致敏反应性质。

①样品：对照样品。空白对照：给赋型剂；阳性对照：给阳性致敏物。

②操作方法：

a. 受试物：如果受试物为固体，应将其粉碎并用水或其他溶剂充分湿润，以保证受试物与皮肤有良好接触。如使用其他溶剂，应考虑该溶剂对受试动物皮肤刺激性的影响。液体受试物一般不需稀释而直接使用原液。

b. 实验动物：应首选白色家兔。应采用成年、健康、皮肤无损伤的动物。至少使用4只家兔，必要时需增加实验动物数。

c. 实验步骤：按《化妆品卫生规范》中“皮肤刺激性/腐蚀性试验”方法进行试验和评分。

③结果判定：

a. 皮肤局部过敏试验结果确认可疑致敏成分对动物皮肤具有中等刺激性或强刺激性，指示可疑致敏成分为极有可能对人具有皮肤致敏作用。

b. 皮肤刺激试验结果从动物外推到人的可靠性很有限，白色家兔在大多数情况下对有刺激或腐蚀的物质较人类敏感。若用其他品系动物进行试验也得到类似结果，则会增加从动物外推到人的可靠性。

（5）动物全身过敏试验　通过动物全身给药试验，检验可疑致敏成分对动物致敏反应的强度，为可疑致敏成分的致敏反应评定级数，判定可疑致敏成分对动物致敏反应性质。

①样品：对照样品　阴性对照：给赋型剂；阳性对照：给人白蛋白。

②操作方法：

a. 受试物：可用受试物的半水解物或受试物与佐剂（如氢氧化铝凝胶）按1∶1混合后作为致敏液。

b. 实验动物：健康无病的豚鼠6只，体重200～300g。

c. 实验步骤：按《动物实验方法学》（孙敬方主编）推荐的“全身过敏试验”方法进行试验。按无菌操作，隔日每只肌肉注射受试物0.5mL，共3次。然后将其均分为两组，一组于首次注射后的第11天，由静脉注射受试物2mL（或腹腔注射2～3mL），观察注射后有无抓鼻、竖毛、呼吸困难、痉挛、休克直至死亡等过敏症状。第二组于首次注射后的第21d同法注射受试物2mL，进行观察。

③结果判定：

a. 全身过敏试验结果确认可疑致敏成分对动物具有2级以上过敏反应强度，指示可疑致敏成分为全身致敏成分。

b. 注射途径尽可能与生活中人体摄入方式相符。

c. 静脉或腹腔注射后，如果发现有过敏反应，应取健康未致敏豚鼠2只，自静脉注射受试物2mL，观察有无由于药作用引起的类似过敏反应症状，以供作结果判断时参考。

（6）血清学试验　利用针对外源基因供体致敏原特异的抗血清为抗体，与样品中可疑的致敏原进行免疫学反应，对表达产物的可疑致敏成分进行识别和鉴定。

①样品：对照样品　阴性对照：赋型剂。

②操作方法：

a. 血清制备

试剂盒：采用检验相应致敏成分的血清学检验试剂盒。

自制动物血清：当市场上无相应的试剂盒销售时，可自制动物血清进行试验。动物血清及效价测定的具体方法参见《动物实验方法学》（孙敬方主编）中“动物免疫血清的制备方法”。

过敏者血清：血液样品采自多个对目标蛋白有过敏史的自愿供血者，分离血清，储藏备用。采用相应的标准物质进行血清效价测定，确定血清的特异性和效价。

b. 按试剂盒说明书的操作方法进行试验。

c. 采用单相免疫扩散试验－琼脂或琼脂糖凝胶扩散法。将一定量的抗体（抗血清）与用缓冲溶液配制的琼脂溶液混匀制成凝胶，再把抗原液放在凝胶上或滴进凝胶的小孔中，在一定的条件下进行扩散，在抗原和抗体浓度适合的距离处形成沉淀线或环。当抗体浓度一定的情况下，抗原浓度高，线或环距离原点远，所形成的面积（或直径）与浓度在一定范围内成正比。具体方法参见《动物实验方法学》（孙敬方主编）中“免疫学指标测定方法”。

d. 采用双向免疫扩散试验法。抗原、抗体分别放在两个或多个孔中，抗原和抗体在同一个凝胶内彼此都扩散，抗原、抗体扩散后在凝胶中相遇时形成复合物，由于复合物相对分子质量增大，沉淀物不再扩散，并形成特异性屏障，使在免疫学性质上与之相近的抗原抗体分子不能通过，而其他的分子可继续通过，直至形成自己的复合物为止。

③结果判定：

a. 按试剂盒提供的标准进行结果判定。

b. 如果外源基因来自一种常见致敏性生物，必须用 14 种针对该生物的免疫血清进行血清学试验。若免疫分析结果为阴性，则可判定供体的主要致敏原未转入转基因食品的概率大于 99.9%，次要致敏原未转入转基因食品的概率大于 95%。

c. 如果外源基因来自一种非致敏生物，则须用 5 种血清进行血清学试验。如免疫分析结果为阴性，则可判定供体的主要致敏原未转入转基因食品的概率大于 95%。

d. 血清学试验结果若为阳性，则已经充分证明转基因食品有高度致敏危险性。

第十一章 食品法规与标准

第一节 基本概念

一、食品安全标准

"标准"为在一定的范围内获得最佳秩序，对活动或其结果规定共同的和重复使用的规则、导则或特性的文件，该文件经协商一致制定并经一个公认机构的批准。标准以科学、技术和经验的综合成果为基础，以促进最佳社会效益为目的。标准是一种要求，也可以说是市场和消费者的要求。

构成一项标准的全部要素分为：①概述要素：包括识别标准，介绍标准内容，说明标准背景、标准的制定以及与其他标准的关系等内容；②标准要素：规定了标准的要求和必须遵守的条文；③补充要素：提供有助于理解标准或使用标准的补充信息。

在我国发布的食品标准分为国家标准和行业标准，其中与食品安全相关标准包括基础标准、限量标准、管理及控制标准、检测检验方法标准、特定产品标准、标签标识标准、包装材料卫生标准。

食品安全标准主要是用来控制食品安全及提高食品安全水平，各类食品、与食品相关的物品及相关的生产方式、检验方法等等都会被制定相应的标准以控制食品安全生产及应用。这是食品质量和安全的可靠保障。由于不同的食品生产要求不同则会分成不同层次的各类标准。食品必须严格按照标准来进行生产，不得滥用添加剂和违规使用非食品添加剂，更不得用添加剂来掩盖食品腐败变质的事实。

二、食品法律法规

法律法规是指中华人民共和国现行有效的法律、行政法规、司法解释、地方法规、地方规章、部门规章及其他规范性文件以及对于该等法律法规的不时修改和补充。

我国食品法律法规体系涉及食品及食品原料、食品包装材料和容器的管理、餐饮业和学生集体用餐的管理、食品卫生监督处罚等方面。

法律又有狭义和广义之分，狭义仅指全国人大及其常委会制定的规范性文件，广义则泛指一切规范性文件。与法规相比，法律是指狭义上的法律。法规则为行政法规、地方性法规、民族自治法规及经济特区法规等广义概念。

我国最高权力机关全国人民代表大会和全国人民代表大会常务委员会行使国家立法权，立法通过后，由国家主席签署主席令予以公布。因而，法律的级别是最高的，比如《中华人民共和国食品安全法》。

法规可分为行政法规和地方性法规、自治条例和单行条例。行政法规是由国务院制定的，通过后由国务院总理签署国务院令公布。这些法规也具有全国通用性，是对法律的补充，在成熟的情况下会被补充进法律，其地位仅次于法律，多称为"＊＊条例"，可以看作是全国性法律的实施细则，如《中华人民共和国食品安全法实施细则》等。地方性法规、自治条例和单行条例是各省、自治区、直辖市的人民代表大会及其常务委员会（是各地方的最高权力机构）制定。地方性法规大部分称作条例，有的为法律在地方的实施细则，部分为具有法规属性的文件，如决议、决定等。地方法规的开头多贯有地方名字，如《北京市食品安全条例》、《北京市实施〈中华人民共和国动物防疫法〉办法》等。

食品法律法规的应用与实施在食品生产管理中有重要的作用：一是以法律条文的形式明确告知人们，合法与非法的界限，违法者将会受到怎样的制裁，以实现知法和守法为基本前提的明示作用；二是根据法律的规定来自觉地调节和控制自己的思想和行为，从而来达到有效避免违法和犯罪现象发生的目的。三是通过法律的强制执行力来机械地校正社会行为中所出现的一些偏离了法律轨道的不法行为，使之回归到正常的法律轨道。

食品法律法规体系的建设是我国保证食品安全、提高人民生活质量、保障人民饮食卫生和公共健康的需要，是我国食品工业发展和参与国际食品贸易的需要。

三、法规与标准的关系

社会规范是人们处理社会生活中相互关系应遵循的具有普遍约束力的行为规则，而技术规范是人们在处理同客观事物打交道时必须遵循的行为规则。在科学技术和社会生产力高度发展的现代社会，越来越多的立法把遵守技术规范确定为法律义务，从而把社会规范和技术规范紧密结合在一起，这也是一种必然，因为，人们处理社会生活关系时，也离不开客观事物。

（一）法规和标准的相同之处

（1）法规和标准都是现代社会和经济活动必不可少的统一规定，具有一般性，对任何人都适用，同样情况同样对待。

（2）公开性，在制定和实施过程中都公开透明。

（3）明确性和严肃性，法规和标准都由权威机关按照法定的职权和程序制定、修改或废止，都用严谨的文字进行表述。

（4）权威性，法规和标准都在调控社会方面发挥主导作用，享有威望，得到社会广泛的认同和普遍的遵守。

（5）约束性和强制性，要求社会各组织和个人服从法规和标准的规定，作为行为的准则。

（6）稳定性，法规和标准都具有时间上的稳定性和连续性，不允许擅自改变和轻易修改。

（二）法规和标准的不同之处

（1）法规在一切领域处于至高无上的地位，具有基础性和本源性的特点。标准必须有“法律依据”，必须严格遵守有关的法律、法规，在内容上绝不能与法律、法规相抵触和冲突。

（2）法律、法规涉及国家生活和社会生活的方方面面，调整一切政治、经济、社会、民事、刑事等法律关系，而标准主要涉及技术层面。

（3）法规一般较为宏观和原则，标准则较为微观和具体。

（4）法规有较长时间内的稳定，标准则经常随着科学技术和生产力的发展而补充修改。

（5）标准比较注意民主性，强调多方参与、协商一致，尽可能照顾多方利益。

（6）标准的强制力也源自法规的赋予，标准分为强制性和推荐性两种，对推荐性标准企业有选择执行或不执行的权利。

（7）标准和法规都是规范性的文件，但标准在形式上有文字的，也有实物的。

（三）法规、标准与市场经济的关系

1. 法规与市场经济的关系

市场经济在一定意义上是法治经济，即市场经济的秩序必须通过法治来形成和维持。因此，法治是市场经济的必备条件和基本特征。

（1）市场经济是自主性经济，因此，要求法律确认市场主体资格，平等保护市场主体的财产权。

（2）市场经济是契约经济，因此，要求法律确认契约是处理经济关系的法律形式，并保护契约在市场经济中的作用。

（3）市场经济是竞争经济，因此，要求法律维护和保障正当竞争，限制和惩处不正当竞争。

（4）市场经济是主体地位平等的经济，因此，要求法律确认所有人的平等地位，至少在形式上平等地享有权利和履行义务。

（5）市场经济是开放的经济，因此，要求法律不断进行调整，与现代国际法治规则接轨，营造统一开放的国内市场和全球化的国际市场。

2. 法律对市场经济的保障作用

（1）利益保障　市场经济关系的各种行为，大多为了实现一定的物质利益，法律通过及时制止侵犯他人、集体和国家利益的违法犯罪行为，来保障市场经济。

（2）秩序保障　法律引导和促进市场行为在一定的秩序中正常进行，从而保障市场经济的发展。

改革开放特别是确定社会主义市场经济体制改革目标以来，我国加强了市场经济法制建设，取得了十分显著的成就，为社会主义市场经济的建立和发展，提供了重要的法律依据和法律保障。

3. 标准与市场经济的关系

标准是市场经济运行的必备条件，与市场经济的关系可概括为：

（1）市场经济是自主性经济，市场主体为了生存和发展，必须执行或制定先进的产品质量标准，满足市场和用户的需求。

（2）市场经济是契约经济，在契约合同中设定的产品质量标准是双方检验产品质量的依据，是发生经济纠纷时仲裁的技术基础。

（3）市场经济是竞争经济，市场主体运用标准化加快新产品开发，可以提高产品的竞争力；市场主体执行先进的产品质量标准，可以提高产品质量和竞争力。

（4）市场经济是开放的经济，标准是国内国际市场贸易中必须遵守的技术准则，是国际条约和基本规则的技术层面的组成内容。

（5）市场经济是受调控和监督的经济，国家授权的监督机关以及消费者依据各种标准，依法对产品质量、工程质量和服务质量实施监督。

随着改革开放和经济发展，特别是加入 WTO 以后，我国越来越重视标准化工作，积极参与国际标准化活动，积极采用国际标准，取得了显著的成绩。

第二节　我国食品安全标准与法规体系建设

一、食品安全标准与法规体系发展研究

1. “食品安全关键技术”专项深入开展食品安全标准与法规研究

“食品安全关键技术”科技专项针对当前中国加强食品安全管理的形势以及适应我国加入WTO的迫切需要，进行食品安全的关键技术攻关，研究开发当前急需的食源性危害检测、监测、控制及评价技术等，建立我国食品安全保障体系，以保护消费者的健康和权益，促进食品进出口贸易，提高我国食品在国际市场的竞争力。

2. 研究与构建科学、合理的食品安全标准与法律法规体系

（1）食品安全标准体系的主要研究内容　针对目前我国食品安全标准体系存在的问题，研究分析国际标准化组织（如FAO/CAC，ISO/TC34、OIE、IPPC）及发达国家和地区（如美国、加拿大、日本、澳大利亚、欧盟等）食品安全标准体系发展现状和趋势，分析对比国内外的差距，以系统的科学理论、标准化原理、控制理论和风险分析原则为指导，针对从“农田到餐桌”全过程中影响食品安全的各种因素并对其进行控制与管理，构建一个既适合我国食品产业发展又与国际接轨的，结构合理、功能完善、层次分明、重点突出，包括产前、产中、产后即从“农田到餐桌”全过程的食品安全标准体系框架，编制重点食品（如粮油、果蔬、畜产品、水产品、饮料、调味品等）安全标准体系表，建立食品安全标准数据库，以逐步实现与国际接轨。

（2）目前体系研究已经开展的主要工作

①初步构建了食品安全标准体系总体框架：食品安全标准化是一项复杂而庞大的系统工程，覆盖了食品“从农出到餐桌”的各个环节，将标准化贯穿于整个食品链全过程的始终。在目前食品安全标准化研究的基础上构建我国的食品安全标准体系，可以从宏观上指导我国食品安全标准化建设。

在研究与构建食品安全标准与法律法规体系时，依据了科学合理、完整配套、先进适用、突出重点、创新引进的原则，应用了系统科学的理论、标准化原理、全程质量控制原理和风险分析方法，通过分析食品安全应予以标准化的全部对象和关键过程要素，设计出食品安全标准体系空间模型；然后在空间模型的指导下，分析了食品安全标准体系的标准需求；最后根据标准需求，构建了与国际接轨、适合我国国情、层次分明、结构合理的食品安全标准体系总体框架，以保障消费者的健康与权益，提高我国食品安全总体水平，促进食品国际贸易的发展。

②重点研究并编制了粮油、果蔬、畜产品、水产品、饮料、调味品等6类重点食品安全标准体系表：在充分研究分析我国食品工业发展现状和趋势及国内外食品安全标准化发展现状、趋势的基础上，依据食品安全标准体系总体框架，重点对粮油、果蔬、畜产品、水产品、饮料、调味品等6类重点食品进行了研究，初步编制了上述6类重点食品的安全标准体系表。

③建立了食品安全标准数据库：在“标准化”、“高起点”、“实用性”和“开放性”原则的指导下，初步建立了食品安全标准数据库，包括国外食品安全标准与技术法规题录库、我国食品安全标准题录库、食品有毒有害物质（农药、兽药、添加剂、有害污染物、有害

微生物与生物毒素）残留限量指标值数据库。数据库初步实现如下功能：标准信息录入、修改、撤销；对按标准编号、批准发布单位、提出单位、归口单位、负责起草单位、标准类别、标准性质、标准级别、采用国际标准程度、标准内容简介、重要指标对比等数据信息进行查询和日常管理等。

食品安全标准体系主体见图 11－1。

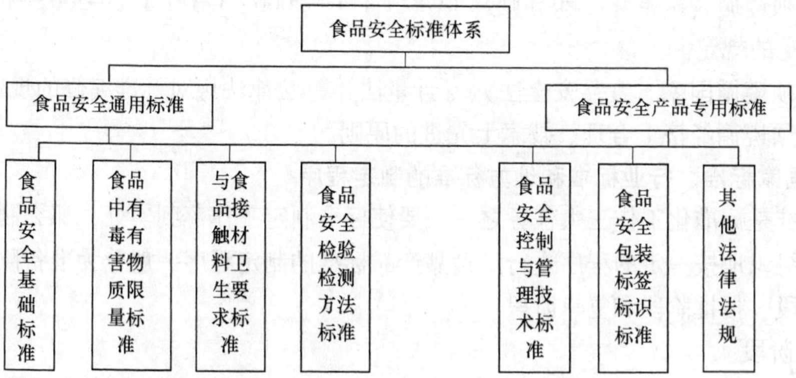

图 11－1　食品安全标准体系主体框架图

（3）研究与制定一批重要且急需的食品安全标准　在食品安全标准与法律法规体系总体框架的指导下，针对我国食品安全急需解决的问题，目前“食品安全关键技术”科技专项正在研究与制修订一批重要和急需的食品安全标准，包括食品有毒有害物质限量标准、食品有毒有害物质检测方法标准、重要的食品安全控制与管理标准以及与食品接触材料卫生标准等。

食品安全专项中将近有 180 项标准的研究，主要涉及以下四个方面的内容：

①食品有毒有害物质限量标准：主要包括食品中农药残留限量标准、食品中添加剂限量标准、食品中有害污染物限量标准、食品中有害微生物与生物毒素限量标准等。

②食品有毒有害物质检测方法标准：主要包括食品中农药残留检测方法标准、食品中兽药残留检测方法标准、食品中有毒生物检测方法标准、重要的动物外来疫病检测方法标准、人畜共患病及植物疫病检测方法标准以及食品安全检测实验室质量控制规范等。

③重要的食品安全控制与管理标准：主要包括食品企业通用良好操作规范（GMP），罐藏食品加工、水产食品加工、啤酒企业、畜禽屠宰业、肉制品加工等行业专用良好操作规范（GMP），食品安全管理体系要求与指南标准，辐照食品安全剂量标准，以及粮食、果蔬、肉类、乳制品等大宗食品的运输与货架贮存技术规范等。

④与食品接触材料卫生标准：主要包括食品包装材料的卫生要求标准等。

通过对上述各类标准的研究与制定，解决我国现行的食品中有毒有害物质限最与检测标准以及食品安全控制与管理标准技术水平偏低、市场适应性较差以及缺乏基础数据等问题，从而健全与完善我国食品安全标准体系，实现对食品安全的有效监控，提升我国食品安全的总体水平。

总之，国家鼓励和支持开展与食品安全有关的基础研究和应用研究，鼓励和支持食品生产经营者为提高食品安全水平采用先进技术和先进管理规范。

二、我国食品标准制定程序

（一）标准的制定必须遵循的原则

（1）必须遵循《中华人民共和国标准化法》第六条的规定，这是标准制定工作总的指导原则。

（2）必须遵循《标准化工作导则》（GB/T 1.1—2000、GB/T 1.2—2002 等）和相关标准对标准制定的规定。

（3）必须遵循国家《食品安全法》、《计量法》等法律法规对标准编修的规定要求。

（4）必须遵循经济上合理、技术上先进的原则。

（二）国家标准、行业标准和地方标准的制定程序

制定标准是标准化工作三大任务之一。要使标准制定工作落到实处，那么制定标准就应有计划、有组织地按一定的程序进行。食品产品标准的制定程序一般分为准备阶段、起草阶段、审查阶段、报批阶段和复审阶段。

1. 准备阶段

在准备阶段必须查阅大量的相关技术资料，其中包括国际标准、国家标准和有关企业标准，然后进行样品的收集，进行检测分析，确定控制产品质量的主要指标项目，在技术指标中关键的指标项目和非关键指标项目，都是前期准备工作中需要确定的内容，在准备阶段，大量的实验工作是必须进行的，否则，标准的制定就会因缺乏技术含量而失去科学性。

2. 起草阶段

标准起草阶段的主要工作内容有：编制标准草案（征求意见稿）及其编制说明和有关附件，广泛征求意见。在整理汇总意见基础上进一步编制标准草案（预审稿）及其编食品标准与法规。

3. 审查阶段

产品标准的审查分为预审和终审两个过程。预审工作由各专业技术委员会组织有关专家进行，对标准的文本、各项技术指标进行严格的审查，同时也审查标准草案是否符合《标准化法》和《标准化工作导则》的要求，技术内容是否符合实际和科学技术的发展方向，技术要求是否先进、合理、安全、可靠等。预审通过后按审定意见进行修改，整理出送审稿，报有关标准化工作委员会进行最终审定。

4. 报批阶段

终审通过的标准可以报批，行业标准报行业标准化行政主管部门，国家标准报国家质量技术监督局，批准后进行编号发布、实施。

5. 标准复审

根据标准化法第十三条规定：标准实施后，制定标准的部门应当根据科学技术的发展和经济建设的需要适时进行复审，以确认现行标准继续有效或者予以修订、废止。在我国标准化实际工作中，国家标准、行业标准和地方标准的更新周期一般不超过五年。标准的确认有效、修改和废止由原标准发布机关审批发布。

产品标准的制定是一项十分严肃的工作，由起草到审批、发布、实施中间需经过几稿的讨论和修改，各项技术指标的确定都是在大量试验的基础上确定的，因此符合标准的食品应该是安全的，质量是可靠的，食品标准是食品质量和安全的保证。

（三）企业标准的制定程序

（1）调查研究，收集资料。起草单位应针对以下方面进行调查研究和收集资料。

——标准化对象的国内外以及本企业的现状和发展方向；

——有关的最新科技成果；

——生产和工作实践中积累的技术数据，统计资料；

——国际标准、国外先进标准、技术法规和国内相关标准。

（2）起草标准草案（征求意见稿）。对搜集到的资料进行整理、分析、对比、选优，必要时应进行试验验证，然后起草草案（征求意见稿）和编制说明。

（3）征求意见，形成标准送审稿。将标准草案（征求意见稿）分发给企业内有关部门（必要时分发给企业外有关单位，特别是用户，征求意见），对收到的意见逐一分析研究，决定取舍后形成标准送审稿。

（4）审查标准，形成标准报批稿。根据标准的复杂程度、涉及面大小，聘请本行业的专家审查，可分别采取会议审查或者函审的方式审定。审查、审定通过后，起草单位应根据其具体的建议和意见，编写标准报批稿和在进行报批时需呈交的其他材料。

（5）标准的批准、发布与实施。企业标准由企业法人代表或授权的主管领导批准，由企业标准化管理部门编号、发布和实施。

（6）标准的备案。中华人民共和国卫生部与于 2009 年 6 月 10 日颁布《食品安全企业标准备案办法》，规定食品生产企业制定下列企业标准，应当在组织生产之前向省、自治区、直辖市卫生行政部门备案：

——没有食品安全国家标准或者地方标准的企业标准；

——严于食品安全国家标准或者地方标准的企业标准。

（7）企业标准的复审。标准应定期进行复审，复审周期一般不超过三年。复审工作由企业标准化机构负责组织，复审结果按下列情况分别处理。

——标准内容不做修改，仍然适应当前需要，符合当前科学技术水平的，给予确认。确认的标准，不改变标准的顺序号和年代号，只在标准封面上写明××××年确认字样。

——为完善和充实标准内容，对标准条文、图表作少量修改、补充时，按标准有关修改的规定执行。

——标准的主要规定需要做大的改动才能适应当前生产、使用的需要和科学技术水平的，应作为修订项目。修订标准的工作程序按制定标准的程序进行。修订后的标准不改变顺序号，但要写明修改的年号。

——标准内容已不适应当前的需要，或为新标准所替代的标准应予以废止。

复审后的企业产品标准必须按有关规定重新进行备案。

三、我国食品标准的分类

1. 按级别分类

标准的种类按《中华人民共和国标准化法》第六条规定的级别来分类有国家标准、行业标准、地方标准和企业标准四大类。从标准的法律级别上来讲，国家标准高于行业标准，行业标准高于地方标准，地方标准高于企业标准。但从标准的内容上来讲却不一定与级别一致，一般来讲企业标准的某些技术指标应严于地方标准、行业标准和国家标准。

在食品行业，基础性的卫生标准和安全标准一般均为国家标准，而产品标准多为行业标准和企业标准。但无论哪种标准，其中食品卫生和安全指标必须符合国家标准和国际标准要求，或者严于国家标准和国际标准的要求。

2. 按内容分类

食品标准从内容上来分，主要有食品产品标准、食品卫生标准、食品添加剂标准、食品检验方法标准、食品包装材料与容器标准、食品工业基础标准及相关标准等。而食品生产厂卫生规范以国家标准的形式列入食品标准中，但它不同于产品的卫生标准，它是食品企业生产活动和过程的行为规范。主要是围绕预防、控制和消除食品微生物和化学污染，确保产品卫生安全质量，对食品企业的工厂设计、选址和布局、厂房与设施、废水与处理、设备和器具的卫生、工作人员卫生和健康状况、原料卫生、产品的质量检验以及工厂卫生管理等方面提出具体要求。我国的食品卫生规范主要依据良好操作规范（GMP）和危害分析与关键控制点（HACCP）的原则制定，属于技术法规的范畴。

3. 按形式分类

按标准的形式可分为两类：

①用文字表达的标准，就称之为标准文件；

②实物标准，包括各类计量标准器具、标准物质、标准样品如农产品、面粉质量等级的实物标准等。

4. 按作用范围分类

按标准的层次和作用范围可以分成三大类：

（1）技术标准（technical standard） 对标准化领域中需要协调统一的技术事项所制定的标准称之为技术标准。技术标准是企业标准体系的主体，是企业组织生产、技术和经营、管理的技术依据。

技术标准是一个大类，可以分成基础技术标准、产品标准、工艺标准、检验测试标准、设备标准、原料标准、半成品标准、安全卫生标准、环境保护标准等。技术标准均应在标准化法律法规、各种相关法规等的指导下形成。

（2）管理标准（administrative standard） 对标准化领域或者企业标准化领域中需要协调统一的管理事项所制定的标准称之为管理标准。管理标准主要是对管理目标、管理项目、管理程序和管理组织所作的规定。

管理标准也是一个大类，可以分成管理基础标准、技术管理标准、经济管理标准、行政管理标准、生产经营管理标准。对于企业来讲，管理事项主要包括企业管理活动中所涉及的经营管理、设计开发管理与创新管理、质量管理、设备与基础设施管理、人力资源管理、安全管理、职业健康管理、环境管理、信息管理等与技术标准相关的重复性事物和概念。

（3）工作标准（duty standard） 对标准化领域或者企业标准化领域中需要协调统一的工作事项所制定的标准称之为工作标准。工作标准是对工作责任、权力、范围、质量要求、程序、效果、检查方法、考核办法等所制定的标准。

工作标准也是一个大类，可以分成决策层工作标准、管理层工作标准和操作人员工作标准。在决策层工作标准中又可以分成最高决策层工作标准和决策层人员工作标准两类。在管理层工作标准中又可以分成中层管理人员工作标准和一般管理人员工作标准两类。在操作人员工作标准中又可以分成特殊过程操作人员工作标准和一般人员（岗位）工作标准两类。

5. 按遵守与执行的效力和性质分类

根据《标准化法》的规定，国家标准和行业标准主要分为推荐性和强制性两种类型。

但实际上目前许多地方标准也分为强制性标准和推荐性标准。有关食品安全的标准、法律法规一般意义上都带有强制性的特征，地方标准在本地区内是强制性标准。如食品卫生的基础标准，关系到人体健康和安全，属于强制性标准，其他食品产品标准是推荐性标准。

国家强制性标准的代号是“GB”，字母 GB 是国标两字汉语拼音首字母的大写；国家推荐性标准的代号是“GB/T”，字母“T”表示“推荐”的意思；推荐性地方标准的代号如陕西省地方标准的代号为“DB61/T”。对于这类标准，企业可根据自身情况，有选择性的采纳和使用。而一般意义上，国家标准是食品企业必须遵循的最低标准，行业或企业标准要大于或等于国家标准。而食品安全标准和法律法规体系的发展趋势是，涉及产品质量的标准将逐步转化为推荐性标准，而涉及食品安全的标准和法规将逐步转变为强制性标准。

我国强制性标准属于技术法规的范畴，其范围与 WTO 规定的五个方面，即“国家安全”、“防止欺诈”、“保护人身健康和安全”、“保护动植物生命和健康”、“保护环境”基本上完全一致。强制性标准必须执行，而占国家标准、行业标准总数 85% 以上的推荐性标准，与国际上的自愿性标准是一致的。

虽然，推荐性标准本身并不要求有关各方遵守，但在一定的条件下，推荐性标准可以转化成强制性标准，具有强制性标准的作用。如以下几种情况：

（1）被行政法规、规章所引用；

（2）被合同、协议所引用；

（3）被使用者声明其产品符合某项标准。

四、标准化的作用与意义

如果说标准是衡量事物的依据或准则，标准化则是对实际的或潜在的问题制定共同的和重复使用的规则的活动，包括制定、发布及实施标准的过程，可以在一定的范围内获得最佳秩序，标准化是组织现代化生产的重要手段和必要条件。

标准化的作用与意义：

①是合理发展产品品种、组织专业化生产的前提；

②是提高产品质量、实现安全、卫生生产的技术保证；

③是实现科学管理和现代化管理的基础；

④是国家资源合理利用、节约能源和节约原材料的有效途径；

⑤是推广新材料、新技术、新科研成果的桥梁；

⑥是消除贸易壁垒、促进技术合作、实现公平竞争、促进国际贸易发展的通行证。

五、我国食品法规与标准

（一）中华人民共和国食品安全法

2009 年 2 月 28 日第十一届全国人民代表大会常务委员会第七次会议通过，自 2009 年 6 月 1 日起施行。共分十章，一百零四条。

（二）中华人民共和国农产品质量安全法

2006 年 4 月 29 日第十届全国人民代表大会常务委员会第二十一次会议通过，自 2006 年 11 月 1 日起施行。共分八章，五十六条。

（三）食品企业良好操作规范（GMP）

食品企业 GMP 诞生于美国。1963 年，美国食品与药物管理局制定药品 GMP，目的在确保药品的高质量。1964 年美国强调实施药品 GMP，1969 年美国公布食品 GMP 基本法，1969 年世界卫生组织（WHO）通函各国政府促请研究并实施药品 GMP 制度。我国食品企业卫生规范是在药品 GMP 的基础上建立起来的，并以强制性国家标准发布实施。从 1988 年开始，我国先后颁布了 20 个食品企业卫生规范和 1 个食品企业通用卫生规范，具体是：

GB 8950—1988《罐头厂卫生规范》 GB 12695—1990《饮料厂卫生规范》

GB 8951—1988《白酒厂卫生规范》 GB 12696—1990《葡萄酒厂卫生规范》

GB 8952—1988《啤酒厂卫生规范》 GB 12697—1990《果酒厂卫生规范》

GB 8953—1988《酱油厂卫生规范》 GB 12698—1990《黄酒厂卫生规范》

GB 8954—1988《食醋厂卫生规范》 GB 16330—1996《饮用天然矿泉水厂卫生规范》

GB 8955—1988《食用植物油厂卫生规范》

GB 8956—1988《蜜饯厂卫生规范》 GB 17403—1998《巧克力厂卫生规范》

GB 8957～1988《糕点厂卫生规范》 GB 17404—1998《膨化食品良好生产规范》

GB 12693—1990《乳品厂卫生规范》 GB 17405—1998《保健食品良呼生产规范》

GB 12694—1990《肉类加工厂卫生规范》 GB 14881—1994《食品企业通用卫生规范》

GB 12693—2010《乳制品良好生产规范》 GB 23790—2010《粉状婴幼儿配方食品良好生产规范》

1. 食品企业通用卫生规范（General hygienic regulation for food enterprises，GB 14881—1994）

《食品企业通用卫生规范》适用于食品生产、经营的企业、加工厂，并作为制定各类食品厂的专业卫生规范的依据。该规范采用联合国粮农组织/世界卫生组织（FAO/WHO）食品法典委员会 CAC/RCP Rev. 2—1985《食品卫生基本原则》的规定，规范性引用了 GB 3841—1983《锅炉烟尘排放标准》、GB 5749—1985《生活饮用水卫生标准》（现已被 GB 5749—2006《生活饮用水卫生标准》替代）等标准。

2. 保健食品良好操作规范（Good Manufacture Practice for Health Food，GB 17405—1998）

《保健食品良好生产规范》规定了对生产具有特定保健功能食品企业的人员、设计与设施、原料、生产过程、成品贮存与运输以及品质和卫生管理方面的基本技术要求，食品标准与法规适用于所有保健食品生产企业。该规范引用了 GBJ 73—1984《洁净厂房设计规范》（现已被 GB 50073—2001《洁净厂房设计规范》替代）、GB 5749—1985《生活饮用水卫生标准》、GB 7718—1994《食品标签通用标准》（现在已变为 GB 7718—2004《预包装食品标签通则》）、GB 14881—1994《食品企业通用卫生规范》。该标准由中华人民共和国卫生部在 1998 年 5 月 5 日批准，并于 1999 年 1 月 1 日实施。主要内容包括原料、中间产品、成品、批号，即保健食品生产过程中使用的所有投入物，包括加工助剂和食品添加剂、需进一步加工的物质或混合物、产品形成定型包装后的待销售成品等。

（四）食品产品质量标准

针对各种食品的质量制定的国家标准如：GB 2716—2005《食用植物油卫生标准》、GB/T 8235—2008《亚麻籽油》、GB 19301—2010《生乳》、GB 5420—2010《干酪》、GB 10765—2010《婴儿配方食品》、GB 19645—2010《巴氏杀菌乳》、GB 25190—2010《灭菌乳》、GB 25191—2010《调制乳》、GB 19302—2010《发酵乳》、GB 13102—2010《炼乳》、GB 19644—2010《乳粉》、GB 11674—2010《乳清粉和乳清蛋白粉》、GB 19646—2010《稀奶油、奶油和无水奶油》、GB 25192—2010《再制干酪》、GB 10767—2010《较大婴儿和幼儿配

方食品》、GB 10769—2010《婴幼儿谷类辅助食品》、GB 10770—2010《婴幼儿罐装辅助食品》等。

（五）无公害食品标准

GB 18406.1—2001《农产品安全质量无公害蔬菜安全要求》、GB 18406.2—2001《农产品安全质量无公害水果安全要求》、GB 18406.3—2001《农产品安全质量无公害畜禽安全要求》、GB 18406.4—2001《农产品安全质量无公害水产品安全要求》、GB 18407.1—2001《农产品安全质量无公害蔬菜产地环境要求》、GB 18407.2—2001《农产品安全质量无公害水果产地环境要求》、GB 18407.3—2001《农产品安全质量无公害畜禽肉产地环境要求》、GB 18407.4—2001《农产品安全质量无公害水产品产地环境要求》。

（六）有机食品

国家环境保护总局在2001年发布了环境保护行业标准HJ/T 80—2001《有机食品技术规范》。

（七）食品添加剂使用卫生标准

食品添加剂使用卫生标准有GB 2760—2011《食品添加剂使用标准》、GB 14880—1994《食品营养强化剂使用卫生标准》。

（八）食品检验方法标准

1. 微生物学检验方法标准

食品卫生微生物学检验国家标准一览见表11－1。

表11－1　　食品卫生微生物学检验国家标准一览表

国家标准编号	国家标准名称
GB 4789.1—2010	食品安全国家标准　食品卫生微生物学检验总则
GB 4789.2—2010	食品安全国家标准　食品卫生微生物学检验菌落总数测定
CB 4789.3—2010	食品安全国家标准　食品卫生微生物学检验大肠菌群计数
GB 4789.4—2010	食品安全国家标准　食品卫生微生物学检验沙门氏菌检验
GB 4789.5—2003	食品卫生微生物学检验　志贺氏菌检验
GB 4789.6—2003	食品卫生微生物学检验　致泻大肠埃希氏菌检验
GB 4789.7　2008	食品卫生微生物学检验　副溶血性弧菌检验
GB 4789.8—2008	食品卫生微生物学检验　小肠结肠炎耶尔森氏菌检验
GB/T 4789.9—2008	食品卫生微生物学检验　空肠弯曲菌检验
GB 4789.10—2010	食品安全国家标准　食品卫生微生物学检验　金黄色葡萄球菌检验
GB/T 4789.11—2003	食品卫生微生物学检验　溶血性链球菌检验
GB/T 4789.12—2003	食品卫生微生物学检验　肉毒梭菌及肉毒毒素检验
GB/T 4789.13—2003	食品卫生微生物学检验　产气夹膜梭菌检验
GB/T 4789.14—2003	食品卫生微生物学检验　蜡样芽孢杆菌检验
GB 4789.15—2010	食品安全国家标准　食品卫生微生物学检验　霉菌和酵母计数
GB/T 4789.16—2003	食品卫生微生物学检验　常见产毒霉菌的鉴定
GB/T 4789.17—2003	食品卫生微生物学检验　肉与肉制品检验
GB 4789.18—2010	食品安全国家标准　食品卫生微生物学检验　乳与乳制品检验
GB/T 4789.19—2003	食品卫生微生物学检验　蛋与蛋制品检验

续表

国家标准编号	国家标准名称
GB/T 4789.20—2003	食品卫生微生物学检验　水产食品检验
GB/T 4789.21—2003	食品卫生微生物学检验　冷冻饮品、饮料检验
GB/T 4789.22—2003	食品卫生微生物学检验　调味品检验
GB/T 4789.23—2003	食品卫生微生物学检验　冷食菜、豆制品检验
GB/T 4789.24—2003	食品卫生微生物学检验　糖果、糕点、蜜饯检验
GB/T 4789.25—2003	食品卫生微生物学检验　酒类检验
GB/T 4789.26—2003	食品卫生微生物学检验　罐头食品商业无菌的检验
GB/T 4789.27—2008	食品卫生微生物学检验　鲜乳中抗生素残留量检验
GB/T 4789.28 2003	食品卫生微生物学检验　染色法、培养基和试剂
GB/T 4789.29—2003	食品卫生微生物学检验　椰毒假单胞菌酵米面亚种检验
GB 4789.30—2010	食品安全国家标准　食品卫生微生物学检验　单核细胞增生李斯特氏菌检验
GB/T 4789.31—2003	食品卫生微生物学检验　沙门氏菌、志贺氏菌和致泻大肠埃希氏菌的肠杆菌科噬菌体检验方法
GB/T 4789.32—2002	食品卫生微生物学检验　大肠菌群的快速检测
GB/T 4789.34—2008	食品卫生微生物学检验　双歧杆菌检验
GB 4789.35—2010	食品安全国家标准　食品卫生微生物学检验　乳酸菌检验

2. 食品理化检验标准方法

中国国家标准中关于食品理化检验的标准方法有很多，而且随着食品安全发展要求的不断提高，相当一些标准在不断更新。如：GB/T 5009.1—5009.203 系列标准是关于食品理化检验的，其中大部分是2003 年制定并开始实施的，一部分是2008 年更新的，一部分是2010 年更新的，现举例见表 11－2。

表 11－2　　食品理化检验国家标准举例

国家标准编号	国家标准名称
GB/T 5009.1—2003	食品卫生检验方法　理化部分　总则
GB/T 5009.2—2003	食品的相对密度的测定
GB 5009.3—2010	食品安全国家标准　食品中水分的测定
GB 5009.4—2010	食品安全国家标准　食品中灰分的测定
GB 5009.5—2010	食品安全国家标准　食品中蛋白质的测定
GB/T 5009.6—2003	食品中脂肪的测定
GB/T 5009.7—2008	食品中还原糖的测定
GB/T 5009.8—2008	食品中蔗糖的测定
GB/T 5009.9—2008	食品中淀粉的测定
GB/T 5009.10—2003	植物类食品中粗纤维的测定
GB/T 5009.11—2003	食品中总砷及无机砷的测定
GB 5009.12—2010	食品安全国家标准　食品中铅的测定

续表

国家标准编号	国家标准名称
GB/T 5009.13—2003	食品中铜的测定
GB/T 5009.14—2003	食品中锌的测定
GB/T 5009.15—2003	食品中镉的测定
GB/T 5009.16—2003	食品中锡的测定
GB/T 5009.17—2003	食品中总汞及有机汞的测定
GB/T 5009.18—2003	食品中氟的测定
GB/T 5009.19—2008	食品中有机氯农药多组分残留量的测定
GB/T 5009.20—2003	食品中有机磷农药残留量的测定
GB/T 5009.23—2006	食品中黄曲霉素 B_1、B_2、G_1、G_2 的测定
GB 5009.24—2010	食品安全国家标准 食品中黄曲霉素 M_1 和 B_1 的测定
GB 5009.33—2010	食品安全国家标准 食品中亚硝酸盐与硝酸盐的测定
GB/T 5009.69—2008	食品罐头内壁环氧酚醛树脂涂料卫生标准的分析方法
GB 5009.93—2010	食物中硒的测定

2010 年卫生部根据《中华人民共和国食品安全法》的要求，对乳品及婴幼儿食品系列标准进行了重新整合与修订。例如：

GB 5413.33—2010《生乳相对密度的测定》

GB 5413.30—2010《乳和乳制品杂质度的测定》

GB 5413.34—2010《乳和乳制品酸度的测定》

GB 5413.3—2010《婴幼儿食品和乳品中脂肪的测定》

GB 5413.29—2010《婴幼儿食品和乳品溶解性的测定》

GB 5413.27—2010《婴幼儿食品和乳品中脂肪酸的测定》

GB 5413.5—2010《婴幼儿食品和乳品中乳糖、蔗糖的测定》

GB 5413.6—2010《婴幼儿食品和乳品中不溶性膳食纤维的测定》

GB 5413.9—2010《婴幼儿食品和乳品中维生素 A、D、E 的测定》

GB 5413.10—2010《婴幼儿食品和乳品中维生素 K_1 的测定》

GB 5413.11—2010《婴幼儿食品和乳品中维生素 B_1 的测定》

GB 5413.12—2010《婴幼儿食品和乳品中维生素 B_2 的测定》

GB 5413.13—2010《婴幼儿食品和乳品中维生素 B_6 的测定》

GB 5413.14—2010《婴幼儿食品和乳品中维生素 B_{12} 的测定》

GB 5413.15—2010《婴幼儿食品和乳品中烟酸和烟酰胺的测定》

GB 5413.16—2010《婴幼儿食品和乳品中叶酸（叶酸盐活性）的测定》

GB 5413.17—2010《婴幼儿食品和乳品中泛酸的测定》

GB 5413.18—2010《婴幼儿食品和乳品中维生素 C 的测定》

GB 5413.19—2010《婴幼儿食品和乳品中游离生物素的测定》

GB 5413.21—2010《婴幼儿食品和乳品中钙、铁、锌、钠、钾、镁、铜和锰的测定》

GB 5413.22—2010《婴幼儿食品和乳品中磷的测定》

GB 5413.23—2010《婴幼儿食品和乳品中碘的测定》

GB 5413.24—2010《婴幼儿食品和乳品中氯的测定》
GB 5413.25—2010《婴幼儿食品和乳品中肌醇的测定》
GB 5413.26—2010《婴幼儿食品和乳品中牛磺酸的测定》
GB 5413.35—2010《婴幼儿食品和乳品中β-胡萝卜素的测定》
GB 5413.36—2010《婴幼儿食品和乳品中反式脂肪酸的测定》
GB 5413.37—2010《乳和乳制品中黄曲霉毒素 M_1 的测定》
GB 21703—2010《乳和乳制品中苯甲酸和山梨酸的测定》
GB 22031—2010《干酪及加工干酪制品中添加的柠檬酸盐的测定》
GB 5413.38—2010《生乳冰点的测定》
GB 5413.39—2010《乳和乳制品中非脂乳固体的测定》
除此之外还有许多食品产品的专项检测标准。

（九）食品中有毒有害物质最高残留限量标准

我国现在关于食品中农药残留及污染物的最大限量的相关标准主要有 GB 2715—2005、GB 2763—2005，另外我国农业部根据《兽药管理条例》规定，于 2002 年 12 月 24 日发布第 235 号公告，对《动物性食品中兽药最高残留限量》进行了修订。主要农药及污染物最大残留限量见表 11-3。

表 11-3　　主要农药及污染物最大残留限量

名　称	最高残留限量/(mg/kg)	农产品/食品名称	标准编号
艾氏剂和狄氏剂	0.02	原粮和成品粮（不包括加工食用油的原料）	GB 2715—2005
无机砷（以 As 计）	0.15	大米	GB 2715—2005
	0.1	小麦粉	GB 2715—2005
	0.2	其他原粮和成品粮（不包括加工食用油的原料）	GB 2715—2005
六六六（HCH）	0.05	原粮和成品粮（不包括加工食用油的原料）	GB 2715—2005
	0.1	牛乳、乳制品、水产品	GB 2763—2005
	0.05	蔬菜、水果	GB 2763—2005
	0.1	肉（脂肪含量在 10% 及以下者，以原样计）、蛋品	GB 2763—2005
	0.2	绿茶、红茶	GB 2763—2005
	1.0	肉（脂肪含量在 10% 以上者，以脂肪计）	GB 2763—2005
二硫化碳	10	原粮和成品粮（不包括加工食用油的原料）	GB 2715—2005
氯化苦	2	原粮和成品粮（不包括加工食用油的原料）	GB 2715—2005
氰化物	5	原粮和成品粮（不包括加工食用油的原料）	GB 2715—2005
滴滴涕（DDT）	0.02	牛乳	GB 2763—2005
	0.05	蔬菜、水果	GB 2763—2005
	0.2	茶叶、肉（脂肪含量在 10% 及以下者，以原样计）	GB 2763—2005
	0.1	蛋品	GB 2763—2005
	2.0	肉（脂肪含量在 10% 以上者，以脂肪计）	GB 2763—2005
	0.5	水产品	GB 2763—2005
	0.05	原粮和成品粮（不包括加工食用油的原料）	GB 2715—2005
二溴乙烷	0.01	原粮	GB 4790—1984

续表

名　称	最高残留限量/(mg/kg)	农产品/食品名称	标准编号
敌敌畏	0.1	原粮和成品粮（不包括加工食用油的原料）	GB 2715—2005
	0.2	蔬菜、水果	GB 2763—2005
乐果	0.05	原粮、食用植物油	GB 2763—2005
	1.0	蔬菜（叶类、甘蓝类）	GB 2763—2005
杀螟硫磷	0.5	蔬菜、水果	GB 2763—2005
	5.0	原粮	GB 2763—2005
倍硫磷	0.01	食用植物油	GB 2763—2005
	0.05	原粮、蔬菜、水果	GB 2763—2005
七氯	0.02	原粮和成品粮（不包括加工食用油的原料）	GB 2715—2005
马拉硫磷	不得检出	蔬菜、食用植物油	GB 2763—2005
	0.1	大米	GB 2715—2005
汞（以 Hg 计）	0.02	原粮和成品粮（不包括加工食用油的原料）	GB 2715—2005
对硫磷	不得检出	蔬菜	GB 2763—2005
	0.1	原粮、食用植物油	GB 2763—2005
甲拌磷	不得检出	蔬菜、水果、食用植物油	GB 2763—2005
	0.02	原粮	GB 2763—2005
磷化物（以 pH3 计）	0.05	原粮和成品粮（不包括加工食用油的原料）	GB 2715—2005
多氯联苯（PCBs）	0.2	海产鱼、贝、虾、藻类食品	GB 2762—2005
乙酰甲胺磷	0.2	稻谷、小麦、玉米	GB 2763—2005
	1.0	蔬菜	GB 2763—2005
	0.5	水果	GB 2763—2005
涕灭威	0.01	棉籽油、花生油	GB 2763—2005
	0.02	花生	GB 2763—2005
噻嗪酮	0.3	粮食、蔬菜	GB 2763—2005
西维因	0.5	食用油	GB 2763—2005
	1.0	烟草	GB 2763—2005
	2.0	蔬菜	GB 2763—2005
	2.5	水果	GB 2763—2005
	5.0	原粮	GB 2763—2005
多菌灵	0.5	原粮、蔬菜、水果	GB 2763—2005
克百威	0.2	大米	GB 2763—2005
	0.1	小麦	GB 2763—2005
百菌清	0.2	原粮	GB 2763—2005
	1.0	蔬菜、水果	GB 2763—2005
溴氰菊酯	0.05	柑橘	GB 2763—2005
	0.1	水果（皮可食）	GB 2763—2005
	0.2	果类菜（皮可食）	GB 2763—2005
	0.5	叶类菜、原粮	GB 2715—2005

续表

名 称	最高残留限量/(mg/kg)	农产品/食品名称	标准编号
二嗪磷	0.1	原粮	GB 2763—2005
	0.5	蔬菜、水果	GB 2763—2005
氰戊菊酯	0.05	根块类菜	GB 2763—2005
	0.2	果类菜、水果、原粮	GB 2763—2005
	0.5	叶类菜	GB 2763—2005
草甘膦	0.1	水果	GB 2763—2005
	2.0	甘蔗	GB 2763—2005
甲胺磷	不得检出	蔬菜、水果	GB 2763—2005
	0.1	稻谷	GB 2763—2005
铅（Pd）	0.2	原粮和成品粮（不包括加工食用油的原料）	GB 2715—2005
镉（Cd）	0.2	稻谷（包括大米）、豆类	GB 2715—2005
	0.1	麦类（包括小麦粉）、玉米及其他	GB 2715—2005

六、我国的食品安全监管体制

按照《中华人民共和国食品安全法》的规定：供食用的源于农业的初级产品的质量安全管理，遵守《中华人民共和国农产品质量安全法》的规定。但是，制定有关食用农产品的质量安全标准、公布食用农产品安全有关信息，应当遵守本法的有关规定。

同时《中华人民共和国食品安全法》第四条规定：“国务院设立食品安全委员会，其工作职责由国务院规定。”

国务院卫生行政部门承担食品安全综合协调职责，负责食品安全风险评估、食品安全标准制定、食品安全信息公布、食品检验机构的资质认定条件和检验规范的制定，组织查处食品安全重大事故。

国务院质量监督、工商行政管理和国家食品药品监督管理部门依照本法和国务院规定的职责，分别对食品生产、食品流通、餐饮服务活动实施监督管理。

关于县级以上地方人民政府对食品安全承担的领导职责见《中华人民共和国食品安全法》第五条规定。

目前世界上没有任何一个国家是由一个部门从头至尾从种植到加工、到餐饮一个部门管起来。美国按照不同的食品类别由六个部门监管食品，所以我们国家实行分段监管符合国际惯例，也符合中国的国情。

七、我国食品安全标准的管理体制

我国的食品安全标准的管理体系参考《中华人民共和国食品安全法》的第三章 食品安全标准：

第十八条　制定食品安全标准，应当以保障公众身体健康为宗旨，做到科学合理、安全可靠。

第十九条　食品安全标准是强制执行的标准。除食品安全标准外，不得制定其他的食品强制性标准。

第二十条　食品安全标准应当包括下列内容：

（一）食品、食品相关产品中的致病性微生物、农药残留、兽药残留、重金属、污染物质以及其他危害人体健康物质的限量规定；

（二）食品添加剂的品种、使用范围、用量；

（三）专供婴幼儿和其他特定人群的主辅食品的营养成分要求；

（四）对与食品安全、营养有关的标签、标识、说明书的要求；

（五）食品生产经营过程的卫生要求；

（六）与食品安全有关的质量要求；

（七）食品检验方法与规程；

（八）其他需要制定为食品安全标准的内容。

第二十一条　食品安全国家标准由国务院卫生行政部门负责制定、公布，国务院标准化行政部门提供国家标准编号。

食品中农药残留、兽药残留的限量规定及其检验方法与规程由国务院卫生行政部门、国务院农业行政部门制定。

屠宰畜、禽的检验规程由国务院有关主管部门会同国务院卫生行政部门制定。

有关产品国家标准涉及食品安全国家标准规定内容的，应当与食品安全国家标准相一致。

第二十二条　国务院卫生行政部门应当对现行的食用农产品质量安全标准、食品卫生标准、食品质量标准和有关食品的行业标准中强制执行的标准予以整合，统一公布为食品安全国家标准。

本法规定的食品安全国家标准公布前，食品生产经营者应当按照现行食用农产品质量安全标准、食品卫生标准、食品质量标准和有关食品的行业标准生产经营食品。

第二十三条　食品安全国家标准应当经食品安全国家标准审评委员会审查通过。食品安全国家标准审评委员会由医学、农业、食品、营养等方面的专家以及国务院有关部门的代表组成。

制定食品安全国家标准，应当依据食品安全风险评估结果并充分考虑食用农产品质量安全风险评估结果，参照相关的国际标准和国际食品安全风险评估结果，并广泛听取食品生产经营者和消费者的意见。

第二十四条　没有食品安全国家标准的，可以制定食品安全地方标准。

省、自治区、直辖市人民政府卫生行政部门组织制定食品安全地方标准，应当参照执行本法有关食品安全仐国家标准制定的规定，并报国务院卫生行政部门备案。

第二十五条　企业生产的食品没有食品安全国家标准或者地方标准的，应当制定企业标准，作为组织生产的依据。国家鼓励食品生产企业制定严于食品安全国家标准或者地方标准的企业标准。企业标准应当报省级卫生行政部门备案，在本企业内部适用。

第二十六条　食品安全标准应当供公众免费查阅。

八、展　望

随着全球食品安全形势的严峻及我国加入 WTO 后面临的机遇与挑战，中国正在积极加强食品安全标准体系的建设，通过建立并实施标准体系，加快食品安全标准与法律法规的制修订，从而为食品安全的各项控制措施提供强有力的技术支撑和保障，为保证消费者权益、促进我国食品的健康发展和全面建设小康社会做出贡献。

1. 尽快建立健全食品安全标准体系

针对目前中国食品安全标准的现状，借鉴国外发达国家和地区的经验，建立健全食品安全标准体系。包括：全面清理现行食品标准，解决标准之间的交叉、重复和矛盾问题；以食品安全标准为重点，组织各有关全国专业标准化技术委员会调整食品标准体系结构；加快食品标准的制修订，重点为食品卫生标准（重点补充完善农药、兽药、生物激素、有害重金属元素、有害微生物限量和检验方法标准）、食品生产安全控制标准、重要产品标准等。

逐步建立健全定位准确的强制性标准与推荐性标准；国家标准、行业标准和地方标准相互协调，企业标准合法有效；基础标准、产品标准、方法标准和管理标准配套，与国际食品标准体系基本接轨。总之，应尽快建立与完善能适应食品行业发展，保障消费者安全健康，满足进出口贸易需要，科学、合理、完善的食品标准体系。

2. 加强标准的基础性与科学性的研究

加强标准的基础性研究和危险性评估等科学方法的研究，提高标准的科学性和合理性。包括：加强食品质量安全标准与食品标识、物流标准的前期研究，特别是开展食品中有毒有害物质残留限量、转基因产品安全评价以及检验方法等方面的标准研究，提高标准的科学性：开展危险性评估等科学方法在标准制订、修订过程中应用的研究，提高标准的合理性和有效性；同时，积极开展利用标准手段保护国内食品市场的技术性贸易措施和跨越国外技术性壁垒的研究，提高我国食品行业的竞争力。

3. 加强对国际和国外先进标准的跟踪和转化研究

加强对国际食品法典委员会（CAC）、国际标准化组织食品标准化技术委员会（ISO/TC34）、国际制酪业联合会（IDF）、国际葡萄酒局（OIV）等国际标准化组织发布的标准、指南等技术文件的搜集、分析和研究，对适合我国国情和发展需要的国际标准，要尽快转化为我国的标准；同时，积极引导企业实质性参与国际标准化活动，鼓励企业大力推行和使用采标标志（采标标志由国家质量技术监督局统一设计标志图样，外圈表示“中国制造”用 CHINA 的第一个字母 C 表示，里面是地球和 ISO、IEC 图样），提高我国食品标准的总体水平。

针对在我国目前仍存在着对 CAC、WTO 与我国经济的关系了解欠缺；缺乏国家一级的 CAC 委员会，协调小组组织松散和秘书处联络人员不足，日常工作及参会经费无保障；对与法典有关的调查或研究重视与投入不够对食品法典的研究了解和评估不够，缺乏法典专门人才；对 CAC 法典标准缺乏全面协调研究；对 CAC 法典与我国食品法对比评估不够，有很多对我国有重要影响的法典标准没能参加起草，HACCP 及危险性分析等在国内尚未广泛应用的问题，因此，需要进一步提高认识，加强食品法典工作，完善我国食品法典协调组织，加强人员力量，逐步选拔形成一支食品法典专家队伍，解决资金问题，加大对食品法典有关调查和研究的投入。要抓紧对法典标准有计划地进行全面评估，更全面地参与 CAC 及下属委员会的活动，更多地采用国际法典标准准则及建议，加强各部门间的协调合作，加强食品法典领域的国际合作。

4. 加强标准的宣贯和培训

通过加强标准的宣贯和培训以强化食品安全标准的实施，包括：举办各种类型的标准宣贯班和标准化知识培训班；加强对食品生产加工企业产品标准的备案管理；推动食品行业开展创建“标准化良好行为企业”工作；加强食品标准实施的监督检验等。同时，应进一步提高食品安全标准化工作人员素质，加大对食品安全标准体系建设的投入，并积极争取国家财政支持。

第三节 国际食品安全标准与法规体系建设

一、国际食品标准与法规

国际食品标准主要有ISO制定的国际标准、CAC制定的国际食品法典、欧盟食品标准和发达国家食品标准以及有关国际组织协会所制定的标准。

（一）食品法典委员会与国际食品法典

1963年，联合国的两个组织——联合国粮食和农业组织（FAO）和联合国世界卫生组织（WHO）共同创建了FAO/WHO食品法典委员会（Codex Alimentarius Commission，CAC），并使其成为一个促进消费者健康和维护消费者经济利益，以及鼓励公平的国际食品贸易的国际性组织，该组织的宗旨在于保护消费者健康，保证开展公正的食品贸易和协调所有食品标准的制定工作。至今已有包括中国在内的168个成员国参加，覆盖全球98%的人口。食品法典明确要求一个国家作为CAC成员国必须设立一个联络点，同时建议设立国家一级的CAC委员会。

1986年中华人民共和国正式成为CAC成员国。CAC联络点设在农业部，其作用相当于一座桥梁，它连接CAC总部和国家一级的各项活动。联络点接受来自位于罗马的CAC总部的所有信息，也要搜集有关方面的评论并将之返回CAC总部。国内虽未成立CAC委员会但成立了由与CAC有关的单位组成的CAC协调小组，由卫生部和农业部分别担任组长和副组长。组长负责国内的组织和协调工作，副组长负责对外联络。1999年6月新的CAC协调小组由卫生部、农业部、国家质量技术监督局、国家出入境检验检疫局、外经贸部、国家石油和化学工业局、原国家轻工局、原国家内贸局、国家粮食储备局及全国供销总社10家成员单位组成。

1. CAC的组成与职责

（1）组成　CAC是由FAO及WHO总干事直接领导下设在罗马的CAC秘书处总体协调，每两年在罗马或日内瓦举行一次会议。自2001年起，大会开始采用阿拉伯语、汉语、英语、法语和西班牙语五种语言作为工作语言。

CAC的具体工作是由成员国组成的委员会开展的。共有三类委员会：一般议题委员会，主要涉及如食品卫生、农药残留及分析和采样方法等；商品委员会，主要涉及如鱼和鱼制品、新鲜水果和蔬菜、乳和乳制品等；地区协调委员会，如欧洲、亚洲以及北美和西南太平洋。

在每个委员会之下又设专业分委员会，如食品卫生分委员会等。每一个委员会由一个成员国政府作为主席和东道主，并支付会议费用。委员会会议通常在主席国召开。如美国目前担任四个委员会的主席，即食品卫生、加工水果和蔬菜、食品中兽药残留及谷类和豆类。

（2）CAC的主要职责　CAC的主要职责或作用有以下几方面：

①保护消费者健康和确保公正的食品贸易；

②促进国际组织、政府和非政府机构在制定食品标准方面的协调一致；

③通过或与适宜的组织一起决定、发起和指导食品标准的制定工作；

④解决将那些由其他组织制定的国际标准纳入 CAC 标准体系；

⑤修订已出版的标准。

2. 国际食品法典的主要内容与成效

食品法典包含：食品产品标准，卫生或技术规范，评价的农药，农药残留限量，污染物准则，评价的食品添加剂，评价的兽药；各种（良好）操作规范、技术法规和准则，各种限量标准，食品的抽样和分析方法以及各种咨询与程序。

截至目前，CAC 已经制定的标准、规定等情况如下：43 个食品法典，237 个食品标准，1300 种食品添加剂评估，41 个卫生规定或技术规程，197 种杀虫剂的评估，3274 种杀虫剂残留限量，289 种兽药残留限度，33 种污染物指南。

由于确立了国际食品安全和贸易标准，因此 CAC 对发达国家和发展中国家同样重要。食品法典委员会已经成为国际上最重要的食品标准制定组织。

（1）食品法典的框架和内容　食品法典是一套标准、操作规范、准则及其他建议的汇集，有一般要求也有具体要求；有涉及与某种食品或某类食品相关的详细要求；有涉及生产过程的操作和管理；也有政府食品安全管理系统及消费者保护的具体操作。

食品法典中标准通常涉及产品的特点，并可能涉及政府对商品的所有适当的管制特点。食品中农药或兽药最高残留限量（MRLs）是仅涉及一种特点的标准的例子。食品添加剂和食品中污染物及毒素的通用食品法典标准既含有一般也含有具体商品的规定。包装食品标签的食品法典通用标准涵盖这一类别中的所有食品。由于标准与产品的特点有关，凡产品用于贸易时均可适用这些标准。

食品分析和取样方法，包括食品中污染物和农药及兽药残留的分析和取样方法也在食品法典标准中得到考虑。

食品法典规范包括卫生操作规范，被认为对确保供消费的食品安全和适当性至关重要的个别食品或食品类别的生产、加工、制作、运输和储存方法。

《食品卫生一般原则》，介绍了采用危害性分析和关键控制点（HACCP）的食品安全管理系统。关于控制兽药使用的规范为这方面提供一般指导。

国际食品法典各卷的名录见表 11 －4，从表 11 －4 能够全面了解食品法典的主要内容，从其内容上也能够反映标准的分类情况。

表 11 －4　　国际食品法典各卷名录

卷	标　题
第 1A 卷	一般要求（General Requirements）
第 1B 卷	一般要求（食品卫生）［General Requirements（Food Hygiene）］
第 2A 卷	食品中农药残留（Pesticides Residues in Food）
第 2B 卷	食品中农药残留——最大残留限量（Pesticides Residues in Food - Maximum Residue Limits）
第 3 卷	食品中兽药残留及最大残留限量（Veterinary Drugs Residues in Food and Maximum Residue Limits）
第 4 卷	特殊膳食食品（包括婴幼儿及儿童食品）［Foods for Special Dietary Uses（Including Foods for Infants and Children）］

续表

卷	标题
第5A卷	加工和速冻水果与蔬菜（Processed and Quick Frozen Fruits and Vegetables）
第5B卷	新鲜水果和蔬菜（Fresh Fruits and Vegetables）
第6卷	果汁及相关物质（Fruit Juices and Related Products）
第7卷	谷类、豆类及其制品、植物蛋白（Cereals，Pulses，Legumes and Derived Products，Vegetable Proteins）
第8卷	油脂及其有关产品（Fats，Oils and Related Products）
第9卷	鱼和鱼制品（Fish and Fishery Products）
第10卷	肉和肉制品（Meat and Meat Products）
第11卷	糖、可可制品、巧克力及其制品（Sugars，Cocoa Products and Chocolate and Miscellaneous）
第12卷	乳与乳制品（Milk and Milk Products）
第13卷	采样与分析（Methods of Analysis and Sampling）

（2）食品法典取得的成效

①成为唯一的国际参考标准：在建立食品法典的初始阶段，食品法典委员会作为主管和发展食品法典的机构，在食品质量和安全方面已引起世界的重视。在过去的几十年中，所有与消费者健康保护和公平食品贸易相关的重要的食品情况，均受委员会的监督。FAO 和 WHO 更是坚持不懈地致力于发展食品法典委员会所鼓励的食品相关科学技术的研究和讨论。这些工作让国际社会对食品安全和相关事宜的认知已提升到了一个空前的高度，在相关食品标准方面，食品法典也成为唯一最重要的国际参考标准。

②得到了国际和各国政府的认知：在全球范围内，广大消费者和大多数政府对食品质量和安全问题的认识在不断提高。各国消费者要求他们的政府通过立法来确保食品的质量和安全，消费者也同时要求政府制定食品中卫生危害因素的最低限量。总之，通过对法典标准的详述和所有相关决定的考虑，CAC 实质上已经使各国政府将食品的安全和质量问题纳入了政治议程。事实上，各国政府已经意识到，如果政府忽视消费者对他们所吃食品的关心，势必将导致严重的政治后果。

③增强了对消费者的保护：CAC 工作的最基本的准则已得到了社会的广泛支持，人们有权力要求他们所食用的食品是安全和高质量的。CAC 通过主办一些国际会议和专业会议发挥了重要作用，而这些会议本身也影响着委员会的工作，这些会议包括：联合国大会，粮农组织/世界卫生组织关于食品标准、食品中化学物质残留和食品贸易会议（同关税和贸易总协定的组织机构合办），粮农组织/世界卫生组织关于营养的国际大会和粮农组织世界食品高峰会议。近几年，凡参加过这些国际性会议的各国代表们都鼓励或承诺他们的国家采纳了确保食品安全和质量的措施。我国多次组团代表中国政府参加了 CAC 成员国大会和各类法典会议 30 多次，加强了与 FAO、WHO 以及其他成员国的联系。

（3）CAC 法典标准制定程序

第一步：大会批准新的工作，成立制标小组。

第二步：制标小组拟订草案初稿。

第三步：送交有关政府征求意见。

第四步：委员会审议草案初稿和反馈意见。

第五步：大会采纳拟议的草案。

第六步：再次送交有关政府征求意见。

第七步：委员会再次审议草案和反馈意见。

第八步：大会批准，并以法典标准公布。

（4）法典标准的内容要求

法典标准包括：标准范围、标准表述、基本结构和质量要素、重量和尺寸、标签。

法典商品标准包括：污染物、卫生学、食品添加剂、分析方法。

（二）国际标准化组织（ISO）与国际食品标准

ISO 是国际标准化组织的简称，其英文全称是 International organization for Standardization

ISO 是目前世界上最大最具权威的国际标准化机构。1946 年 10 月 14 日至 26 日，中、日、英、美、法、苏等 25 个国家的 64 名代表集会于英国伦敦，讨论通过了创立国际标准化组织的决议。1947 年 2 月 23 日，ISO 章程得到了 15 个国家标准化机构的承认，ISO 从此宣告正式成立。1946 年 10 月伦敦会议的 25 个参与国成为 ISO 创始成员国，美国的 Howard Coonley 先生当选为 ISO 的第一任主席。ISO 的前身是 1928 年成立的“国际标准化协会国际联合会”（ISA）。另外“国际电工委员会”（IEC）也是比较大的标准化组织。IEC 主要负责电工、电子领域的标准化活动，而 ISO 负责除此之外的所有其他领域的标准化活动。

1. ISO 的宗旨

20 世纪中叶，世界性贸易已有较广泛深入的发展，包括技术合作、物资（产品）流通等。这种世界范围的合作和交流需要在许多方面形成国际一致的准则，这就是国际标准，如技术规范、产品规范等。国际标准化组织 ISO 创立和工作的宗旨就是“在全世界范围内促进标准化工作及其相关活动的发展，以便于国际物资交流和服务，并扩大在知识、科学、技术和经济方面的合作。”

ISO 的主要职责是制定国际标准（Intemational Standards），协调世界标准化工作。在标准化方面，ISO 是联合国经社理事会的甲级咨询组织，是联合国贸发理事会综合级（高级）咨询组织。因此，可以说 ISO 是世界标准制定、协调、统一化的重要决策智囊团，在世界科学技术发展和经济领域发挥着重要作用。

2. ISO 的组织结构

按照 ISO 章程，其成员国家为团体成员和通讯成员，团体成员由 ISO 认可的各国国家标准化机构构成。通讯成员是尚未建立标准化机构的发展中国家和地区。通讯成员不能参加 ISO 技术工作。ISO 现有 117 个成员，包括 117 个国家和地区。ISO 的最高权力机构是每年一次的“全体大会”，其日常办事机构是中央秘书处，设在瑞士的日内瓦。中央秘书处现有 170 名职员，由秘书长领导。

理事会是 ISO 常务领导机构。理事会下设 8 个工作委员会，包括执行委员会、技术委员会、合格评定委员会、消费者政策委员会、发展委员会、情报委员会、标准样品委员会、标准化原理委员会。其中，技术委员会又根据不同学科、专业要求，下设若干技术委员会分会，如 ISO/TCl76 是质量管理专业技术委员分会，ISO/TC207 是环境管理专业技术委员分会等。

3. ISO 的工作

ISO 最初的工作是制定技术标准。到 20 世纪 80 年代末期，ISO 已从单纯制定技术标准发展到制定管理标准。制定管理标准，从质量管理开始。因此，在 1987 年产生了 ISO 9000

质量管理与质量保证系列标准和指南。

ISO 通过它的 2856 个技术机构开展技术活动。其中技术委员会（TC）共 185 个，分技术委员会（SC）共 611 个，工作组（WG）2022 个，特别工作组 38 个。

ISO 的 2856 个技术机构技术活动的成果就是“国际标准”。ISO 现已制定国际标准10300多个，主要涉及各行各业的技术规则。ISO 制定出来的国际标准格式：ISO + 标准号 + [杠 + 分标准号] + 冒号 + 发布年号（方括号中的内容可有可无），例如：ISO 8402：1987、ISO 9000—1：1994等，分别是某一个标准的编号。

4. 我国在 ISO 中的角色

我国是 ISO 25 个创始国之一。但因国民党政府热衷内战，国民经济衰败，多年拖欠会费，成员国资格于 1950 年被取消。1978 年 9 月 1 日，我国以中国标准化协会（CSA）的名义重新进入 ISO，1998 年起改为由中国国家技术监督局（CSBTS）作为中国在 ISO 的代表。目前，中国已成为 ISO 的重要成员国，中国人开始在此领域担任重要角色，各种有关标准的国际性学术活动等也频频在中国进行。

5. ISO 的技术工作分工

ISO 的技术工作是通过技术委员会（Technical Committee 简称 TC）来进行的。根据工作需要，每个技术委员会可以设若干分委员会（SC），TC 和 SC 下面还可设立若干工作组（WG）。

ISO/TC 176——国际质量管理和质量保证技术委员会

ISO/TC 34——国际农产、食品委员会

ISO/TC 54——国际香精油委员会

ISO/TC 122——国际包装委员会

ISO/TC 166——国际接触食品的陶瓷器皿、玻璃器皿委员会

ISO/TC 207——国际环境管理技术委员会

目前 ISO 的 200 多个技术委员会正在不断地制定新的产品、工艺及管理方面的标准。

6. 国际标准分类法

ISO 国际标准采用三级分类：第一级由 41 个大类组成，第二级为 387 个二级类目，第三级为 789 个类目（小类）。国际标准分类法采用数字编号。第一级采用两位阿拉伯数字，第二级采用三位阿拉伯数字，第三级采用两位阿拉伯数字表示，各级类目之间以下脚点相隔。

国际标准分类法在食品领域的分类如下：

67 食品技术

67.020 食品工业加工过程

67.040 农产食品综合

67.050 食品试验和分析通用方法

67.060 谷类、豆类及其衍生物

67.080 水果、蔬菜，包括罐装、干制和速冻的水果和蔬菜，水果、蔬菜汁和露见 67.160.20

67.080.01 水果、蔬菜和衍生物综合

67.080.10 水果及其衍生制品（包括坚果）

67.080.20 蔬菜及其衍生制品

67.100 乳和乳制品

67.100.01 乳和乳制品综合

67.100.10 乳和加工乳制品

67.100.20 奶油

67.100.30 干酪（包括酪农干酪、乳清干酪）

67.100.40 冰淇淋和冰淇淋糖果（包括果酒冰水）

67.100.99 其他乳制品

67.120 肉、肉制品和其他畜产品

67.120.01 畜产品综合

67.120.10 肉和肉制品

67.120.30 鱼和水产品（包括水产软体动物和其他海产品）

67.120.99 其他畜产品

67.140 茶、咖啡、可可

67.140.10 茶

67.140.20 咖啡和咖啡代用品

67.140.30 可可

67.160 饮料

67.160.01 饮料综合

67.160.10 含醇饮料

67.160.20 无醇饮料（包括果汁，露，矿泉水，柠檬水，以黄樟油、冬青油为香料的无醇饮料，可乐饮料等）

67.180 糖、糖制品、淀粉

67.180.10 糖和糖制品（包括糖蜜、甜味剂、糖果、蜂蜜等）

67.180.20 淀粉及其衍生制品（包括葡萄糖浆）

67.190 巧克力

67.200 食用油脂，油籽

67.200.10 动植物油和脂肪

67.200.20 油籽

67.220 香辛料和调味品，食品添加剂

67.220.10 香辛料和调味品

67.220.20 食品添加剂（包括盐、醋、食品防腐剂等）

67.230 预包装食品和方便食品（包括婴儿食品）

67.240 感官分析

67.250 与食物接触的材料和制品（包括盛放食物的容器，与饮用水接触的材料和制品）

67.260 食品工厂和设备

07.100 微生物

07.100.01 微生物综合

07.100.30 食品微生物（包括动物饲料微生物）

71.100.60 精油

（三）欧盟食品安全局与食品安全标准

1. 欧盟食品安全局（European Food Safety Authority，EFSA）

在欧洲发生了疯牛病（BSE）、二噁英（dioxin）和其他食品危机的背景下，欧盟理事会于2001年1月发表了“食品安全白皮书”，决定加强对食品“从农场到餐桌”的控制，包括普通动物饲养、动物健康与保健、污染物和农药残留、新型食品、添加剂、香精、包装、辐射、饲料生产、农场主和食品生产者的责任，以及各种农田控制措施等。同时，它要求各成员国机构加强工作，保证措施能可靠、合适地执行。

2002年1月28日颁布食品安全基本法（EC）178/2002号条例。2002年成立了欧盟食品安全局，2005年该局总部在意大利北部城市帕尔玛正式挂牌。该机构的主要职责是向欧盟委员会和欧洲议会等欧盟决策机构就食品安全风险提供独立、科学的评估和建议，负责向欧盟委员会提出一切与食品安全有关的科学意见，以及向民众提供食品安全方面的科学信息等。

欧盟执行法律（EC 178/2002）规定了欧盟食品安全局的使命，即提供基于风险评估的科学依据，支撑与食品/饲料安全相关的风险管理，提供与食品/饲料安全相关领域的科学与技术建议，与欧盟委员会/成员国公开交流所有研究结果。

欧盟食品安全局是专门从事食品/饲料安全风险评估的机构，其在科研工作上完全独立于欧盟委员会，与欧盟成员国进行紧密合作，与欧盟委员会、欧洲议会和成员国分享该领域的风险交流，提供食品安全意见和建议。

风险评估理事会由9个小组构成：食品添加剂、香料、加工助剂、食品接触物，动物健康与福利；生物危害；食品链的污染物，用于动物饲料的添加剂和产品；转基因生物；饮食、营养和过敏；植物健康；植物保护产品及残留。

2. 欧盟食品法规建设

欧盟食品安全局自成立以来，不断补充出台相关食品法规，完善食品安全法律体系。主要涉及以下几个方面：

（1）食品及饲料安全　欧盟2006年颁布了《欧盟食品及饲料安全管理法规》，以提高欧盟对食品及饲料的监督管理能力，为欧盟消费者提供更加安全的食品。新法简化并加强了欧盟监管体系并赋予欧盟委员会（European Commission，简称欧委会）全新的管理手段，以保障欧盟实行更高的食品安全标准。新法赋予欧委会采取临时强制性措施的权力，以保护人民健康、动物卫生及生存环境。该法案特别要求第三国输欧食品必须符合欧盟相关标准。

（2）添加剂、调料及经放射线照射的食品安全　相关添加剂、调料必须符合欧盟标准，包括其所含的着色剂、甜味剂等添加剂。欧盟还建立了经放射线照射的食品目录，并加强了对天然矿泉水构成成分的检查。

（3）欧盟食品快速预警系统（Rassf）　该预警系统的建立为欧盟成员国提供了交流的有效途径。任何一个成员国发现任何与食品及饲料安全有关的信息都可上报欧委会，在进行相关调查后，欧委会有权采取紧急措施，包括暂停该类食品进口。该系统定期（每周一期）发布预警及信息通报，将不符合欧盟标准的相关食品公布于世。预警范围包括来自欧盟成员国及非欧盟国家的各类食品。

（4）针对非欧盟成员国的规定　欧盟声明尊重在WTO框架下签订的《实施卫生与植物卫生措施协定》及《贸易技术壁垒协议》。但如果国际标准与欧盟标准相比不能提供高标准人类健康保证，则国际标准只作参考。非欧盟国家输欧食品必须遵守欧盟颁布的相关法规。

3. 欧盟对食品安全法规的新规定

（1）针对食品标签的新规定　2010 年 3 月公布食品标签法规草案，内容包括：能量值、脂肪、碳水化合物、糖分及盐等作为强制性信息列于标签上；能量及营养含量应以 100g 或 100mL 为单位；肉类、家禽、新鲜水果及蔬菜须加贴原产国标签；建议包装上所有字母的字体不小于 3mm，以确保其清晰可读性；食品中若含有纳米材料，则必须注明其成分及含量。本规定实行三年过渡期，于 2013 年正式生效。

（2）欧盟有机食品新规　2007 年 6 月，欧盟出台了针对有机食品的新规，自 2009 年 1 月起生效。该法规定了有机食品生产的目标、原则及通用规则。其主要内容有：只有超过 95% 的成分是有机的食品才能标明“有机（Organic）”标识；在有机食品生产中，禁止使用转基因成分（GMO）；非欧盟国家输欧有机产品必须符合欧盟相关法规，如第三国生产条件不能完全适用欧盟的生产和控制规则，则须经过欧盟授权的检测机构认证方可出口欧洲。此外，2010 年 2 月 8 日欧盟委员会宣布，经投票获胜的“欧洲叶”（Euro - Leaf）标志成为欧盟有机产品标识，自 2010 年 7 月 1 日起正式使用。

（3）对食品中黄曲霉毒素、硫、镉、三聚氰胺及尼古丁等有害人体健康物质的限值新规定　欧盟不断提高对输欧食品安全性的要求，并加大检测力度。2010 年 2 月欧盟发布条例修订食品中黄曲霉素最大限量值，总体上降低了其在各种食品中的含量限值；2010 年 4 月欧盟宣布将食品中三聚氰胺含量由 5mg/kg 降至 0. 2mg/kg，并加大对输欧乳制品的检测力度。2009 年欧盟加大了对野生牛肝菌中尼古丁含量的检测力度，规定按 0. 01mg/kg 限量值进行判定，欧盟还规定相关输欧风险食品入关 24h 之前必须向有关部门申报，并提供进口许可证明。入关审查期最长可达 30d，通过严格检查后方可入关。

（4）转基因产品新规　欧盟非常重视转基因食品的安全性，出于保障公民身体健康的考虑，并不鼓励生产和进口转基因食品。1998—2002 年欧盟甚至出台了对所有转基因产品的临时禁令。经过多年科学论证，逐渐认可了转基因技术，并批准了转基因玉米、油菜及烟草等作物的种植。同时欧盟还解除了一些转基因产品的进口禁令，2009 年先后批准了加拿大转基因油菜籽及美国转基因玉米的进口。然而欧盟对中国转基因产品的歧视仍未消除，2008 年 4 月起，欧盟要求中国所有输欧大米制品必须接受其认可实验室的检验，并加附未含“BT63”（我国研制的转基因水稻）的卫生证书方可出口欧洲。

4. 欧盟食品标准

欧洲标准（EN）和欧共体各成员国国家标准是欧共体标准体系中的两级标准，其中欧洲标准是欧共体各成员国统一使用的区域级标准，对贸易有重要的作用。欧洲标准由三个欧洲标准化组织制定，分别是欧洲标准化委员会（CEN）、欧洲电工标准化委员会（CENELEC）、欧洲电信标准协会（ETSI）。这 3 个组织都是被欧洲委员会（European Commission）按照 83/189/EEC 指令正式认可的标准化组织，分别负责不同领域的标准化工作。

CEN 致力于食品领域的分析方法，已经发布了 260 多个欧洲食品标准，主要用于取样和分析方法，这些标准由 7 个技术委员会制定，比如：与果蔬安全有关的技术委员会有：TC174（水果和蔬菜汁——分析方法）、TC194（与食品接触的器具）、TC275（食品分析——协调方法）、TC307（含油种子、蔬菜及动物脂肪和油以及其副产品的取样和分析方法）。

CEN与ISO有密切的合作关系，1991年签订了维也纳协议，是ISO和CEN间的技术合作协议，主要内容是CEN采用ISO标准（当某一领域的国际标准存在时，CEN即将其直接采用为欧洲标准）。

欧盟已经建立了一套比较完善的技术法规和标准体系，该体系以深入到食品生产全过程的法律法规为主，辅之以严密的食品标准，具有强制性、实用性和修订及时的特点。

以欧盟果蔬食品安全标准体系为例，管窥欧盟的食品安全标准体系建设。整个体系的标准总数共128个，其中技术法规包括强制执行的果蔬食品卫生标准，果蔬食品试验、检验、检疫方法标准，果蔬食品安全控制与管理技术标准，果蔬食品包装标签、标识标准，特定食品产品标准和其他标准6个部分的内容，共48个，占整个体系的标准总数的37.5%。技术标准包括果蔬食品理化检验方法标准、与食品接触材料卫生检验方法标准和食品加工机械卫生安全标准三个部分，共80个，占整个体系标准总数的62.5%，略高于技术法规的数量。

第一个部分是涉及果蔬食品卫生方面的标准，主要是果蔬食品中农药残留、微生物、生物毒素、添加剂、有害金属、非金属及化合物几个方面的有毒有害物质的限量标准和与食品接触材料的卫生标准，共25个，这部分均为技术法规，其中，果蔬食品中农药残留限量标准12个，收录了大约40种果蔬中的78种农药的残留限量要求。食品添加剂使用要求标准5个，与食品接触材料卫生标准7个，果蔬食品中有害金属、非金属及化合物限量标准1个，规定了食品中某些污染物的最大限量。

第二个部分是果蔬食品、试验、检验、检疫方法标准，包括微生物检验方法、理化检验方法、毒理学评价方法和食物中毒诊断的标准，共77个，这一部分技术标准居多，理化检验方法标准59个且均为技术标准，是该体系中技术标准数目最多的部分，其中果汁和蔬菜汁理化测定方法较全，共32个，占整个体系标准总数的25%，农残检测方法3个，黄曲霉毒素测定方法（EN 12955—1999）1个，有害金属、非金属及化合物测定方法12个。与食品接触材料卫生检验方法标准18个，其中技术法规3个，技术标准15个。突出反映了欧盟对果蔬食品中有毒有害物质和与食品接触的材料不仅制定了强制性的法规，而且提供了相应的检测方法。

第三个部分是果蔬食品安全控制与管理技术标准，共4个，均为加工和销售方面的技术法规。

第四个部分是果蔬食品包装标签、标识标准，不包括包装产品标准，它是技术法规中数目最多的部分，共13个，且均为法规，表明欧盟注重食品标签部分的法规制定，这部分内容对维护消费者利益方面十分重要。

第五个部分的特定食品产品标准中只有特殊膳食品法规1个，为89/389/EEC，是欧盟关于统一各成员国有关特殊营养用途食品法律的理事会指令。

第六个部分是上述5个部分中未包括的其他的食品安全标准，共8个，其中93/43/EEC是有关食品卫生的理事会指令；2001/449/EC是关于制定水果、蔬菜加工产品有关理事会指令，属技术法规；其余6个均是食品加工机械的安全和卫生要求，属技术标准。

欧盟在食品安全方面的措施极为详尽，欧盟最新出台的6类规定，对食品生产厂家的生产、投放市场的卫生条件、厂库设备条件、工作人员的健康及着装、食品加工与包装、保鲜与运输及产品卫生的监控等各个环节，都提出了十分严格的要求。

二、发达国家食品安全法规与标准保障体系概况

（一）美国：食品安全法规种类繁多

1. 有关食品安全的法律法规

首先美国是世界上食品安全法规比较健全的国家，构架了较为缜密的食品安全体系以保证食品安全问题。美国的食品法包括食品、药品和保健品法、包装和标签法，并被列入联邦法规中。如《食品药品和化妆品法》（FDCA）、《食品质量保护法》（FQPA）和《公共卫生服务法》（PHSA）、《营养标签与教育法案》（NLEA）等综合性法令和法规。这些法律法规覆盖了所有食品，为食品安全制定了非常具体的标准以及监管程序，其目的：①保证食品微生物指标、物理指标和化学指标安全合格；②保证市场竞争正当、公平。

美国负责食品安全管理的机构主要有卫生部（DHHS）和食品与药物管理局（FDA）、美国农业部（USDA）、美国环境保护局（EPA）、疾病预防和控制中心（CDC）等10个部门。FDA是从USDA中分离出来的，它从USDA中出来后，肉类、家畜和蛋类产品的法规也从其他食品产品的法规中独立了出来。除肉类、家禽、蛋类、酒精饮料和大众性饮用水外，其他所有食品要受FDA的监督管理。食品不符合安全标准，则不允许其上市销售。美国从事食品生产、加工与销售的企业比较规范。

美国大部分食品法的精髓来自1938年建立的FDCA，至今仍在不断地修订。按时间顺序美国食品法的发展过程如下：1906年，纯净食品及药品法规；1938年，FDCA；1957年，家禽产品检验法规；1958年，FDCA中增添食品添加剂法规；1959年，FDCA中增添食用色素法规；1966年，食品包装及标签法规（FPLA）；1969年，白宫关于食品、营养与健康的研讨会；1970年，蛋的检验法规；1977年，美国参议院特别委员会关于营养与人类需求方面的美国膳食目标；1990年，营养标签与教育法（NLEA）；1991年，美国工业奖励法；2002年，公共健康安全生物恐怖主义预防法。

2. 食品产品标签要求

1938年的FDCA、1966年的FPLA及1990年的NLEA都建立了食品产品标签应遵循的法规，其目的是让消费者在购买商品时能方便地了解产品的必要信息，同时知道该产品的食用方法。标签的具体要求可以在文件中找到：21CFR101（FDA限制性食品），QCFR317（肉类产品），QCFR381（家禽类产品）。

管理食品标签的法律法规及政策非常复杂，而且根据特定销售对象（如直接消费者、食品经销商、食品加工商等）、包装（货运大包装、多层包装、单位量包装或非包装即食食品等）、销售方法（自销、商店经销或餐饮机构经销的即食食品等）不同而有所区别。许多必须的标签说明在包装袋上的位置及型号尺寸都有明确规定，如产品名称、总含量、营养成分、成分说明、生产商名字及地址、包装商及批发商名字。目前要求致过敏物也应当写在标签上。

在绝大多数营养标签上，下面几条是必须的：

（1）营养事实；

（2）适合的用量；

（3）每份食品的热值。来自脂肪的热值；总脂肪、饱和脂肪酸酯、胆固醇、钠、总糖、膳食纤维、蔗糖及蛋白质的每日摄入百分含量；维生素A、维生素C、钙和铁的每日摄入百

分含量。

某种维生素或矿物质如果被添加到食品中或声明某产品添加了某维生素或矿物质，那么该维生素或矿物质的每日摄入量必须标明。对多不饱和、单不饱和脂肪酸，其他多糖、糖醇、可溶或不溶性膳食纤维及钾的说明是自愿的。营养事实的说明方式有很多种，包括标准式、表格、合计、二维列表、简化式、缩写式及线条图案，但它们在提出过程中必须经过论证。

FDA 已经证明了下列 4 条食品中成分含量与疾病相关的健康声明：钙与骨质疏松症；油脂与心血管疾病；膳食油脂与癌症；钠与高血压。另外，含膳食纤维的谷物产品可预防癌症，含膳食纤维食品可预防心血管疾病，含膳食纤维的水果和蔬菜可防止癌症已得到证实并让公众知晓。

3. 食品产品检验标准

一个标准会给一种食品在市场上一个普通的或常用的名字，任何一种产品，冠以这种名字就必须符合相应标准的要求，这些要求通常是在其实际的或评估出的经济因素上建立的。

检验标准不仅可以帮助消费者在购买时做出自己的选择，也可以帮助食品生产商建立其必须符合的最低要求，以使各厂家能在一个“公平的舞台”上竞争。例如，花生酱中，花生含量必须大于等于90%，否则只能叫“花生酱制品”，而不能叫“花生酱”；葡萄酱中，葡萄汁含量必须大于等于45%，否则只能叫“葡萄酱制品”，而不能叫“葡萄酱”。

4. 附加法规

（1）GMP。

（2）联邦肉类检查规范　农业部食品安全和检查署负责实施本法规，对动物、屠宰条件、肉类加工设备进行强制性检查，肉类及肉制品必须加盖“美国农业部检查通过”方可进入州际贸易市场。本法规也适用于进口肉类及其制品。

（3）联邦家禽产品检查法规。

（4）联邦贸易委托法规。

（5）婴儿食品配方法规。

（6）营养标识和教育法规。

（7）州和市政法规。

（二）德国：食品管理历史悠久

德国是世界上四大食品出口国之一，同时德国也是食品进口大国。无论是其国产还是进口食品，在包装的标签上都注明商标、食品成分和有效期，还有有关商检机构质量认可的显著标志。

1. 食品安全法律法规严格

早在 1879 年，德国就制定了《食品法》，目前执行《食品及日用品法》（LMBG），目的是在食品、烟草、化妆品及其他日用品方面保证消费者不会受到健康方面的危害。

欧洲食品局（ELB）成立后，很快在提高食品安全保障方面得到欧盟范围消费者的信任，德国立刻做出响应，食品和农业部、消费者保护组织对其下属机构的职责进行调整并建立联邦风险评估研究所和联邦消费者保护和食品安全局，前者成为欧洲食品局合作伙伴，重要职责是评定食品安全领域的健康风险和与消费者关系紧密的产品的风险，尽早向政府相关机构和公众公布食品安全、消费者保护方面存在或尚未排除的危害；后者主要负责风险管理工作，包括对食品监测的协调、起草消费者保护及食品安全领域的一般性管理规章等。

德国对食品安全控制非常谨慎，即便是2002年2月欧盟《通用食品法》生效，德国会同时执行欧盟和本国两套，而德国本国的法律、法规比欧盟要严格。

此外，《肉类卫生法》、《家禽肉类卫生法》、《食品商标条例》、《食品卫生条例》、《产品责任法》、《新型食品管理制度》等法规形成食品安全保障体系。

2. 食品安全管理、监测、监督与执法体系完善

为了保证食品安全，德国对食品生产和流通的每一个环节都进行严格的检查和监督。例如：肉类及制品，无论是在屠宰场还是在食品加工厂，无论是在商店还是在运输过程中，其必须处在冷藏状态，不新鲜的肉绝对不允许上市出售。德国对农药残留最高含量、兽药应用、环境污染物、转基因食品和新型食品管理严格，为了保证国家制定的与食品安全相关的法规得到实施，国家设立了覆盖全国的食品检查机构，联邦政府、每个州和各地方政府都设有负责检查食品质量的卫生部门。

德国的监测体系分为食品企业自我监测检验、中性外部机构的监测检验和政府的监督和监测检验三个层面。

食品安全局负责法律执行，同时警察局及相关科研机构协助执法与监督。

3. 多方构建食品安全质量标准体系

①欧盟或国际通行的食品安全质量标准，如WHO和FAO制定的食品法典、HACCP等。

②德国官方机构即德国标准学会（DIN）依据本国情况制定具有法律效力的质量标准，如生产标准、食品加工标准、产品标签标准、食品销售标准等。

③非官方组织、机构、协会自行制定的不具有法律效力的质量标准。

为保证食品安全，联邦政府推行印章标识制度，分为生态食品质量印章和普通食品质量印章，前者实行自愿原则，若获得生态食品质量印章，则这类食品中至少95%的成分源于生态农业。

（三）加拿大：食品检验严格且缜密

在加拿大商场内所有的食品都标有出厂日期或有效期，过期食品不允许出售给消费者。例如面包，商店会在有效期到达的前一两天，捐赠给慈善机构，到期仍未售出的，就会被撤架销毁。在原有检验制度的基础上，联邦政府还以法律的形式于2001年6月明文规定，所有食品必须在成分说明的标签上列出能量和13种核心营养成分，包括脂肪、饱和脂肪酸、反式脂肪酸、胆固醇、钠、总碳水化合物、糖类、纤维素、蛋白质、钙、铁、维生素A、维生素C，以防止有些厂商滥用所谓的“健康食品”、“绿色食品”定义，推销一些其实并不健康的食品。

加拿大食品卫生监控方面，检疫部门非常严格，因此不论什么地方，如果看到屠宰场、肉类加工厂或商店内的标牌上写有“政府检验过的肉类”字样，消费者就可以尽管放心购买与食用。

2011年2月加拿大卫生部宣布，政府将实施新的食品及饮料标签法。新法将要求食品和饮料生产商明确标出食品和饮料中的过敏原（allergens）、麦麸（gluten）及亚硫酸盐（sulphites）的成分。新标签法将于2012年8月4日施行。

（四）日本：《食品卫生法》得到全面修正

日本人对国产食品极为青睐。其《食品卫生法》对所有食品都有极为详尽的规定，包括所有食品和添加剂，要求必须在洁净卫生状态下进行采集、生产、加工、使用、烹调、储藏、搬运和陈列。疯牛病发生之后，日本政府成立由科学家和专家组成的独立委员会——食

品安全委员会，委员会将对食品安全性做出评价，提出了全面改正《食品卫生法》、确保食品安全的“改革宣言”。宣言强调《食品卫生法》的目的要从确保食品卫生改为确保食品安全，必须明确规定国家和地方政府在食品安全方面应负的责任。

1. 日本食品卫生法规及管理

（1）日本食品卫生法规　日本1947年制定了《食品卫生法》，1948年制定了《食品卫生法实施规则》，1953年颁布了《食品卫生法实施令》。除《食品卫生法》外，与食品安全、营养相关的法规还有：《产品责任法（PL法）》、《食品卫生小六法》、《屠宰场法》、《禽类屠宰及检验法》、《关于死毙牲畜处理场法》、《自来水法》、《水质污染防止法》、《植物检疫法》、《保健所法》、《营养改善法》、《营养师法》、《厨师法》、《糕点卫生师法》、《生活消费用品安全法》、《家庭用品品质标示法》、《关于限制含有有害物质的家庭用品的法律》、《关于化学物质的审查及对其制造等进行限制的法律》、《计量法》、《关于农林产品规格化及品质标示合理化的法律》及日本农林规格（JAS）、食品卫生检查指针、卫生试验法注解、残留农药分析、食品、添加剂等的规格标准、在食品或添加剂的制造过程中防止混入有毒有害载体的措施标准、关于奶制品成分规格的省令、标签内容的规定、行业自定标准，与进出口食品有关的还有《输出入贸易法》、《关税法》等。

《食品卫生法》是食品卫生管理的根本大法和基础，在本法中，明确规定禁止销售腐烂、变质或未熟的食品（这里指应该熟而未熟的食物）；含有或附着有毒、有害物质，疑为有害物质的食品；病原微生物污染或疑为污染而可能危及人体健康的食品；混入或加入异物、杂质或其他原因而危及人体健康的食品；病死畜禽肉；未附有出口国政府签发兽医证的畜禽肉、内脏及制品（火腿、腊肠、腊肉）；未经证实以作为食品添加剂为目的的化学合成品及含有此成分的制剂、食品；有毒器具；新开发的尚未证实对人体无害的食品。对违法行为制定了处罚措施。

（2）日本食品卫生管理体制　日本的食品卫生监督管理由中央和地方两级政府共同承担，中央政府负责有关法律规章的制定，进口食品的检疫检验管理，国际性事务及合作；地方政府负责国内食品卫生及进口食品在国内加工、使用、市场销售的监管和检验。

（3）日本食品卫生管理机构

①厚生省：

食品卫生课：制定食品和器具的卫生标准；检查产品和卫生设施；出口粮食的标准制定和保健检查；糕点卫生和卫生师法的实施；食物中毒的防止；食品卫生检查员；食品卫生调查委员会。

乳肉卫生课：奶、肉等动物性食品卫生、规格、标准的制定和检查；屠宰场法、屠宰及检验法、死毙牲畜处理场、狂病预防法等法律的实施；人畜共患病的调查研究。

指导课：与环境卫生有关的经营管理的改进；环境卫生行政上必要的调查、指导；与环境卫生有关经营合理化法律的实施；公共场所卫生管理；中央环境卫生合理化审议会。

检疫所：从事进口食品检疫检验，此外，检疫所还负责进出境人员和运输工具的检疫，空、海港区域内的卫生状态的管理，防止传染病的侵入和蔓延。

食品化学课：添加剂、包装容器、玩具（婴幼儿接触后有可能损害身体健康的）、洗涤剂（用于洗涤蔬菜、水果、餐具的）卫生、规格、标准的制定和制品检查；因食用含有或附着农药的食物而引起中毒的预防。

新开发食品对策室：营养标签标准的制定，特殊营养食品的管理。

②农林水产省：

植物防疫课：病虫害发生的预测；进出口植物检疫；农药的管理及农药生产、流通、消费的促进、改善、调整；植物防疫所；农药检验所；农业资材审议会。

卫生课：家畜、家禽、蜜蜂的卫生；有关进出口动物、畜产品的检疫；畜禽疾病的防治；饲料添加剂的指定及规格标准制定；兽医师及兽医师许可审议会等。

牛奶奶制品课和食肉鸡蛋课：牛奶、奶制品、畜产品包括罐头的生产、流通、消费的促进、改善和调整等业务。

消费经济课：有关农、林、牧、水产品的消费的促进、改善和调整的全面事务；有关农林水产省所管事务中所有涉及消费者利益的事务；日本农林规格标准、农林产品品质标示标准的制定；关于农林产品规格化及品质标示合理化的法律、生活消费用品安全法的实施；农、林、牧、水产品、饮食产品、油脂输出检验标准的制定和出口检验；农林规格检验所；农林产品规格调查委员会。

2. 日本国内食品卫生检验和管理

日本国内食品检验和管理，在厚生省、农林水产省等中央政府机构领导下由地方政府卫生机构完成，其组织机构为：

(1) 食品保健课　负责对营业场所考核、颁发营业许可证，食品规格标准的制订，食品中毒的预防、食品卫生行政事务的管理。

(2) 食品环境指导监督课　负责大规模食品制造、销售场所的监视指导；食肉卫生检查所进行牲畜及肉类的检查。

(3) 卫生研究所　负责对食品进行化验，并对卫生指标如微生物、农残、兽药残留、重金属等进行调查研究。

(4) 保健所　负责对饮食店、食品贩卖店等的营业许可、监视指导。

(5) 市场卫生检查所　是政府设在大型批发市场的检验机构，负责批发市场的食品卫生监视指导、试验检查。

①对饮食业、食品加工业等涉及公共卫生行业的设施和设备制定必要的标准，此标准类似于我国国家商检局颁布的出口食品厂、库注册卫生要求和实施细则，对企业周围的环境、车间布局、建筑结构、工艺流程、卫生设施、设备、加工人员、工器具的卫生、质量保证体系等都有明确的规定，并实施许可证制度，未取得卫生许可证一律不准营业。

②监督检查：在各级政府卫生机构中设立食品卫生监察员，监察员必须具有规定的学历并经过专门培训，由厚生大臣或都道府县知事任命，负责对营业设施和加工厂进行监督检查；经营、加工企业要配置食品卫生管理员负责对营业或制造、加工过程中的卫生状况进行监督管理。

设立规定的试验室，以对产品进行必要的理化、细菌、农残等项目的实验室检验，结果单需保存三年。

对于违反卫生规格标准加工、制造、使用和销售无合格证的产品时，或就其设施、设备、检验能力来看，担心其以后制造的产品还会继续出现危害人身安全时，或认为必要时，卫生主管机构就可进行强制性检查，对于同类产品生产或销售企业，经营者在接到卫生当局采取必要措施的通知后，应在规定的不超过 2 个月期限内，进行全面自查并申请接受检查。

③卫生管理：在日本设有许多大型食品批发市场，一些中小型批发市场及零售商的货源主要来自大型批发市场。因此，管理好大型批发市场的食品卫生就能有效地保障人民的生命

健康。在大型食品批发市场设立食品卫生检查所也便于检验人员及时对进出的食品监督检验。市场卫生检查所的主要职能有：监视指导；试验检查；调查研究；卫生教育。

第四节　食品安全性与国际贸易壁垒

技术性贸易壁垒系指在国际贸易领域采取的、对正常国际贸易起阻碍作用的所有技术性措施，它主要表现为TBT协定和SPS协定管辖的技术性贸易措施。TBT协定管辖的技术性贸易措施称之为TBT措施，SPS协定管辖的技术性贸易措施称之为SPS措施。

1. TBT措施

TBT措施包括：技术法规、标准和合格评定程序。

（1）技术法规　技术要求可分为强制性技术要求和非强制性技术要求。强制性技术要求称之为技术法规（TBT协定附件1第1条）；非强制（亦称自愿）性技术要求称之为标准（TBT协定附件1第2条）。

（2）标准　国际标准化组织和国际电工委员会（ISO/IEC）将标准分为8类（ISO/IEC导则2），即基础标准、术语标准、试验标准、产品标准、过程标准、服务标准、接口标准和数据待定的标准。

（3）合格评定程序　任何直接或间接用以确定某一产品是否满足技术法规或标准中的相关技术要求的程序称为合格评定程序。合格评定程序包括：抽样、检验和检查；评估、验证和合格保证；注册、认可和批准以及各项的组合。

2. SPS措施

SPS措施包括为保护动物或植物生命，免遭虫害、病害、致病有机体造成的风险而采取的措施；为保护人类或动物生命，免遭由食品、饮料、饲料中的添加剂、污染物、毒素、致病有机体造成的风险而采取的措施；为保护人类生命，免遭植物或动物携带的病害造成的风险而采取的措施；为保护国家安全，免遭因虫害的传入、定居或传播所造成的损害而采取的措施。

3. TBT措施与SPS措施的区别

TBT协定涵盖的领域：TBT协定几乎涵盖所有产品，既包括工业品，也包括农产品；但TBT协定不适用于SPS协定附件A所定义的SPS措施。

4. 其他技术性贸易措施

其他技术性贸易措施包括：绿色壁垒措施（GBs），亦称环保贸易壁垒措施（ETBs）；信息技术壁垒措施（IT）；原产地地理标识壁垒措施；包装和标签要求壁垒措施；计量单位制壁垒措施。

5. 发达国家技术性贸易壁垒概况

发达国家的技术性贸易壁垒措施代表着当今技术性贸易壁垒措施的最高水平和发展趋势，值得认真研究、应对。

6. 技术性贸易壁垒的特点和作用

由于技术性贸易壁垒措施通常以维护国家安全、保护人类健康和安全、保护动植物生命、保护环境为由（上述理由被称为合法目标），因此它具有科学、合理的一面；另一方面，由于技术性贸易壁垒措施被滥用，因此它已成为新贸易保护主义的一种主要手段。由于技术性贸易壁垒措施具有上述一些特点，实施后既实现了合法目标，又实现了保护本国产业、市场。

7. 技术性贸易壁垒发展趋势

（1）从对单一产品的技术要求转向对体系要求。

（2）技术壁垒措施与知识产权保护措施相结合。

（3）绿色/环保壁垒措施在技术壁垒中扮演重要角色。

（4）社会责任成为技术壁垒的组成部分。

（5）借动物福利构筑“道德壁垒”。

（6）农、食、化、机、纺是技术性贸易壁垒的重要领域。

（7）TBT/SPS 成为贸易争端的重要领域。

近年来，一些国家尤其是发达国家，不断采取新的手段，限制他国产品进口，保护本国利益。特别是在食品、畜禽产品方面，发达国家越来越多地以安全、卫生、健康为由，制定越来越高的技术法规和标准，设置技术性贸易措施。我国食品和其他出口产品常常被进口国以各种借口封关、扣留、退货、销毁，甚至对我国实行全面禁止进口。

第十二章　食品安全性检验与在线检测技术

第一节　食品安全性检验的新技术与方法

一、农药残留检测的新技术与方法

在众多的环境污染物中，农药残留是其中重要的一类，不但毒性大，而且由于其在蔬菜、瓜果等食品中的残留将直接影响人们的身体健康，并具有潜在的长期危害，所以急需开发快速、灵敏的现场农药残留检测技术和更高效的农药污染物治理技术。由于农残检测是痕量分析，因此，要求分析方法灵敏度高、特异性强。现今，不断有新的分析检测技术以其快速、高效、灵敏和具有极强分离能力的特点在农药残留检测方面发挥了很大的作用。

（一）样品预处理技术

食品中的农药残留分析是在复杂的基质中对目标化合物进行鉴别和定量。农药残留的一般分析过程为提取—净化—检测。经典的农药残留分析步骤通常是：水溶性溶剂提取—非水溶性溶剂再分配—固相吸附柱净化—气相或液相色谱检测，其中提取和净化是前处理部分。样品前处理不仅要求尽可能完全提取其中的待测组分，还要尽可能除去与目标物同时存在的杂质，避免对色谱柱和检测器等的污染，减少对检测结果的干扰，提高检测的灵敏度和准确性。因此提取、净化是农药残留分析过程中一个十分重要的步骤，其好坏直接影响分析结果的正确性和可靠性。

在食品分析中，样品的组分往往非常复杂，且农药残留又极低，一般在 $\times 10^{-6}$ 和 $\times 10^{-9}$ 水平，有时还存在着农药的同系物、异构体、降解产物、代谢产物和螯合物的影响。因此，对样品中的残留农药进行直接测定非常困难。这往往需要对样品进行提纯净化，以减少其他物质或因素的干扰与影响，然后根据待测分析样品的特性，选择合适的检测方法。目前，常用的预处理方法有：

（1）固相萃取法（SPE）　主要通过吸附填料和吸脱液互相作用，实现组分分离净化，例如有机氯和有机磷农药预处理常用的 Florisil 柱。

（2）固相微萃取（SPME）　主要通过萃取介质对目标物进行吸附，然后通过解吸、分析。SPME 技术不需溶剂，集萃取、纯化、浓缩为一体，可以实现对固、液、气样品的分析。

（3）凝胶渗透色谱法（GPC）　主要利用多孔物质，依据不同组分的分子大小和形状不同进行分离、萃取和净化，尤其是对高脂含量样品，更显现其快速、高效的净化优势。

（4）超临界流体萃取（SFE）　主要利用超临界流体中不同组分溶解度不同，在不同压力状态下溶解能力会发生变化，改变萃取剂流体压力，可将组分逐一萃取。SFE 具有极好的萃取效力和速度，与分析仪器在线联机，可以大大提高灵敏度。

（5）基质固相分散萃取（MSPDE）　在常规固相萃取基础上发展而来，MSPDE 将样品和固定相混合、研磨、装柱、溶剂淋洗，具有同时制备、萃取和净化样品的优点。

(6) 加速溶剂萃取(ASE) 具有溶剂用量少、萃取时间短、萃取效率高等优点。ASE提取溶剂的选择与索氏提取法相同，提取液需净化后才能检测，其作用能减少提取溶剂用量，缩短提取时间。

除此之外，还有微波辅助萃取、膜萃取等都在农药残留分析中发挥着重要作用，并带领着农药残留分析向样品预处理的微量化、自动化、无毒化、快速化和低成本方向发展。

(二) 分析检测新技术和方法

在检测技术方面，目前国际上已普遍采用多残留检测技术。这些方法的建立得益于气质联用(GC - MS)、液质联用(LC - MS)技术的应用以及常规使用的气相色谱仪(GC)、液相色谱仪（LC）技术上新的突破，并在提高农药定性定量准确性、多残留检测、快速检测等方面发挥着巨大的作用。

1. 色谱联用技术

色谱技术以其快速、高效、灵敏和具有极强的分离能力在农药残留检测方面发挥了重要作用。目前，气相色谱、高效液相色谱、超临界流体色谱、凝胶渗透色谱、薄层色谱等仪器都已在农药残留检测中广泛应用。其中，最为著名的当属气相色谱，它是目前进行农残检测最为常见的方法。由于农药的种类很多，不同类型农药的结构差异很大，而每一种检测器仅能对一类或几类原子和官能团进行响应，因而不同类型的农药常常需要采用不同类型的检测器，再加上农药的残留量一般都很低，所以检测器的选择十分关键，如分析有机氯类和拟除虫菊酯类农药采用电子捕获检测器(ECD)、分析有机磷农药采用火焰光度检测器(FPD)、分析含氮的农药和氨基甲酸酯类农药采用氮磷检测器（NPD）等。

高效液相色谱法(HPLC) 在过去几十年里已经成为应用最为广泛的色谱技术之一，被广泛用于农残检测。超高效液相色谱法(UPLC) 的出现使液相(LC) 技术得到进一步的延伸和扩展。通过利用极小的颗粒技术，可以使色谱峰容量和分离速度达到一个新的极限，UPLC 比 HPLC 的检测灵敏度增加 2 ~3 倍，现逐步应用于我国的农药残留分析。

各种色谱技术以其极好的分离性能在农药残留检测方面得到广泛应用，但是它们的鉴别能力不强，把色谱技术具有较高鉴别能力的分析技术联机使用就可以弥补色谱的不足，从而提高分析性能。目前，在农药残留分析方面使用最广泛的联用技术是色谱和质谱联用。最常用的两种色质联用技术是气质联用技术(GC - MS) 以及液质联用技术(LC - MS)。

气质联用技术利用色谱柱的高效分离特性将样品组分分离，进行定量分析，再导入质谱，进行定性鉴别，简化了农药多残留检测的分析步骤。而采用 SIM 模式仅对待测组分的定性定量离子进行采集，减少了杂质峰的干扰，提高了灵敏度。

与 GC - MS 类似，LC - MS 联用技术是指液相色谱仪和质谱仪的在线联用，只不过它是液相色谱仪作为质谱仪的特殊进样器。LC - MS 适合于热不稳定、难挥发等农药残留的快速定性和分析，液相色谱和质谱仪之间的接口技术比较复杂，因此 LC - MS 的发展要落后于 GC - MS。由于目前 LC - MS 接口技术还没有真正地实现标准化，加之 LC - MS 对操作者的水平和仪器的要求比较高，因此，它在农残分析方面的应用没有 GC - MS 普及。但 LC - MS 的飞速发展已成为发达国家在各种基质中微量极性农药的检测手段。与现有的分析方法相比，LC - MS 简化了样本净化过程，缩短了分析周期，并且不需要进行衍生化。在多农药残留分析中，LC - MS 技术使用最多的是四极质量分析器。在分析生物大分子时，一些高分辨率质谱和串联质谱被采用，如三重串联四极质谱仪、飞行时间质谱仪等。由于质谱仪的通用性，LC - MS 在多种类多成分的农药残留检测中的应用越来越广泛，如我国 GB/T 20776—

2006 建立的粮谷中 372 种农药残留的 LC - MS 方法和国外环境样品中多残留分析。

2. 免疫分析法

免疫分析法（Immunoassay Analysis，IA）是利用抗原和相应抗体在体外也能特异性结合的原理发展的一类特异性强、灵敏度高、分析容量大、分析成本低、安全可靠的检测方法。是一种以抗体作为生物化学检测器，对化合物、酶或蛋白质等物质进行定性和定量分析，将免疫反应与现代测试手段相结合而建立的超微量测定技术。由于抗体是专为抗原产生的，试验的专一性及亲和力强，因而方法灵敏度高，同时它对提取净化的要求不是太高。20 世纪 90 年代以来免疫分析法在检测农药的残留分析上得到迅速发展，世界粮农组织（FAO）已向许多国家推荐此项技术，美国化学会将免疫分析与气相色谱、液相色谱共同列为农药残留分析的支柱技术。

IA 的优点是快速、灵敏、简单，选择性高、费用低，基体对测定的干扰很小，提取净化的要求不是太高，一般不需要贵重的仪器，可大大简化甚至省去前处理过程，对使用人员的专门技术要求不高，因此非常适宜于农药残留的现场分析，已经成为农药残留分析领域中最有发展和应用潜力的痕量分析技术之一。但是与 GC 和 HPLC 相比，它所提供的信息量要少得多，不适合应用于多残留分析，同时免疫分析方法的开发费用高、时间较长。目前最常用的农残免疫分析法有以下几种：

（1）酶联免疫吸附测定技术（ELISA） 其中酶免疫分析（EIA）是将抗原、抗体的特异性免疫反应与酶的高效催化作用原理有机结合起来的一种免疫分析技术。由于免疫分析方法特有的优点，农药免疫分析的研究得到了更多农药研究工作者的重视，正在逐渐成为农药研究领域的一个热点。

（2）放射免疫法（RIA） 放射免疫法是将抗血清与待测农药在试管中培养一定时间后，加入同位素标记的待测农药，该同位素标记农药和待测农药与抗体发生竞争反应，采用适宜的方法将被抗体结合的和未被抗体结合的标记农药分离，未被抗体结合的放射性标记农药留在溶液中。

（3）荧光免疫法（FIA） 荧光免疫法是将抗血清、待测农药、荧光标记待测农药混合在聚苯乙烯管中经培育后加入 γ - 球蛋白和相对分子质量 6000 的聚乙二醇，使与之结合的待测农药和光标记农药留在上清液中。当抗血清与荧光标记农药的量一定时，含待测农药多的试管中，抗体结合的荧光标记农药少，上清液中游离的荧光标记农药就多，即待测物含量与游离的荧光标记物含量成正比，测定上清液的荧光强度即算出待测物含量。

（4）流动注射免疫分析法（FIIA） 流动注射免疫分析法是农药残留分析中较为先进的技术。它是由免疫分析流动分析系统相结合而形成的，农药抗体固定在可更换的膜上。此法的不足之处是变异系数大，采用一次性膜，抗体和酶标记的半抗原使用量大，一次只能检测一个样品，但它仍是农药残留检测的有效方法。

3. 生物传感器

生物传感器是将传感器技术与农药免疫分析技术相结合而建立起来的检测方法。用固定化的生物体成分（酶、抗原、抗体等）或者生物体本身（细胞、微生物等）为敏感元件，再与适当的能量转换器结合而成器件。传感器的生物敏感层与复杂样品中特定的目标分析物之间的识别反应会产生一些物理化学信号的变化，这些变化通过不同原理的传感器转换成次级信号（通常为电信号），经放大显示或记录下来，通过分析信号对待测物进行定性和定量测量。生物传感器是将化学量转化为其他可测量的物理量，集生物化学、生物工程、电化学、材料科学和微型制造技术于一体。

生物传感器的分类方法很多，若按生物敏感材料的不同来划分，它可分为酶传感器、免疫传感器、细胞传感器和组织传感器；按换能器来划分，它可分为电化学生物传感器、热学生物传感器、光学生物传感器、半导体生物传感器和声学生物传感器。目前生物传感器存在的主要问题是分析结果的稳定性、重现性和使用寿命不够理想。近年来，随着生物技术和微电子学技术的迅速发展以及实际应用领域的迫切要求，生物传感器作为一种多学科交叉的高技术，具有便携、灵敏、快速、稳定等特点。样品中被测组分的分离和检测可以同时完成；可以实现连续在线监测，容易实现自动化测量；响应快；样品用量少，并且可反复多次使用；不要求样品的清晰度；此外，传感器连同测定仪的成本远低于大型分析仪器，便于推广普及。

4. 直接光谱技术

直接光谱技术包括近红外光谱分析技术和荧光光谱分析技术。现代近红外光谱分析是将光谱测量技术、计算机技术、化学计量学技术与基础测试技术有机结合的一种分析方法，主要利用近红外或红外光谱仪直接对农药残留进行分析。红外光谱分析方法具有检测快速、不破坏样品、绿色无污染、可同时对多种成分进行定量分析等优点。应用红外光谱技术可以直接用于农药残留检测，而且该方法精确度高、实时性好，且只需极少量的样品，具有很大的发展潜力。近年来，借助光路系统或光导纤维来传递红外光，利用衰减全反射（Attenuated total reflection，ATR）原理和表面增强技术，使得其灵敏度大大提高。农药残留物在激光照射下会产生荧光，由于不同农药荧光的频谱分布、时间延迟及产生效率等特性往往具有明显差异，因此通过对其激光诱导荧光特性的研究可以探测出农药残留的种类及浓度。该法灵敏度较高、快速、重现性好，在对痕量物质的检测方面具有强大的生命力。目前，国内外基于激光诱导荧光光谱分析的农药残留快速检测技术大都还处于原理和试验研究阶段。光谱技术易处理，分析速度快，且对环境无污染，可以同时进行农药残留多组分测定，应用潜力大。

5. 电化学分析

电化学分析是一种快速、灵敏、准确的微量和痕量分析方法。电化学分析法的基础是在电化学池中所发生的电化学反应。电化学池是由电解质溶液和浸入其中的 2 个电极组成，2 个电极用外电路接通。在 2 个电极上发生氧化还原反应，电子通过连接 2 个电极的外电路从一个电极流到另一个电极。根据溶液的电化学性质与被测物质的化学或物理性质之间的关系，将被测定物质的浓度转化为一种电学参量加以测量。近年来在有机分析领域中越来越显示出较大的潜力和优越性，在农药分析中的应用也日趋增多，有一些研究结合了化学计量学，大大提高了分析的范围。

6. 生物检测技术

（1）发光菌检测法　农药与细菌作用后可影响细菌的发光程度，通过细菌发光情况，可测出农药残留量。发光菌被激活后，其发光强度会随时间的变化而变化，实际操作时，须选择发光变化率较小的时刻来测试。此法只对少数药剂有反应，无法辨别残留农药的种类，准确性较低。

（2）敏感家蝇检测法　敏感家蝇对杀虫剂具有敏感性，记录家蝇存活情况，可知农药残留情况。可用于农药施用量的制定和果树上市前的自检，其局限性为需要繁殖大量的敏感性家蝇，前期准备工作比较复杂。

（三）农药残留快速检测技术的发展方向

前处理工作向省时、省力、低成本、减少溶剂消耗、降低环境污染、系统化、规范化、微型化和自动化方向发展；各种在线联用技术可避免样品转移损失，减少各种人为偶然误差；生物技术与现代理化分析手段相结合，对于极性强、难挥发、热不稳定、易分解的农药残留分析新技术发展迅速。分析方法将由传统的气相色谱、液相色谱法向超临界流体色谱、免疫分析等新的分析技术转化，而且要简便、快捷、准确，新的分析技术将要求多学科知识的支持。

二、食源性致病微生物及毒素的检测新技术与方法

食源性致病微生物常造成群发性的伤害，给人们的身体健康及生命财产造成了一定的危害。传统的微生物监测方法虽然有效且特异性高，但存在检测成本高、速度慢、效率低等问题，难以满足现代社会快速检测的要求，并且由于传统的微生物检测方法基本上都需要对病原菌进行人工培养，对一些生长缓慢或是新的病原菌就难以用传统方法进行检测。而免疫学技术、基因探针技术、PCR 技术、生物传感器等作为现代生物学技术手段应用于食品微生物的检测，克服了传统食品安全检测方法的缺点和不足，而且还具有灵敏度高、操作简便、检测周期短、检测成本低等优点。

（一）食源性致病微生物免疫学检测技术

1. 荧光抗体检测技术(FAT)

一种快速检测细菌的荧光抗体技术，主要有直接法和间接法。直接荧光抗体检测法是在检样上直接滴加已知特异性荧光标记的抗血清，经洗涤后在荧光显微镜下观察结果。间接法是在检样上滴加已知细菌特异性抗血清，待作用后经洗涤，再加入荧光标记的抗体后在荧光显微镜下观察结果。如沙门氏菌、炭疽杆菌检测，FAT 方法简便、快速经济，但有时受到样本中非特异性荧光的干扰，影响结果的判定，并且需要昂贵的荧光显微镜。

2. 免疫酶技术(EIA)

免疫酶技术是将抗原、抗体特异反应和酶的高效催化作用原理有机结合的一种新颖、实用的免疫学分析技术。它通过共价结合将酶与抗原或抗体结合，形成酶标抗原或抗体，或通过免疫方法使酶与抗酶抗体结合，形成酶抗体复合物。这些酶标抗体（抗原）或酶抗体复合物仍保持免疫学活性和酶活性，可以与相应的抗原（抗体）结合，形成酶标记的抗原－抗体复合物。在遇到相应的底物时，这些酶可催化底物反应，从而生成可溶或不溶的有色产物，或者发光，可用仪器定性或定量。常用酶技术分为固相免疫酶测定技术、免疫酶定位技术、免疫酶沉淀技术，固相免疫酶测定技术分为限量抗原底物酶法、酶联免疫吸附试验（ELISA）。酶联免疫吸附试验又分为间接法、竞争法、双抗体夹心法、酶－抗酶复合物法、生物素－亲和素系统等。在病源菌和真菌毒素检测中，应用较多的是竞争法、双抗体夹心法。

3. 免疫金技术(Immune colloidal gold technique)

此技术是指利用胶体金作为标记物，用于指示体外抗原抗体间发生的特异性结合反应，是血清学检验中标记技术之一。胶体金标记技术的灵敏性虽然不及荧光抗体技术、放射免疫分析技术及酶免疫技术，但是与放射免疫分析技术相比，它不需要使用具有危险性的放射性同位素；与酶免疫技术相比，它具有自显色性，无需底物的显色环节；与荧光抗体技术相比，它不需要使用荧光显微镜。因而它继三大标记技术后，成为又一成功应用的免疫标记技术。免疫金技术有许多方法，下面主要介绍胶体金固相免疫测定技术。

胶体金固相免疫测定主要包括：斑点免疫金银染色法、斑点金免疫渗滤测定法及斑点金免疫层析测定法。用这些方法可检测食源性致病微生物。

（1）斑点免疫金染色测定法　是与斑点酶联免疫吸附试验原理相似的一种方法。将蛋白质抗原直接点样在硝酸纤维膜上，与特异性抗体反应后，再滴加胶体金标记的第二抗体，结果在抗原抗体反应处发生金颗粒聚集，形成肉眼可见的红色斑点，此称为斑点免疫金染色测定法。此反应可通过银显影液增强，即斑点金银染色测定法。

（2）斑点金免疫渗滤测定法　此法原理完全同斑点免疫金染色法，只是在硝酸纤维膜下垫有吸水性强的垫料，即为渗滤装置，渗滤装置的应用可以避免斑点免疫金染色测定法中的多次洗涤步骤。由于有渗滤装置，反应很快，在数分钟内即可显出颜色反应。

（3）斑点金免疫层析测定法　胶体金标记的特异性抗体与待检抗原反应后形成抗原抗体复合物，这一复合物在硝酸纤维素膜上进行层析，当抗原抗体复合物层析到膜上某一区域时被捕获，从而在局部显现胶体金的红色来指示反应结果，以实现特异性的免疫诊断。本法检测速度快、操作简便，便于商品化的产品开发。

（二）食源性致病微生物分子生物学检测技术

（1）核酸探针技术　核酸探针是指带有标记的特异 DNA 片断。根据碱基互补原则，核酸探针能特异性的与目的 DNA 杂交，最后用特定的方法测定标记物。探针标记方式分为放射性标记、非放射性标记。用的较多的非放射性标记，又分为生物素标记、地高辛标记、免疫标记、荧光素标记等，特点是直观、准确。

（2）多聚酶链式反应（PCR）技术　基因探针技术虽已广泛应用，但主要问题是灵敏度不够高，使基因探针技术应用受到限制。1983 年，美国 Cetus 公司和加利福尼亚大学的 Hulis 和 Erlich 创建了一种能在体外进行 DNA 扩增的简易、快速、灵敏和高特异性的多聚酶链式反应（PCR），在一定程度上解决了基因探针所存在的问题。测定 PCR 产物的方法较多，如凝胶电泳法、比色测定法以及化学发光测定法等。目前，已有自动化 PCR 检测试剂盒及仪器，使用方便，如美国杜邦快立康公司的 BAX 病原菌检测系统，可检测沙门氏菌、大肠杆菌 O157、单增李斯特氏菌等。虽然此法需要增菌且需专用设备，但它快速、灵敏、准确，在细菌诊断方面具有广阔的应用前景。

荧光定量 PCR 是 PCR 的一种。随着定量技术的发展，将 PCR 和检测做成一体，就形成了定量 PCR 仪。由于应用的是荧光技术，同时在每个扩增过程都能实施监控，所以标准的叫法为实时荧光定量 PCR 仪。准确地讲实时荧光定量 PCR 没有自动加样和标本处理系统，只能算半自动的。PCR 仪简单地讲，就是一个温控设备和一个检测设备。由于实时 PCR 技术不仅实现了 PCR 从定性到定量的飞跃，而且与常规 PCR 相比，它具有特异性更强、自动化程度更高、有效解决了 PCR 污染问题等特点，目前已经得到了广泛的应用。

荧光定量 PCR 在食品卫生检疫方面的应用前景相当广泛。在海关卫生检疫方面，进口的粮食、食品、花果是否安全，是否含有危险或潜在危险的成分，都可以用荧光定量 PCR 技术进行检测。一些瘟疫流行地区进口的相关食品也需要进行检测，比如欧洲曾流行疯牛病、日本曾流行猪口蹄疫，以及全球范围的禽流感。从这些有疫情的地区进口相应的肉品及肉类加工产品，都要进行食品卫生检疫。

（3）生物芯片技术　生物芯片技术的概念源于计算机芯片。狭义的生物芯片是指包被在固相载体上的高密度 DNA、蛋白质、细胞等活性物质的微阵列（Microarry），主要包括 cDNA、微阵列、寡核苷酸微阵列和蛋白微阵列。这些微阵列是由生物活性物质以点阵的形式有序地固定在固相载体上形成的。在一定条件下进行生化反应，反应结果用化学荧光法、酶标法、同位素法显示，再用扫描仪等光学仪器进行数据采集，最后通过专门的计算机软件进行数据分析。对于广义生物芯片而言，除了上述被动式微阵列芯片之外，还包括利用光刻技术和微加工技术在固体基片表面构建微流体分析单元和系统，以实现对生物分子进行快速检测。大信息量并进行处理和分析的微型固体薄型器件，包括核酸扩增芯片、阵列毛细管电泳芯片、自动式电磁生物芯片等。

（三）基于培养基生理生化特征的检测技术

（1）电阻抗法　电阻抗法是近年发展起来的一项生物学技术，已经开始应用于食品微生物的检验。其原理是细菌在培养基内生长繁殖的过程中，使培养基中的大分子电惰性物质如碳水化合物、蛋白质和脂类等代谢为具有电活性的小分子物质，如乳酸盐、醋酸盐等，这些离子态物质能增加培养基的导电性，使培养基的阻抗发生变化，通过检测培养基的电阻抗变化情况，判定细菌在培养基中的生长繁殖特性，即可检测出相应的细菌。该法目前已经用于细菌总数、霉菌、酵母菌、大肠杆菌、沙门氏菌、金黄色葡萄球菌等的检测。

（2）微量生化法　Bachman 和 Weaver 在 20 世纪 40 年代后期首先开创了微量生化法的纪元。之后随着人们对细菌进行快速生化特性的需求增加，使高精密度（90%）和高重现性的商业试剂盒得以快速发展。至今，市售的微生物鉴定用试剂盒有多种，常见的有 MICRO - ID、API 等。API 由 20 个含干燥培养基的微管组成，其中的培养基用于进行酶促反应或糖发酵试验。检验时将预处理的菌悬液加入微管中培养后观察颜色变化，并纪录，输入 APILAB Plus 软件得出结果。API 创建了独特的数值鉴定法，可鉴定 15 个系列、600 多个细菌种。

（3）快速酶触反应及代谢产物的检测　快速酶触反应是根据细菌在生长繁殖过程中可合成和释放某些特异性的酶，根据酶的特性，选用相应的底物和指示剂，反应的测定结果有助于细菌快速诊断。如美国 3M Petfifilm TM 微生物测试片可分别快速测定细菌总数、霉菌、酵母菌、大肠杆菌、金黄色葡萄球菌、大肠菌群等。

（4）测试片法　为预先制备好的培养基系统和一种冷水可溶性的凝胶剂以及由于检测项目不同而不同的指示剂。它由上、下两层薄膜组成，下层的聚乙烯薄膜上印有网格并且覆盖有细菌生长的培养基，上层是聚丙烯薄膜。使用时只需接种 1mL 待测样品的稀释液在下层的培养基上，盖上上层聚丙烯薄膜，此时聚乙烯层上的培养基由于水的作用生成水合物，适合细菌的生长。纸片法的主要优点是：检出率高，体积较小，操作简便，培养时间短，占用空间少，特别适用于实验空间小的实验室及野外操作。缺点是成本相对传统方法较高。

（四）食源性致病微生物的自动化检测技术

（1）ATB Expression 细菌鉴定及药敏智能系统是用于细菌的快速鉴定主要仪器，细菌的鉴定是细菌分类的实验过程，即将未知细菌按分类原则放入某系统中的适当位置与已知细菌比较，如果相同就采用已知细菌的名称；不同则按命名原则，确定一个新的名称。它是从 API 系统发展而来，以 API 试剂条为基础，测试品种齐全，共有 750 种反应，电脑数据库已得到不断完善和补充，鉴定能力强，可鉴定近 700 多种细菌。

（2）Bactometer 系统主要由 BPU 电子分析器/培养箱组成。它是利用电阻抗、电容抗或总阻抗等参数的自动微生物检测系统。该法目前已经用于细菌总数、霉菌、酵母菌、肠道杆菌如大肠杆菌和沙门氏菌、金黄色葡萄球菌等的检测。可同时检测 64 个样品，样品不需预先稀释，结果报告可用数字及曲线图显示。如食品中沙门氏菌用 Bactometer 系统检测一般只需 30h。

（3）Vietk - AMS 即全自动微生物分析系统，能同时进行 60 ~ 480 个样品的分析，速度快，易操作，结果准确，细菌鉴定时间 2 ~ 3h，可鉴定 G^+ 菌、G^- 菌、厌氧菌、酵母菌、芽孢杆菌、非发酵菌等，药敏试验时间 3～6h。Vietk 专家系统保证鉴定、药敏试验结果可靠无误；电脑工作站具有较强的数据处理功能，但菌株需分离纯化。

（4）Mini－VIDAS 即微型全自动荧光酶标分析仪，是应用酶联荧光技术（ELFA），ELFA技术具有优异的敏感性和特异性，抗原的检测是应用一种夹 GELFA 技术，SPR 包被针上拥有抗体包被，所测的荧光与抗体中抗原的含量成正比。内设自检系统，可检验李斯特氏菌、单增李斯特氏菌、沙门氏菌、葡萄球菌肠毒素、空肠弯曲杆菌、大肠杆菌 0157。使用该仪器操作简便，只加一次样品，按一次键整个检测过程都由仪器自动完成。多数试验 50min 内结束（不含增菌过程），无交叉污染。

（5）流式细胞术（FCM）检测技术，是用流式细胞仪对细胞悬液进行自动快速定量分析和分选的新技术，具有速度快、精确度高、记数细胞量大以及参数分析等全面测量细胞和分选细胞等优点。现在该技术已经能够检测纯化的 DNA 可达 pg 级水平，在 10min 内可以完成数据的收集和分析。FCM 目前已经发展到可测定 DNA 片段的大小，被认为是一种鉴定细菌很有发展潜力的技术。另外 FCM 结合免疫荧光抗体检测技术更能促进病原菌的特异性快速检测。

（6）肠杆菌快速测定仪，是快速检测大肠杆菌生化反应的色原及成套鉴定系统（Chromogenic or fluorescence substrates for rapid identification of bacteria）。以 API 为代表的细菌生化反应的成套系统中，已用新型的色原或荧光底物代替传统的糖类和氨基酸。此种底物系由色原（呈色）或荧光与糖类或氨基酸人工合成。底物无色，经细菌的细胞内或细胞外酶的作用而释放出色原（呈色）或荧光，优点是特异性强、反应迅速、易于自动化检测，明显提高了细菌生化反应的准确性。

（7）微生物总数快速测定仪（又名 ATP 荧光仪），是专门设计用于快速检测微生物数量的测定仪器。用于分析从微生物中提取的 ATP，为在数分钟内检测微生物提供了一种简便而灵敏的方法。它简单实用，能快速和方便地得到微生物的增长水平，及时采取有效措施控制微生物的繁殖，这样就可以防止由于微生物大量繁殖而引发的一系列问题。

（五）食源性致病微生物生物传感器检测技术

生物传感科学是一门新兴的交叉学科，主要是生物工程和各种技术学科的相互渗透。由生物活性物质作敏感元件，配上适当的换能器所构成的分析工具（或分析系统）称为生物传感器。从 1962 年 Clark 和 Lyons 最先提出生物传感器的设想距今已有 40 年。生物传感器在发酵工艺、环境监测、食品工程、临床医学、军事及军事医学等方面得到了深度重视和广泛应用。生物传感器是由固定化的生物材料及与其密切配合的换能器组成的分析工具或系统，换能器把生化信号转换成可定量的电信号。生物分子具有能够识别并非常特异地结合单一化合物或一小族化合物的性质。已用于生物传感器的生物分子是酶、抗体、完整的器官和组织。将生物分子用于传感器所提供的优点是特异性，其次是灵敏度。这可以构成能区分类似分子并检测其中一种具有经济上重要性的物质的探测器的基础。某些酶的高周转率导致放大效应。放大效应提高检测的灵敏度。

目前已经商品化的传感器有酶传感器、免疫传感器、微生物传感器、DNA 杂交传感器、细胞器传感器、仿生传感器、分子印迹传感器等。但是传感器的敏感性方面需要进一步研究。其中光纤 DNA 生物传感器是 DNA 生物传感器中发展最晚，技术最新的一类，它的作用机理是利用石英的表面特性先接上一个连接物，然后将 ssDNA 或 cDNA 连接在光纤端面下，与目的基因进行杂交，杂交后的双链 DNA 经杂交嵌合剂产生的光效应而被检测。目前光纤传感器已经应用到测定污染食品中的大肠杆菌 O157：H7、金黄色葡萄球菌、鼠伤寒沙门氏菌。

（六）毒素检测新技术

1. 食品中微生物毒素的检测

有些微生物在食品中生长繁殖，产生大量的毒素，存在于食品中，如细菌毒素、霉菌毒素等，这些毒素常引起食物中毒。

随着科学的进步，检测手段日益先进，食品中微生物毒素的检测方法得到了快速发展。仪器分析检测方法主要有：液相色谱法（LC）、高效液相色谱法（HPLC）和近年来新发展起来的质谱检测（MASS）等；免疫学检测方法主要有：放射免疫法（RIA）、荧光免疫技术、酶联免疫吸附法（ELISA）、免疫印迹技术及免疫胶体金技术等。

2. 食品中产毒微生物的检测

随着分子生物学技术的发展与应用、细菌分子遗传学研究的进展，可通过毒素基因检测来检测食品中的产毒微生物，从而评价食品的卫生质量。如核酸探针法、PCR方法、基因芯片技术、环介导等温扩增技术等。

三、重金属检测新技术和方法

重金属是有毒的、难以降解并具有潜在危害性的环境污染物，在农畜等产品中有不同程度的残留，具有隐蔽性、长期性和不可逆的特点，可通过食物链的生物放大作用进入人体并在人体内长期积累，对人类健康构成严重威胁。因此，需要加强对农产品重金属残留的检测。传统的重金属检测方法，如原子吸收光谱分析、电感耦合等离子发射光谱分析等需要大型昂贵的分析仪器，无法用于现场检测，且费用较高、检测时间长，难以适应环境及农畜产品的现场抽查及产品进出口快速通关的要求。

（一）原子吸收分光光度法

原子吸收分光光度法包括冷原子吸收法、火焰原子吸收分光光度法（FAAS）、石墨炉原子吸收分光光度法（GFAAS）、氢化物－原子吸收法。

1. 冷原子吸收法

此法专用于汞（Hg）的测定，主要是利用汞在常温下蒸气压较高和在空气中不易氧化的特点，将样品消化后还原生成Hg，用载气将汞蒸气吹出，通过石英吸收池，汞蒸气对汞空心阴极灯的辐射产生吸收，从而达到定量分析的目的。

2. 火焰原子吸收分光光度法（FAAS）

将含待测元素的样品溶液喷射成雾状进入火焰，用该元素空心阴极作光源，辐射出特征谱线的光，当通过一定厚度的该元素蒸气时部分光被蒸气中基态原子吸收而减弱，从而测定其量。该法操作简便，重现性好，但由于灵敏度不高，一般只能达到1×10^{-6}，故多用于含相对量较高元素的测定，如铜、砷、铅、汞、镉、铝、锰、锌、钴、镍、锶等。

3. 石墨炉原子吸收分光光度法（GFAAS）

此法是利用石墨管高温下使样品原子化通过炉内光路产生吸收的原理来测定。该法具有灵敏度高，一般可达到1×10^{-9}，选择性好，方法简便，分析速度快等优点，可用于除汞以外的重金属的测定。但石墨管价格昂贵，且不能同时测定多个元素。

4. 氢化物－原子吸收法

此法是将待测元素在酸性介质中还原成沸点低、易受热分解的氢化物，在吸收池中被加热分解，并形成基态原子。氢化物－原子吸收法有比石墨炉原子吸收法更好的检测限且干扰低，其缺点是可检测的元素较少，可用于铅、砷、汞、锡、锑的测定。

（二）原子荧光光度法（AFS）

此法是通过测量待测元素的原子蒸气在辐射能激发下所产生荧光的发射强度，来测定待测元素的一种分析方法。原子荧光光度法的检出限低于原子吸收法，谱线简单且干扰少，线性范围较宽，但应用元素有限，仅用于砷、锑、铋、硒、碲、锗、锡、铅、锌、镉、汞的分析。包括微波消解－原子荧光光度法、氢化物发生－原子荧光光谱法以及X射线荧光光谱法。

1. 微波消解－原子荧光光度法

是先于微波炉中对样品原子进行消化，再将待测元素的原子蒸气在辐射能激发下产生荧光，通过发射强度来测定待测元素的一种分析方法。

2. 氢化物发生－原子荧光光谱法（HG－AFS）

将待测元素在酸性环境中常温下与还原剂反应形成气态氢化物，可与大量基体分离，大大降低了基体干扰，且因为是气体进样方式，极大地提高了进样效率，提高了灵敏度。可进行砷、锑、铋、锗、锡、铅、硒、碲元素的测定。

3. X射线荧光光谱法（XRF）

这是一种元素分析测试手段，是国际标准（ISO）分析方法之一，目前已广泛应用于冶金、地质、石油、化工、采矿、食品、农业、医学卫生及环境监测等科研和生产部门。XRF不需对固体样品进行预消化处理，操作简便，可以同时测定多种元素，效率较高，而且是一种非破坏性的分析方法，样品可重复利用。

（三）电感耦合等离子体质谱法（ICP－MS）

此法将电感耦合等离子体与质谱联用，利用电感耦合等离子体使样品气化，将待测金属分离出来，从而进入质谱进行测定，具有比原子吸收法更低的检测限，是痕量元素分析领域中最先进的方法，但其价格昂贵、易受污染，可用于除汞外的绝大多数重金属的测定。该方法简便、准确、快速、重复性好、灵敏度高，可为食品质量控制提供一种简便方法。

（四）电感耦合等离子体发射光谱法（ICP－AES）

高频感应电流产生的高温将反应气加热、电离，利用元素发出的特征谱线进行测定，谱线强度与重金属量成正比。ICP－AES法具有速度快、分析周期短、检出限低、精密度高、基体效应小、线性范围宽和多元素同时测定等优点，已在中草药微量元素分析中得到广泛应用，是目前公认的多元素同时分析的有效方法。此法比药典中的化学法和原子吸收法样品用量少，分析速度快，分析周期短，检出灵敏度高，测试成本低，特别是可同时测定出多种重金属元素的含量，在微量和痕量组分分析中占有优势，是目前发射光谱最受重视、发展最快的一种分析方法。可用于除镉、汞等绝大部分金属元素的测定。

（五）高效液相色谱法

痕量金属离子与有机试剂形成稳定的有色络合物，然后用HPLC分离，紫外－可见检测器检测，可实现多元素同时测定，但络合试剂的选择有限，给HPCL的广泛应用带来了局限性。

（六）免疫学方法检测

重金属的免疫学方法检测是利用选择性螯合剂和重金属生成螯合物，通过载体蛋白偶联制备成完全抗原后免疫动物，制备抗体，从而建立的一种快速检测重金属的方法。与传统检测方法相比，免疫学检测技术检测速度快、费用低、仪器简单易携带，可用于现场检验。重金属离子的免疫检测根据抗体的性质可分为多克隆抗体免疫检测和单克隆抗体免疫检测，方法有荧光偏振免疫检测、酶联免疫吸附检测和免疫传感器检测。其中基于抗重金属离子－螯合剂复合物的单克隆抗体建立的免疫检测技术显示出很好的应用前景。

1. 荧光偏振免疫检测

荧光偏振免疫检测(Fluorescence polarization immunoassay, FPIA)的原理是样品中的金属离子与过量螯合剂形成金属－螯合剂复合物后，与固定浓度的金属－螯合剂－荧光复合物竞争多克隆抗体上的结合位点，然后进入荧光偏振分析仪进行分析，通过与标准曲线对照得出金属离子的浓度。

2. 间接竞争性 ELISA 免疫检测

重金属间接竞争 ELISA 免疫检测法的原理是样品中的重金属离子与过量螯合剂形成可溶性的重金属－螯合剂复合物，将其与已经包被在酶标板上的重金属－螯合剂－蛋白质复合物竞争单克隆抗体的抗原结合位点，添加酶标二抗和底物显色，与标准曲线对照，即可得出样品的重金属离子浓度。

3. 免疫胶体金试纸条快速检测

胶体金快速免疫层析法的原理是以微孔滤膜为载体，包被特异性单克隆抗体，加入待检标本之后经滤膜的毛细管作用或渗透作用使标本中的抗原与膜上包被的单克隆抗体结合，再用胶体金结合物标记达到检测目的，能定性或半定量检测重金属离子。在对农畜产品的现场抽查及进出口快速通关检测中，可以利用胶体金快速免疫层析法对样品中重金属离子的含量进行初测。根据试纸条上的颜色深浅程度判断重金属离子含量是否超标。若超标或接近超标，则可选择其他方法精确测定重金属离子含量。利用免疫胶体金快速诊断来初测农畜产品中的重金属离子含量，可以加快检测进程，提高现场抽查和快速通关检测的效率。

（七）传感器检测

1. KinExA 免疫传感器检测

KinExA 是一种计算机控制的流式荧光计，由毛细管流、观察单元组成，并配有多微孔筛。把金属－螯合剂－蛋白质复合物固定在硬质小珠上后利用微孔筛将其放入观测单元内，抗体、金属－螯合剂复合物、抗原－抗体复合物三者的混合溶液快速流经小珠，部分带有空白抗原结合位点的抗体分子固定在小珠上，结合了金属－螯合物的抗体、金属－螯合物都被冲洗掉，添加荧光标记的二抗，检测结合在小珠上的抗体分子，对照标准曲线即可得出重金属离子的浓度。KinExA 免疫检测的灵敏度比间接 ELISA 高 10～1000 倍。

2. 微悬臂梁传感器检测

微悬臂梁生化传感器是通过在悬臂梁的表面涂镀特殊的生物敏感层，当被测物质经扩散进入该生物敏感层，在悬臂梁表面发生物理吸附或化学吸附并产生机械响应。这些纳米级的机械响应包括表面应力变化、热转换、质量变化等，这些物理或化学的反应结果通过换能器被转换成电学信号记录下来以待分析。

第二节　食品在线检测技术

食品在线快速检测应用技术是食品质量安全控制的主要支撑体系之一。在线检测即能够实时、连续地对样品进行分析。食品与农产品品质无损在线快速检测技术是 20 世纪后期发展起来的集物理学、化学、物料物性学、分析仪器、数据处理、信号分析和计算机应用等学科为一体的交叉型应用科学。实时在线检测技术大致包括：①仪器分析技术：分光检测技术(紫外分光法、可见分光法、近红外分光法等)、机器视觉检测技术、介电特性检测技术、声学特性及超声波检测技术、力学检测技术、X 射线检测技术、核磁共振检测技术、生物传感器检测技术和电子鼻与电子舌检测技术等。②基于分子生物学、基因组学、多聚体化学、微分离技术、微处理技术和微缩信息处理器的快速检测技术。这些技术可应用于食品农药残留、兽药残留、食品中其他成分、致病微生物及毒素、重金属污染的无损实时在线检测。

对于食品行业的制造商而言，保证食品安全的工作需要在生产过程的每个环节进行。以往很多制造商会通过非常严格的操作规章制度及要求来控制工人的操作行为，同时通过人工抽检的方式降低污染几率，但是这些措施往往不能从根本上消除食品安全隐患，并且会因检测效率低下而影响生产和产品质量。因此，自动化的在线检测技术成为很多注重产品质量的制造商的首要选择。从生产过程中的原料、生产加工、包装检测、运输等多个环节入手，有针对性地提供量身订制的在线检测解决方案。

下面重点介绍几种在线检测技术。

1. 近红外光谱技术

近红外光谱(NIR)是介于可见光谱区和中红外光谱区之间的电磁波，波长范围为700～2500nm。NIR可划分为短近红外波段(SW-NIR)和长近红外波段(LW-NIR)，其波段范围分别为700～1100nm和1100～2500nm。NIR与中红外区的分子振动基频吸收不同，由于频率较高，NIR谱区分子对其吸收主要是分子振动的倍频与合频吸收。

Herschel在1800年发现了NIR光谱区。但是由于NIR区的倍频和合频吸收弱、谱带复杂和重叠多，信息无法有效分离解析，限制了其应用。20世纪60年代，Norris等在研究鸡蛋、蔬菜和水果品质时，为排除检测水分时其他成分的干扰，测定了几个波长处样品的投射率和反射率，采用漫反射技术和多元逐步回归方法，同时计算出了水分、蛋白质和脂肪等成分的含量。从而以处理弱信号与多元信息为基本特征的现代光谱分析技术露出雏形。随着光学、电子技术、计算机技术和化学计量学的发展，使多组分分析中的多元信息处理的理论与技术得到了发展，被用来解决NIR谱区吸收弱和重叠的困难。现代NIR分析技术使NIR谱区信息量接近中红外谱区，而光谱分析技术与分析可见光谱一样简单，其潜力得到了充分的发挥，尤其是NIR漫反射光谱分析方法，样品不需做任何化学处理，因此可以快速分析大量样品。

有机物在NIR谱区的吸收带主要是含氢基团(如C—H，O—H，S—H，N—H等)的各级倍频和合频。农产品中的大多数有机化合物如蛋白质、脂肪、有机酸、碳水化合物等都含有不同的含氢基团，所以通过对其进行近红外光谱分析就可测定这些成分的含量。通过近红外光谱分析，不仅可以获得各种化学成分的含量，还能以此为依据，进一步识别和鉴定农产品的等级和真假。NIR光谱技术不仅用于常量成分分析，还可以用于微量成分(如氨基酸、维生素等)和有毒、有害成分(如棉酚等)的检测，并且已发展应用于营养价值的评定。被测样品的物态可以是固态、液态或气态。此技术可用于谷物的蛋白质、水分和脂肪含量，水果可溶性固形物含量，以及水果的缺陷检测。

光纤技术大大拓宽了近红外光谱分析技术的应用范围，各种光纤探头可以方便地对被测物料进行离线、现场或在线分析。近红外光通过光纤可进行长距离传输，对一些复杂、危险环境中的样品进行检测，在线测量时，将传感器放置于物流之上，避免离线样品取样存在污染、采样失真等问题。采用多路开关，可以实现多点在线快速检测。

2. 计算机视觉技术

计算机视觉，也称机器视觉。它是利用一个代替人眼的图像传感器获取物体的图像，将其转换成数字图像，并利用计算机模拟人的判别准则去理解和识别，达到分析和作出结论的目的。该项技术是20世纪中期在遥感图像处理和医学图像处理技术成功应用的基础上逐渐兴起的，并应用于多种领域。目前，计算机视觉技术在农产品和食品检测的应用研究日益增加。

农产品的生产过程和食品的加工过程会受到自然和人为等复杂因素的影响，产品品质差异很大，如大小、形状、颜色等都是变化的。计算机视觉不仅具备人眼的功能，还具备人脑的部分功能，能够在检测中具有足够的调节能力来适应这些变化。计算机视觉技术可以检测农产品和食品大小、形状、颜色、表面裂纹和表面缺陷及损伤。它的优点是速度快，信息量大，可一次完成多个品质指标的检测，还可完成定量指标的测量；另外就是精确度高，能够克服人眼的差异和视觉疲劳。实现无损检测。

计算机视觉技术可识别外形大小、颜色等，应用于鸡蛋、水果、蔬菜等的分级，提高这些产品分级机械的速度和精度，而且可以应用于产品表面缺陷和损伤检测。

3. 人工嗅觉检测技术

人工嗅觉系统就是现在人们所说的电子鼻，它是一种20世纪90年代发展起来的新颖的分析、识别和检测复杂气味及大多数挥发性成分的仪器。目前食品气味测定方法中用的最多的是气相色谱法，但该法费时，且设备较大，不适用于现场快速检测。而人工嗅觉技术操作快速简便，样品不需要前处理，测定一个样品通常只需要几分钟至几十分钟。与传统的感官评定方法相比，人工嗅觉技术更为客观，重复性更高。

人工嗅觉系统模拟人的嗅觉器官，因而其工作原理与人的嗅觉形成相似，包括三个部分：①气味分子被人工嗅觉系统中的传感器阵列吸附，产生信号；②生成的信号经各种方法加工处理与传输；③将处理后的信号经模式识别系统作出判断。可用于生鲜肉制品的快速检测，以判断其新鲜度。

4. 核磁共振(NMR)技术

核磁共振波谱法(Nuclear Magnetic Resonance，NMR)是一种现代仪器分析方法。1945年，F. Bloch 和 E. M. Purcell 各自领导的科研组几乎同时发现了核磁共振现象。NMR 技术最初只应用于物理科学领域，随着超导技术、计算机技术和脉冲傅立叶变换波谱仪的迅速发展，核磁共振已成为当今鉴定有机化合物结构和研究化学动力学等的极为重要的方法，其功能及应用领域正在逐渐扩大。

核磁共振技术在食品科学领域中的研究应用始于20世纪70年代初期，该技术利用某些带有磁性的原子核在外加直流磁场作用下吸收能量，产生原子核能级间的跃迁，通过纵向弛豫、横向弛豫、自旋回波和自由感应衰减等参数研究高分子结构和性质。

核磁共振检测技术具有三个优点：①是一种非破坏性的检测方法；②制样方便，测定快速，精度高，重现性好；③受材料样本大小与外观色泽的影响较小。但是核磁共振技术也有缺点：①仪器的造价昂贵；②讯号分析方法具有专门性与复杂性等缺点。

5. 生物传感器检测技术

生物传感器技术的原理已在第一节食源性致病微生物生物传感器检测技术中做了介绍。其可应用于农药残留、抗生素残留、食品中其他成分以及细菌和病毒的在线检测。

6. 免疫检测试剂条检测技术

免疫检测试剂条就是实时免疫学检测技术，它将抗原或抗体固定结合在适当的膜上，检测时只需将测试样品提取液滴加在试剂条上就可以在几十分钟或几分钟内得到检测结果。将各种放大技术(例如脂质体放大技术)和试剂条相结合产生的生物放大试剂条，不仅可以缩短检测时间，还可以大大提高检测的灵敏度。

第十三章　食品安全性管理

随着商品结构、性能越来越复杂，商品质量再难以通过感官做出直接判定，而附在商品上由生产者提供的“合格声明”也不总是可信。因此，商品的生产者需要通过一定的方式来证明其提供的产品(包括服务)是符合特定要求的，而消费者也需要有一定的方式来证实自己所购买的产品质量是有保证的，因此由第三方来证实产品质量的认证制度便应运而生。认证是随着商品生产和交换而发展起来的，是市场经济的产物。西方发达国家从20世纪30年代起，就开始产品认证，发展中国家大多从20世纪70年代起开始引入产品认证概念，80年代又兴起了管理体系认证、实验室认可等认证形式。随着经济全球化趋势的日益明显，国际认证机构的相互认可对开展国际贸易起到的作用越来越大。

认证形式可分为产品(服务)认证和体系认证，其区别是认证对象不同。产品认证的对象是特定产品或服务；而体系认证的对象是生产企业的管理体系，包括质量管理体系、环境管理体系等，体现的是保证能力。产品认证如我国实施的强制认证制度(CCC)和自愿性认证制度，体系认证如ISO 9000系列标准认证和HACCP认证等。

要保证食品安全，必须有动力来源，法律法规强制是必不可少的。但是，法律法规强制属于外在力量，难于解决根本问题。要真正保证食品安全，必须有食品行业的自觉、充分参与，必须激发食品企业的内在动力。这种动力来自于追逐利润。而要获得利润，必须创自己的名牌产品，必须赢得消费者的信任。为此，可以通过让消费者了解不安全食品和恶劣生产环境下加工的食品所包含的风险，帮助消费者鉴别企业行为的规范性，从而在促进企业提高食品安全水平方面起到非常重要的作用。因此，在食品产业链中建立食品安全质量认证系统，可以保证从食品的生产加工开始就确保其质量和安全。

欧美食品安全在一般管制的基础上，比较鼓励食品部门的自我管理。食品安全管理部门制定一系列食品企业通用管理规范，如GMP(良好生产规范)和HACCP，由食品企业自愿采纳并融合到自己的管理系统中，而且鼓励企业根据自己的产品和生产特性形成自己的食品安全计划，作为强制性法规的补充或替代。这些管理大都是预防性和保护性的措施，通过认证获得承认。

目前，认证已经不仅仅是促进企业和其他组织提高管理与服务水平、保证产品质量、提高竞争力的可靠方式，同时也成为一个国家从源头上确保产品安全、规范市场行为、指导消费、保护环境、保护人民生命健康、促进对外贸易的战略性选择，在国家经济建设和社会发展中起着日益重要的作用。

第一节　无公害食品、绿色食品和有机食品的管理

无公害食品、绿色食品、有机食品都是指符合一定标准的安全食品，但它们的标准水平、认证体系和生产方式不同，主要区别如下。

(1) 质量标准水平不同　无公害食品质量标准等同于我国普通食品卫生质量标准，部分指标略高于我国普通食品卫生标准；绿色食品分为AA级和A级，其质量标准参照联合国

粮农组织和世界卫生组织食品法典委员会(CAC)标准、欧盟质量安全标准，高于我国同类标准水平；有机食品等效采用欧盟和国际有机运动联盟(IFOAM)的有机农业和产品加工基本标准，其质量标准与AA级绿色食品标准基本相同。

(2) 认证体系不同　这三类食品都必须经过专门机构认定，许可使用特定的标志，但是认证体系有所不同。无公害农产品认证体系由农业部牵头正在组建，目前部分省、市政府部门已制定了地方认证管理办法，各省、市有不同的标志；绿色食品由中国绿色食品发展中心负责认证。中国绿色食品发展中心在各省、市、自治区及部分计划单列市设立了40个委托管理机构，负责本辖区的有关管理工作，有统一商标的标志在中国内地、香港和日本注册使用。有机食品在国际上一般由政府管理部门审核、批准的民间或私人认证机构认证，全球范围内无统一标志，各国标志呈现出多样化，我国有代理国外认证机构进行有机认证的组织。

(3) 生产方式不同　无公害农产品生产必须在良好的生态环境条件下，遵守无公害农产品技术规程，可以科学、合理地使用化学合成物；绿色食品生产是将传统农业技术与现代常规农业技术相结合，从选择、改善农业生态环境入手，限制或禁止使用化学合成物及其他有毒有害生产资料，并实施“从土壤到餐桌”全程质量控制；有机食品生产须采用有机生产方式，即在认证机构监督下，完全按有机生产方式生产1～3年(转化期)，被确认为有机农场后，可在其产品上使用有机标志和“有机”字样上市。

一、无公害食品及认证管理

1. 无公害食品的特点

无公害食品是指有毒、有害物质含量控制在安全允许范围内的农林牧渔食用产品，其产地环境、生产过程和产品质量符合国家有关标准和规范的要求，经认证合格获得认证证书，可允许使用无公害农产品标志。主要以初级产品为主，如猪肉、鸡蛋、大米、蔬菜、水果、鱼类等未经加工的产品。

由于无公害农产品(食品)在初级生产阶段严格控制化肥、农药用量，禁用高毒、高残留农药，建议施用生物化肥和农药，及具有环保认证标志的化肥、农药及有机肥。严格控制农用水质(要达到Ⅲ类以上水质标准)。

2. 无公害食品的标准与要求

农业部2001年制定、发布了73项无公害食品标准，2002年制定了126项、修订了11项无公害食品标准，2004年又制定了112项无公害食品标准。无公害食品标准内容包括产地环境标准、产品质量标准、生产技术规范和检验检测方法等，标准涉及120多个(类)农产品品种。

无公害食品严格参照国家标准，生产全过程监控；实行归口专项管理；实行抽查复查和标志有效期制度。以全程质量控制为核心，主要包括产地环境质量标准、生产技术标准和产品标准三个方面。无公害食品标准主要参考绿色食品标准的框架而制定。

3. 无公害食品认证与管理

无公害食品是由农业部农产品质量安全中心认证批准的。2002年4月29日农业部和国家质量监督检验检疫总局审议通过并发布施行《无公害农产品管理办法》，对产地条件与生产管理、产地认定、无公害农产品认证、标志管理、监督管理及罚则都做出具体要求。同时建立和完善无公害食品标准体系，是全面推进“无公害食品行动计划”的重要内容，也是开展无公害食品开发、管理工作的前提条件。

农业部农产品质量安全中心贯彻执行国家关于农产品质量安全认证认可及合格评定方面的法律、法规和规章制度；发布认证标志和认证产品目录；受理分中心认证审查报告，并向认证合格者颁发认证证书；办理无公害农产品标志的使用手续，负责无公害农产品标志使用的监督管理；接受无公害农产品产地认定结果备案；对无公害农产品标志的印制单位进行委托和管理；开展无公害农产品质量安全认证的国际交流和合作；负责农业部农产品认证管理委员会的日常工作。

产地认证和无公害食品认证参考《无公害农产品管理办法》第三章和第四章。

获得无公害农产品认证证书的单位或者个人，可以在证书规定的产品、包装、标签、广告、说明书上使用无公害农产品标志。无公害农产品认证证书有效期为3年。期满需要继续使用的，应当在有效期满90日前按照本办法规定的无公害农产品认证程序，重新办理。

农业部、国家质量监督检验检疫总局、国家认证认可监督管理委员会和国务院有关部门根据职责分工依法组织对无公害农产品的生产、销售和无公害农产品标志使用等活动进行监督管理。

如若发现无公害农产品产地被污染或者产地环境达不到标准要求，无公害农产品产地使用的农业投入品不符合无公害农产品相关标准要求，擅自扩大无公害农产品产地范围，则由省级农业行政主管部门予以警告，并责令限期改正。逾期未改正的，撤销其无公害农产品产地认定证书。

从事无公害农产品管理的工作人员滥用职权、徇私舞弊、玩忽职守的，由所在单位或者所在单位的上级行政主管部门给予行政处分；构成犯罪的，依法追究刑事责任。

二、绿色食品认证与管理

1. 绿色食品的特点

绿色食品是指遵循可持续发展原则，按照特定生产方式生产，经专门机构认证，许可使用绿色食品标识的无污染的安全、优质、营养类食品。

绿色食品有三个显著特征，因而食用起来更安全：一是绿色食品强调产品出自最佳生态环境。绿色食品生产从原料产地的生态环境入手，通过对原料产地及其周围的生态环境因子严格监测，判定其是否具备生产绿色食品的基础条件。二是绿色食品必须对产品实行全程质量控制。绿色食品生产实施从土地到餐桌全程质量控制。通过生产前环节的环境监测和原料检测，生产中环节具体生产、加工操作规程的落实，以及生产后环节产品质量、卫生指标、包装、保鲜、运输、储藏、销售控制，确保绿色食品的整体产品质量，并提高整个生产过程的技术含量。三是绿色食品对产品依法实行标识管理。绿色食品标识是一个质量证明商标，属知识产权范畴，受《中华人民共和国商标法》保护。

2. 绿色食品的标准与要求

绿色食品标准分为两个技术等级，即A级绿色食品标准和AA级绿色食品标准。

A级绿色食品标准要求：生产地的环境质量符合《绿色食品产地环境质量标准》，生产过程中严格按绿色食品生产资料使用准则和生产操作规程要求，限量使用限定的化学合成生产资料，并积极采用生物学技术和物理方法，保证产品质量符合绿色食品产品标准要求。

AA级绿色食品标准要求：生产地的环境质量符合《绿色食品产地环境质量标准》，生产过程中不使用化学合成的农药、肥料、食品添加剂、饲料添加剂、兽药及有害于环境和人体健康的生产资料，而是通过使用有机肥、种植绿肥、作物轮作、生物或物理方法等技术，培肥土壤，控制病虫草害，保护或提高产品品质，从而保证产品质量符合绿色食品产品标准要求。

3. 绿色食品的认证与管理

1993年1月11日由农业部颁布了《绿色食品标志管理办法》，凡具有绿色食品生产条件的单位和个人均可作为绿色食品标志使用权的申请人。

(1) 申请人填写《绿色食品标志使用申请书》、《企业及生产情况调查表》以及下列相关材料：

①保证执行绿色食品标准和规范的声明。

②生产操作规程(种植规程、养殖规程、加工规程)。

③公司对“基地+农户”的质量控制体系(包括合同、基地图、基地和农户清单、管理制度)。

④产品执行标准。

⑤产品注册商标文本(复印件)。

⑥企业营业执照(复印件)。

⑦企业质量管理手册。

⑧要求提供的其他材料。

(2) 绿色食品管理部门委托通过省级以上计量认证的环境保护监测机构，对该项产品或产品原料的产地进行环境评价。

(3) 绿色食品管理部门对申请材料进行初审，并将初审合格的材料报中国绿色食品发展中心。

(4) 中国绿色食品发展中心会同权威的环境保护机构，对所报材料进行审核。合格的由中国绿色食品发展中心指定的食品监测机构对其申报产品进行抽样，并依据绿色食品质量和卫生标准进行检测；对不合格的，当年不再受理其申请。

(5) 中国绿色食品发展中心对质量和卫生检测合格的产品进行综合审查(含实地核查)，并与符合条件的申请人签订“绿色食品标志使用协议”；由农业部颁发绿色食品标志使用证书及编号；报国家工商行政管理局商标局备案，同时公告于众。对卫生检测不合格的产品，当年不再受理其申请。

绿色食品标志的单位和个人，在有效的使用期限内，应接受中国绿色食品发展中心指定的环保、食品监测部门对其使用标志的产品及生态环境进行抽查，抽检不合格的，撤销标志使用权，在本使用期限内，不再受理其申请。

绿色食品标志使用权自批准之日起3年有效。要求继续使用绿色食品标志的，须在有效期满前90d内重新申报，未重新申报的，视为自动放弃其使用权。

三、有机食品及认证管理

1. 有机食品的特点

有机食品(Organic food)也叫生态或生物食品等。有机食品是目前国标上对无污染天然食品比较统一的提法。有机食品通常来自于有机农业生产体系，是一种完全不用或基本不用人工合成的化肥、农药、生长调节剂和牲畜饲料添加剂的生产体系。有机农业在可行范围内尽量依靠作物轮作、秸秆、牲畜粪肥、豆科作物、绿肥、场外有机废料、含有矿物养分的矿石补偿养分，利用生物和人工技术防治病虫草害。有机农产品则是指根据有机农业和有机农产品生产、加工标准而生产出来的经过有机农产品颁证组织颁发给证书的一切农产品。

目前经认证的有机食品主要包括一般的有机农作物产品(例如粮食、水果、蔬菜等)、有机茶产品、有机食用菌产品、有机畜禽产品、有机水产品、有机蜂产品、有机奶粉、采集的野生产品以及用上述产品为原料的加工产品。我国市场销售的有机食品主要是蔬菜、大米、茶叶、蜂蜜、羊奶粉等。

2. 有机食品的判断标准与要求

(1) 有机食品判断标准

①原料来自于有机农业生产体系或野生天然产品。

②有机食品在生产和加工过程中必须严格遵循有机食品生产、采集、加工、包装、贮藏、运输标准，禁止使用化学合成的农药、化肥、激素、抗生素、食品添加剂等，禁止使用基因工程技术及该技术的产物及其衍生物。

③有机食品生产和加工过程中必须建立严格的质量管理体系、生产过程控制体系和追踪体系，因此一般需要有转换期；这个转换过程一般需要2~3年时间，才能够被批准为有机食品。

④有机食品必须通过合法的有机食品认证机构的认证。

(2) 有机食品生产的基本要求

①生产基地在最近三年内未使用过农药、化肥等违禁物质；

②种子或种苗来自自然界，未经基因工程技术改造过；

③生产单位需建立长期的土地培肥、植保、作物轮作和畜禽养殖计划；

④生产基地无水土流失及其他环境问题；

⑤作物在收获、清洁、干燥、贮存和运输过程中未受化学物质的污染；

⑥从常规种植向有机种植转换需两年以上转换期，新垦荒地例外；

⑦生产全过程必须有完整的记录档案。

(3) 有机食品加工的基本要求

①原料必须是自己获得有机颁证的产品或野生无污染的天然产品；

②已获得有机认证的原料在终产品中所占的比例不得少于95%；

③只使用天然的调料、色素和香料等辅助原料，不用人工合成的添加剂；

④有机食品在生产、加工、贮存和运输过程中应避免化学物质的污染；

⑤加工过程必须有完整的档案记录，包括相应的票据。

3. 有机食品的认证与管理

2001年4月27日国家环境保护总局局务会议通过并发布施行《有机食品认证管理办法》。申请认证流程如下：

(1) 申请　申请者向中心(分中心)提出正式申请，填写申请表和交纳申请费。申请者填写有机食品认证申请书，领取检查合同、有机食品认证调查表、有机食品认证的基本要求、有机认证书面资料清单、申请者承诺书等文件。申请者按《有机食品认证技术准则》要求建立：质量管理体系、生产过程控制体系、追踪体系。

（2）认证中心核定费用预算并制定初步的检查计划　认证中心根据申请者提供的项目情况，估算检查时间，一般需要 2 次检查：生产过程一次、加工一次，并据此估算认证费用和制定初步检查计划。

（3）签订认证检查合同　申请者与认证中心签订认证检查合同，一式三份；交纳估算认证费用的 50%；填写有关情况调查表并准备相关材料；指定内部检查员（生产、加工各 1 人）；所有材料均使用文件、电子文档各一份，寄或 E - mail 给分中心。

（4）初审　分中心对申请者材料进行初审；对申请者进行综合审查；分中心将初审意见反馈给认证中心；分中心将申请者提交的电子文档 E - mail 至认证中心。

（5）实地检查评估　认证中心在确认申请者交纳颁证所需的各项费用后，派出经认证中心认可的检查员；检查员从分中心取得申请者相关资料，依据《有机食品认证技术准则》，对申请者的质量管理体系、生产过程控制体系、追踪体系以及产地、生产、加工、仓储、运输、贸易等进行实地检查评估，必要时需对土壤、产品取样检测。

（6）编写检查报告　检查员完成检查后，按认证中心要求编写检查报告；该报告在检查完成 2 周内将文档、电子文本交认证中心；分中心将申请者文本资料交认证中心。

（7）综合审查评估意见　认证中心根据申请者提供的调查表、相关材料和检查员的检查报告进行综合审查评估，编制颁证评估表，提出评估意见提交颁证委员会审议。

（8）颁证委员会决议　颁证委员会定期召开颁证委员会工作会议，对申请者的基本情况调查表、检查员的检查报告和认证中心的评估意见等材料进行全面审查，作出是否颁发有机证书的决定。

（9）颁发证书　根据颁证委员会决议，向符合条件的申请者颁发证书。申请者交纳认证费剩余部分，认证中心向获证申请者颁发证书；获有条件颁证申请者要按认证中心提出的意见进行改进做出书面承诺。

有机食品标志认证一次有效许可期限为一年。一年期满后可申请“保持认证”，通过检查、审核合格后方可继续使用有机食品标志。

伪造、涂改、转让有机食品认证机构资格证书，年审考核不合格，有机食品认证机构及其工作人员从事有机食品的有偿咨询活动或有机食品的生产经营活动，在认证过程中弄虚作假或欺骗客户者，由有机食品认可委员会给予警告，并限期改正，限期未达到要求的，取消其有机食品认证机构资格证书。

已获认证的有机食品不符合有机食品认证时的标准和规范要求的，由原有机食品认证机构视情况暂扣或撤销有机食品认证证书。

目前有机食品主要国内外颁证机构有：中国的国家环境保护总局有机食品发展中心（OFDC）、美国的国际有机作物改良协会（OCIA）、欧盟有机认证机构（European Union Organic Certification Bodies）、日本的 JONA（Japanese and Natural Foods Association）等。

第二节　准入制度

一、食品质量安全市场准入制度

食品质量安全市场准入制度是指食品生产企业必须在生产环境、生产设备、制造工艺、产品标准等方面达到国家标准，并获得国家颁发的食品生产许可证后，才有资格从事食品生产，并使用QS标志，标志是由“质量安全(Quality Safety)”字头(QS)和“质量安全”中文字样组成。标志主色调为蓝色，字母“Q”与“质量安全”四个中文字样为蓝色，字母“S”为白色。

从2003年8月1日起，凡在我国境内从事米、面、油、酱油、醋生产加工的企业，未按规定程序获得食品生产许可证而生产加工这五类食品，未经检验合格并加贴(印)食品市场准入标志(QS质量安全)就出厂销售的，将受到各级质量技术监督局的依法查处。2003年7月4日国家质量监督检验检疫总局决定自2003年下半年起，对肉制品、乳制品、饮料、调味品(糖、味精)、方便面、饼干、罐头、冷冻饮品、速冻米面食品、膨化食品等十类食品实施质量安全市场准入制度。2005年底，中国全部28大类食品都将被纳入食品质量安全准入范围。

二、食品质量安全市场准入必备条件

2003年7月4日国家质量监督检验检疫总局发布了《食品质量安全市场准入审查通则》。为保证食品质量安全，要求食品生产企业必备的条件：

(1) 环境卫生要求　企业周围应无有害气体、烟尘、灰尘、放射性物质及其他扩散性污染源。与食品生产相关的车间、库房、设备等卫生条件和企业环保措施应当符合国家规定的要求。

(2) 生产资源要求　食品生产加工企业必须具备与保证产品质量安全相适应的生产设施、生产设备以及原料处理、生产加工、原料与成品贮存等场所。使用特殊设备生产加工食品的，还应当符合相关的法律法规要求。

(3) 原辅材料要求　食品生产加工所用的原辅材料必须符合相应的国家标准、行业标准及有关规定。直接用于食品生产加工的水必须符合GB5749《生活饮用水卫生标准》的要求。采购已实施生产许可证管理的产品作为生产原辅材料时，企业应当索取该产品的生产许可证复印件并查验其有效性。

(4) 生产加工要求　食品加工工艺流程应当科学、合理。生产加工过程应当严格控制，防止生物性、化学性、物理性污染及原料与半成品、成品的交叉污染。严禁使用国家禁止使用或明令淘汰的生产工艺和设备。

(5) 产品要求　企业必须按照有效的产品标准组织生产。企业生产的产品必须符合国家标准、行业标准和审查细则的强制性规定以及企业明示的质量要求。使用食品添加剂和营养强化剂必须符合GB2760《食品添加剂使用卫生标准》和GB14880《食品营养强化剂使用卫生标准》，严禁在食品中超量或超范围使用食品添加剂和营养强化剂。

(6) 人员要求　企业负责人应当了解产品质量法律法规和企业的产品质量责任、义务。企业生产技术人员应当具有相关的专业知识。企业的生产操作人员和检验人员上岗前应当经过培训考核，持证上岗。从事食品生产加工的人员应当身体健康，无传染性疾病。食品生产加工企业各类人员应当具有必要的食品质量安全知识。

(7) 检验要求　企业应当进行生产过程检验和出厂检验，企业应有能力对审查细则规定的产品出厂检验项目进行检验，企业使用的检验设备必须经检定、校准合格后在有效期内使用。企业检验部门应能够独立行使检验职权。

(8) 包装及标签标识要求　用于食品包装的材料必须符合国家法律法规及强制性标准的要求。定量包装食品的净含量应当符合相应的产品标准及《定量包装商品计量监督规定》。食品标签标识必须符合国家法律法规及食品标签标准和相关产品标准中的要求。

(9) 贮运要求　企业库房的条件应当与相关食品的贮存要求及生产规模相适应，成品库原则上应当专库专用。食品运输用的车辆、工具必须清洁卫生，不得将成品与污染物同车运输。有冷藏(冻)运输要求的食品，食品生产企业应具备冷藏(冻)运输车辆及工具。

(10) 质量管理要求　企业应当根据有关法律法规要求，建立健全企业质量管理制度。实施从原材料到最终产品的全过程质量管理，严格岗位质量责任，加强质量考核。

三、市场准入制度的生产许可证申请程序

1. 申请阶段

食品生产企业要提交食品生产许可证申请书、有效期内工商营业执照、卫生许可证、企业代码证、企业法定代表人或负责人身份证复印件、企业生产场所布局图复印件、标有关键设备和参数的企业生产工艺流程图复印件、企业质量管理文件复印件、企业标准文本复印件。已获得HACCP认证证书、出口食品卫生注册(登记)证的企业，提供证书复印件、审查细则要求提供的其他材料。

申报材料不符合要求的，企业从接到质量技术监督部门的通知起，在20个工作日内补正，逾期未补正的，视为撤回申请。

2. 审查阶段

书面材料合格后，按照食品生产许可证审查规则，在40个工作日内，企业要接受审查组对企业必备条件和出厂检验能力的现场审查。现场审查合格的企业，由审查组现场抽封样品。将样品送达指定的检验机构进行检验。经必备条件审查和发证检验合格而符合发证条件的，地方质量技监部门在对审查报告进行审核，确认无误后，将统一汇总材料在规定时间内报送国家质量监督检验检疫总局。国家质量监督检验检疫总局收到省级质量技监部门上报的符合发证条件的企业材料的，在规定的工作日内审核批准。

3. 发证阶段

经国家质量监督检验检疫总局审核批准后，省级质量技监部门在规定的工作日内，向符合发证条件的生产企业发放食品生产许可证及其副本。食品生产许可证的有效期为3年。不同食品其生产许可证的有效期限在相应的规范文件中规定。在食品生产许可证有效期满前6个月内，企业应向原受理食品生产许可证申请的质量技术监督部门提出换证申请。质量技术监督部门应当按规定的申请程序进行审查换证。

对食品生产许可证实行年审制度。取得食品生产许可证的企业，应当在证书有效期内，每满1年前的1个月内向所在地的市(地)级以上质量技术监督部门提出年审申请。年审工作由受理年审申请的质量技术监督部门组织实施。年审合格的，质量技术监督部门应在企业生产许可证的副本上签署年审意见。

食品生产加工企业在食品原材料、生产工艺、生产设备等生产条件发生重大变化，或者开发生产新种类食品时，应当在变化发生后的3个月内，向原受理食品生产许可证申请的质量技术监督部门提出食品生产许可证变更申请。受理变更申请时，质量技术监督部门应当审查企业是否仍然符合食品生产企业必备条件的要求。

企业名称发生变化时，应当在变更名称后3个月内向原受理食品生产许可证申请的质量技术监督部门提出食品生产许可证更名申请。从2003年8月1日起，凡在我国境内从事米、

面、油、酱油、醋生产加工的企业，未按规定程序获得食品生产许可证而生产加工这五类食品，未经检验合格并加贴(印)食品市场准入标志(QS 质量安全)就出厂销售的，将受到各级质量技术监督局的依法查处。国家质量监督检验检疫总局发布了《食品质量安全市场准入审查通则》，对原辅料、食品包装与标签等提出具体的要求：

①原辅料应符合相应的国家标准、行业标准及有关规定，用水符合国家标准 GB 5749《生活饮用水卫生标准》的规定。

②产品质量应符合相应标准规定的要求。

③包装材料符合国家有关法律法规。

④食品标签应符合国家有关法律法规和 GB 7718 以及其他特殊食品标签标准的要求。

第三节 GMP

一、GMP 的概念及分类

1. GMP 的概念

GMP 最早用于药品工业，是英文 Good Manufacturing Practices for Drugs 或者 Good Practices in the Manufacturing and Quality Control of Drugs 的缩写，可直译为“优良的生产实践”。现在 GMP 被广泛应用于食品、化妆品。应用于食品时，GMP 即为 Good Manufacturing Practices for Foods。在食品加工企业中实施 GMP，可以确保食品加工企业具备良好的生产设备、合理的生产过程、完善的质量管理和严格的检测系统。目前，所有 GMP 法规仍在不断完善，最新版本的 GMP 被称为通用良好操作规范(CGMP，Current Good Manufacturing Practice)。

2. GMP 的分类

(1) 从适用范围看现行的 GMP 可分为三类 ①具有国际性质的 GMP，这一类 GMP 包括 WHO 制定的 GMP、北欧七国自由贸易联盟制定的 PIC(Pharmaceutical Inspection Convention，药品生产检查相互承认公约)-GMP 及东南亚国家联盟制定的 GMP 等。②国家权力机构颁布的 GMP：例如中华人民共和国卫生部及后来成立的国家药品监督管理局、美国 FDA、英国卫生和社会保险、日本厚生省等政府机关制定的 GMP。③工业组织制定的 GMP：例如美国制药工业联合会制定的 GMP(标准不低于美国政府制定的 GMP)，中国医药工业公司制定的 GMP 实施指南，甚至还包括各公司自己制定的 GMP。

(2) 从制度的性质看 GMP 又可分为两大类 ①将 GMP 作为法典规定，例如美国、中国和日本的 GMP。②将 GMP 作为建议性的规定，例如联合国的 GMP。

二、GMP 的发展简史

1. 药品 GMP 的发展简史

20 世纪医药科技的发展带来了许多具有划时代意义的医药发明，例如阿司匹林、青霉素等新药对治疗人类疾病、保证人类身体健康方面发挥了重大作用，但同时人类在认识二药物的不良反应方面也付出了巨大代价。

磺酰胺(SN)是第一个现代化学疗法化合物，但在 1937 年美国田纳西州的一位药剂师配制的磺胺药剂引起 300 多人急性肾功能衰竭，107 人死亡。为此，美国于 1938 年修改了

《食品药品化妆品法案》。

20 世纪 50 年代后期，原联邦德国生产了一种声称治疗妊娠反应的镇静药 Thalidomide，但实际上这是一种 100% 的致畸胎药。该药售出的 6 年，先后在原联邦德国、加拿大、日本、拉丁美洲、非洲共 28 个国家，发现畸形胎儿 12 000 余例，其原因：一是该药未经过严格的临床前药理试验，二是生产该药的药厂虽已收到有关反应 100 多例报告，但却隐瞒，导致更大的危害，被称为“20 世纪最大的药物灾难”。

美国、法国等少数国家幸免此难。当时的 FDA 官员在审查该药时发现缺乏足够的临床试验数据，吸取了 1938 年磺胺药剂的教训而没有批准进口该药。但此次事件的严重后果在美国引起了不安，激起公众对药品监督和药品法规的普遍兴趣，人们逐渐认识到以成品抽样分析检验结果为依据的质量控制方法存在一定缺陷，无法保证药品安全。因此最终导致了 1962 年美国国会对《食品药品化妆品法案》的重大修改。1962 年的修改案明显加强药品法的作用。而这种作用主要反映在以下三个方面：①要求制药企业不仅要证明药品是有效的，而且要证明药品是安全的。②要求制药企业要向 FDA 报告药品的不良反应。③要求制药企业实施药品生产和质量管理规范。

按照修正案的要求，由美国坦普尔大学 6 名专业技术人员编写制定初稿，经 FDA 官员多次讨论修改后，美国国会于 1963 年颁布了世界上第一部 GMP。GMP 经过几年的实施，收效甚好。因此，1967 年世界卫生组织在出版《国际药典》时，将 GMP 收载到其附录中。在 1969 年第 22 届世界卫生大会上，世界卫生组织建议各成员国的药品生产采用 GMP，以确保药品质量和参加“国际贸易药品质量签证体制”（Certification Scheme on the Quality of Pharmaceutical Products Moving in International Commerce，简称签证体制）。1973 年日本制药协会提出了自己的 GMP。1977 年第 28 届世界卫生大会时，WHO 再次向成员国推荐 GMP，并确定为 WHO 的法规。GMP 经过修订后，收载于《世界卫生组织正式记录》第 226 号附件 12 中。WHO 提出的 GMP 制度是药品生产全面质量管理的一个重要组成部分，是保证药品质量，把生产事故发生的可能性降低到最低程度所规定的必要条件和可靠的办法。1978 年美国再次颁布修订了 GMP。1980 年日本决定正式实施 GMP。随后，欧共体委员会颁布了欧共体的 GMP。到 1980 年有 63 个国家颁布了 GMP，目前已有 100 多个国家实施了 GMP 制度。

20 世纪 70 年代末，随着对外开放和出口药品的需求，GMP 在我国受到重视，并在一些企业和产品中得到应用。

2. 食品 GMP 的发展简史

（1）国际食品 GMP 的发展概况　1969 年美国 FDA 将 GMP 的观念引用到食品生产的法规中，制定并颁发了《食品良好生产工艺通则》（Current Good Manufacturing Practice），简称 CGMP，从此开创了食品 GMP 的新纪元。1969 年，世界卫生组织 WHO 在第 22 届世界卫生大会上向各成员国首次推荐了 GMP。

1985 年国际食品法典委员会制定了《食品卫生通用 GMP》。

20 世纪 70 年代初期，为了加强、改善对食品的监管，美国 FDA 以 CGMP 为依据制定了一系列食品 GMP。根据美国《食品药品和化妆品法》第 402(a) 的规定：凡在不卫生的条件下生产、包装或贮存的食品或不符合食品生产条件下生产的食品视为不卫生、不安全的食品。为此，制定了食品生产的良好操作规范(21 CFR part 110)。该规范为基本指导性文件，包括了对食品生产加工、包装贮存企业的厂房、建筑物与设施、加工设备用具和人员的卫生要求和培训。同时还对仓储与分销、环境与设备的卫生管理和加工过程管理都做了详细的规定。

该法规适用于一切食品的加工生产和贮存。随后，FDA相继制定了各类食品的操作规范，例如：21 CFR part 106，适用于婴儿食品的营养控制；21 CFR part 113，适用于低酸罐头食品加工企业；21 CFR part 114，适用于酸化食品加工企业；21 CFR part 129，适用于瓶装饮料。

到目前为止，美国联邦政府在21 CFR part 110的基础上，对可可、糕点等食品也制定了相应的GMP法规。美国低酸性罐头食品的GMP是针对20世纪60年代后期美国相继发生市销罐头食品的肉毒梭菌的中毒事件而制定的，其内容包括一般事项、机械器具、内容物、罐头容器、卷边、生产过程管理、记录和报告等，其中特别关注了罐头生产中的重点工序——杀菌和卷边，包括杀菌釜结构、温度管理、卷边部分的检查方法等。

加拿大卫生部(HPB)按照《食品和药品法》制定了《食品良好制造法规》(GMRF)，描述了加拿大食品加工企业最低健康标准；CAC制定了《食品卫生通则》［CAC/RCPl—1969 Rev. 3(1997)］及一些食品生产的卫生实施法规；欧盟的食品卫生规范和要求包括六类：①对疾病实施控制的规定；②对农残、兽残实施控制的规定；③对食品生产、投放市场的卫生规定；④对检验实施控制的规定；⑤对第三国食品准人的控制规定；⑥对出口国当局卫生证书的规定。

食品GMP既是食品制造规范，又是制造食品所必须遵循的技术标准。GMP是发达国家食品质量管理的先进方法和成功经验。

目前，世界各国的食品规格或食品卫生法规是大不相同的。FAO(联合国粮农组织)和WHO成立了国际食品规格委员会，致力于食品规格的统一和食品卫生法规的协调，食品制造和加工技术、食品添加剂和其他食品卫生方面的规格标准，将会逐步实现国际化。

我国的食品企业卫生规范，相当于国外广泛应用的GMP管理方法。1984年由原国家商检局首先制定了类似GMP的卫生法规《出口食品厂、库最低卫生要求》，对出口食品生产企业提出了强制性的卫生规范。到20世纪90年代初，在“安全食品工程研究”中，对8种出口食品制定了GMP。

1994年公布了《食品企业通用卫生规范》(GB 14881—1994)，其基本卫生要求包括以下内容：①原材料采购、运输的卫生要求；②工厂设计与设施的卫生要求；③工厂的卫生管理；④生产过程的卫生要求；⑤卫生和质量检验的管理；⑥成品储存、运输的卫生要求；⑦个人卫生与健康的要求。

根据食品贸易全球化的发展以及对食品安全卫生要求的提高，1984年版的《出口食品厂、库最低卫生要求》已经不能适应形势的要求。于1994年11月颁布了经修改的《出口食品厂、库卫生要求》。随后公布的《出口食品生产企业卫生要求》规定了出口食品生产企业的卫生质量体系，共有11个基本要求，如：卫生质量方针目标、组织机构职责、人员、环境卫生、车间设施卫生、原辅料卫生、生产加工卫生、包装储运卫生、有毒有害物的控制、抽检、质量体系、有效运行等。在此基础上，又陆续发布了九个专业卫生规范：①出口畜禽肉及其制品加工企业注册卫生规范；②出口罐头加工企业注册卫生规范；③出口水产品加工企业注册卫生规范；④出口饮料加工企业注册卫生规范；⑤出口茶叶加工企业注册卫生规范；⑥出口糖类加工企业注册卫生规范；⑦出口面糖制品加工企业注册卫生规范；⑧出口速冻方便食品加工企业注册卫生规范；⑨出口肠衣加工企业注册卫生规范。

1999年又颁布了《水产品加工质量管理规范》(GB/T3009—1999)。

我国1997年公布了《保健(功能)食品通用标准》(GB 16740—1997)。1998年中国卫生部发布了《保健食品良好生产规范》(GB 17405—1998),并于1999年1月1日起正式实施,属强制性技术标准。2002年8月,卫生部下发了“卫生部关于审查《保健食品GMP》贯彻执行情况的通知”。2003年4月发布了《保健食品良好生产规范审查方法和评价准则》。

2002卫生部法监司对现行的《乳品厂卫生规范》、《肉类加工厂卫生规范》、《饮料厂卫生规范》和《蜜饯厂卫生规范》进行了修订,并组织起草了《益生菌类保健食品厂良好生产规范》。

我国GMP的颁布和实施,对食品卫生法的进一步贯彻执行,保证食品安全卫生,加快改善食品厂的卫生面貌,实现卫生管理标准化和规范化,保障人民健康,起到积极的重要作用。

三、食品GMP的内容、要素和基本原则

1. 食品GMP的主要内容

食品GMP是对食品生产过程中的各个环节、各个方面实施全面质量控制的具体技术要求。世界各国GMP的管理内容基本相似,包括硬件和软件两部分。硬件是食品企业的厂房、设备、卫生设施等方面的技术要求,而软件是指可靠的生产工艺、规范的生产行为、完善的管理组织和严格的管理制度等。

食品GMP包括以下内容:

(1) 某些卫生因素　老鼠、苍蝇、蚊子、蟑螂和粉尘可以携带和传播大量的致病菌,因此,它们是厂区环境中威胁食品安全卫生的主要危害因素,应最大限度地消除和减少这些因素。

(2) 厂房的设计要求　科学合理的厂房设计对减少食品生产环境中微生物的进入、繁殖、传播,防止或降低产品和原料之间的交叉污染至关重要。对选址、总体布局、厂房设计、厂房布局、一般生产区、洁净区应根据相关国家标准的要求执行。

(3) 生产工具、设备的要求　食品生产厂选择工具、设备时,不仅要考虑生产性能和价格,还必须考虑能否保证食品的安全性,例如设备是否易于清洗消毒,与食品直接接触的工具及设备的材料不与食品发生理化反应。另外,建立设备档案及其零部件管理制度。

(4) 加工过程的要求　主要包括对生产工艺规程与岗位操作规程、工艺卫生与人员卫生条件的要求。加工过程中的原辅料必须符合食品标准,加工过程要严格控制,研究关键控制点,对关键工序的监控必须有记录(监控记录、纠正记录),制定检验项目、检验标准、抽样及其检验方法,防止出现交叉污染。食品包装材料不能造成对食品的污染,更不能混入产品中。加工产品应在适宜条件下储藏。

(5) 厂房设备的清洗消毒　车间地面和墙裙应定期清洁,车间的空气进行消毒杀菌。加工设备和工器具定时进行清洗、消毒。

(6) 产品的贮存与销售　定期对储存食品仓库进行清洁,库内产品要堆放整齐、批次清楚,堆垛与地面的距离应符合要求。食品的运输车、船必须保持良好的清洁卫生状况,并有相应的温湿度要求。

(7) 人员的要求　包括对有关人员学历、专业、能力的要求,人员培训、健康、个人卫生的要求。

(8) 记录　文件所有的GMP程序、文件都应有文件档案,并且记录执行过程中的维持

情况。

2. 食品 GMP 的要素

食品 GMP 的要素包括降低食品生产过程中人为的错误、防止食品在生产过程中遭到污染或品质劣变和建立健全的自主性品质保证体系三大要素。食品 GMP 的管理要素包括人员（Man）、原料（Material）、设备（Machine）和方法（Method）。人员是指要由适合的人员来生产与管理，原料是指要选用良好的原材料，设备是指要采用合适的厂房和机器设备，而方法是指要采用适当的工艺来生产食品。

（1）降低食品生产过程中人为的错误　为将人为差错、混淆控制到最低限度，必须采取有效措施，例如：足够的仓库容量，与生产规模、品种、规格相适应的厂房面积，厂房布局合理、生产操作不互相妨碍，投料复核，状态标志，工艺查证，物料平衡，投产前清场复核等。

（2）防止食品在生产过程中遭到污染或品质劣变　主要为防止异物、有毒、有害物质及微生物对食品造成污染，要求洁净区空气净化、密封，内表面的光滑和捕尘措施；要求所用物料安全卫生，如工艺用水、消毒剂、杀虫剂管理；要求人员的清洁卫生等。

（3）建立健全的自主性品质保证体系　为了保证质量管理体系的高效运行，对食品生产实行全过程质量监控和管理，要严格执行机构与人员素质的规定；实行物料供货商的评估、采购、物料储运、生产过程、成品储运、销售、售后服务、检验等生产全过程的品质管制；实行如培训、建立文件系统、定期对生产和质量进行全面检查等事前管理体制。

3. 食品 GMP 的基本原则

GMP 的中心指导思想是任何食品质量的形成是设计和生产出来的，而不是检验出来的。因此，必须强调预防为主，在生产过程中建立质量保证体系，实行全面质量管理。

第四节　HACCP

HACCP——危害分析和关键控制点，这个概念已经在国际上广为接受，是目前已知的保证食品生产的最佳方法。HACCP 是一个科学和系统的方法，它通过鉴别、评价和控制影响食品安全的关键危害性因素，提高食品从最初生产到最终消费全过程的安全性。很多国家的政府要求或鼓励食品企业应用 HACCP 概念。从总体上来讲，HACCP 在我国还未得到广泛应用，大部分企业并不了解如何应用 HACCP 方法。为了确保我国食品产业链企业采用 HACCP 方法，需要政府与相关部门的通力合作。

一、国际食品法典委员会《HACCP 体系及其应用准则》

《HACCP 体系及其应用准用》（以下简称《准则》），是一个指南性文件，不仅制定了危害分析与关键控制点（HACCP）体系的七个基本原理，也提供了该体系应用时的原则，具体应用可以依照食品企业生产经营的实际情况和具体条件，科学与系统地建立 HACCP 体系，确定特定的危害及控制措施，以保证食品安全，HACCP 体系是适用于各类食品企业的简便、易行、合理、有效的控制体系。

HACCP 是一种评估危害和建立以预防为重点而不是主要依赖终产品检验的控制体系的工具。任何 HACCP 体系都具有适应变化的能力，如适应设备设计、加工工艺或技术开发方面的进步。

HACCP可应用于从最初生产到最终消费的整个食物链，它的实施应在对人类健康有风险的科学证据指导下进行。实施HACCP不仅能加强食品安全，而且也能带来其他重大收益。此外，实施HACCP体系可以通过调整职责而有助于进行监督，并通过提高食品安全的可信度促进国际贸易。

HACCP的成功实施需要管理层和员工全面的承担义务及其参与。HACCP需要多学科的方法，它需要多方面知识的运用。应包括：农药学、兽医卫生、微生物学、医药、公共卫生、食品技术、环境卫生、化学和工程等方面的经验。应用HACCP与实施质量管理体系(如ISO9000系列)是兼容的，在这些系统内的食品安全管理中，HACCP是一个可供选择的系统。

1.《准则》涉及的术语定义

控制(control，动词)：指为保证和保持符合HACCP计划中所建立的标准而采取的所有必要行动。

控制(control，名词)：指采用了正确的操作程序并符合标准的状态。

控制措施(control measure)：指能够用以预防或消除食品安全危害或将其降低到可接受水平的任何措施和行动。

纠偏措施(corrective action)：在关键控制点(CCP)上，当监控结果显示失去控制时所采取的任何措施。

关键控制点(critical control point，CCP)：指能够实施控制的步骤，该步骤用于预防或消除食品安全危害或将其减少到可接受水平是关键的。

关键限值(critical limit)：区分可以接受和不可以接受的标准。

偏差(deviation)：指不符合关键限值。

流程图(flow diagram)：指对某个具体的食品加工或生产过程中，步骤或操作顺序的系统描述。

危害分析与关键控制点(HACCP)：指识别、评价和控制对食品安全有显著意义的危害的系统。

HACCP计划(HACCP plan)：指依据HACCP原则制定的一套文件，用于保证控制食物链相应阶段中对食品安全有显著意义的危害。

危害(hazard)：指可导致潜在的对健康能产生有害影响的食品中的生物性、化学性或物理性因素或其存在的状态。

危害分析(hazard analysis)：指收集和评价有关危害以及导致这些危害存在条件的信息，以决定哪些对食品安全有显著意义，从而应被列入HACCP计划中的过程。

监控(monitor)：为评价一个关键控制点(CCP)是否得到控制，而对控制指标进行一系列有计划的观测或测量活动。

步骤(step)：指从初级产品到最终消费，包括原料在内，食物链中的某个点、程序、操作或阶段。

确认(validation)：指获得HACCP计划中各要素有效的证据。

验证(verification)：指为了确定HACCP计划是否正确实施所采用的除监控以外的方法、程序、试验和评价。

关键控制点判断树 (CCP decision tree)：通过一系列问题来判断一个控制点是否是关键

控制点的组图，见图 13－1。

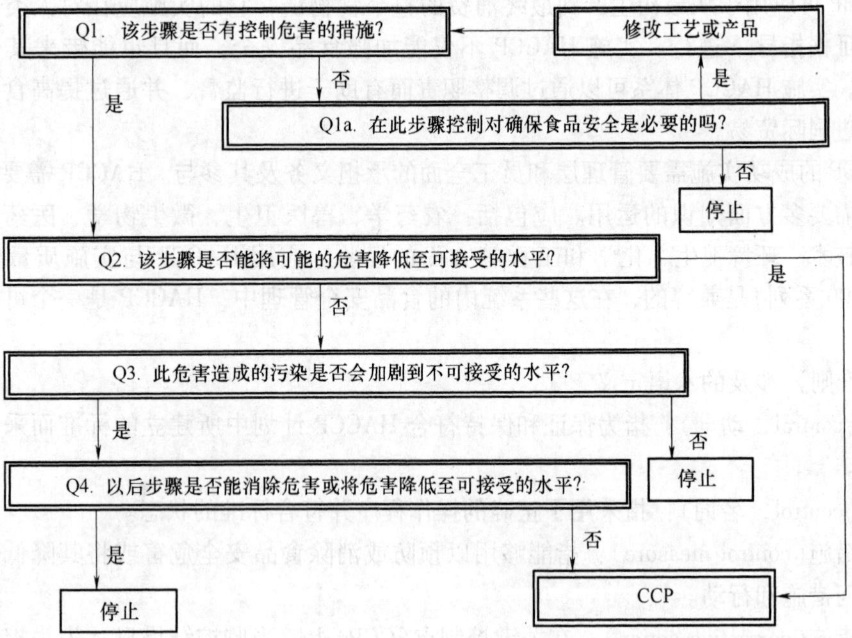

图 13－1　关键控制点判断树

2. 原则

HACCP 系统由以下 7 个原则组成：

原则 1：进行危害性分析。

原则 2：确定关键控制点。

原则 3：建立关键限值。

原则 4：建立监控关键控制点的控制系统。

原则 5：建立当监控提示某个特定关键控制点失去控制时所采取的纠偏措施。

原则 6：建立证明 HACCP 系统有效运行的验证程序。

原则 7：建立有关以上原则及其应用的所有程序和记录的文件。

3. HACCP 系统应用指南

HACCP 应用于食物链的任何一个环节之前，该部门必须按法典《食品卫生通则》、适当的食品法典操作规范以及适用的食品安全法规进行操作。管理层的责任对实施有效的 HACCP 系统是必要的。在设计和应用 HACCP 系统时，对危害的鉴别、评估以及随后设计和应用 HACCP 的过程中，必须考虑到原料、辅料、食品生产操作规范、控制危害的加工工序的作用等，还要考虑产品的最终使用目的、消费者的类型以及与食品安全有关的流行病学根据。

HACCP 系统的目的是集中控制关键控制点（CCP）。如果已确定一个必须得到控制的危害，但没有发现关键控制点，则应考虑重新设计操作工序。

HACCP 应独立地应用于每一特定的操作工序，在法典卫生操作规范给出的范例中确定的关键控制点，对于某个特定的应用来说可能不是惟一的关键控制点，或者可能具有不同的特性。

当产品、加工过程或任何步骤改变时，应复查所应用的 HACCP 并对其作必要的修改。

在应用 HACCP 时要有适当的灵活性，并充分考虑操作的特点和规模。

4. 应用

HACCP 原则的应用，由应用 HACCP 的逻辑顺序确定的下列工作内容组成：

（1）组建 HACCP 工作组　为建立一个有效的 HACCP 计划，食品操作人员必须保证具备特定产品知识和专门技术，最好由一个多学科人员组建的工作组来完成。如果现场不能提供这类专门技术，应从其他途径获得专家的意见。应该明确 HACCP 计划的范围，并描述这个范围涉及食物链的哪一部分及提出危害的总体分类(如是包括危害的所有类别还是仅包括选择的类别)。

（2）产品描述　对产品应进行全面的描述，包括有关安全性的信息，如成分、物理或化学结构(包括水活度、pH 等)、加工方式(如热处理、冷冻、盐渍、烟熏等)、包装、保质期、贮存条件以及销售方法。

（3）确定预计的用途　预计的用途必须以食品的最终使用者或消费者所期望的用途为根据。在特殊情况下，还应考虑易受伤害的消费人群，如接受集体供餐者。

（4）制作流程图　流程图应由 HACCP 工作组绘制，流程图必须包括所有加工操作步骤。当 HACCP 应用于某项特定操作时，应考虑该步骤前后的具体操作步骤。

（5）流程图的现场确认　HACCP 工作组应在现场操作的所有阶段和时间对照流程图，确认加工操作过程，必要时修改流程图。

（6）列出所有与每一个步骤有关的潜在性危害，进行危害性分析，并采取措施控制已鉴别的危害(见原则 1)。

HACCP 工作组应从最初级产品、加工、制作及销售直至最终消费，列出每一个步骤可能发生的所有危害。HACCP 工作组下一步还应对 HACCP 计划进行危害分析，以确定哪些危害对食品安全来说必须予以消除或减少到可接受的水平。

进行危害分析时，一般应包括下列内容：①危害发生的可能性及其对健康影响的严重性；②定性和(或)定量评价出现的危害；③有关微生物的存活或繁殖；④食品中毒素、化学或物理因素的产生或残留；⑤导致以上情况的条件。

HACCP 工作组还必须考虑控制措施，如有控制措施，可将其应用到每一危害中去。

控制一个特定的危害可能需要采取一个以上的控制措施，而一个特定控制措施可能控制一个 HACCP 的危害。

（7）确定关键控制点(见原则 2)　可能在几个关键控制点上所采取的控制措施都是针对同一危害的，应用判断树(图 13－1)这一逻辑推理方法很容易确定 HACCP 系统中的 CCP。对判断树的应用应当灵活，在生产、屠宰、加工、贮存、销售及其他不同的情况都可应用。确定关键控制点时应以判断树作为指南，本文所给的判断树不可能适合于所有的情况，也可使用其他的方法。建议对如何应用判断树进行培训。

如果在某步骤上确定的危害需要控制以保证食品安全，但在该步骤及其他步骤上又没有控制措施，那么，对该步骤或该步骤前后的产品或加工步骤必须进行修改，以便使该步骤包括控制措施。

（8）建立各 CCP 的关键限值(见原则 3)　在可能的情况下，必须对每个关键控制点规定和确认关键限值。某些情况下，在特定步骤上要对一个以上的关键限值作详细说明，通常使用的标准包括温度、时间、湿度、pH、水分活度、有效氯的测定以及感官指标(如外观和品质)。

(9) 建立各关键控制点(CCP)的监控程序(见原则4) 监控是对与关键控制点有关的关键限值按计划进行测量或观察。监控程序必须能够查出关键控制点失控的情况。此外，监控应能及时提供纠偏措施方面的信息，以便作出调整，保证加工控制，防止超出关键限值。可能的情况下，当监控结果提示某一个关键控制点有失去控制的趋势时，必须对加工过程进行调整，这种调整必须在偏离发生以前进行。从监控系统获得的数据资料必须由具有一定专业技术知识和被授权的人员进行分析评价，并执行纠偏措施。如果监控不是连续进行的，那么监控的数量或监控频率必须足够充分以确保关键控制点处于控制中。因为关系到生产线加工，没有时间进行费时的分析化验，所以大多数关键控制点的监控程序需要快速完成。由于物理和化学检验可以迅速完成，而且通常能用以指示食品微生物的控制情况，因此，物理和化学检验常常优于微生物学检验。与关键控制点监控有关的所有记录和文件必须由监控执行人和公司负责复查的管理人员签字。

(10) 建立纠偏措施(见原则5) 在HACCP系统中，为了纠正可能出现的偏离，对每一个关键控制点都应当建立特定的纠偏措施。

所采取的纠偏措施必须能够保证关键控制点处于控制之中，纠偏措施还必须包括对受影响食品的适当处理，偏离和对产品的处理程序必须记载在HACCP文件中保存。

(11) 建立验证程序(见原则6) 验证和审核方法、程序、试验，包括随机抽样及分析，可用于确定HACCP系统是否正确运转。验证的频率应当足以证实HACCP系统有效运行，验证措施的实例包括：

—复查HACCP系统及其记录；

—复查偏离和产品的处理；

—确定关键控制点是在控制之中。

—可能情况下，确认活动应当包括证明HACCP计划中所有要素功效的措施。

(12) 建立文件和记录保存系统(见原则7) 有效和准确的保存记录是实施HACCP系统所必需的。HACCP的程序应当文件化，文件和记录的保存必须与操作的性质和规模相适应。

文件实例为：

—危害分析；

—关键控制点的确定；

—关键限值的确定。

记录实例为：

—关键控制点监控活动；

—偏离及相关的纠偏措施；

—HACCP系统的修改。

5. 培训

对行业、政府和学术界进行HACCP的原则和应用的培训，提高消费者的意识，是有效实施HACCP的重要基础。为有助于HACCP计划的具体培训，应建立工作说明和程序，规定每个关键控制点操作人员任务的工作说明、工作方法。

食品的最初生产者、工业部门、贸易组织、消费者组织以及主管机构之间的合作是至关重要的。应为行业和主管机构提供联合培训的机会，并鼓励和保持持续沟通，在应用HACCP的实践中营造一个相互理解的氛围。

第五节 ISO 9000 系列标准体系

一、ISO 9000 系列标准体系

ISO 9000 标准是关于运用当代质量管理科学理论和方法建立和健全组织质量体系，是国际上第一个关于质量管理和质量保证的管理标准，通过对企业质量体系的不断改进和完善来达到产品质量提高的一种国际通用方法。实施 ISO 9000 系列标准对影响产品质量的各个因素和产品质量形成过程的各个环节进行监控，可以减少和消除质量缺陷，预防质量问题的发生，生产满足要求的产品。此体系在一般性的工业产品安全方面得到比较大的应用，对农产品性的食品类企业针对性还比较差。

1987 年第一次发布，包括 6 项国际标准

ISO 8402《质量——术语》

ISO 9000《质量管理和质量保证标准——选择和使用指南》

ISO 9001《质量体系——设计开发、生产、安装和服务的质量保证模式》

ISO 9002《质量体系——生产和安装的质量保证模式》

ISO 9003《质量体系——最终检验和实验的质量保证模式》

ISO 9004《质量管理和质量体系要素——指南》

以上 6 项标准，统称为 ISO 9000 系列标准或 1987 年版 ISO 9000 系列国际标准。

1990 年提出将国际标准的修订分为两个阶段，第一阶段为“有限修改”。

1994 年 ISO/TC 176 完成了对标准的第一阶段修订工作，并由 ISO 发布 1994 年版

6 项国际标准，统称为：1994 版 ISO 9000 族标准，分别取代 1987 版的 6 项标准。同时又陆续制定发布了其他 10 项指南性国际标准，这样 1994 版 ISO 9000 族发展到 16 项。

ISO 1994 年版 6 项国际标准：ISO 8402、ISO 9000—1、ISO 9001、ISO 9002、ISO 9003、ISO 9004 1。

第二阶段修订为“彻底修改”，在广泛征求标准使用者(来自五大洲 31 国的 338 个组织投出的六千多条意见。)意见，了解顾客对标准修订要求，比较各种修改方案后进行表决，于 2000 年 12 月 15 日正式发布 ISO 9000、ISO 9001、ISO 9004 国际标准。

二、ISO 22000 食品安全管理体系

国际标准化组织(ISO)发布的 ISO 22000：2005《食品安全管理体系———对食物链中任何组织的要求》通用国际标准是描述食品安全管理休系要求的使用指导标准，又可作为认证和注册的审核标准，同时也是在整个食品供应链中实施 HACCP 的一种工具。

ISO 22000 标准适用范围更广，突出了体系管理理念，将组织、资源、过程和程序融合到体系之中，使体系结构与 ISO 9001 标准结构完全一致，强调标准既可单独使用，也可以和 ISO 9001 质量管理体系标准整合使用，充分考虑了两者兼容性。ISO 22000 标准适用范围为食品链中所有类型的组织，比 HACCP 体系范围要广。

ISO 22000《食品安全管理体系——对整个食品链中组织的要求》标准，这一标准将使食品安全管理范围延伸至整个食品链。除此之外，还有一些重要的食品相关国际标准动态，如有关食品和饲料链可追溯系统的。

可追溯是确保食品安全的有效工具，目前许多国家的政府机构和消费者群体正在越来越迫切地要求在食品生产和食品供应链中应用可追溯测量方式。所说的“可追溯”就是一种还原产品生产和应用历史以及发生场所的能力，目的在于发现食品链的最终端。过去10年的食品安全事件已证明缺乏可追溯测量或类似的系统就会对食品、饲料安全产生消极作用。通过可追溯系统的建立，可识别发生问题的根本原因，实行产品召回或撤销，获得更具可信度的信息，由此有利于食品、饲料链过程的透明化，提高食品安全并增强食品链不同利益方之间的合作和沟通。

2005年1月起欧盟将就可追溯立法，以作为欧盟通用食品法规的一部分。在欧盟通用食品法规第18条明确了可追溯要求，包括食品、饲料、食品生产相关动物以及其他相关食物或与某一食品、饲料产品相关的食物。美国同样关注这个问题。

此标准统一整合了各国的安全标准，是一个自愿执行的国际标准。但是对于出口产品就应该执行。

它包括8个方面的内容：①范围；②规范性引用文件；③术语和定义；④政策和原理；⑤食品安全体系的设计；⑥实施食品安全管理体系；⑦食品安全管理体系的保持；⑧食品安全管理体系的管理评审。

2005年5月26日，国际标准化组织宣布当年9月份开始发行ISO 22000《食品安全管理体系要求》标准。该标准将对食品经营者系统化地建立、实施和改进食品安全管理体系，提供了非常好的指导方法。

ISO 22000于2005年9月1日正式发布。这是一个新的国际标准，旨在保证全球的安全食品供应。

ISO 22000：2005，食物安全管理系统——对整个食品供应链中各个组织的要求，可以作为技术性标准对企业建立有效的食品安全管理体系进行指导。这一标准可以单独用于认证、内审或合同评审，也可与其他管理体系，如ISO 9001：2000组合实施。

ISO 22000采用了ISO 9000标准体系结构，在食品危害风险识别、确认以及系统管理方面，参照了食品法典委员会颁布的《食品卫生通则》中有关HACCP体系和应用指南部分。ISO 22000的使用范围覆盖了食品链全过程，即种植、养殖、初级加工、生产制造、分销，一直到消费者使用，其中也包括餐饮。另外，与食品生产密切相关的行业也可以采用这个标准建立食品安全管理体系，如杀虫剂、兽药、食品添加剂、储运、食品设备、食品清洁服务、食品包装材料等行业。

ISO 22000适合于所有食品加工企业，它是通过对食品链中任何组织在生产（经营）过程中可能出现的危害（指产品）进行分析，确定关键控制点，将危害降低到消费者可以接受的水平。

ISO 22000引用了食品法典委员会提出的5个初始步骤和7个原理，这5个初始步骤是：①建立HACCP小组；②产品描述；③预期使用；④绘制流程图；⑤现场确认流程图。

7个原理是：①对危害进行分析；②确定关键控制点；③建立关键限值；④建立关键控制点的监视体系；⑤当监视体系显示某个关键控制点失控时，确立应当采取的纠正措施；⑥建立验证程序以确认HACCP体系运行的有效性；⑦建立文件化的体系。

ISO 22000表达了食品安全管理中的共性要求，而不是针对食品链中任何一类组织的特定要求。该标准也要求组织与对可能影响其产品安全的上、下游组织进行有效的沟通，将食品安全保证的概念传递到食品链中的各个环节，通过体系的不断改进，系统性地降低整个食品链的安全风险。

ISO 22000作为管理体系标准，要求组织应确定各种产品和(或)过程种类的使用者和消费者，并应考虑消费群体中的易感人群，应识别非预期但可能出现和产品不正确的使用和操作方法。

一方面通过事先对生产(经营)全过程的分析，运用风险评估方式，对确认的关键控制点进行有效的管理；另一方面将“应急预案及响应”和“产品召回程序”作为系统失效的后续补救手段，以减少食品安全事件对消费者造成的不良影响。

三、ISO 14000 环境管理体系

ISO 14000系列标准的核心内容是清洁生产，即从全过程控制出发，使企业注重节能降耗、减少浪费，并采取措施将污染物消除在产品设计、生产的各个环节之中，推动企业向集约型增长和可持续发展转变，它是一个自愿性标准，不带有任何强制性，为不同层次和技术水平的企业和组织提供了较大的可选空间。在提高企业的环境质量方面得到比较大的应用，是国际比较通行的环境认证体系。食品企业的源头与环境可以用此体系进行控制。

第六节　其他相关的保障体系

1. GHP体系

良好卫生规范(GHP)能为食品企业提供更为有效的指导，它是实施HACCP方法的必要条件，而在中国由于良好卫生规范还未得以应用，故大部分企业还不能实施HACCP。因而卫生管理机关必须制定和实施GHP法规(以食品法典的准则为基础)。

2. 职业健康与安全管理体系(OHSMS)

英国标准协会等13个组织于1999年提出了职业健康与安全评价系列标准，其中的OHSAS18001《职业安全卫生管理体系规范》，是目前国际社会普遍采用的职业安全与卫生管理体系认证标准。进行职业健康与安全管理体系认证，一是可全面规范、改进组织职业安全与卫生管理，保障企业员工的职业健康与生命安全，保障企业的财产安全，提高工作效率；二是改善与政府、员工、社区的公共关系，提高企业声誉；三是提供持续满足法律法规要求的机制，降低组织风险，预防事故发生。

3. 全面目标的卫生操作程序(SSOP)

全面目标的卫生操作程序(sanitation standard operating procedure，SSOP)是食品GMP中最关键的，在食品生产中实现GMP全面目标的操作规程，它是为保障食品安全、质量而制定的贯穿食品生产全过程的一系列措施、方法和技术要求，要求工厂在制造、包装及储运产品等过程的有关人员、建筑、设施、设备等的设置上，在卫生、制造过程、产品质量等方面的管理都能符合良好的生产规范，防止产品在不卫生条件下或者在引起污染及质量降低的环境下生产，确保产品的安全卫生和质量稳定，确保最终产品的质量符合标准。要求生产制造企业必须具有良好的生产设备，合理的生产流程，完善的质量管理和严格的检测手段。SSOP实际上是GMP中的最关键的基本卫生条件，一般包括八个条款。如美国FDA海产品HACCP法规中提出的卫生监控范围八项规定为：水和冰的安全；与食品接触的表面要清洁；防止交叉感染；洗手、手的消毒和卫生设施；防止污染物造成的污染；有害化合物的适当处理、储存和使用；雇员的健康状况；害虫的控制及去除。

现有食品安全质量认证体系、管理体系比较见表 13－1 与表 13－2。

表 13－1　　　　现有食品安全质量认证体系比较

名称	时间	创始国(人)	优势	缺陷	与 HACCP 的关系
GMP	1969	美国 FDA，此后，日本、加拿大、新加坡、德国、澳大利亚都曾积极推行过食品的 GMP	强调在生产、加工、储运各个环节对食品安全的监控，而不仅仅着眼于对最终产品的抽样、检测	主体上仍是一个技术管理型的规范，尚未形成一个完善的质量管理体系	是国际社会公认的开发和实施 HACCP 的必备程序，与 HACCP 有着共同的基础和目标
SSOP	1996	美国 FSIS/USDA，要求肉禽加工企业必须把发展和执行 SSOP 作为企业卫生操作规范的准则	是 GMP 中最关键的基本的卫生操作规范	仅仅关注加工厂的环境卫生	是国际社会公认的实施 HACCP 的必备程序，与 HACCP 的融合将使食品危害的预防和监控变得更为有效
ISO 9000	1987	国际标准化组织颁布的国际通行的质量管理体系认证	对于减少、消除，特别是预防质量缺陷的产生具有重要作用，有利于提高企业内部的质量管理水平	ISO 9000 系列标准适用于所有类型的行业，故而在应用于食品行业的食品安全监管时针对性不够，专业性不强	HACCP 可以看作 ISO 9000 系列标准在食品工业中的具体应用

表 13－2　　　　现有食品安全质量管理体系比较

项目	GMP	SSOP	ISO 9000	HACCP
出发点	从食品生产者和供应者的角度出发，就食品生产、加工储运等各个环节向食品企业提供确保食品安全的要求	从食品企业的角度出发，向食品生产者提出的与食品卫生操作和加工厂环境有关的要求	从顾客的角度，向食品生产企业提出的质量管理方面的要求	从食品生产企业的角度，提出确保食品安全的质量方面的要求
目标	确保企业在生产、加工包装、储运等各个环节上的食品安全和品质稳定，从而保障成品的安全指标符合规范标准	确保食品的生产操作程序和加工点的环境卫生符合卫生标准操作规范的要求	确保质量管理体系的推行和实施符合要求，以及最终产品的安全、营养、健康等质量满足顾客的需求	确保食品安全生产满足顾客需求
反应性	非反应性，食品质量确保体系属于一种预防性的安全保障工具	非反应性，食品质量确保体系属于一种预防性的食品安全保障工具	非反应性，以预防为主	非反应性，食品质量确保体系属于一种预防性的食品安全保障工具
应用范围	食品生产、加工、包装、储藏、储运等各个环节的食品安全质量确保技术	食品的卫生操作程序和加工厂的环境卫生	与食品质量保障有关的全部活动	与食品安全保障相关的整个食品链的各个阶段

续表

项目	GMP	SSOP	ISO 9000	HACCP
适用范围	适用于食品行业，但也可应用于其他类型的行业，如医药	专业性较强，通用于食品行业	通用于各种行业的质量管理	专业性较强，适用于食品行业
管理测量点	食品链条上的各个环节，包括人员配置、硬件设施、内部管理等方面的食品污染与危害的预防和监控	食品卫生操作程序以及加工的环境卫生状况	重视过程控制，强调所有的质量确保工作都是通过过程控制来实现的	关键控制点的识别、监控和纠偏活动
监管对象	有	有	无	有
推行方式	强制性	强制性	自愿性	强制性
实施的先决条件	无	无	无	有(GMP 和 SSOP)
社会、经济效益	可以有效地控制和预防食品链条上各个环节存在的各种实际存在的和潜在的食品危害	有效地预防和控制食品卫生标准操作和加工厂的环境卫生	有效的过程控制技术，但实施费用较高，且文件工作繁琐	有效地减少或消除食源性疾病的发生概率，投入小，有较高的经济效益和社会效益(包括医疗成本的减降和生产率损失的降低等)
与 HACCP 的关系	是成功实施 HACCP 体系的基础和先决条件	是成功实施 HACCP 体系的基础和先决条件	HACCP 可以看作 ISO9000 质量管理体系的一个有机组成部分	
独立性	可单独使用	可单独使用	是一个独立完整的体系，可单独实施	HACCP 不是一个独立的体系，而是食品安全质量确保体系的一个部分，是建立在正确实施 GMP 和 SSOP 的基础之上的

第七节　食品追溯与召回制度

一、食品安全可追溯系统

食品安全可追溯系统，是指根据食品包装上的追溯标签，通过网站、超市触摸屏系统、手机短信、电话等方式就可以查询生产履历等食品源头信息。

（一）定义

《国际食物法典》说“追溯——产品追查”，在美国则简单地称之为“记录保存”，还有一种则称之为“跟踪与追溯”。

国际标准 ISO 9001：2000 中提及了追溯问题，认为追溯是质量管理系统中的一个重要组成部分，并定义为：回溯目标对象的历史、应用或位置的能力。

在食品安全领域，"追溯"被定义为：通过记录的标识对具体实体的历史、应用或位置进行回溯的能力。

追溯——是指从供应链下游至上游识别一个特定的单元或一批产品来源的能力，即通过记录标识的方法回溯某个实体来历、用途和位置的能力。

跟踪——是指从供应链的上游至下游，跟随一个特定的单元或一批产品运行路径的能力。

商品追溯过程示意见图 13-2，商品跟踪过程示意见图 13-3，商品追溯系统示意见图 13-4。

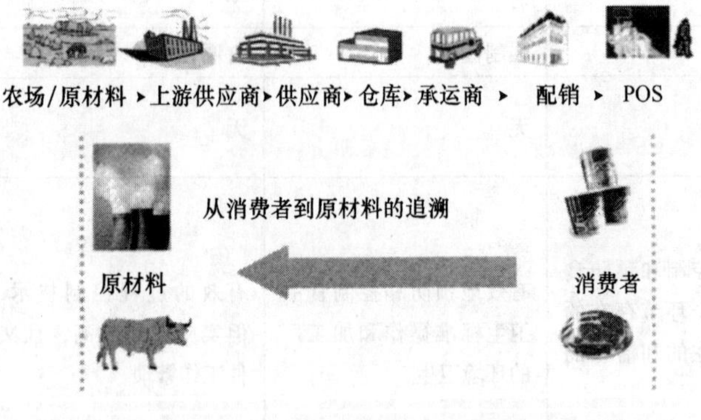

图 13-2　商品追溯过程示意图

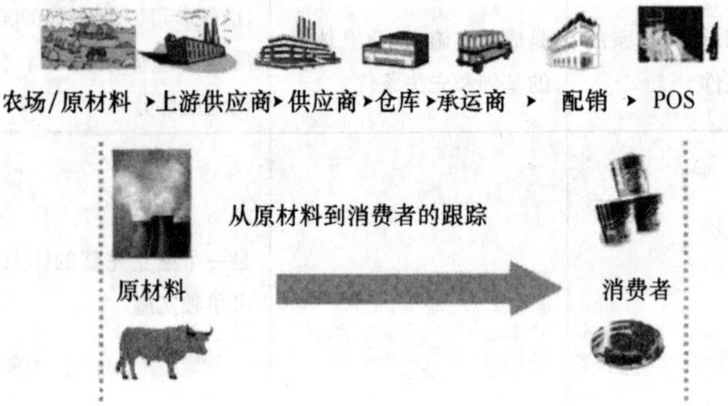

图 13-3　商品跟踪过程示意图

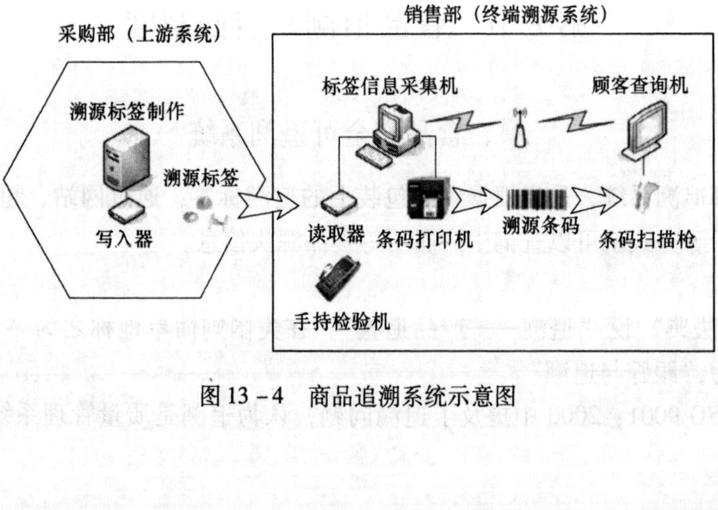

图 13-4　商品追溯系统示意图

食品溯源制度，是食品安全管理的一项重要手段，最初是由欧盟为应对“疯牛病”问题于1997年开始逐步建立起来的。它利用现代化信息管理技术给每件商品标上号码，保存相关的管理记录，从而进行追踪溯源。一旦在市场上发现危害消费者健康的食品，就可根据标记将其从该市场中撤出。

（二）国外相关的法律法规

联合国欧洲经济委员会已经正式推荐 European Article Numbering · Uniform Code Council（EAN · UCC）系统用于食品的跟踪与追溯。欧盟采用 EAN · UCC 系统对食品进行跟踪与追溯的方法被称为 UN/ECE 追溯标准。

2000年欧盟出台了（EC）N0 1760/2000号法规（又称新牛肉标签法规），要求自2002年1月1日起所有在欧盟国家上市销售的牛肉产品必须要具备可追溯性，在牛肉产品的标签上必须标明牛的出生地、饲养地、屠宰场和加工厂，否则不允许上市销售。

2002年欧盟又出台了（EC）N0 178/2002号法规，要求从2005年1月1日起凡是在欧盟国家销售的食品必须具备可追溯性，否则不允许上市销售。对于进口食品，不具备可追溯性的食品禁止进口。

美国2002年发布的“公共安全和生物恐怖主义防备和反应法案”也要求对食品的生产、加工、包装、运输、分销、接收等供应链环节建立记录保存的法律要求，以实现食品的可追溯性。

2003年6月，日本国会上立法通过了称之为“牛肉生产履历表”的牛肉销售履历表制度，要求从2003年12月1日起在日本各个超市，所有牛肉包装必须具有以下内容的履历表：“牛肉所属性别、出生年月、饲养地、加工者、零售商、无疯牛病病变说明、检验合格证”。

所以，国外成功应用食品安全追溯系统的经验在于有相关的法律法规作保证。

二、我国食品安全可追溯系统

在我国，目前食品安全可追溯系统已经在水果、蔬菜、牛肉及水产品等领域展开试点，而全国范围内的食品安全可追溯体系也正在研讨建设之中。

我国建立食品安全可追溯体系正面临六大障碍：

（1）我国食品尤其是农产品的生产比较分散，生产集约化程度不高，科技化、标准化水平较低。

（2）食品流通方式还比较落后，传统的流通渠道如批发市场、集贸市场还占有相当比例，现代流通渠道如连锁超市还不够普及。

（3）食品安全法律体系、标准体系不够健全，有关规定和标准缺失，滞后于现实发展、与国际标准无法对接的情况还很多。

（4）食品安全监管体制的系统性、统一性还不够。

（5）全社会对食品安全可追溯体系认识不够。

（6）建立可追溯体系的成本较高，企业缺乏前期投入的动力。

北京市2007年8月8日奥运会倒计时一周年之际，在“好运北京”26场奥运测试赛中，整个奥运食品安全追溯系统正式投入使用。而奥运会结束后，追溯系统还将继续服务于北京市民，由这个“食品电子警察”对食品安全进行日常监控。

三、物品编码

针对食品安全可追溯性的法律要求，国际物品编码协会开发了采用现有的全球统一标识系统(EAN·UCC系统)跟踪与追溯食品。

UCC——1970年，美国食品杂货工业协会发起组织了美国统一代码委员会，简称UCC，应用UPC条码。

EAN——1973年欧洲物品编码系统，简称EAN协会，随后世界上许多国家加入。1981年改名为国际物品编码协会，简称EAN。我国于1988年成立中国物品编码协会，并于1991年正式加入EAN。美UCC于2002年也加入了EAN。

目前全世界已有129个国家和地区的超过100万家公司和企业使用EAN·UCC系统的商品条码对物品进行标识，20多个国家和地区采用EAN·UCC系统对食品的生产过程进行跟踪与追溯，获得了良好的效果。

中国物品编码中心也颁布了GB 12904—2008《商品条码零售商品编码与条码表示》标准。

EAN商品条形码亦称通用商品条形码，由国际物品编码协会制定，通用于世界各地，是目前国际上使用最广泛的一种商品条形码。我国目前在国内推行使用的也是这种商品条形码。EAN商品条形码分为EAN－13(标准版)和EAN－8(缩短版)两种。

条码分为：商品条码、物流条码，其形式有一维条码、二维条码。

一维零售单元条码见图13－5。

EAN－13　　EAN－8　　UPC－A　　UPC－E

6 901234 000016　　6900 0010　　0 12345 67890 5　　0 123456 5

图13－5　一维零售单元条码

EAN－13通用商品条形码一般由前缀码、制造厂商代码、商品代码和校验码组成，见表13－3。

前缀码——是用来标识国家或地区的代码，赋码权在国际物品编码协会，如450～459、490～499——日本；690～694——中国；471——中国台湾；489——中国香港；300～379——法国。

表13－3　　EAN/UCC－13数据结构

结构	前缀码	厂商识别代码	商品项目代码	校验码
1	N1 N2 N3	N4 N5 N6 N7	N8 N9 N10 N11 N12	N13
2	N1 N2 N3	N4 N5 N6 N7 N8	N9 N10 N11 N12	N13
3	N1 N2 N3	N4 N5 N6 N7 N8 N9	N10 N11 N12	N13

我国用690、691时采用结构1；用692、693时采用结构2；694、695暂未采用。

制造厂商代码的赋码权在各个国家或地区的物品编码组织，我国由国家物品编码中心赋予制造厂商代码。

商品代码是用来标识商品的代码，赋码权由产品生产企业自己行使，生产企业按照规定条件自己决定在自己的何种商品上使用哪些阿拉伯数字为商品条形码。

商品条形码最后用1位校验码来校验条形码中前12位数字代码的正确性。它由制作条码原版胶片或直接打印条码的设备自动生成，有一定的计算公式。

商品条形码的编码遵循唯一性原则，以保证商品条形码在全世界范围内不重复，即一个商品项目只能有一个代码，或者说一个代码只能标识一种商品项目。不同规格、不同包装、不同品种、不同价格、不同颜色的商品只能使用不同的商品代码。

商品条形码的诞生极大地方便了商品流通，现代社会已离不开商品条形码。据统计，目前我国已有50万种产品使用了国际通用的商品条形码。

目前，上海已经有50家超市在使用食品溯源质量安全信息平台，信息查询系统已经比较完善。

参考文献

1. 刘岱岳，余传隆，刘鹊华主编. 生物毒素开发与利用. 北京：化学工业出版社，2007
2. 钱建亚，熊强主编. 食品安全概论. 南京：东南大学出版社，2006
3. 吴永宁主编. 现代食品安全学. 北京：化学工业出版社，2003
4. 顾向容等编著. 动物毒素与有害植物. 北京：化学工业出版社，2004
5. 杨洁彬等编著. 食品安全性. 北京：中国轻工业出版社，2002
6. 史贤明主编. 食品安全与卫生学. 北京：中国农业出版社，2002
7. 凌关庭主编. 保健食品原料手册. 北京：化学工业出版社，2002
8. 陈宁庆. 实用生物毒素. 北京：中国科技出版社，2001
9. 许牡丹，毛跟年编著. 食品安全性与分析检测. 北京：化学工业出版社，2003
10. 钟耀广主编. 食品安全学. 北京：化学工业出版社，2005
11. 尤玉如. 食品安全与质量控制. 北京：中国轻工业出版社，2008
12. 贾英民. 食品安全控制技术. 北京：中国农业出版社，2006
13. 李建政. 环境毒理学. 北京：化学工业出版社，2006
14. 刘静玲. 食品安全与生态风险. 北京：化学工业出版社，2003
15. 柳增善主编. 食品病原微生物学. 北京：中国轻工业出版社，2007
16. 陈炳卿主编. 营养与食品卫生学. 北京：人民卫生出版社，2001
17. 赵金光，韩继福主编. 营养与食品安全. 长春：吉林科学技术出版社，2005
18. 汪东风. 食品中有害成分化学. 北京：化学工业出版社，2005
19. 陈炳卿，孙长颢. 食品污染与健康. 北京：化学工业出版社，2002
20. 吴坤. 营养与食品卫生学(第5版). 北京：人民卫生出版社，2004
21. 陈正行，狄济乐. 食品添加剂新产品与新技术. 南京：江苏科学技术出版社，2002
22. 郝素娥，庞满坤，钟耀广等. 食品添加剂制备与应用技术. 北京：化学工业出版社，2003
23. 殷涌光，刘静波，林松毅. 食品无菌加工技术与设备. 北京：化学工艺出版社，2005
24. 哈益明. 辐照食品及其安全性. 北京：化学工业出版社，2006
25. 刘士伟，王林山主编. 食品包装技术. 北京：化学工业出版社，2008
26. 王志伟编. 食品包装技术. 北京：化学工业出版社，2008
27. 杨福馨，吴龙奇等. 食品包装实用新材料新技术. 北京：化学工业出版社，2001
28. 章建浩主编. 食品包装技术. 北京：中国轻工业出版社，2001
29. 陈炳卿等主编. 食品污染与健康. 北京：化学工业出版社，2002
30. 许文达，程裕东等. 食品软包装材料与技术. 北京：机械工业出版社，2003
31. 任盈盈著. 食品安全调查. 北京：东方出版社，2004
32. 马逊风等编著. 食品安全与生态风险. 北京：化学工业出版社，2002
33. 章建浩主编. 食品包装大全. 北京：中国轻工业出版社，2000
34. 张新昌等编著. 食品包装设计与营销. 北京：化学工业出版社，2008

35. (芬兰) Raija Ahvenainen 主编. 现代食品包装技术. 崔建云，任发政等主译. 北京：中国农业大学出版社，2006
36. 朱守一. 生物安全与防止污染. 北京：化学工业出版社，1999
37. 莫惠平. 食品卫生与安全管理. 北京：中国轻工业出版社，2007
38. 刘谦，朱鑫泉. 生物安全. 北京：科学出版社，2002
39. 郝素娥. 食品添加剂制备与应用技术. 北京：化学工业出版社，2004
40. 刘静玲. 食品安全与生态风险. 北京：化学工业出版社，2003
41. 刘宁，沈明浩主编. 食品毒理学. 北京：中国轻工业出版社，2005
42. 曹晓红主编. 食品安全与卫生. 北京：科学出版社，2007
43. 王心如主编. 毒理学基础. 北京：人民卫生出版社，2006
44. 赵文主编. 食品安全性评价. 北京：化学工业出版社，2006
45. 邓建平主编. 转基因食品食用安全性和营养质量评价及验证. 北京：人民卫生出版社，2003
46. 张桥主编. 卫生毒理学基础. 北京：人民卫生出版社，2003
47. 杨晓泉，卞华伟. 食品毒理学. 北京：中国轻工业出版社，1999
48. 孟凡桥主编. 食品安全性. 北京：中国农业大学出版社，2005
49. 夏延斌，钱和等. 食品加工中的安全控制，北京：中国轻工业出版社，2005
50. 冯叙桥，赵静编著. 食品质量管理学. 北京：中国轻工业出版社，1995
51. 程备久主编. 现代生物技术概论. 北京：中国农业出版社，2003
52. 陈福生，高志贤，王建华主编. 食品安全检测与现代生物技术. 北京：化学工业出版社，2004
53. 应义斌，韩东海主编. 农产品无损检测技术. 北京：化学工业出版社，2005
54. 焦新安主编. 食品检验检疫学. 北京：中国农业出版社，2006
55. 曹亚主编. 实用分子生物学操作指南. 北京：人民卫生出版社，2003
56. 俞俊棠. 新编生物工艺学. 北京：化学工业出版社，2003
57. 孙敬方主编. 动物实验方法学. 北京：人民卫生出版社，2001
58. 何加骏，李奇. 农业生态环境与食品安全. 江苏农业科学，2007(1)：204～208
59. 刘玲玲. 环境污染与食品安全. 中国食物与营养，2006(2)：12～14
60. 申甜，李嫔. 环境内分泌干扰物与儿童性发育的关系. 中国临床康复，2006，10(28)：135～137
61. 李纯茂，张勇，俞宁. 环境内分泌干扰物研究进展. 新乡医学院学报，2006，23(6)：641～643
62. 赵丹丹，袁聚祥. 环境内分泌干扰物对人群健康的影响. 华北煤炭医学院学报，2006，8(4)：450～452
63. 井长勤，穆灵敏，张光谋. 环境内分泌干扰物研究进展. 新乡医学院学报，2005，22(6)：627～629
64. 杨海峰. 畜产品中抗生素残留的原因及危害. 中国动物检疫，2007，24(7)：19
65. 聂芳红，徐晓彬，陈进军. 食品动物兽药残留的研究进展. 中国农学通报，2006，22(9)：71～75
66. 贺家亮，李开雄，于见亮等. 动物性食品中兽药残留现状及对策. 食品研究与开

发，2006，27(6)：176～178，191

67. 冯冰，王硕．动物源性食品兽药安全分析．食品研究与开发，2007，28(1)：158～161

68. 王刁达，陈辉，左健忠等．水产品中硝基呋喃类药物残留的检测与控制．现代农业科技，2007(18)：152～154

69. 苏荣茂．硝基呋喃类药物残留的危害及管理对策．福建农业，2006(12)：24

70. 傅国，李宁毅．硝基呋喃类和硝基咪唑类药物的研究进展．青岛大学医学院学报，2003，39(4)：486～488

71. 谷虹，王玉红，吴晓莹等．动物性食品抗生素残留的危害与解决对策．现代畜牧兽医，2007(6)：35～37

72. 贾久满，要瑞莉，朱莲英．我国动物性产品中抗生素残留问题的现状及对策．安徽农业科学，2007，35(5)：1368～1370

73. 刘兴海，魏秀莲，郑君杰．畜禽产品中残留抗生素的危害及消除方法．现代畜牧兽医，2007(5)：35～36

74. 段振娟，张鸿雁，王硕．动物性食品中磺胺类药物残留分析研究进展．食品研究与开发，2007，28(6)：149～152

75. 刘庆堂，职爱民，邓瑞广等．磺胺类药物在饲料和畜产品中的残留、危害与检测．饲料工业，2007，28(17)：33～34

76. 鲁晓翠，侯玉泽，邓瑞广等．磺胺类药物在动物性食品中的残留与检测．动物医学进展，2007，28(2)：70～74

77. 周敏．环境铅污染与铅毒危害．中国煤炭工业医学杂志，2005，8(3)：207～208

78. 于云江，王菲菲，房吉敦等．环境砷污染对人体健康影响的研究进展，2007，24(3)：181～183

79. 刘茂生．有害元素镉与人体健康．微量元素与健康研究，2005，22(4)：66～67

80. 刘伟成，李明云．镉毒性毒理学研究进展．广东微量元素科学，2005，12(12)：1～3

81. 钟格梅，唐振柱．我国环境中镉、铅、砷污染及其对暴露人群健康影响的研究进展．环境与健康杂志，2006，23(6)：562～565

82. 薛菲，彭英云．食品烹调过程中产生的致突变物——杂环胺．科技资讯，2007(36)：221

83. 黄靖芬，李来好，陈胜军等．烟熏食品中苯并［α］芘的产生机理及防止方法，2007，23(7)：67～69

84. 万红丽，周光雄，徐幸莲等．肉制品中3，4－苯并［α］芘的残留与检测．食品工业科技，2007，28(2)：251～253

85. 张烨，丁晓雯．食品中氯丙醇污染及其毒性．粮食与油脂，2005(7)：44～46

86. 秦红梅，金一和，黄飚等．食品中3－氯丙醇的污染状况及其毒性研究进展．中国公共卫生，2002，18(12)：1519～1521

87. 刘晓艳，张妍．发酵调味料中氯丙醇的危害与检测．中国调味品，2005(5)：7～12

88. 刘彤，王德才，姜媛．调味品中氯丙醇污染及研究．中国公共卫生管理，2006，22(4)：331～332

89. 武丽荣，蒋新正，鲍元奇．油炸食品中丙烯酰胺的形成及减少措施．中国油脂，2005，30(7)：18～21

90. 沈要林，曾庆孝，朱志伟．热加工食品中丙烯酰胺残留及安全性评价．2006，22(2)：195～198

91. 罗荣，赵维．食物中丙烯酰胺对人体毒性研究．中国预防医学杂志，2004，5(5)：416～418

92. 宋雁，李宁．食品中丙烯酰胺对健康的影响．卫生研究，2005，34(2)：241～243

93. 刘稷燕，江桂斌．食品中的丙烯酰胺及其形成机制．化学进展，2004，16(6)：1000～1006

94. 马俪珍，南庆贤，方长法．*N*－亚硝胺类化合物与食品安全性．农产品加工·学刊，2005(12)：8～11，14

95. 白岚，孙国云．强致癌物质——*N*－亚硝基类化合物．农业与技术，2002，22(4)：98～101

96. 万厚民，张应丽，王震宇．亚硝基化合物与消化道肿瘤研究进展．医学综述，2004，10(3)：161～162

97. 刘家发，朱建如．食品中亚硝基化合物的污染及治理对策．公共卫生与预防医学，2005，16(2)：32～34

98. 周莉菊，冯家满，赵由才．二噁英的毒性及环境来源．工业安全与环保，2006，32(11)：49～51

99. 刘泰民．二噁英及其对人体的毒性和预防．预防医学情报杂志，2000，16(2)：121～122

100. 杨永滨，郑明辉，刘征涛．二噁英类毒理学研究新进展．生态毒理学报，2006，1(2)：105～110

101. 徐瑛．二噁英的毒性研究进展．环境与健康杂志，2001，18(6)：412～413

102. 周逸婧，刘晓庚．微波技术对食品的安全性研究．农产品加工·学刊，2007(10)：41～44

103. 刘晓庚，曹崇江，周逸婧．微波加工对食品安全性的影响．食品科学，2008(5)：484～487

104. 冯美荣，刘敏．浅谈绿色包装在食品行业使用的重要性．研究与探讨，2007，2(2)：41～43

105. 罗伯特·梅．基因改良食品：事实、担忧、政策和公众的信心．生物技术通报，1999(3)：31～35

106. 李宁，刘信．农业生物基因工程安全管理与实践．生物技术通报，1999(2)：35～26

107. 贾士荣．生物技术与食品安全性．生物技术通报，1997(1)：4～8

108. 张得福，王建荣．转基因克隆动物研究．生物技术通报，1999(4)：16～18

109. 贾士荣．转基因作物的安全性争论及其对策．生物技术通报，1999(6)：1～7

110. 贾士荣．转基因植物食品标记基因的安全性评价．中国农业科学，1997，30(2)：1～15

111. 井乐刚．食品中残留农药检测技术的新进展．食品科学．2002，23(3)148～152

112. 冯世德，王波，曲红杰．农药残留分析技术进展概述．黑龙江农业科学，2005

(3)：27～29

113. 王东晖，车宗贤，宋政平．我国农药残留检测技术现状与展望．陕西农业科学，2006(4)：74～76

114. 王朝瑛，蔡琦．农产品中农药残留的检测趋势．现代科学仪器．2006(1)：106～108

115. 曾琪．食品农药残留分析方法的现状与展望．四川职业技术学院学报，2006，16(3)：119～121

116. 郎需龙，王兴龙，刘文森．食品中病原菌检测技术研究进展．食品科技，2006(6)：113～115

117. 缪若礼，郭剑．欧盟和美国食品中致病菌检测的标准和技术的新进展．现代科学仪器，2005(1)：39～41

118. 焦振泉，郭云昌，裴晓燕，刘秀梅．食源性致病菌检测方法研究进展Ⅱ．分子生物学检测方法．中国食品卫生杂志，2007，19(2)：153～157

119. 张志洁，林清玉．我国食品安全检测主要应用技术的研究及现状．食品工业科技，2003，24(12)：89～91

120. 孟宪梅，柳增善．常见食物中毒菌毒素的研究进展．河北师范大学学报(自然科学版)，2006，30(1)：94～100

121. 李风琴．生物毒素和中毒控制中常见毒物快速测定技术研究简介．中国食品卫生杂志，2005，17(4)294～302

122. 善丛．我国食品安全的几种检测方法．中国调味品，2004(6)：39～41

123. 赵飞，焦彦朝，连宾，刘晶．黄曲霉毒素检测方法的研究进展．贵州农业科学，2006(34)：123～126

124. 王菊芳，李志勇．重金属残留的快速检测．生物技术，2006，16(2)：95～97

125. 江天久，牛涛．重金属污染物的免疫学检测技术研究进展．生态环境．2005，14(4)：590～595

126. 李书谦，陈福生．快速检测技术在食品安全检测中的应用．农业质量标准，2007(1)：24～27

127. 高美须．食品微生物检测的快速方法和自动化．食品研究与开发，1999，20(1)：6～9

128. 闫雪，姚卫蓉，钱和．国内外食品微生物快速检测技术应用进展．食品科学，2005，26(6)：269～272

129. 陈庆森等．食品中致病菌的快速检测技术的研究现状与进展．食品科学，2003，24(11)：148～152

130. 方平．PCR技术在食源性致病微生物快速检测中的应用．学术论坛，2006(11)：44～46

131. 袁兆岭，宋兴良，朱化雨．食品中有机磷农药残留分析研究进展．食品研究与开发，2006，127(5)：161～164

132. 龙苏等．固相萃取气相色谱法测定大米中多种有机磷农药残留量．实用预防医学，2005，8(5)：341～342

133. 梁宝东，张惟广．酶联免疫技术及其在食品检测中的应用．肉类工业，2005，3

(287)：42～44

134. 赵人增，陈景，衡杨俊. 生物酶技术与酶免技术在农残快速分析方面的应用与研究进展. 中国卫生检验杂志，2002，12(5)：640～641

135. 冯德荣. 未来十年：生物传感器(一). 华东科技，2001(5)：34～35

136. 佟平，陈红兵. 免疫学技术在食品微生物检测中的应用. 江西食品工业，2007(1)36～38

137. 李俶. 免疫学技术在食品卫生中的应用. 江西食品工业，2001(3)22～23

138. 彭玉魁，李菊英，祁振英. 近红外光谱分析技术在小麦营养成分鉴定上的应用. 麦类作物，1997，17(2)：33～351

139. 薛利红，朱艳，张宪等. 利用冠层反射光谱预测小麦籽粒品质指标的研究. 作物学报，2004，30(10)：1036～10411

140. 应义斌，刘燕德，傅霞萍. 基于小波变换的水果糖度近红外光谱检测研究. 光谱学与光谱分析，2006，26(1)：63～66

141. 黄丽华等. 计算机自动检测羊绒细度的研究. 农业工程学报，2000(3)：132～134

142. 蔡建荣等. 利用计算机视觉技术的烟叶质量分选系统研究. 农业工程学报，2000(5)：118～122

143. 赵静等. 果实形状的计算机识别方法研究. 农业工程学报，2001(2)：165～167

144. 戎志梅. 生物化工新产品与新技术开发指南. 北京：化学工业出版社，2003

145. 俞俊棠. 新编生物工艺学. 北京：化学工业出版社，2003

146. 顾小红，任璐，陈尚卫等. 核磁共振技术在食品研究中的应用. 食品工业科技，2005，26(9)：189～192

147. 徐忠，缪铭. 高分子物理近代分析方法在淀粉研究中的应用. 食品工业科技，2006，27(4)：197～200

148. 吴磊，何小维，黄强等. 核磁共振技术在淀粉研究中的应用. 食品工业科技，2008，29(4)：317～320

149. 潘能斌. 食品中脂肪含量测定方法的改进. 中国卫生检验杂志，2006(7)：882～884

150. 夏彬，金长文. 生物大分子结构及动力学的核磁共振研究. 现代仪器，2004(5)：1～5

151. 杨秦，刘会雪，李勤等. 核磁共振法研究大肠杆菌细胞内 La3+与钙调蛋白的相互作用. 中国稀土学报，2007(3)：22～32

152. 李福志，张晓健，吕木坚. 用 17O 核磁共振研究液态水的团簇结构. 环境科学学报，2004(1)：6～9

153. 李睿华，蒋展鹏，师绍琪等. 17O－NMR 研究 Al(Ⅲ)，Fe(Ⅲ)盐对水缔合的影响. 环境化学，2003(2)：80～100

154. Floros J. D.，Dock L. L.，and Han J. H. Active packaging technologies and applications. Food Cosmetics and Drug Packaging，1997，20(1)，10～17

155. Han J. H. Antimicrobial food packaging. Food Technology，2000，54(3)：56～65